海洋高温高压气井井筒完整性技术和管理

谢玉洪 著

U0263882

科学出版社

北　京

内 容 简 介

本书介绍了井筒完整性发展历程和现状，南海西部海洋高温高压气井的井筒完整性面临的挑战，从井身结构设计技术、高温高压气井材料腐蚀机理、套管材质选择、井口系统选择、油管柱力学井筒完整性设计、套管柱力学设计、固井技术、环空保护液、井筒完整性风险评估、组织作业和后期管理等方面，阐述了海洋高温高压含 CO_2 气井井筒完整性技术。

本书适合作为普通高等院校石油工程专业的教学用书和石油行业人员培训用书，也可供从事石油工程及石油相关专业的工程技术人员学习参考。

图书在版编目(CIP)数据

海洋高温高压气井井筒完整性技术和管理 / 谢玉洪著. —北京：科学出版社，2017.10

ISBN 978-7-03-050878-2

Ⅰ.①海…　Ⅱ.①谢…　Ⅲ.海上油气田–气井–井筒–完整性–研究　Ⅳ.①TE521

中国版本图书馆 CIP 数据核字（2016）第 290831 号

责任编辑：张　展　华宗琪／责任校对：刘　莹　赵　旦
责任印制：罗　科／封面设计：墨创文化

科 学 出 版 社 出版

北京东黄城根北街16号
邮政编码：100717
http://www.sciencep.com

成都锦瑞印刷有限责任公司印刷
科学出版社发行　各地新华书店经销
*

2017 年 10 月第 一 版　　开本：787×1092 1/16
2017 年 10 月第一次印刷　　印张：21
字数：500 千字
定价：147.00 元
（如有印装质量问题，我社负责调换）

前　言

南海莺琼盆地高温高压区域广泛分布，天然气生产井大都面临高温、高压和高含腐蚀性气体的井下环境。海上由于空间狭小、存在台风等恶劣天气，井筒完整性维护和管理尤为重要。经过长期摸索和实践，南海西部地区在本区域已钻高温高压井数十口，积累了相当的经验，并建成了中国海上第一个高温高压开发气田。

本书基于南海西部地区数十年的钻井经验和研究成果，从井身结构设计技术、高温高压气井材料腐蚀机理、套管材质选择、井口系统选择、油管柱力学井筒完整性设计、套管柱力学设计、固井技术、环空保护液、井筒完整性风险评估、组织作业和后期管理等方面，阐述了具有海洋特色的井筒完整性技术。全书共 10 章，第 1 章介绍了井筒完整性发展历程和现状；第 2 章介绍了高温高压井井身结构设计的难点、井身结构设计和油管柱尺寸优化设计；第 3 章介绍了高温高压气井材料腐蚀机理；第 4 章介绍了油套管材质选择和井口系统选型；第 5 章和第 6 章分别阐述了高温高压气井的油管柱力学设计和套管柱力学设计；第 7 章介绍了高温高压固井技术；第 8 章介绍了环空保护液；第 9 章介绍了井筒完整性风险评估；第 10 章介绍了井筒完整性作业组织和后期管理。本书在编写过程中，根据海上高温高压气井维护井筒完整性的难点和技术特点，注重沉淀研究和作业过程中的特色技术，形成特色的海上高温高压井筒完整性技术体系。

本书内容主要来源于中海石油(中国)有限公司湛江分公司在海上高温高压井钻完井作业过程的经验和技术沉淀，在编写过程中也得到了中国海洋石油总公司、中海石油研究中心、中海油田服务股份有限公司、中海油能源发展股份有限公司、西南石油大学等单位领导和专家的大力支持和帮助，在此一并衷心感谢。

随着技术的进步，海上高温高压井钻完井作业经过了从无到有的过程，而且效率越来越高。但海上高温高压钻完井作业在世界上都是属于高风险、高投入的作业，技术难度高，特别是生产井钻完井作业和后期生产过程中如何维护井筒完整性，能借鉴的经验少。由于水平有限，不妥之处在所难免，恳请广大读者批评指正。

目 录

第1章　井筒完整性发展历程和现状

1.1　井筒完整性定义

随着石油天然气工业的发展，天然气生产井大都面临高温、高压和高含腐蚀性气体的井下环境。气井油套环空及技管环空的异常带压现象逐渐增多，已成为影响气井安全生产的重要问题，特别在海上由于空间狭小、存在台风等恶劣天气，井筒完整性维护和管理尤为重要。

挪威石油工业协会《井筒完整性管理》(NorsokD-010)将井筒完整性定义为"采用有效的技术、管理手段来降低开采风险，保证油气井在废弃前的整个开采期间的安全"。《地上石油储罐的阴极保护》(API651)将井筒完整性定义为"应用技术、操作和组织措施以降低深井井筒在整个服役过程中地层流体的无控制释放"。挪威石油工业协会《OLF井筒完整性推荐导则》将井筒完整性定义为"井筒完整性应是一个完全的系统，用于管理井筒服役全过程的完整性"。上述完整性分为以下5个单元：组织、设计、操作、数据管理和分析。

用一两句话不足以表达井筒完整性定义，建议从井筒完整性的内涵去认识它。井筒完整性管理包括以下内涵：

(1)在建井、开采、封井至弃井的全过程，井筒应保持实体上和功能上的完整性。所谓"实体"指无泄漏、无变形、无材料性能退化；"功能"指适应开采或井下作业的操作压力及腐蚀环境。

(2)当不可控的因素可能导致井筒的某一屏障节点强度降低或发生意外泄漏时，井筒及安全装置始终处于受控状态。可预测井筒能承受的极限载荷和极限服役环境，作业者应控制压力参数在极限条件之内。当可能危及环境与公众安全时，应及时补救或有能力安全地封井废弃井眼。

(3)建立一体化的技术档案及信息收集、交接或传递管理体制，避免管理不协调导致井筒屏障系统损伤和可能的井喷或地下窜流事故。

井筒安全屏障定义为利用井筒组件或采取相应的技术，有效阻止不希望出现的地层流体流动。为了防止地层流体泄漏、井喷或地下窜流，井筒均设有若干层屏障，共同构成井筒屏障系统。《井筒完整性管理》(NorsokD-010)推荐一般采油气井的井筒安全屏障系统，如图1-1所示。

井下安全阀之下的油管到井下封隔器被列为第一安全屏障；生产套管、生产套管固井、套管头、井下封隔器之上的油管、油管挂和采油树被列为第二安全屏障。

鉴于"深水地平线事件"的教训和近年来环空带压的研究，2011年6月《OLF井筒完整性推荐导则》将一般采油气井的井筒安全屏障系统进行更改，如图1-2所示。图1-2中《OLF井筒完整性推荐导则》将一般采油气井的井筒安全屏障系统的第一安全屏障延伸到尾管部分，即尾管挂及尾管封隔器、尾管套管及固井。

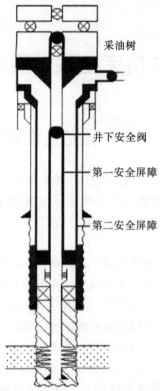

图 1-1　《井筒完整性管理》(NorsokD-010)中一般采油气井的井筒安全屏障系统

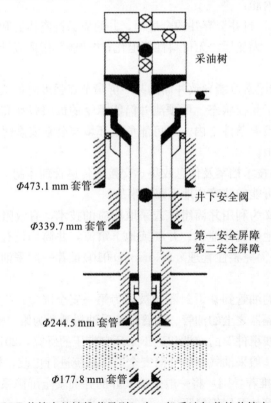

图 1-2　《OLF 井筒完整性推荐导则》中一般采油气井的井筒安全屏障系统

对于窄间隙尾管，固井质量常带有不确定性，包括不能保证固井质量或无法检测固井质量。例如，在 $\Phi215.9mm$ 井中的 $\Phi177.8mm$ 尾管，平均环空间隙为 19mm，固井质量常带有不确定性。因此在尾管头部设多重屏障，除注水泥和尾管头插入密封外，还有尾管封隔器，上层套管的油管封隔器。对于更小间隙的尾管，固井质量更带有随机性，含 H_2S 产层或高温高压 CO_2 气层中的气通过尾管外水泥环窜入"A"环空（油管与套管间环空）对环空带压和环空腐蚀造成潜在风险。因此《OLF 井筒完整性推荐导则》尾管挂及尾管封隔器、尾管套管及固井列入第一安全屏障。

对于含 H_2S 产层或高温高压 CO_2 气层，在其盖层处推荐使用注水泥管外封隔器或吸水膨胀型封隔器。含 H_2S 或 CO_2 天然气的气窜将给日后环空腐蚀及环空带压管理造成风险。

所谓第一安全屏障或第二安全屏障并不是按重要或次重要划分，而是指"第一防线"或"第二防线"。《OLF 井筒完整性推荐导则》将第一安全屏障某一单元封隔失效及无法确认第二安全屏障的可靠性划入高风险，借用交通指示灯红色做标记。

1.2　国内外发展历程

国际上发布过一些重要研究报告或标准，为修改与完善井筒完整性标准比较典型和对海洋环境钻完井设计有重要参考或指导意义的技术文件，简介如下：

1977 年，全球首次提出井筒完整性概念。

1996 年，挪威北海（PSA）开始井筒完整性系统研究。

2004 年，挪威石油工业协会颁布全球第一个井筒完整性标准《钻井及作业过程中井筒完整性》（D-010-R3）。

2006 年，美国石油协会（API）首次发布《海上油田环空压力管理推荐做法》（API RP90）。

2007 年，挪威首次发布井筒完整性管理软件（WIMS），成立 IF 井筒完整性协会。

2009 年，美国墨西哥湾全面借鉴挪威经验，美国石油协会发布 HFl《水力压裂作业的井身结构及井筒完整性准则》（ISO RP100-1）。

2010 年，美国石油学会发布 API 65-2（*Isolating Potential Flow Zones During Well Construction*），即建井中的潜在地层流入封隔。

2011 年，挪威石油工业协会发布《OLF 井筒完整性推荐指南》（OLF *Commended Guidelines for Well Integrity*）。

2011 年，美国石油协会发布《深水井筒设计与建井》（API 96）（*Deepwater Well Design and Construction*）。

2011 年，挪威石油工业协会发布《NORSOK 井筒完整性指导意见》（第四版）。

2012 年，挪威石油工业协会发布 *DEEPWATER HORIZON Lessons learned and follow-up*，即深水地平线教训及改进措施。

2012 年，英国石油公司发布《Well Integrity guidelines 英国高温高压井井筒完整性指导意见》。

2013 年，NorsokD-010《钻井及作业过程中井筒完整性》（修订第四版）。

2013 年，发布《井筒完整性与环空带压》(ISO 16530)。

国外最早开展油气井完整性技术研究的是 BP 公司。其于 1977 年开始着手建立油气井完整性管理体系，1980 年确定了以完井工程师负责油气井完整性管理，2000 年设立专门油气井完整性工程师岗位和部门。2000 年后，世界各大石油公司及相关机构相继开展了气井完整性评价、管理技术研究，如挪威、加拿大、美国、英国、阿曼等。目前，在油气井完整性研究方面走在世界最前列的是挪威国家石油公司。2006 年起，国内各大油田，主要是塔里木油田和四川油气田分别开始引入气井完整性概念，相关研究工作近年来刚刚起步。此外，国内南海西部地区也从 2009 年开始系统研究海上高温高压井井筒完整性。

国外公司及相关机构相继出台了系列标准或推荐做法，如《钻井及作业过程中井筒完整性》(D-010-R3)(挪威石油工业协会于 2004 年发布)、《海上油田环空压力管理推荐做法》(API RP90)(美国石油协会于 2006 年发布)。在这些标准或规范中主要规范了最高允许环空压力取值，放压恢复诊断分析方法，钻井、测试、完井、生产、井下作业、废弃过程确保气井受控的井筒安全屏障，高酸性气井井口装置、油套管质量、井下工具、电缆钢丝作业要求，气井完整性管理培训、完整性评估及分类管理要求等内容。在现场实践中主要配套了超声波井下漏点检测系统、在线地面漏点检测仪、井下腐蚀检测工具、带压钻孔设备、优质环空保护液、压力激发智能堵漏液体等。

1.3　海上高温高压气井井筒完整性
特点和难点

中国南海莺琼盆地(莺歌海盆地、琼东南盆地)天然气气藏具有高温、高压、CO_2 含量不高等特点。由于莺琼盆地地质结构复杂，受到地下热流和异常地质运动，莺琼盆地为局部异常高温和高压环境。海洋钻完井和生产安全可靠性要求高，成本高，事故造成的环境问题和国际影响大，设计必须综合考虑全过程(从钻井施工到完井、采气、废弃井)的井筒完整性。但海上高温高压气井维护井筒完整性难度高，在油气生产过程中，井筒完整性问题主要有以下几个方面：(1)持续的环空压力；(2)油管柱渗漏；(3)油管柱发生腐蚀；(4)套管柱腐蚀；(5)水泥环腐蚀或出现裂缝；(6)井口抬升；(7)采油树与套管头连接处密封不良等。

上述多项井筒完整性破坏的现象中，任何一项都是由多方面因素共同造成的，如井身结构设计不合理、钻井液性能优化不良、固井质量不佳、钻井或生产过程中操作不当等。这些因素当中的一个或多个，都会给井筒完整性埋下隐患。在高温高压环境下，井下管柱及附件由于长期处于高温高压状态，甚至某些井中有强腐蚀的情况，所以管柱的变形、断裂及橡胶筒的密封和耐腐蚀问题变得尤为突出。海上开发井维护井筒完整性一直是一个难题，根据文献资料，美国矿业部统计了海湾外大陆架地区 15500 口环空带压井。其中至少有 8122 口井有一层以上套管外环空带压，油层套管外环空带压占 51.1%，表层套管外环空带压占 30%，表层导管外环空带压占 9.8%，而且随着这些井采期的不断延长，环空带压总井数所占的百分比会不断增加。

由于海上后勤支持基地远，平台空间狭小，天气和海浪等多方面影响，井筒完整性

发生问题带来的后果尤为严重。2009 年 8 月 21 日，澳大利亚西北部一海洋丛式井
"MOTARA" 发生井喷。2009 年 11 月 3 日该井打救援井压井成功，历时 74 天，估计泄
油 4500～34000m^3，海洋污染面积 6000km^2。该事故源于水泥塞及井内流体屏障未封隔
和压稳油层，平台施工者将防喷器移到另一口井，造成无控井喷，俗称 "MOTARA 事
件"。2010 年 4 月 20 日美国路易斯安那州沿岸石油钻井平台爆炸起火，造成 11 人遇难。
演变成美国历年来最严重的海洋漏油污染事故。俗称 "深水地平线事件" 或 "Macondo
灾难事件"，以上均为作业过程中井筒完整性没有得到保障带来的严重后果。

中海油首个东方某 1 高温高压气田结合气田地质及开采特征，从 CO_2 特性及其对材
料损伤、含 CO_2 高温高压油气井井身结构、钻油管柱强度与变形设计、基于有限服役寿
命的管柱适用性设计、螺纹密封机理及螺纹结构优选、固井水泥浆优化、环空封隔液优
化及作业组织和后期管理等方面开展研究，形成了海上高温高压井筒完整性技术，现场
应用效果良好。

第2章 井身结构设计

井身结构的合理性、安全性是钻完井安全和油气生产安全的关键，是油气井设计中极为重要的一环，在高温高压气田钻井和生产过程中出现的井喷、井漏、井塌、套管损坏等破坏现象，很多都与井身结构设计有关。合理的井身结构可以高速、经济、安全地钻进；相反，不合理的井身结构设计，则会造成钻进过程中的复杂情况，严重情况下整个井眼可能报废，带来巨大的经济损失、危及人身安全和环境安全。在现有的技术条件下，预探井地质设计不可能准确提供全井的两个压力剖面，也难以提供准确的地层层序和复杂层位的准确深度和厚度。在工程地质设计存在不确定性的情况下，所设计的井身结构的合理性和可靠性较差，已不能保障钻完井的安全。在评价井设计中，由于两个压力剖面有了相对准确的预知，可以在设计过程中更多地考虑经济方面的因素。

井身结构主要包括套管层次和每层套管的下入深度，以及套管和井眼尺寸的配合。井身结构设计的主要依据是地层压力和 3 条压力剖面。根据该气田地层孔隙压力、坍塌压力和破裂压力等研究结果，笔者对预钻井井身结构进行了优化设计，以封隔复杂地层，避免出现井漏、卡钻等钻井事故，安全、优质、高速和经济钻达目的层。

2.1 国内外高压井套管柱设计研究状况及进展

高压井在全球范围分布广泛，如美国得克萨斯州 Murray Franklin 气田，密西西比州 Black/Josephine 气田、Cox 气田，加拿大艾伯塔省 Bentz/Bearberry 气田、Panther Rive 气田，中国渤海湾盆地赵兰庄气田、胜利油田罗家气田和四川盆地渡口河气田飞仙关组气藏、罗家寨气田飞仙关组气藏、普光气田飞仙关组气藏、铁山坡气田飞仙关组气藏、龙门气田飞仙关组气藏、高峰场气田飞仙关组气藏、中坝气田雷口坡组气藏和卧龙河气田嘉陵江组气藏，中国南海西部地区的东方某气田、东方某 2 气田等。近年来，随着钻井技术的发展、钻井设备条件的改善、地层压力系统的预测和检测技术水平的不断提高、套管强度理论的不断完善，国内外针对油气井的设计已逐渐形成了一套以力学平衡理论为基础的井身结构设计方法和以最大载荷概念为基础的套管柱设计方法，其主要研究目标是保证钻井的顺利施工和降低钻井成本。

目前井身结构设计的常规方法是采用 3 条压力剖面(地层孔隙压力、地层坍塌压力及地层破裂压力剖面)，取得 6 个参数(抽吸压力允值、激动压力允值、井涌条件允值、正常压力压差卡钻临界值、异常压力压差卡钻临界值、钻井液密度允值)，确定必封点(垮塌井段和漏失井段)，然后根据压力平衡关系设计出井身结构方案。常规方法的基本思想是：利用井身结构设计确保钻井工程的安全、高效、低成本。

国内外每层套管下深的设计方法基本相同，存在的差距主要体现在工艺技术水平不同，即套管、钻头系列的选择不同。

2.1.1　国外高压井套管柱设计研究现状

对井身结构设计而言，目前国外采用的设计方法仍是以力学平衡理论为基础的方法。主要根据某一地区的地质条件、地层压力体系分布规律、钻井施工要求和完井要求，自下而上设计套管的层次和下入深度。但对于不同地区的油气井来说，没有一种唯一的、完美无缺的套管程序。对每一口井来说，每一个套管程序都是暂定的、灵活的，要根据实际情况来重新审定。

通过对美国、法国、罗马尼亚、奥地利、沙特阿拉伯及阿联酋等国家的高压钻井资料调研及分析发现，国外在高压井钻井中采用的套管、钻头系列及种类随地区、井深、钻井目的及钻井技术水平的不同而不同。其套管层次有 3 层、4 层、5 层、6 层、7 层等，其套管尺寸最大为 Φ914.4mm、最小为 Φ88.9mm，井眼尺寸最大为 Φ1066.8mm、最小为 Φ120.7mm。套管与井眼之间的间隙一般为 9.5~76.2mm。其中，典型套管程序及其作用简介如下：

（1）Φ508mm-Φ339.7mm-Φ273.1mm-Φ193.7mm-Φ127mm 系列。这种套管程序在美国西得克萨斯、俄克拉荷马州、密西西比－亚拉巴马等地区普遍采用，其钻头使用系列为 Φ660.4mm-Φ444.5mm-Φ311.2mm-Φ241.3mm-Φ165.1mm。与传统的套管程序相比，这种套管结构分别用 Φ273.1mm 和 Φ193.7mm 的套管代替 Φ244.5mm 和 Φ177.8mm 的套管，优点是在下部井眼用标准尺寸的较大钻头，且能保证套管和井眼之间有足够大的间隙。

（2）Φ762mm-Φ660.4mm-Φ508mm-Φ406.4mm-Φ273.1mm-Φ193.7mm-Φ127mm 系列。这种套管程序在美国加利福尼亚州最深的 943-29R 井（7745m）中采用，其套管程序如图 2-1 所示。设计的主要目的是实现全井都能用 Φ127mm 的钻杆及较大尺寸钻头进行钻进，以避免因水敏性页岩在水基钻井液中浸泡时间过长，引起井壁坍塌而造成钻具扭断等井

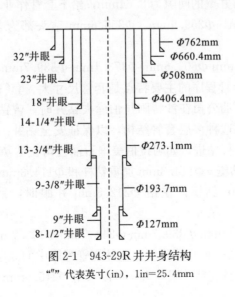

图 2-1　943-29R 井井身结构

"″" 代表英寸(in)，1in=25.4mm

下事故。该套管程序与第一种套管结构相比，用Φ406.4mm的套管代替Φ339.7mm的套管，故在下部Φ273.1mm的套管可以用较大尺寸的钻头进行钻进，其套管和井眼的间隙增大到33.3mm，有利于套管顺利下入和提高固井质量，但此套管程序的缺点是各层套管及相应的钻头尺寸都是非标准的。

（3）Φ762mm-Φ508mm-Φ406.4mm-Φ301.6mm-Φ250.8mm-Φ196.9mm-Φ139.7mm系列。这种套管程序在美国怀俄明州Madden地区实践过，如图2-2所示。其目的是用Φ762mm的导管封隔淡水层，用Φ508mm的表层套管封隔浅水层，用Φ406.4mm的技术套管封隔。

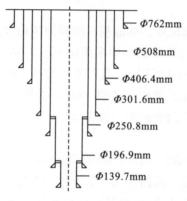

图 2-2 Binhorn 1-5 井套管程序

在钻入较高压力层之前的较低压力层，用Φ301.6mm的尾管封隔较高压力地层，用Φ250.8mm的尾管封隔极高压力层之上的较低压力地层，用Φ196.9mm的尾管封隔较低压力层之前的较高压力层，将Φ139.7mm的尾管作为生产套管。该套管程序的主要特点是：在Φ508mm的表层套管和Φ139.7mm的生产套管之间有4层中间套管，可以封隔4套不同压力的地层，其缺点是Φ269.9mm和Φ250.8mm套管段、Φ215.9mm和Φ196.9mm套管段的间隙较小，其中Φ250.8mm的尾管接箍与井壁间的间隙为7.62mm，Φ196.9mm的尾管接箍与井壁的间隙为8.64mm，给下套管作业和固井施工增加了难度。此外，所用的Φ463.5mm、Φ269.9mm、Φ355.6mm钻头都为非API标准尺寸的特制钻头。

（4）Φ914.4mm-Φ762mm-Φ609.6mm-Φ473.1mm-Φ339.7mm-Φ244.5mm-Φ177.8mm-Φ114.3mm系列。这种套管程序的主要特点是套管尺寸大、套管层次多，可以封隔多套复杂地层。阿拉伯美国石油公司在沙特阿拉伯库夫钻井时，曾钻遇6个潜在漏失层和一个异常高压水层，故采用这种多层套管结构，以保证安全钻井。由于井眼尺寸大，故可以采用大尺寸钻具组合进行钻进，如阿拉伯美国石油公司在钻Φ431.8mm及以上尺寸井眼时，都采用Φ254mm钻铤+Φ114.3mm加重钻杆和Φ114.3mm钻杆；在钻Φ304.8mm井眼时，采用Φ158.8mm钻铤；在钻Φ212.8mm井眼时，采用Φ158.8mm钻铤和Φ127mm钻杆。

（5）Φ609.6mm-Φ406.4mm-Φ339.7mm-Φ244.5mm-Φ193.7mm系列。这种套管程序是德国KTB超深井采用的一种套管程序。这种套管程序中的3层技术套管，可以封隔3种不同压力系统的地层，且完钻井眼较大，可以采用Φ215.9mm钻头和Φ127mm钻杆进行钻进。当因地质条件需要加深或遇到不利的井眼条件要求多下一层套管时,可以采用这种井身结构。该种套管与钻头系列的缺点是套管与井眼之间的间隙比较小,需要较高的钻井工艺技术水平。德国在钻 KTB 超深井时,采用了自动垂直钻井系统,从而使得钻柱及套管柱与井壁之间的摩阻和扭矩最小,为小间隙井段套管顺利下入创造了条件,保证了钻井安全。

国外应用套管程序的特点是:可以选择多层技术套管封隔多层不同压力的复杂地层,确保安全钻井;给下部井段套管及钻头尺寸的选择留有充足的余地,在遇到井下复杂情况时有调整的余地,如多下一层技术套管,或按地质要求进一步加深井眼等;下部井眼可采用较大尺寸钻头钻进,有利于优化钻井、取心作业、打捞落鱼及下套管固井施工等;可采用较大井眼完井,下入 $\Phi177.8mm(7'')$ 或 $\Phi139.7mm(5\text{-}1/2'')$ 套管或尾管,有利于开采和井下作业。

对套管强度设计而言,美国埃克森公司研究出了一种叫做 VonMises 的管柱设计方法,使管柱更能适应高压含硫气井的井下受载情况,应用效果较好。在套管的材质选择,美国防腐工程师按 1975 年制定的 NACEMR-01-75 标准进行选材,多年来未发生过硫化物应力开裂。

为满足套管等的连接强度,抗磨损及气密封性等方面的要求,世界各国都在开发特殊螺纹连接的套管。应用较广、生产量较大的主要有 VAM、BDS、NSCC、NK 系列,以及 FOX、HYdril 等螺纹结构管材,其中 VAM 开发较早、应用量较大。

国外在开发高压气田时,为延长套管柱寿命主要考虑以下几点:选用硬度均匀、含碳量低的油管;使用硬度不超过 HRC22 的低碳合金钢或硬度不超过 HRC35 的有色金属(Ni-Cr、Ni-Cr-Co、Ni-Cr-Mo-Co)。

2.1.2　国内高压井套管柱设计现状

井身结构设计方面,我国除少数陆地深井和海洋钻井多加一层 $\Phi762mm$ 的导管外,目前在深井高压井钻井中普遍采用的套管程序为:$\Phi508mm\text{-}\Phi339.7mm\text{-}\Phi244.5mm\text{-}\Phi177.8mm\text{-}\Phi127mm$。钻井实践已证明这种包括导管、表层套管、技术套管和油层套(尾)管在内的 5 层套管结构,在地质条件不太复杂的地区是很适用的,但在具有多个压力层系的复杂地质条件下进行钻井施工作业时,很难满足实际的需求。存在的主要问题如下:

(1)套管层数少,不能满足封隔多层复杂地层的要求。目前采用的套管程序中一般只有两层技术套管,在钻达设计目的层前只能封隔两套不同压力系统的地层,当钻遇更多的不同压力系统地层时,只能把设计为目的层的套管提前下入,其结果是提前下入一层套管、井眼尺寸就缩小一级,最后难以钻达设计目的层。

(2)目的层套管与井眼的间隙小,易发生下套管阻卡等复杂情况,固井质量也难以保证。$\Phi177.8mm$ 的套管接箍的外径为 $\Phi194.5mm$,在 $\Phi212.7mm$ 井眼内下入,两者之间的间隙为 9.1mm;$\Phi127mm$ 的套管接箍外径为 $\Phi141.3mm$,在 $\Phi149.2mm$ 井眼内下入,两者之间的间隙只有 4.0mm。由于套管与井眼之间的间隙小,再加上如钻井液固相含量高、高压层、缩径等井下复杂环境,故存在下套管严重遇阻、固井质量难以保证等问题。

(3)下部 $\Phi152.4mm$ 或 $\Phi149.2mm$ 的井眼尺寸小,作业空间受限,施工困难,受地层、岩性限制因素多，不利于快速、优质、安全钻井施工及加深钻进，也不利于油井开发和井下作业。

关于套管柱强度的设计及计算问题，国外普遍采用三轴应力强度分析方法，国内采用的标准是《套管柱强度设计方法》(SY/T—2000)。一些研究的焦点主要集中在诸如轴向应力、弯曲应力、浮力影响的计算方法方面，不同应力状态下的强度分析理论方面，在不同载荷环境和套管磨损条件下套管的服役寿命方面。目前国内对高压气井的油管柱设计并未形成一套成熟的技术，主要是借鉴国内外相关资料进行选择，但仍然存在许多问题。国外抗腐蚀材料的选择通常是根据美国腐蚀工程师协会(National Assoeiation of Corrsi-on Engineers，NACE)的标准进行选择，对于含硫和高 CO_2 腐蚀，通常是选择高含铬锰合金钢，其价格极为昂贵，对于勘探井来说，投资风险极大。并且经济性的管柱具有多样性且性能测试手段缺乏，故选择其他经济性管柱时难度较大。对于高压气井，通常选用特殊螺纹，目前市场常使用的螺纹数目较多，性能各异。随着国产螺纹的生产，成本大大降低，但仍需要准确地对其进行评价。从安全、经济、高效等方面综合考虑选择何种螺纹，是目前需要解决的问题之一。

另外，我国一些含硫气田，过去使用 API 标准中的 L80、C90 钢级的套管时，极易发生问题，近年来已普遍使用日本住友金属工业公司及日本钢管株式会社(NKK)公司的系列防腐蚀套管，效果很好。1985 年，我国有关部门参考 NACE 的 H_2S 腐蚀划分标准，提出了《天然气地面设施抗硫化物应力开裂金属材料要求》(试行)(SYJ12-85)的标准，对酸性气井环境下的管柱腐蚀问题提供了一定的理论指导。

2.2　高压气井井身结构设计工程难点分析

在高压气井套管柱设计中，除气田本身的地质因素难点外，还存在工程方面的技术难点，集中体现在由于高压气井复杂的地质条件，当在钻进过程中出现溢流压井时，常规压井方式无效，以及在水泥封固时出现严重气窜及水泥腐蚀等一系列工程问题，从而使得高压气井比一般油气井更具工程挑战性。实践证明，高压气井尤其是高压天然气深探井是钻井工程最艰难、最极端的条件，需要对作业中潜在的高危险进行特殊考虑。如果考虑不周或处理不当，对于高压带来的极大困难，即使是小小的疏忽或失误，都可能造成严重后果。

2.2.1　套管柱层次及井身结构现状

井身结构设计是油气井的骨架设计，包括套管尺寸、层次、下入深度及相应的井眼尺寸，它必须满足如下 3 个要求：

(1)钻井施工能顺利钻达目的层。

(2)保护油气层不会长时间受钻井液侵害。

(3)油气开发规范的完井方式、套管结构和质量标准。

目前套管层序及井身结构系列在高压气井设计中存在严重不足，不能完全将高压气井复杂层位进行封隔，使得安全钻进存在很大的风险。

目前国内普通油气井钻井中常用的井身结构系列见表 2-1。

表 2-1　常用的井身结构

普通井	套管尺寸	13-3/8″×9-5/8″×5-1/2″
	钻头尺寸	17-1/2″×12-1/4″×8-1/2″
普通防砂井	套管尺寸	13-3/8″×9-5/8″×7″
	钻头尺寸	17-1/2″×12-1/4″×8-1/2″
深井超深井	套管尺寸	20″×13-3/8″×9-5/8″×7″×5″
	钻头尺寸	26″×17-1/2″×12-1/4″×8-1/2″×6″(5-7/8″)

这种常用的井身结构系列在地质条件不太复杂的地区是适用的,但在复杂地质条件下,如此少的套管和钻头系列便显示出局限性。主要存在以下几个方面的问题:

(1)套管层数少,不能满足封隔多套复杂地层的要求。目前采用的套管程序中仅有 1～2 层技术套管,在钻达设计目的层前只能封隔 1～2 套不同压力系统的地层,遇到更多的不同压力系统的地层只能把目的层套管提前下入,结果是提前下入一层套管井眼就缩小一级,最后无法钻达设计目的层。

(2)目的层套管(Φ177.8mm 和 Φ127mm)与井眼的间隙小,易发生事故。在 8-1/2″(Φ215.9mm)井眼内下 7″(Φ177.8mm)套管,其接箍间隙为 9.1mm。在 6″(或 5-7/8″)井眼内下 5″(Φ127mm)套管,接箍间隙只有 5.6mm(或 4.0mm)。由于套管与井眼的间隙小,易发生下套管遇阻或下不到预定深度,且固井质量难以保证。

(3)下部井眼尺寸小(6″或 5-7/8″),不利于快速、优质、安全钻井,也不能满足采油工艺和地质加深的要求。

2.2.2　套管柱层次设计工程难点

井身结构还应有进一步分隔地层的可能性,即在钻井过程中留有至少再增加一层中间套管的余地。这是因为:

(1)新区钻探,所有探井的地层、深度、流体、压力在钻达之前都具有不确定性,极大可能出现遭遇性的井塌、井漏或高压。当这些复杂情况不是单一出现时,就要考虑加入一层中间套管封隔的可能性。

(2)同一裸眼井段有多套压力层。必要时,同样要考虑提前下入中间套管,以降低钻井风险。

另外,在高压气井的套管设计过程中,往往因完井或开发的需要使得钻井施工局限于一个很小的活动空间内,并且在这有限的空间内,还必须可以随时插入一层"救助"套管。在较多情况下,所钻井眼与下入套管间的径向间隙(井眼与无接箍套管本体或有接箍套管的接箍之间)最小还不足 10mm。因此,对于高压等复杂情况下的钻井要足够重视这种情况下的井眼准备及小间隙的固井问题。否则将不能有效封隔高压气层或漏失层,封隔井段的复杂情况并未因下入钻井中间套管而消除,给继续钻井、井控及今后的完井测试留下隐患。

在高压天然气井的设计中,需要使用较高的钻井液密度;钻遇储层需要进行较多的取心作业;而同一裸眼井段内又不可避免地要钻开多个不同压力当量的地层,从处理复杂情况的角度讲,需要对付"喷、卡、大漏"等复杂情况。

对于高压气井来说，在设计中间套管下入层次和深度上必须重点考虑的不是减少套管层次，而是在钻达设计深度前，提前下入后续钻具问题，即井身结构设计必须是"留有余地"的设计，这样才能保证设计的安全性和合理性。

2.3　高温高压钻井井身结构设计

2.3.1　高温高压钻井井身结构设计原则

常规井身结构设计原则如下：

(1)有效地保护油气层，使不同地层压力的油气层免受钻井液的损害。

(2)应避免漏、喷、塌、卡等井下复杂情况的发生，为全井顺利钻井创造条件。

(3)钻下部地层采用重钻井液时产生的井内压力不致压裂上层套管处最薄弱的裸露地层。

(4)下套管过程中，井内钻井液柱的压力和地层压力之间的压差不致产生压差卡套管现象。

(5)具有压井处理溢流的能力，在溢流压井时不致压裂裸露地层。

(6)在考虑经济性的同时，导管和表层套管的直径应大一些，以便在后期遇到复杂情况时，对套管尺寸的选择有一定的余地。

(7)尽量避免同一裸眼段存在两套压力体系，通常需要封隔非固结地层、盐岩地层和页岩地层。

(8)满足定向井作业和测井作业的特殊要求。

(9)要考虑钻井船(或钻机)的作业能力。

高温高压井身结构设计除必须遵循一般钻井设计的基本原则外，还必须根据压力和温度预测情况，着重对高温高压的特殊性、潜在危险和可能出现的意外情况及事故周密计划和认真设计以应对。

(1)地层压力和温度预测。根据地质设计提供的温度、压力预测，开展针对性的研究，减小温度压力预测数据误差。对目标井进行温度和压力预测研究，并且要进行随钻的压力和温度监测或条件允许时进行随钻预测。对于探井的高温高压井段，按压力温度预测值的上限设计。

(2)尽量保证井眼系统压力平衡，不出现喷漏同在一裸眼内。

(3)钻井液液柱压力和地层压力之间的压差不宜过大，以免发生压差卡钻。

(4)资料比较齐全准确的井段遵循常规设计原则。

(5)明确每层套管及固井的目的，正确地确定套管下入深度。其中间技术套管必须封固目的层以上各种低压、坍塌、漏失、压力过渡带等井段，保证套管鞋以下地层能承受高压。产层套管深度的确定原则以能封固高压产层、留足人工井底为准。但需要从套管强度、螺纹密封、防腐能力和固井质量等方面完善保证措施，为压井、堵漏、完井测试等作业创造足够的安全条件。

(6)根据高温高压井的特点，一般备用一层套管。

(7)生产套管、技术套管固井水泥浆返至上层套管鞋以上 $100\sim150m$。

(8)如果井眼温度较高，预计水泥面之上钻井液膨胀可能造成过大内压力，水泥可以不返到上层套管鞋之内。留存部分裸眼井段，以便过高的钻井液膨胀压力向地层释放，避免损坏套管。

(9)如果裸眼地层段有腐蚀性流体，水泥应该封过腐蚀性流体层，防止日后套管被腐蚀。

(10)如果水泥返至井口或海床，或水泥返到上层套管鞋之上，预计的水泥返高有可能造成注水泥井漏，那么宁可减少水泥返高。尽量避免使用低密度水泥或采用分级注水泥。一次性水泥返高过大，造成的复杂情况甚多。

(11)如果两产层之间的隔层较薄，且两产层的压力差异较大，或者其中一产层含腐蚀性流体，那么推荐在两产层间加套管外封隔器。

(12)如果采用海床套管头悬挂套管，水泥应考虑井口悬挂时，水泥返得过高造成的井口安装困难。

(13)海洋气井生产套管不宜采用分级注水泥，分级箍不能保证长期密封完整性。如果技术套管外含高压层，那么技术套管也不宜采用分级注水泥。在井眼服役过程中，高压地层流体可能经过封隔器进入套管内环空，造成腐蚀和环空带压。

井身结构设计是否合理，将直接影响钻井作业的安全，井漏、井喷等复杂事故都与井身结构有直接的关系。井漏主要是由于地层压力系统复杂，高压层与低压层复杂交错，且对探井而言难以提供准确的地层孔隙压力和破裂压力剖面，必封点确定的不合理，在钻进的井段内含有多个压力层系，为了避免井涌或井喷，要封固高压层，选用钻井液的密度大于高压层压力梯度的当量密度，则压漏薄弱层，井漏严重滞后了钻井作业周期，损失钻井液，而且经常导致卡钻、井塌等井下复杂事故。井喷主要是由于套管的下深不合理，没有封隔住高压层，造成继续钻进的过程中发生井喷，再者就是由于套管强度的选择不合理，在钻进过程中发现井涌后关井，造成井筒内的憋压，压裂套管发生井喷。井喷的后果是非常严重的。

2.3.2 现有井身结构设计方法分析评价

现有的井身结构设计方法包括传统的自下而上设计方法和自上而下设计方法两种。

1)自下而上井身结构设计方法

传统的设计方法是采取自下而上设计方法，即套管设计从目的层生产套管开始自下而上逐层确定每层套管的下入深度和尺寸。由于这种井身结构设计方法是自下而上进行的，因而，上部套管下入深度的合理性取决于对下部地层特性了解的准确程度。这种以每层套管下入深度最浅、套管费用最低为目标的设计方法，非常适用于已探明地区开发井的井身结构设计。但对于深井、超深井，尤其是新探区的第一口新探井的井身结构设计，由于对下部地层的特性了解不充分，就难以应用这种传统的方法自下而上合理地确定每层套管的下入深度。

2)自上而下井身结构设计方法

该方法除考虑裸眼井段必须满足的压力平衡约束条件外，还考虑了井眼坍塌压力的影响及必封点问题。在已确定了表层套管下深的基础上，根据裸眼井段需满足的约束条件，从表层套管鞋处开始向下逐层设计每一层技术套管的下入深度，直至目的层的生产套管。自上而下设计方法所确定的每层套管的下入深度都是根据该深度以上地层的资料确定的，不受下部地层的影响，这有利于实钻过程中井身结构的动态设计和调整。设计结果可以使每层套管的下入深度最深，从而有利于保证顺利钻达目的层位。与传统设计方法联合应用，可以给出套管的合理下深区间。南海西部地区井身结构确定过程中同时使用这两种方法。

2.3.3　套管柱层次及下入方法确定

(1)钻井中裸眼安全的压力约束分析，钻井过程中，裸眼井段必须满足的压力约束条件为

$$\rho_{\max} = \max\{(\rho_{\mathrm{pmax}} + S_{\mathrm{b}} + \Delta\rho), \rho_{\mathrm{cmax}}\}, 防喷、防塌$$

$$(\rho_{\max} - \rho_{\mathrm{pi}}) \times H_i \times 0.00981 \leqslant \Delta P, 防卡$$

$$\rho_{\max} + S_{\mathrm{g}} + S_{\mathrm{f}} \leqslant \rho_{\mathrm{fi}}, 防漏$$

$$\rho_{\max} + S_{\mathrm{f}} + S_{\mathrm{k}} \times \frac{H_{\mathrm{pmax}}}{H_i} \leqslant \rho_{\mathrm{fi}}, 关井时防漏$$

其中，i——计算点序号，在设计程序中每米取一个计算点；

$\rho_{\max}$——裸眼井段的最大泥浆密度，$\mathrm{g/cm^3}$；

ρ_{pmax}——裸眼井段钻遇的最大地层孔隙压力系数，$\mathrm{g/cm^3}$；

S_{b}——抽吸压力系数，$\mathrm{g/cm^3}$；

ρ_{cmax}——裸眼井段的最大井壁稳定压力系数，$\mathrm{g/cm^3}$；

ρ_{pi}——计算点处的地层孔隙压力系数，$\mathrm{g/cm^3}$；

H_i——计算点处的深度，m；

ΔP——压差卡钻允值，MPa；

S_{g}——激动压力系数，$\mathrm{g/cm^3}$；

S_{f}——地层破裂压力安全增值，$\mathrm{g/cm^3}$；

ρ_{fi}——计算点处的地层破裂压力系数，$\mathrm{g/cm^3}$；

H_{pmax}——裸眼井段最大地层孔隙压力处的井深，m；

S_{k}——井涌允量，$\mathrm{g/cm^3}$；

$\Delta\rho$——附加泥浆密度，$\mathrm{g/cm^3}$。

确定套管下入深度的依据，是在钻下部井段的过程中所预测的最大井内压力不致压裂套管鞋处的裸露地层。利用压力剖面图中最大地层压力梯度求上部地层不致被压裂所应具有的地层破裂压力梯度的当量密度 ρ_{f}。ρ_{f} 的确定有两种方法，当钻下部井段时如果肯定不会发生井涌，可用式(2-1)计算：

$$\rho_{\mathrm{f}} = \rho_{\mathrm{pmax}} + S_{\mathrm{b}} + S_{\mathrm{g}} + S_{\mathrm{f}} \tag{2-1}$$

式中，ρ_{pmax}——地层压力剖面图中最大地层压力梯度的当量密度，$\mathrm{g/cm^3}$。

在横坐标上找出地层的设计破裂压力梯度的当量密度 ρ_{f}，从该点向上引垂直线与破裂压力线相交，交点所在的深度即为中间套管下入深度假定点(D_{21})。

若预计要发生井涌，可用式(2-2)计算：

$$\rho_{\mathrm{f}} = \rho_{\mathrm{pmax}} + S_{\mathrm{b}} + S_{\mathrm{f}} + \frac{D_{\mathrm{pmax}}}{D_{21}} \times S_{\mathrm{k}} \tag{2-2}$$

式中，D_{pmax}——地层压力剖面图中最大地层压力梯度点所对应的深度，m。

式(2-2)中的 D_{21} 可用试算法求得，试取 D_{21} 的值代入式(2-2)求 ρ_f，然后在地层破裂压力梯度曲线上求 D_{21} 所对应的地层破裂压力梯度。若计算值 ρ_f 与实际值相差不大或略小于实际值，则 D_{21} 即为中间套管下入深度的假定点。否则另取 D_{21} 值计算，直到满足要求为止。

(2)验证中间套管下到深度 D_{21} 是否有被卡的危险。

先求出该井段最小地层压力处的最大静止压差：

$$\Delta P = 0.00981(\rho_m - \rho_{pmin})D_{pmin} \tag{2-3}$$

式中，ΔP——压力差，MPa；

ρ_m——当钻进深度 D_{21} 时使用的钻井液密度，g/cm^3；

ρ_{pmin}——该井段内最小地层压力当量密度，g/cm^3；

D_{pmin}——最小地层压力点所对应的井深，m。

若 $\Delta P < \Delta P_n$，则假定点深度为中间套管下入深度。若 $\Delta P > \Delta P_n$，则有可能产生压差卡套管，这时中间套管下入深度应小于假定点深度。在 $\Delta P > \Delta P_n$ 时，中间套管下入深度按下面的方法计算。

在压差 ΔP_n 下所允许的最大地层压力为

$$\rho_{pper} = \frac{\Delta P_n}{0.00981D_{min}} + \rho_{pmin} - S_b \tag{2-4}$$

在压力剖面图上找出 ρ_{pper} 值，该值所对应的深度即为中间套管下入深度 D_2。

(3)求尾管下入深度的假定点。

当中间套管下入深度小于假定点时，则需要下尾管，并确定尾管的下入深度。

根据中间套管下入深度 D_2 处的地层破裂压力梯度 ρ_{f2}，由式(2-5)可求得允许的最大地层压力梯度。

$$\rho_{pper} = \rho_{f2} - S_b - S_f - \frac{D_{31}}{D_2} \times S_k \tag{2-5}$$

式中，D_{31}——尾管下入深度的假定点，m。

式(2-5)的计算方法同式(2-2)。

(4)校核尾管下到假定深度 D_{31} 处是否会产生压差卡套管。

校核方法同上，压差允值用 ΔP_a。

(5)计算表层套管下入深度 D_1。

根据中间套管鞋处(D_2)的地层压力梯度，给定井涌条件 S_k，用试算法计算表层套管下入深度。每次给定 D_1，并代入式(2-6)计算：

$$\rho_{fe} = (\rho_{p2} + S_b + S_f) + \frac{D_2}{D_1} \times S_k \tag{2-6}$$

式中，ρ_{fe}——井涌压井时表层套管鞋承受的压力的当量密度，g/cm^3；

ρ_{p2}——中间套管鞋 D_2 处的地层压力当量密度，g/cm^3。

试算结果，当 ρ_{fe} 接近或小于 D_2 处的破裂压力梯度 $0.024\sim0.048g/cm^3$ 时符合要求，该深度即为表层套管下入深度。

2.3.4　井身结构设计的 6 个参数确定

井身结构设计的合理与否，其中一个重要的决定因素是设计中所用到的抽吸压力系数、激动压力系数、破裂压力安全系数、井涌允量和压差卡钻允值这些基础系数是否合理。

1. 抽吸压力系数 S_b 和激动压力系数 S_g

石油钻井过程中，起下钻或下套管作业时将在井眼内产生的波动压力，下放管柱产生激动压力，上提管柱产生抽吸压力。由于现代井身结构设计方法是建立在井眼与地层间压力平衡基础上的，这种由起下钻或起下套管引起的井眼压力波动势必要引入井身结构设计中。

波动压力可采用稳态或瞬态模型进行计算。稳态波动压力分析模型是在刚性管——不可压缩流体理论基础上建立的，它不考虑流体的可压缩性和管道的弹性。瞬态井内波动压力分析模型是建立在弹性管——可压缩流体理论基础上，这一理论认为运动管柱在井内引起的压力变化，将以一个很大的但又有限的波速在环空流道内传遍液柱，它考虑了液体的压缩性和流通的弹性，其结果是使井内容纳的泥浆比其不受压状态下所容纳的要多，因而使环空流速减小。瞬态井内波动压力计算模式更为精确。

对于抽吸和激动压力系数可通过以下步骤求出：

(1) 收集所研究地区常用泥浆体系的性能，主要包括密度及流变性参数。

(2) 收集所研究地区常用的套管钻头系列、井眼尺寸及钻具组合。

(3) 根据稳态或瞬态波动压力计算公式，计算不同泥浆性能、井眼尺寸、钻具组合及起下钻速度条件下的井内波动压力，根据波动压力和井深计算抽吸压力和激动压力系数。

2. 地层破裂压力安全系数 S_f

S_f 是考虑地层破裂压力预测可能的误差而设的安全系数，它与破裂压力预测的精度有关。直井中美国取 $S_f = 0.024 \text{g/cm}^3$，在其他地区的井身结构设计中，可根据对地层破裂压力预测或测试结果的信心程度来定。测试数据（漏失试验）较充分、生产井或在地层破裂压力预测中偏于保守时，S_f 取值可小一些；而在测试数据较少、探井或在地层破裂压力预测中把握较小时，S_f 取值需大一些。一般可取 $S_f = 0.03 \sim 0.06 \text{g/cm}^3$。

对于地层破裂压力安全系数 S_f 可通过以下步骤求出：

(1) 收集所研究地区不同层位的破裂压力实测值和破裂压力预测值。

(2) 根据实测值与预测值的对比分析，找出统计误差作为破裂压力安全系数。

3. 井涌允量 S_k 的确定

钻井施工中，由于对地层压力预测不够准确，所用钻井液密度可能小于异常高压地层的孔隙压力当量钻井液密度值，从而可能发生井涌。发生溢流关井时，关井立管压力的大小反映了环空静液柱压力与地层压力之间的欠平衡量。

真实地层压力：

$$P_p = P_d + 0.00981 \rho_m H \tag{2-7}$$

P_d 反映井眼欠平衡的程度，这种欠平衡主要是地层压力预测误差引起的。

关井套压为

$$P_a + 0.00981\rho_m(H - h_w) + 0.00981\rho_w h_w = P_p \tag{2-8}$$

式中，P_d——关井立管压力，MPa；

H——溢流深度，m；

P_a——关井套压，MPa；

ρ_w——溢流密度，g/cm³；

ρ_m——井内钻井液密度，g/cm³；

P_p——地层压力，MPa；

h_w——溢流柱高度，m；

因此，

$$P_a = P_d + 0.00981(\rho_m - \rho_w)h_w \tag{2-9}$$

由式(2-9)知，关井套压的大小取决于井内钻井液与地层压力之间的欠平衡量 P_d、溢流量大小 h_w 和溢流密度 ρ_w。关井套压受防喷设备、套管抗内压强度和地层破裂压力三者的制约，并应低于最大允许套压。在井内钻井液密度和溢流类型一定时，井眼安全性取决于欠平衡量 P_d 和溢流量大小 h_w。

衡量一个地区地层压力预测误差 P_d 的大小通常用井涌允许条件 S_k 来表示：

$$P_d = 0.00981S_k H \tag{2-10}$$

S_k 也就表示井涌的风险程度，根据估计的最大井涌地层的压力与钻井液密度的差别来确定，该值也取决于现场控制井涌的能力，设备技术条件较好时，可取低值。而且，风险较大的是高压气层和浅层气，高压水层控制起来较容易。

4. 压差允值(ΔP_n 和 ΔP_a)的确定

裸眼中，泥浆液柱压力与地层孔隙压力的差值过大时，除使机械钻速降低外，也是造成压差卡钻的直接原因，会使下套管过程中发生压差卡套管事故。特别是在高渗透地层、钻井液失水较大并且钻具在井下长期静止时，更容易发生卡钻。因此，在井身结构设计中应避免压差卡钻和压差卡套管事故的发生。具体方法就是在井身结构设计时保证裸眼段任何部位泥浆液柱压力与地层孔隙压力的差值小于某一安全的数值，即压差允值。各个地区，由于地层条件、所采用的钻井液体系、钻井液性能、钻具结构、钻井工艺措施有所不同，因此压差允许值也不同，应通过大量的现场统计获得。

对于压差允值(ΔP_n 和 ΔP_a)可通过以下步骤求出：

(1)通过卡钻事故统计资料，确定易压差卡钻层位及井深。

(2)记录卡钻层位的地层孔隙压力。

(3)统计卡钻事故发生前井内曾用过的最大泥浆密度，卡钻发生时的泥浆密度。

(4)根据卡钻井深、卡点地层压力、井内最大安全泥浆密度计算单点压差卡钻允值。

(5)统计分析各单点压差卡钻允值，确定适合于所研究地区的压差卡钻允值。

《现代完井工程》《钻井手册》，以及塔里木、中原等油田 6 个参数的参考值见表 2-2。

表 2-2　井身结构设计 6 个参数的参考值

序号	抽吸压力系数 /(g/cm³)	激动压力系数 /(g/cm³)	井涌允量 /(g/cm³)	破裂压力增值 /(g/cm³)	压差卡钻允值/MPa		备注
					正常	异常	
1	0.036	0.036	0.06	0.024	16	21	塔里木油田
2	0.05~0.08	0.07~0.1	0.06~0.14	0.03	11.8	14.7	中原油田
3	0.024~0.048	0.024~0.028	0.06	0.024~0.048	11~17	14~22	《现代完井工程》
4	0.06	0.06	0.06	0.024	16.7	21.6	《钻井手册》
5	0.03~0.07	0.04~0.06	0.05~0.09	0.03~0.05	11~13	12~14	地矿塔北

2.3.5　需要特别考虑的原则

(1)确定井身结构和套管柱时,要有切实可靠的地质资料作为设计的基础。应根据邻井资料、地震资料及地质预报,认真分析本地区和邻井的地质资料和实估资料,搞好地层孔隙压力、破裂压力、温度及井涌允许量预测和故障分析,以科学合理地设计井身结构和正确选择套管鞋位置。

(2)在设计新构造预探井时,如果资料不足,在考虑产层流体(油、气、水)性质时先考虑气,产层流体宁可信其有,压力、温度宁可信其高,产气量宁可信其大。参考邻井资料应就高不就低。对于新探区最好采用一层套管解决一个目的层的方法,按计划向深层发展。

(3)在进行套管柱强度校核时,考虑的钻井液密度始终比地层孔隙压力梯度高出 0.07~0.15g/cm³。

(4)设计高压井套管时应根据地层孔隙压力和破裂压力曲线由下往上进行,最先考虑的是油层套管。

(5)套管层次多、压力超过 34.5MPa 时,可以采用无接箍套管以改变常规套管程序。高压气井,要求使用金属对金属密封螺纹套管,不能使用梯形螺纹套管(BTC)。

(6)在做好钻井设计的同时也要做好完井测试设计。若用尾管完井,必须考虑回接尾管,保持上部井口至少有两层套管封固。测试管柱,也应采用金属对金属密封螺纹,下入时必须试压。井口管汇要考虑降温、降压措施。

(7)高温高压井一般都要求留一层套管作为应付意外复杂情况的考虑余地。

(8)当常规套管系列不能满足设计要求时,需权衡利弊,以科学合理、安全经济为出发点,选用水力扩大钻头或双心钻头和无接箍套管改变套管系列。

(9)对于异常高温高压或含 H_2S 和 CO_2 等酸性气体的超深井,其所用的套管钢级和尺寸等均需特殊考虑。为了克服套管强度和耐腐蚀影响,可以采用尾管回接等工艺技术加以解决。

(10)应清楚地明确每层套管及固井的目的,正确地确定套管下入深度是极为重要的。其中间技术套管必须封固目的层以上各种低压、坍塌、漏失、压力过渡带等井段,保证套管鞋以下地层能承受高压。产层套管深度的确定原则以能封固高压产层、留足人工井底为准。但需要从套管强度、螺纹密封、防腐能力和固井质量等方面完善保护措施,为压井、堵漏、完井测试等作业创造足够的安全条件。

(11)产层套管和上一层技术套管,都应以井内钻井液完全被掏空而充满地层液体的情况估算出来的井口最大压力作为设计的最低界限,或者以最后一层技术套管鞋处的地层破裂压力梯度减去地层流体压力梯度所得到的压力作为最大井口压力的设计依据。如果没有足够资料证实,地层流体应假定为干气。如果产层流体含 H_2S 和 CO_2,还必须按防 H_2S 和 CO_2 酸性气体技术规范进行套管设计。

2.4　高温高压油管柱尺寸优化设计

高温高压气井油管尺寸设计除了常规气井设计中要考虑携液等因素外,要重点考虑产能、冲蚀、增产和井下工具等因素,以便满足高温高压高产气井安全生产要求。

2.4.1　产能要求设计

油管尺寸对气井的产量起控制和调节流量作用。油管直径选择太大,油管内气体流速偏低,当气井气体流速以小于临界携液流速生产时,井筒积液,液体开始以混合气柱的形式滞留在井筒中,随着产出液体的聚集和井筒液柱高度的增加,井口压力和气产量随之急剧递减,造成气井水淹;油管直径选择太小,油管内气田速度过高,井筒中摩阻损失增大,特别对于高产气井,油管尺寸过小,导致井口压力过小,不能满足地面集输要求和限制产能的充分发挥,难以达到合理生产的目的。

分析油管尺寸对气井产能影响的基础是节点分析,当气流自气藏采出直到井口分离器,沿途经完井段、油管、气嘴、地面管线,在各环节有能量消耗,它们之间的关系为各部分在对应于某一产率下能量消耗与增加的总和。各部分压降可根据产率及有关物性参数、设计参数、几何参数等,通过相应的计算公式求出,最后通过与生产动态拟合确定各主要参数,建立起一口生产井压力系统分析的数学模型,从而进行整体的优化分析。

综上所述,对于气井生产系统进行节点分析的一般步骤如下:

(1)建立生产井模型。首先应勾画出井从气层、完井段、井筒、井口、集输管线直到分离器或其他端点的生产流程(包括人工举升系统),即建立生产井模型。

(2)根据确定的分析目标选定解节点。在气井生产模型建立后,可根据确定的分析目标选定解节点,原则上所取解节点应尽可能靠近分析的对象。

(3)计算并绘制所选解节点的流入、流出动态曲线。解节点一经选定,它本身就将生产系统分割为节点上游,即流入一方;节点下游,即流出一方。从气层开始到解节点,反映了在目前地层压力条件下,经过若干部分到解节点的供气情况:从分离器或其他端点到解节点,反映在分离器压力或其他端点压力一定时的输出情况。

(4)动态拟合。在气井节点分析过程中,只有在流入动态曲线、流出动态曲线两部分参数都选择合适的情况下,解节点的压力和流量才能表明气井的最佳状态。因此,在进行气井节点分析时,通常将节点压力和流量做成图,观察节点压力随流量和系统参数的变化,分析压力损失的大小。首先做出流入动态曲线、流出动态曲线,其交点称为协调点,反映出一定的条件下的生产状态。通过改变油管尺寸,可以得到一系列油管尺寸对系统流动特征的影响,从而确定气井的最佳状态。

2.4.2　凝析水量及携液临界流量计算

国内外气田的生产实践表明，气田进入开发中后期，随着采出程度的增加和地层压力的下降，边底水的活跃程度逐渐加剧，表现为 Q_g 下降，Q_w 或 Q_L 升高，W_{GR} 升高。而完全不产水(液)的气田几乎是没有的。由于不同气田的地质特点不同，表现出的出水规律差别很大。出水时机及出水量的预测目前仍是一个世界性的难题。

气井产水(液)的来源主要有两个方面：一是地层中的游离水或自由水；二是地层中含有水汽的天然气进入井筒后由于温度、压力的变化而出现的凝析水或凝析液。前者的产水量一般较大且来势猛，对产气量等有较大影响；而后者水液量通常很小，对产气量等的影响相对较小，但若不及时排液，在生产后期也同样可能造成气井水淹。

天然气中的饱和含水量与下列因素有关：

(1)在温度一定的条件下，饱和水蒸气含量随压力的增加而降低，随压力的降低而增加。

(2)在压力一定的条件下，饱和水蒸气含量随温度的增加而增加，随温度的降低而降低。

(3)与自由水中盐溶解度有关，随水中含盐量的增加而减少。

(4)与天然气组分有关，含水量随天然气相对密度的增加而增加。

边水或底水驱气藏在开采过程中，尤其是当进入生产中后期后，往往均程度不同地存在气水同产。气井出水后，如果气流量较大、水量较小，将呈环雾流流态，水以水滴形式由气体携带至地面，此时气体呈连续相而液体呈非连续相；当气相流量、流速降低，或产水量增加，气体不能再提供足够的能量使井筒内的水(液相)连续流出井口时，部分液体必然沉降、聚集在井底，出现井底积液。气井井底积液过程如图 2-3 所示。

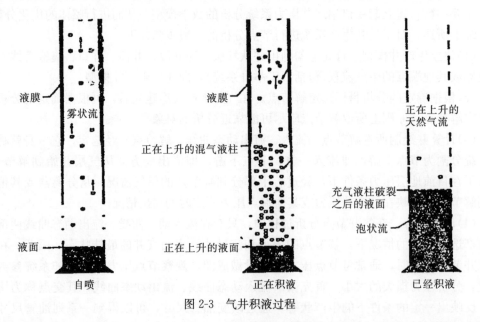

图 2-3　气井积液过程

井底积液后，将增加对产层的回压，使生产压差降低，降低气井的生产能力，随着产气量的降低，携液能力进一步变差，井底积液会在较短时间后恶性增加，最后导致气井停喷即俗称"气井水淹"。气井水淹多发生在低压井内，往往少量的水就会使低压气井停喷。气井停喷后，井筒内的液柱还会使井底附近地层出现伤害，含液饱和度增大，气相渗透率降低，气井产能及最终采收率均降低。

足以把井内可能存在的最大液滴带到地面的最小气流速度称为临界携液流速，而目前国内外对于临界携液流速计算模型有很多，具体计算临界携液流速模型分为液膜模型与液滴模型两大类。液膜模型假定气柱在管柱中心形成"气芯"，液相贴附在管壁形成"液膜"，生产中"气芯"必将带动"液膜"上行并排出井口。液滴模型假定液相以液滴形式分散在气流中被气流携带出井口。实际生产中，液膜与液滴两种形式都同时存在且相互转换。但由于液膜模型涉及的参数很多且部分计算参数的获取困难，难以满足工程计算需要。

（1）Turner 球形液滴模型。

1969 年，Turner 证明，气井中的液体是以小液滴夹带于气流中被带走，并认为液滴为圆球形，利用气体状态方程、质点力学和液滴破裂力学理论推导出了相应的计算公式。

由 Turner 球形液滴模型计算得到的卸载流速或携液临界流速是进行管柱优选的基础。为了保证所优选管柱的有效性和延长所优选管柱的有效期，Turner 在理论计算值的基础上选取 20% 的安全系数，对于深井选取 30% 的安全值。

携液临界流速：

$$V_g = 7.15 \times \left[\frac{10^{-3} \sigma (\rho_1 - \rho_g)}{\rho_g^2} \right]^{\frac{1}{4}} \tag{2-11}$$

携液临界流量：

$$q_{sc} = 2.5 \times 10^4 \frac{PAV_g}{TZ} \tag{2-12}$$

式中，V_g——携液临界流速，m/s；

　　　q_{sc}——携液临界流量，$10^4 m^3/d$；

　　　A——油管截面积，m^2；

　　　P——油管流压（井底或任意点的压力），MPa；

　　　T——油管流温（井底或任意点的热力学温度），K；

　　　Z——P，T 条件下的气体偏差系数；

　　　ρ_1——液体 P，T 条件下（油或水）的密度，kg/m^3；

　　　ρ_g——气体 P，T 条件下的密度，kg/m^3；

　　　σ——气液界面张力，mN/m。

如果 σ 有实验测定值，则直接采用实验值，如果没有实验测定值，则采用式（2-13）和式（2-14）计算：

气油表面张力：

$$\sigma_o = \left[42.4 - 0.047(1.8T + 32) - 0.267 \left(\frac{141.5}{\gamma_o} - 131.5 \right) \right] \times \exp(-0.101521P) \tag{2-13}$$

式中，T——温度，℃；

　　　γ_o——凝析油相对密度；

P——压力，MPa；

气水表面张力：

$$\sigma_{\mathrm{w}} = \left\{ \frac{1.8(137.78-T)}{206}\left[76\exp(-0.0362575P)-52.5+0.87018P\right]+52.5-0.87018P \right\}$$

(2-14)

Turner 球形液滴模型应用很广，在优选管柱时大量采用该模型。

(2)李闽等椭球液滴模型。

西南石油大学李闽等在研究最小携液产气量时发现：许多气井产量大大低于 Turner 球形液滴模型计算出的最小携液产量时，气井并未发生积液仍能正常生产(Li et al.，2002)。研究认为：液滴在高速气流中运动时，液滴前后存在一压差，在这一压差作用下，液滴会从圆球形变成椭球形，根据液滴形状为椭球形这一特点，经过推导，得到以下改进的计算公式。

携液临界流速：

$$V_{\mathrm{g}} = 2.5\left[\frac{10^{-3}\sigma(\rho_1-\rho_{\mathrm{g}})}{\rho_{\mathrm{g}}^2}\right]^{\frac{1}{4}}$$

(2-15)

携液临界流量：

$$q_{\mathrm{cr}} = k \times 2.5 \times 10^4 \frac{PAV_{\mathrm{g}}}{TZ}$$

(2-16)

式中，k——修正系数。

李闽等提出的椭球液滴模型是对 Turner 球形液滴模型的改进，其所得到的临界流速值有所降低。

(3)临界携液模型的对比。

从式(2-15)与式(2-16)的对比看，Turner 球形液滴模型与李闽等椭球液滴模型结构形式一致，只是公式系数不同。其中，修正的椭球液滴模型[式(2-16)]最接近气井自喷携液的极限——携液临界流量，实际产气量低于该值井筒必然存在携液困难、井筒积液现象；Turner 球形液滴模型计算的携液临界流量偏大，即使实际产气量低于 Turner 临界流量，井筒也未必存在携液困难、井筒积液现象。

气井生产中后期随着地层压力的降低、产气量的递减，普遍存在气井产水且产水量或水气比往往呈增加趋势，由于气井产水后往往影响气井的正常生产甚至自喷寿命，为提高优选管柱的"安全余量"，陆地气田常常采用 Turner 球形液滴模型进行管柱的优选，用李闽等椭球液滴模型判断气井是否存在积液。

利用 Turner 球形液滴模型优选的油管直径偏小，一方面，有利于生产中后期产能递减后的井筒携液、延长自喷生产期；另一方面，当实际产气量低于 Turner 球形液滴模型的携液临界流量，但高于修正的椭球液滴模型的携液临界流量时，井筒虽然不会马上积液，但有助于提醒技术管理人员提前准备应对措施。国内外气田大量的生产实践表明，由于对气藏的认识或预测的难度，气井生产中后期的产液量往往高于开发方案预测的产液量，在此条件下利用 Turner 球形液滴模型优选的油管直径从携液能力角度更安全，因此在国内外设计中普遍采用。

2.4.3　井筒防冲蚀速度计算

冲蚀是由于颗粒对管道弯曲部分的冲击产生的金属磨蚀。冲蚀的先决条件是必须有固相颗粒的存在，其次是高流速。高速流体不仅带动固相颗粒冲蚀管壁，而且在腐蚀的环境下能加剧腐蚀速度，如果气流速度增加 3.7 倍，则腐蚀速度增加 5 倍。影响冲蚀破坏程度除了固相颗粒的存在、高速度因素外，还有一些其他因素，如钢的特性（展延性、硬度）、颗粒物质的碰撞角度、颗粒质量、载液特性（密度和黏度）。冲蚀往往发生在流向改变的位置。由于井筒中难以从根本上避免固相颗粒的存在，因此，选择合理的油管直径以控制气流速度是防止冲蚀发生的主要手段。

可用"冲蚀临界速度"表征气井中气流产生冲蚀的可能性。当实际气流速度低于冲蚀临界速度时，气流（及其挟裹的固相颗粒）对管道的冲蚀可以忽略。冲蚀临界速度的计算方法有 API 和非 API 两种。需要指出的是，气相（单相）或气液两相的冲蚀速度不同，后者低得多。根据 ODP 配产方案，各井的生产气液比均大于 2000，为单相气流状态，因此本书中选择单相气流的冲蚀速度计算方法。

1）API 临界冲蚀速度

API RP 14E 标准主要用于保护陆地表面管道，也曾用于保护高速井。根据 API RP 14E，按照式（2-17）来计算流体冲蚀磨损的冲蚀临界流速：

$$V_e = C/\rho_m^{0.5} \tag{2-17}$$

其中，

$$\rho_m = 3484.4\,\frac{\gamma_g P}{ZT}$$

式中，ρ_m——混合物密度，g/cm^3；

　　　　C——常数，$100\sim150$；

　　　　P——油管流压，MPa；

　　　　T——油管流温，K；

　　　　Z——P，T 条件下的气体偏差系数；

　　　　γ_g——天然气相对密度，g/cm^3。

在计算冲蚀流速时，如果井筒流体很干净、不存在腐蚀和无固体颗粒情况下，C 值可以取 150。油管的通过能力要受冲蚀流速的约束，根据冲蚀流速来确定的油管日通过能力，如果常数 C 取 150，则油管日通过能力或最大允许产量按照式（2-18）来计算：

$$Q_e = 7.746 \times 10^4 A \left(\frac{P}{ZT\gamma_g}\right)^{0.5} \tag{2-18}$$

式中，Q_e——受冲蚀流速约束的油管通过能力，$10^4 m^3/d$；

　　　　A——油管截面面积，m^2；

2）非 API 临界冲蚀速度

世界上一些石油公司的实际标准为：①荷兰为 43m/s；②澳大利亚为 35m/s；③墨西哥湾为 38m/s；④埃克森美孚取 API 冲蚀标准中的"C"为 130。

3）国内（克拉 2 气田）临界冲蚀速度

在国内大型气田中，新疆克拉 2 气田进行过气井冲蚀速度的专项研究。克拉 2 气田中部深度为 3750m、温度为 100℃、原始地层压力为 74.35MPa、相应地温梯度为 2.4℃/100m、压力系数为 2.022，属常温异常高压气藏，采气速度为 4.25%，用射孔方式完井。2002 年 10 月克拉 2 项目联合工作组及 Shell 冲蚀问题的专家研究了 API 标准的局限性，并对非 API 标准进行了探讨，最终建议克拉 2 气田的极限流速为 35m/s。

此外，从川渝气田、长庆气田、新疆气田等的实际生产情况看，临界防冲蚀速度比临界气流速度高得多，冲蚀问题不是气井管柱优选的制约因素，所优选管柱基本未见冲蚀情况的发生。

采用 API 方法计算的临界冲蚀速度。其中，计算所得的最大临界冲蚀速度为 17.75m/s，远小于克拉 2 气田的极限流速 35m/s，管柱更安全。

2.4.4　增产要求设计

对于高温高压气井油管尺寸选择，还需要考虑后期增产措施的施工要求。以酸化、压裂改造为例，油管尺寸选择过小，施工作业的流体摩阻增大，更加增大了该类气井的施工压力，需要在现有井口装置条件下，设计合理油管尺寸，降低该类气井改造难度。

2.4.5　其他设计方面的要求

对于高温高压井，按规范需要下入井下安全阀、封隔器及其他配套工具，油管的内径不能小于井下开关工具的外径。

2.4.6　现场应用

按照东方某气田中深层开发配产方案，通过分析油管携液、冲蚀流量、井口水合物生产条件，确定东方某气田气井生产管柱合理尺寸。

1. 井筒压力、温度分布计算

依据东方某气田配产数据，各井产水量很小、生产气液比远高于 2000，井筒中基本处于单相气流状态，井筒压力分布计算方法主要有"平均温度和平均偏差因子法""Cullender 和 Smith 法"等，其计算结果基本一致。为了验证模型的正确性，利用某气田 X 井和 Y 井(生产气液比与东方某气田类似)在不同生产时期、不同井底流压、不同产气量条件下的井口压力、温度进行计算，计算结果及与实测值的绝对误差见表 2-3。

表 2-3　X 井和 Y 井温度、压力计算模型对比

井号	井底流压/MPa	产气量/10⁴m³	产水量/m³	井底流温/℃	井口实测压力/MPa	井口实测温度/℃	井口压力/MPa	压力误差	井口温度/℃	温度误差
	12.68	37.13	2.00	77.0	9.67	55	9.32	0.35	48.70	6.30
X	11.99	17.61	2.90	77.0	9.75	50	9.18	0.57	42.66	7.34
	9.87	28.30	1.30	77.0	7.76	54	7.42	0.34	49.00	5.00
	13.68	40.86	2.00	83.5	11.51	60	11.92	−0.41	54.90	5.10
Y	10.75	41.75	3.20	83.5	9.00	65	8.98	0.02	55.58	9.42
	8.58	41.47	2.05	83.5	6.87	65	6.65	0.22	55.75	9.25

从表 2-3 可以看出，"平均温度和平均偏差因子法"计算的井口压力值、井口温度值与实测值相比平均误差在 10% 以内，可以满足东方某气田高温高压井井筒压力、温度的计算需要。

2. 油管携液

由于气井在生产过程中会不同程度地受到产水(凝析水或地层游离水)的影响，生产管柱直径选择不当很可能导致气井井底提前积液，严重时甚至提前水淹。因此在设计方法上，首先考虑配产方案下不同直径生产管柱的携液能力。利用 Turn 公式，计算在井底流压为 3~45MPa，不同油管直径(3-1/2″ 9.2lb/ft[①]，内径 76.0mm；2-7/8″ 6.5lb/ft，内径 59.0mm；2-3/8″ 4.7lb/ft，内径 49.66mm)的临界流量值。

从图 2-4 可以看出，在生产初期高产量、高井底流压情况下，各井均不存在携液问题，但在生产末期中后期，对于预测产水量有明显增加趋势，为确保气井的长期连续携液自喷生产能力，推荐选用 2-7/8″(内径 59mm)油管。

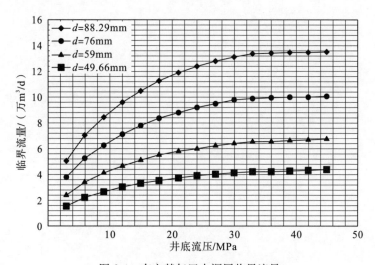

图 2-4　东方某气田中深层临界流量

3. 油管冲蚀

从川渝气田、长庆气田、新疆气田等的实际生产情况看，临界防冲蚀速度比临界气流速度高得多，冲蚀问题不是气井管柱优选的制约因素，所优选管柱基本未见冲蚀情况的发生。例如，新疆克拉 2 气田进行过气井冲蚀速度的专项研究。克拉 2 气田中部深度为 3750m、温度为 100℃、原始地层压力为 74.35MPa，相应地温梯度为 2.4℃/100m、压力系数为 2.022，属常温异常高压气藏，采气速度为 4.25%，用射孔方式完井。2002 年 10 月克拉 2 项目联合工作组及 Shell 冲蚀问题的专家研究了 API 标准的局限性，并对非 API 标准进行了探讨，最终建议克拉 2 气田的极限流速为 35m/s。

---

① 1lb=0.453592kg，1ft=0.3048m

根据藏东方某气田配产数据，采用 API RP 14E 计算的临界冲蚀速度，计算不同油管直径(3-1/2″ 9.2lb/ft，内径 76.0mm；2-7/8″ 6.5lb/ft，内径 59.0mm；2-3/8″ 4.7lb/ft，内径 49.66mm)所得的最大临界冲蚀速度为 17.75m/s，远小于克拉 2 气田的极限流速 35m/s，管柱更安全。

4. 油管尺寸优选

根据上述分析，按照开发单井的平均日产量为 $15 \times 10^4 \sim 60 \times 10^4 \mathrm{m}^3$，并考虑单井携液能力，油管尺寸选择如下：对于单井日产气量为 $15 \times 10^4 \sim 30 \times 10^4 \mathrm{m}^3$，选用 2-7/8″ 6.5lb/ft 油管；对于单井日产气量为 $30 \times 10^4 \sim 60 \times 10^4 \mathrm{m}^3$，选用 3-1/2″ 9.2lb/ft 油管。

从图 2-4 可以看出，在生产初期高产量、高井底流压情况下，各井均不存在携液问题，但在生产末期中后期，对于预测产水量有明显增加的趋势。

第3章 高温高压气井材料腐蚀机理

南海西部地区已发现的气田储层中,都不同程度地含有 CO_2,CO_2 腐蚀易造成套管断裂、井口装置失效、集输管线爆裂等问题,是制约油气田开发的关键因素。H_2S 气体对井下设备的腐蚀是非常严重的。氢脆和硫化物应力腐蚀破裂多发生在设备开始使用时,甚至在没有任何先兆下,设备管线、仪表等在几分钟或几个月内产生突然爆破,严重威胁着工作人员的生命安全。

高压气井钻井过程中往往会伴随着酸性气体的产生,因此在进行套管柱设计时,除对高压气井套管层次及下深有特殊的要求外,还需考虑高压气井内腐蚀性气体对套管材料造成腐蚀的影响,对其腐蚀后的强度进行分析计算,选用合适的安全设计系数及设计程序对一定下入深度的套管柱进行强度校核,使其符合高压气井安全钻井的需要,并根据国内外管材的生产现状合理选取适合高压气井的管材和连接螺纹。

3.1 概　　述

合金元素对油、套管钢 CO_2 腐蚀有很大的影响。例如,在低于30℃时,阴极反应机制使 CO_2 水解生成 H_2CO_3,并且阴极反应是速率的决定步骤。当钢材中加入少量的 Cu 元素时,就大大降低了 CO_2 水解生成 H_2CO_3 的活化能,极大地提高了其反应速度,加快了腐蚀。Videm 等(1996)的研究指出,钢材中加入 Cr、Mo 对 CO_2 腐蚀有抑制作用。Ikeda 等(1985)在动态循环下,对不同的含 Cr 量的钢进行腐蚀实验,发现在碳钢和铬钢表面都有粗晶粒的 $FeCO_3$ 生成。13Cr、25Cr 钢及 α-γ 双相不锈钢对 CO_2 腐蚀都有抑制作用。在去除表面腐蚀产物膜之后,发现在低 Cr 含量的钢中有严重的局部腐蚀。Cr 钢的耐蚀性主要是因为腐蚀产物膜中富集大量的 Cr。例如,在 Cr 含量为 2%(质量分数,下同)的钢中,腐蚀产物膜中的 Cr 浓度高达 15%~17%。在潮湿的环境下,Cr 钢的腐蚀产物较为致密且具有良好的粘附性和韧性,而且 Cr 含量越高,腐蚀产物膜层越薄。从分析结果来看,Cr 钢的耐蚀性归结于 Cr 富集于腐蚀产物膜中,形成了由 CrⅢ-O 或 CrⅢ-OH 组成的类似于不锈钢的钝化膜。另外,合金元素 Ni 的加入会加快钢材的 CO_2 腐蚀,但含 Ni 钢能有效防止钢材的硫化物腐蚀开裂。

Kermani 和 Gonzales 对提高碳钢的抗 CO_2 腐蚀能力的多种合金元素进行了研究,认为 Cr、Si、Mo、Cu、Ti、V 能有效抑制碳钢的 CO_2 腐蚀,其中 Cr 和 V 抑制碳钢 CO_2 腐蚀效果最为明显,如图 3-1 所示。

目前油气田控制 CO_2 腐蚀的常用方法有三种:添加缓蚀剂、使用防腐内涂层及使用耐蚀合金(anticorrosion alloys)。对于油套管而言,缓蚀剂及内防腐涂层不能完全达到工程预期效果。从材料本身入手,通过添加适当的合金元素,提高材质耐腐蚀性能以达到油套管防腐的目的。该方法是公认的有效防腐方法,应用最为广泛。多年来的应用实践

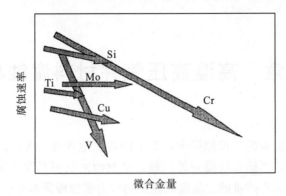

图 3-1　合金元素对腐蚀速率的影响

已经证实，元素 Cr 能有效抑制钢材的 CO_2 腐蚀。最早开发的抗 CO_2 腐蚀 Cr 钢为 13Cr 及改良型 13Cr 马氏体不锈钢，这些材料已经取得了良好的效果。

20 世纪 90 年代中后期，随着材料研究的不断深入，发现了一些中等腐蚀环境的油气田，采用价格较高的 13Cr 材质油套管可能存在防腐级别偏高、成本浪费的问题。从 1996~2006 年国内外学者对于低 Cr 钢抗 CO_2 或微含 H_2S 的 CO_2 腐蚀进行了大量的研究，取得了一大批重要成果。对低 Cr 钢的研究成果主要有三点：一是对腐蚀产物膜中 Cr 富集的提出；二是对产物膜自修复功能的提出；三是产物膜离子选择性的提出。Ikeda 等(1985)认为，表面腐蚀产物膜中 Cr 元素的富集是其表现出良好抗 CO_2 腐蚀性能的主要原因。Nyborg 的研究说明了富集 Cr 元素的腐蚀产物膜破坏后很容易再生，因此表现出比碳钢更好的抗点腐蚀性能。陈长风等(2002)的研究表明，Cr 元素富集产物膜的离子选择性也是低 Cr 钢具有较好抗点腐蚀性能的主要原因。

在此期间一些钢铁公司，如日本住友金属工业公司、NKK、DST，以及国内的宝钢集团有限公司、天津钢管集团股份有限公司等相继开发出了 1Cr-5Cr 的油套管，取得了良好的经济效益。

3.2　CO₂ 腐 蚀

3.2.1　CO₂ 腐蚀机理

CO_2 溶解于水中形成 H_2CO_3，溶液中的 H_2CO_3 与 Fe 反应造成 Fe 的腐蚀。钢铁材料在水溶液中的均匀腐蚀阳极过程与钢在其他酸溶液中阳极溶解过程相同，其基本阳极溶解过程为

$$Fe + OH^- \longrightarrow FeOH + e^- \tag{3-1}$$

$$FeOH \longrightarrow FeOH^+ + e^- \tag{3-2}$$

$$FeOH^+ \longrightarrow Fe^{2+} + OH^- \tag{3-3}$$

也有人认为腐蚀阳极反应没有那样复杂，只是 Fe 形成 Fe^{2+} 的氧化过程，即

$$Fe \longrightarrow Fe^{2+} + 2e^- \tag{3-4}$$

阴极腐蚀过程主要有两种反应。

（1）非催化的 H^+ 阴极还原反应：

$$CO_2 + H_2O \longrightarrow H_2CO_3$$

$$H_2CO_3 \longrightarrow H^+ + HCO_3^-$$

$$HCO_3^- \longrightarrow H^+ + CO_3^{2-} \tag{3-5}$$

当 pH<4 时，

$$H_3O^+ + e^- \longrightarrow H_{ad} + H_2O \quad （ad 代表基材表面吸附的粒子） \tag{3-6}$$

当 4<pH<6 时，

$$H_2CO_3 + e^- \longrightarrow H_{ad} + HCO_3^- \tag{3-7}$$

当 pH>6 时，

$$2HCO_3^- + 2e^- \longrightarrow H_2 + 2CO_3^{2-} \tag{3-8}$$

（2）表面吸附 $CO_2(sol)$ 氢离子的催化还原反应：

$$CO_2(sol) \longrightarrow CO_2(ad) \quad （sol 代表溶液中的粒子） \tag{3-9}$$

$$CO_2(ad) + H_2O \longrightarrow H_2CO_3(ad) \tag{3-10}$$

$$H_2CO_3(ad) + e^- \longrightarrow H(ad) + HCO_3^-(ad) \tag{3-11}$$

$$H_3O^+ + e^- \longrightarrow H(ad) + H_2O^* \tag{3-12}$$

$$HCO_3^-(ad) + H_3O^+ \longrightarrow H_2CO_3(ad) + H_2O \tag{3-13}$$

两种阴极反应的实质都是 CO_2 溶解后形成 HCO_3^-，电离出 H^+ 的还原过程。总的腐蚀反应为

$$CO_2 + H_2O + Fe \longrightarrow FeCO_3 + H^2 \uparrow \tag{3-14}$$

3.2.2 CO_2 腐蚀类型

金属材料的 CO_2 腐蚀类型分为全面腐蚀和局部腐蚀两种：如果腐蚀是在整个金属表面进行，则称为全面腐蚀。这种破坏形式往往在温度较低、CO_2 分压较低并且流动状态时容易发生；如果腐蚀只在金属表面局部区域进行，这类腐蚀便称为局部腐蚀，如图 3-2 所示。

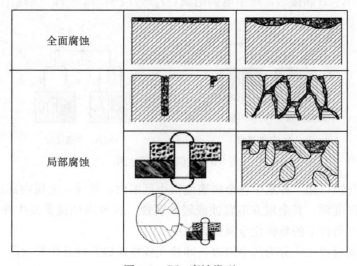

图 3-2 CO_2 腐蚀类型

全面腐蚀：其阴极、阳极尺寸非常微小，且相互紧密靠拢，以至有时用微观的方法也难以把它们分辨开来，或者说，大量的微阴极、微阳极在金属表面变幻不定地分布着，因而可把金属自溶解看成是在整个电极表面上均匀进行的；另外，当整个金属表面在溶液中处于活化状态时，只是各点随时间（或地点）有能量起伏，能量高时（处）呈阳极，能量低时（处）呈阴极，从而使整个金属表面遭受腐蚀。全面腐蚀又分为均匀腐蚀和不均匀腐蚀。

局部腐蚀：与全面腐蚀不同，局部腐蚀的阴极、阳极区截然分开，通常能够宏观地识别，至少在微观上可以区分。而且大多数都是阳极区面积小，阴极区面积相对很大，因此金属局部溶解速度比全面腐蚀的溶解速度大得多。金属发生局部腐蚀时，其腐蚀电池可以是由不同金属构成（如电偶腐蚀电池）；可以是同一种金属因所接触介质的浓度差而构成（如氧浓差电池）；可以是由钝化膜的不连续性而构成（如活态-动态电池）；可以是由介质和应力共同作用而构成（如应力腐蚀裂纹）；等等。按照金属发生局部腐蚀时的条件、机理和外露特点，又可以把局部腐蚀分为电偶腐蚀、缝隙腐蚀、小孔腐蚀（点蚀）、晶间腐蚀、应力腐蚀、腐蚀疲劳、磨损腐蚀和细菌腐蚀等。

电偶腐蚀是典型的电化学腐蚀，主要为不同金属或相同金属不同状态之间的接触所导致的。所谓的接触腐蚀泛指不同材质间相接触并处于电解质溶液中所发生的电化学腐蚀。接触材料包括金属材料和非金属材料。

若两块不同的金属处在同一种离子导体介质中，如某种水溶液中，且两块金属在这一介质中的自腐蚀电位不一样，若金属 A 的腐蚀电位低于另一种金属 B 的腐蚀电位，则当这两块金属之间存在"电接触"时，即电流可以从外部线路由其中一块金属流向另一块金属时，就组成了"腐蚀原电池"，也叫做"腐蚀电偶"。这种"电接触"可以是两块金属直接接触也可以是通过外部金属导线将两块金属相连接。组成腐蚀电偶后，自腐蚀电位较低的金属（金属 A）上将有阳极极化电流流过，而自腐蚀电位较高的金属（金属 B）上将有阴极极化电流流过。金属 A 由于阳极极化，它的腐蚀电位将从 φ_{corr}^{a} 向正的方向移动。电偶电流和电偶腐蚀效应的具体过程如图 3-3 所示，A、B 未偶接前，$|i_{A_a}| = |i_{A_c}|$，$|i_{B_a}| = |i_{B_c}|$；A、B 偶接后，产生电偶电流：$i_g = |i_{A_c}| - i'_{A_a} = i'_{B_a} - |i_{B_c}|$。当 A 得到完全保护时，$i'_{A_a}$。

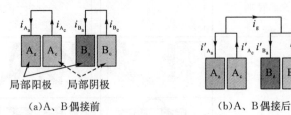

(a)A、B 偶接前　　　　　　　　　　(b)A、B 偶接后

图 3-3　电偶腐蚀示意图

点蚀又称孔蚀，是一种集中在金属表面很小范围内，并深入金属内部的小孔状腐蚀，蚀孔直径小、深度深，其余地方不腐蚀或轻微腐蚀。这种腐蚀通常发生在有侵蚀性阴离子与氧化剂共存条件下的易钝化金属或合金中。

点蚀发生的过程主要分为两个阶段，即蚀孔成核阶段和蚀孔生长阶段，具体如图 3-4所示。点蚀蚀孔成核阶段主要涉及钝化膜的破坏和阴离子及氧的竞争吸附过程。当电极阳极极化时，钝化膜中的电场强度增加，吸附在钝化膜表面的腐蚀性阴离子（如 Cl⁻），因离子半径较小而在电场的作用下进入钝化膜，使钝化膜的局部成为强烈的感应离子导体，钝化膜在该点出现了高的电流密度；当钝化膜-溶液界面的电场强度达到某一临界值时，钝化膜便遭到破坏。随后，阴离子（如 Cl⁻）与氧竞争吸附于裸露的基体处；在除气溶液中金属表面吸附的是由水形成的稳定氧化物离子；一旦氯的络合离子取代稳定氧化物离子，该处吸附膜被破坏，而发生点蚀。点蚀的破裂电位 Eb 是腐蚀性阴离子，可以可逆地置换金属表面吸附层的电位。当 $E > E_b$ 时，Cl⁻ 在某些点竞争吸附强烈，该处发生点蚀。

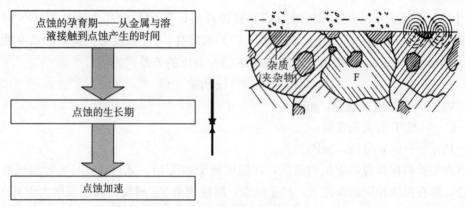

图 3-4　点蚀的形成过程

3.2.3　CO₂ 腐蚀的影响因素

影响 CO_2 腐蚀的因素主要包括钢材材质和环境因素，具体如图 3-5 所示。钢材材质包括钢材的热处理状态（钢材的显微组织）及钢材的化学成分（主要是合金元素）；环境因素主要包括 CO_2 分压、温度、溶液的 pH、溶液介质的化学性质、流速、单相或多相流体、几何因素、钢铁表面膜与结垢状况及外加载荷等，其中 CO_2 分压和温度是影响油套管腐蚀的两个主要因素。

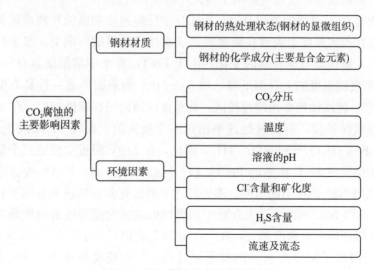

图 3-5　CO₂ 腐蚀的主要影响因素

1. CO$_2$ 分压

在影响 CO$_2$ 腐蚀的众多因素中，国内外学者普遍认为 CO$_2$ 分压起着决定性作用。目前油气工业也是根据 CO$_2$ 分压的高低来判断 CO$_2$ 腐蚀性的强弱。通常而言，溶液对金属的腐蚀性随 CO$_2$ 分压的升高而增强，平均腐蚀速率增大，但是由于此时的平均腐蚀速率不仅反映了各种材料自身的耐蚀性，还反映出其腐蚀产物在金属表面的成膜性。另外，CO$_2$ 分压升高后，材料表面膜增厚，保护性增强，又有降低腐蚀速率的趋势，需要结合温度具体分析。

当 CO$_2$ 分压大于 0.021MPa 时为 CO$_2$ 腐蚀环境；当 CO$_2$ 分压大于 0.21MPa 时为严重腐蚀；当 CO$_2$ 分压高时，由于溶解的 H$_2$CO$_3$ 浓度高，H$^+$ 浓度必然高，因而腐蚀被加速。Daweard 和 Milliams 提出了腐蚀速率与 CO$_2$ 分压的关系式为

$$\lg V_R = 0.671 \lg P_{CO_2} + C \qquad\qquad (3\text{-}15)$$

式中，V_R——CO$_2$ 腐蚀速率，mm/a；

　　　C——与 T 有关的常数；

　　　P_{CO_2}——CO$_2$ 分压，MPa。

室内实验数据及现场应用均证明，在温度低于 60℃ 时，式(3-15)与实际测试数据较为吻合，即在温度相同的条件下，P_{CO_2} 越大，腐蚀速率 V_R 越高。而当温度大于 60℃ 时，由于腐蚀产物膜的影响，该式计算值往往高于实测结果。当然，也有人发现，P_{CO_2} 为 0.1MPa 时的腐蚀速率比 P_{CO_2} 为 3MPa 时的腐蚀速率高，但这是由高温时低 CO$_2$ 分压形成的 Fe$_2$O$_3$ 膜阻碍了 FeCO$_3$ 保护膜形成所致。

2. 温度

温度对 CO$_2$ 腐蚀的影响主要基于以下 3 个方面的因素：①温度影响了介质中 CO$_2$ 的溶解度，介质中 CO$_2$ 浓度随着温度的升高而减小；②温度影响了反应的速度，反应速度随着温度的升高而加快；③温度影响了腐蚀产物成膜的机制。

温度对钢材 CO$_2$ 腐蚀的影响是通过影响化学反应速度和腐蚀产物成膜机制来影响腐蚀速率的，且在很大程度上表现在温度对生成腐蚀产物膜的影响上。很多研究表明，在 60℃ 附近，CO$_2$ 腐蚀动力学有质的变化。由于 FeCO$_3$ 在水中溶解度具有负的温度系数，即 FeCO$_3$ 溶解度随温度的上升而下降，在 60~110℃ 钢表面形成一种具有保护性的腐蚀产物 FeCO$_3$ 膜，使腐蚀速率出现过渡区，此温度区间内局部腐蚀突出。在 60℃ 以下，材料表面不能形成保护膜，钢的腐蚀速率出现一个极大值，而在 110℃ 或更高的范围内，可发生反应 3Fe+4H$_2$O $\longrightarrow$ Fe$_3$O$_4$+4H$_2$，因此，在 110℃ 附近出现第二个腐蚀速率极大值，表面产物层变成 Fe$_3$C 掺杂的 FeCO$_3$ 膜，且随温度升高，Fe$_3$O$_4$ 含量增加。李桂芝(2001)采用 API-N80 钢在不同温度、不同转速下的极化曲线描述动态腐蚀行为，发现在恒定转速下，API-N80 钢在流动水介质中的腐蚀电流密度随温度升高而增加，阳极溶解过程加速，阴极还原电流密度增大，在 70℃ 达到最高值；高于 70℃，API-N80 钢表面形成 FeCO$_3$ 膜，阻碍了阳极溶解和阴极还原过程，反而使腐蚀速率下降，具体如图 3-6 所示。

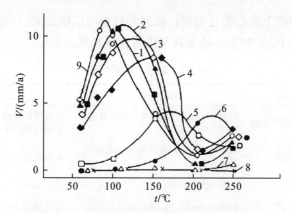

图 3-6　Cr 含量变化时温度对腐蚀速率的影响

曲线 1~9 的 Cr 含量分别为 1.1%、2.2%、3.3%、4.5%、5.9%、6.13%、7.17%、8.25%、9.0%

总之，根据温度对 CO_2 腐蚀的影响，钢铁材料的 CO_2 腐蚀可分为 4 种情况，3 个温度区间：

(1)温度低于 60℃的低温区，CO_2 腐蚀成膜困难，即使暂时形成的 $FeCO_3$ 腐蚀产物膜也会逐渐溶解，因此，试样表面或没有 $FeCO_3$ 膜，或有疏松、附着力低的 $FeCO_3$ 膜，金属表面光滑，呈均匀腐蚀。

(2)温度为 60~110℃时，Fe 表面生成具有一定保护性的腐蚀产物 $FeCO_3$ 膜，局部腐蚀突出，这是由于 $FeCO_3$ 形成条件得以满足，但受结晶动力学因素影响，形成厚而疏松的 $FeCO_3$ 粗大结晶所致。

(3)温度在 110℃附近，均匀腐蚀速度高，局部腐蚀严重(深孔腐蚀)。腐蚀产物为厚且疏松的 $FeCO_3$ 粗大结晶。

(4)温度在 150℃以上，Fe 的腐蚀溶解和 $FeCO_3$ 膜生成速度都很快，基体表面很快形成一层晶粒细小、致密且与基体附着力强的 $FeCO_3$ 保护膜，对基体金属起到一定的保护作用，腐蚀速率较低。

3. CO_2 腐蚀产物膜特性

钢表面腐蚀产物膜的组成、结构、形态受介质的组成、CO_2 分压、温度、流速等因素的影响。钢材的 CO_2 腐蚀最终导致的破坏形式往往受碳酸盐腐蚀产物膜的控制。当钢表面生成的是无保护性的腐蚀产物膜时，将遵循公式，以"最快"的腐蚀速率被均匀腐蚀；当钢表面的腐蚀产物膜不完整或被损坏、脱落时，会诱发局部点蚀而导致严重的穿孔腐蚀。当钢表面生成的是完整、致密、附着力强的稳定性腐蚀产物时，可降低均匀腐蚀速度。具体腐蚀产物膜特性，见表 3-1。

传递膜可在室温、含 Fe^{2+} 很低的 CO_2 水溶液中形成。增加 Fe^{2+} 的含量可提高膜的保护性，降低腐蚀速率。能谱分析技术表明，该层膜不含碳酸盐。许多研究者忽略了传递膜层，但其组成对 $FeCO_3$ 膜形成的影响确实存在，需要系统地研究。

研究表明，Fe_3C 并非腐蚀产物，而是碳钢被腐蚀后的物质残留。在 CO_2 腐蚀环境中，钢基体表面的铁素体是阳极，而 Fe_3C 是阴极，由于腐蚀反应导致阳极溶解，残余的 Fe_3C 便在金属表面伴随腐蚀产物沉积下来，受腐蚀介质冲刷，形成坚硬的渗碳体网状物，与生铁在酸性环境下的石墨化相似。流速的减小可以增加 Fe_3C 的数量。在高流速条件下，腐蚀膜主要是 Fe_3C 加上一些来自基体的合金元素。

表 3-1   腐蚀产物膜特性

腐蚀产物膜	形成温度	自然属性	生长特点及组成
传递膜	室温或低于室温	厚度<1μm，一旦形成，立即具有保护性	在温度降低到室温的过程中形成较快，主要组成为 Fe、O
Fe_3C 膜	不限	厚度<100μm，具金属性，可导电，无附着力	疏松多孔，主要组成为 Fe、C
$FeCO_3$ 膜	50~70℃	附着力强，具有保护性，不可导电	立方晶体，主要组成为 Fe、C 和 O
$FeCO_3+Fe_3C$ 膜	≤150℃	依赖于 $FeCO_3$ 和 Fe_3C 的结合形式	主要组成为 $FeCO_3$ 和 Fe_3C

$FeCO_3$ 膜能有效抑制钢材的腐蚀，其形成极大地依赖于 $FeCO_3$ 沉淀的热力学和动力学，高的 $FeCO_3$ 过饱和度是成膜的必要条件，尤其是在低温条件下。而膜一旦形成，会在非常低的过饱和度下维持保护性。保护膜可通过限制表面腐蚀产物的转移而增长。金属显微结构决定 $FeCO_3$ 膜的黏附力和厚度。$FeCO_3$ 膜在未经过热处理的钢表面以珠光体的显微结构生长；与在淬火和回火的钢表面形成的腐蚀膜相比，黏附力更强、晶粒更大、堆积更紧密。

在碳钢及其低合金钢的 CO_2 腐蚀中，$FeCO_3/Fe_3C$ 复合膜最为常见。在腐蚀反应中，Fe_3C 相是阴极，可嵌入 $FeCO_3$ 膜中。这种膜的结构依赖于 $FeCO_3$ 沉淀的形成条件，一方面，如果膜是由钢基体中的铁原子与溶液中的阴离子直接生成，并与碳化物相结合，形成结构稳定、具有保护作用的膜，这种情况通常在高流速条件下发生；另一方面，膜是由溶液中游离的铁离子与溶液中的阴离子发生反应，并覆盖在渗碳体相表面，形成无保护性的膜。

3.3   H₂S 腐 蚀

3.3.1   H₂S 腐蚀机理

H_2S 是一种弱酸，它溶于水后，会发生两级电离：

$$H_2S \longrightarrow H^+ + HS^- \tag{3-16}$$

$$HS^- \longrightarrow H^+ + S^{2-} \tag{3-17}$$

Iofa 等(1964)提出，H_2S 在铁的表面形成离子或偶极子化合物，而且它的负极端指向溶液。因此，H_2S 溶液中铁的腐蚀依次为化学吸附反应[式(3-18)]和阳极放电反应[式(3-19)]。

$$Fe + H_2S + H_2O \longrightarrow FeSH_{ads}^- + H_3O^+ \tag{3-18}$$

$$FeSH_{ads}^- \longrightarrow FeSH_{ads}^+ + 2e \tag{3-19}$$

Shoesmith 等(1997)报道，继反应式(3-19)后，在少部分酸性溶液中，$FeSH_{ads}^+$ 可能按式(3-20)直接转变为 FeS；而在大多数酸溶液中，将按式(3-21)进行水解。

$$FeSH_{ads}^+ \longrightarrow FeS + H^+ \tag{3-20}$$

$$FeSH_{ads}^+ + H_3O^+ \longrightarrow Fe^{2+} + H_2S + H_2O \qquad (3\text{-}21)$$

Maetal 研究了不同条件下，H_2S 对铁腐蚀的影响。结果表明，不同实验条件下，H_2S 既可加速铁的腐蚀，也可抑制铁的腐蚀。大多数情况下，在酸性介质中，H_2S 不管对阳极铁的溶解还是阴极氢的析出，都起到了强烈的促进作用。研究发现，与无 H_2S 的电解液中的极化曲线相比，电解液中加入 H_2S 后，铁的极化曲线表现出两个明显的特征：

(1)H_2S 的加入，使铁的阳极溶解电流较没有加入 H_2S 时明显增大，但其塔菲尔斜率较大(即电流随电位变化较慢)。

(2)在 pH≤2 的强酸溶液中，H_2S 的加入使铁的腐蚀电流即使在自腐蚀电位附近也非常高。但在 H_2S 浓度低于 0.04mmol/cm^3 (1360mg/m^3)、电解液的 pH 为 3~5、电极浸入时间超过 2h 时，H_2S 对铁的腐蚀将起到强的抑制作用。H_2S 对铁腐蚀的抑制作用归于电极表面 FeS 保护膜的形成。而且，该保护膜的结构和组成与 H_2S 浓度、溶液 pH 及浸入时间紧密相关。

关于 H_2S 抑制腐蚀的原因，Maetal 分析认为

$$Fe + H_2S + H_2O \longrightarrow FeSH_{ads}^- + H_3O^+$$

$$FeSH_{ads}^- \longrightarrow Fe(SH)_{ads} + e^- \qquad (3\text{-}22)$$

$$Fe(SH)_{ads} \longrightarrow FeSH^+ + e^- \qquad (3\text{-}23)$$

根据 Shoesmith 等(1997)的研究，中间产物 $FeSH^+$ 在电极表面可通过式(3-24)直接并入 FeS_{1-x} 层的增长，

$$FeSH^- \xrightarrow{K_1} FeS_{1-x} + xSF^- + (1-x)H^+ \qquad (3\text{-}24)$$

或者通过式(3-24)水化产生 Fe^{2+}：

$$FeSH^+ + H_3O^+ \longrightarrow Fe^{2+} + H_2S + H_2O$$

(1)pH<2，铁将通过式(3-22)溶解，由于 FeS 相具有相对较大的溶解性，所以在表面几乎不形成 FeS，这种情况下，H_2S 仅表现为加速腐蚀。

(2)3<pH<5，由于 $FeSH^+$ 部分通过式(3-24)形成 FeS_{1-x}，所以 H_2S 开始表现出抑制腐蚀的作用，FeS_{1-x} 将进一步转化为更加稳定的，且具保护性的 FeS。

(3)pH>5，铁表面只观察到了 FeS_{1-x}，因 FeS_{1-x} 与 FeS 相比，保护能力较差，所以 H_2S 的抑制效果又有所降低。

综上所述，FeS 保护膜的形成首先须通过式(3-24)形成 FeS_{1-x}。因此，即使在低的 H_2S 浓度，pH 为 3~5 时，在铁刚浸入溶液的初期，H_2S 也只起加速腐蚀的作用，而非抑制作用。只有在电极浸入溶液足够长的时间后，随着 FeS_{1-x} 逐渐转变为 FeS_2 和 FeS，抑制腐蚀的效果才表现出来。

张学元和杜元龙(1997)的研究表明，UNSG11180 钢在 H_2S 浓度为 210mg/L 时，形成的表面元素中 S 的含量最高，即在这个浓度(210mg/L)下，硫化物膜的保护性最好，其分子式接近 $FeS_{0.37}$。

H_2S 溶于水，逐步电离，在水中的离解反应为

$$H_2S \longrightarrow H^+ + HS^- \longrightarrow 2H^+ + S^{2-} \qquad (3\text{-}25)$$

H_2S 在水中离解释放出的 H^+ 是强去极化剂，极易在阴极夺取电子，促进阳极铁溶

解、反应而导致钢铁的腐蚀。钢与 H_2S 水溶液发生电化学反应。

阳极反应：$Fe \longrightarrow Fe^{2+} + 2e^-$

二次反应：$Fe^{2+} + S^{2-} \longrightarrow FeS \downarrow$ 或 $Fe^{2+} + HS^- \longrightarrow FeS \downarrow + H^+$

阴极反应：$2H^+ + 2e^- \longrightarrow H_{ad} + H_{ad} \longrightarrow H_2 \uparrow$（其中 H_{ad} 可向钢中渗透）

3.3.2　H_2S 腐蚀特点

H_2S 腐蚀有如下特点：①H_2S 离解产物 HS^-、S^{2-}，对腐蚀有加速作用。HS^- 和 S^{2-} 等吸附在金属表面，形成加速电化学腐蚀的 $Fe(HS)_2$ 吸附复合离子，吸附的 HS^- 使金属电位移向负极，促使阴极放氢加速，同时它又使铁原子间键的强度减弱，使铁更易进入溶液，加速了阳极的反应。因此，使金属电化学失重腐蚀的速度加快。②不同条件下生成的腐蚀产物性质不同。低温下形成 Fe_xS_y 促进腐蚀，温度较高时，形成 FeS 则抑制腐蚀；低浓度 H_2S 能生成致密的 FeS 膜（主要由 FeS、FeS_2 组成），这种膜能阻止铁离子通过，因而保护作用较好，可显著降低金属的腐蚀速度，甚至使金属接近钝化状态；高浓度 H_2S，生成的硫化铁膜呈黑色疏松层状或粉末状，它主要由 Fe_9S_8 组成，Fe_9S_8 膜不能阻止铁离子通过，因而不具保护作用。③H_2S 除了能引起局部腐蚀外，还容易引起硫化物应力开裂。根据 NACE 标准规定 H_2S 分压超过 3.4×10^{-4} MPa 时，敏感材料将会发生硫化物应力开裂。当电化学产生的氢渗透到钢材内部组织比较疏松的夹杂物（包括硫化物和氧化物）处或品格与夹杂物的交界处时，会聚集起来形成一定的压力。经过一段时间的积累会使接触它的金属管道和设备内壁的断面上产生平行于金属轧制方向的梯状裂纹，从而导致材料变脆，形成层状裂纹，即发生 HIC（氢诱发裂纹）现象，从而影响管材和设备的安全性。

影响 H_2S 腐蚀的因素主要有管材的材质及加工质量（金相组织、化学组成及硬度等）、井内天然气的性质、与 CO_2 共存时的影响、气体流速及套管柱承受应力的影响。天然气中 H_2S 的浓度在一定范围内增加会增强应力腐蚀及电化学腐蚀速率，此时存在一个上限浓度，超过此浓度后就不再影响腐蚀速度。决定含硫气藏腐蚀性能的因素是井内天然气中的 H_2S 分压，见表 3-2，为不同压力和硫化氢浓度对腐蚀的影响。

表 3-2　H_2S 浓度与腐蚀的关系

H_2S 规定含量（浓度或分压）	$<0.005g/m^3$	$<0.0001MPa$	$<0.002MPa$	$>0.2\%$
腐蚀情况说明	对中低压输气管线和设备实际上不发生电化学失重腐蚀的下限浓度	实际上在气田使用的钢材对硫化物应力腐蚀不敏感的 H_2S 分压	在油气田，实际不发生氢脆和氢鼓泡的 H_2S 分压	实际调查四川含硫气井，井口及井下设备发生硫化物应力腐蚀的浓度

另外，当温度低于 30℃时，氢的扩散速度和活性降低，高于 30℃时活性氢难以聚集，只有在 30℃附近，氢的吸附和扩散的加合作用最大，即 HIC 敏感性最大。资料表明，高强碳钢在 20～30℃时，对硫化物应力腐蚀开裂（study on sulfide stress corrosion cracking，SSCC）敏感性最强。温度从 24℃增高到 150℃时，引起 SSCC 的临界应力增大一倍。因此含硫气井油套管多断裂在井下 300～600m。

气井内水的 pH 对 H_2S 腐蚀也会产生较大影响，随着 pH 升高，金属材料发生 SSCC

的敏感性降低。如图 3-7 所示，表示室温下碳钢在含 H_2S 溶液中的腐蚀速度。很明显，当 pH 增加超过 8 时，腐蚀速度就会降低。

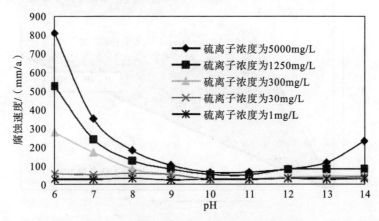

图 3-7　硫离子浓度和 pH 对钢腐蚀的影响

一般来说，pH 为 2～4 时，钢材吸氢量最强，pH 升高，腐蚀敏感性降低；通常在 pH≥6 的情况下，钢材不会发生 SSCC 和 HIC，只有在其他有害杂质的作用下才可能发生。总的趋势是强度越高的金属材料，pH 要求越高，在钻井过程中，常通过控制 pH 预防 SSCC。

对于低强度套管，由于原子氢的渗透，管体内部夹杂物或缺陷处形成氢分子，产生很大的内压力，在管体的夹杂物或缺陷部位，鼓泡产生氢，诱发裂纹或阶梯式的微裂纹，当此种裂纹与管体的轧制方向平行时，低强度管材的塑性变形比高强度管材大。因此，相对而言，低强度套管不易发生氢脆。而对于高强度套管，产生硫化物应力腐蚀开裂的特点是：断面裂纹为脆断，裂纹扩展部位的塑性变形很小。管体硫化物破裂部位大都发生在管体应力集中部位，如机械伤痕、裂缝及热影响区或金属材料内部夹杂物区域等。硫化物应力腐蚀开裂的时间很难预料，破坏时间长短不一，短则几个小时，长则达数月甚至数年才发生硫化物应力腐蚀。

3.4　CO_2/H_2S 腐蚀机理及特点

如同影响 CO_2 腐蚀的因素，温度、分压、pH、Cl^- 含量、含水率等因素一样影响着 CO_2/H_2S 共存环境中的腐蚀规律。以上各个因素对共存环境中腐蚀规律的影响与单独 CO_2 环境中的腐蚀影响规律基本一致，如温度规律、pH 的影响及流速等。而分压比是 CO_2/H_2S 腐蚀环境中特有的影响因素，也是研究混合气体腐蚀特点和规律的切入点。

Srinivasan 和 Lagad(2006)对该问题研究较早，对温度的影响进行了较详细的阐述，提出了 $P_{CO_2}/P_{H_2S}<200$ 为 H_2S 主导腐蚀环境的观点；Bemardus(2005)按照腐蚀产物中是否含有 $FeCO_3$，将其分为 3 个控制区：$P_{CO_2}/P_{H_2S}<20$，H_2S 控制腐蚀过程，腐蚀产物主要为 FeS；$20<P_{CO_2}/P_{H_2S}<500$，CO_2/H_2S 混合交替控制，腐蚀产物包含 FeS 和 $FeCO_3$；$P_{CO_2}/P_{H_2S}>500$，CO_2 控制整个腐蚀过程，腐蚀产物主要为 $FeCO_3$。这种 CO_2 和 H_2S 共存时的腐蚀控制机理得到了 Agrawal 等的支持，如图 3-8 所示。

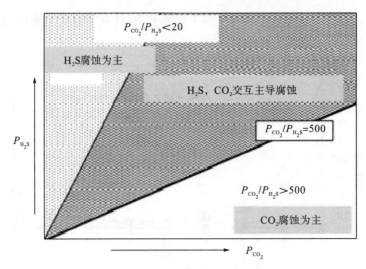

图 3-8　H_2S 对腐蚀速率的影响

根据上述观点可将 CO_2/H_2S 腐蚀机理分为 3 种情况：

(1) $P_{CO_2}/P_{H_2S}<20$，H_2S 控制腐蚀过程，腐蚀产物主要为 FeS（腐蚀产物膜特性见表 3-3），认为此时其腐蚀机理等同于上述 2.2.2 节中的单独 H_2S 腐蚀介质中的腐蚀机理。

(2) $P_{CO_2}/P_{H_2S}>500$，CO_2 控制整个腐蚀过程，腐蚀产物主要为 $FeCO_3$（腐蚀产物膜特性见表 3-3），认为此时其腐蚀机理等同于上述 2.2.1 节中的单独 CO_2 腐蚀介质中的腐蚀机理。

表 3-3　产物膜特性对比

腐蚀产物	主导腐蚀分压比界限	高温稳定性（>120℃）	低温稳定性（<60℃）	中温保护性（60~120℃）	阻隔 Cl^- 性能	成膜优先性（分压比为 200~500）
FeS	<200	差，且多孔	差	好	好	优先
$FeCO_3$	>500	好	较好	一般	差	滞后

(3) $20<P_{CO_2}/P_{H_2S}<500$，CO_2/H_2S 混合交替控制，腐蚀产物包含 FeS 和 $FeCO_3$，其腐蚀机理可认为是向单独 CO_2 腐蚀中加入 H_2S 引起的腐蚀，由于在 CO_2 和 H_2S 共存条件下，CO_2 在液相中与钢先发生作用生成 $FeCO_3$，H_2S 在液相中与 $FeCO_3$ 反应生成了更为稳定的 Fe_xS_y，在液相中，Fe_xS_y 吸附层对离子的迁移起到了部分的阻拦作用。

Kvarekval 等(2002)的研究表明，在 120℃、0.69MPa 的 CO_2 环境、10m/s 的流速条件下，X65 钢腐蚀速率高达 30~40mm/a，表面未见保护性的腐蚀产物膜形成。通入 H_2S 后，腐蚀速率降低，P_{CO_2}/P_{H_2S} 为 1.7∶5 时，X65 钢腐蚀速率为 0.5~2mm/a，并由内到外形成 Fe_3O_4—$Fe_{1+x}S$—FeS_{1+x} 的多层腐蚀产物膜，且未见 $FeCO_3$，这样的多层膜结构是由离子在膜中扩散引起的浓度梯度和膜层电势梯度决定的。Ueda 等(1996)用二次离子质谱（secondary ion mass spectrometry，SIMS）测得的 Super13Cr 不锈钢在 0.001MPa H_2S＋3MPa CO_2 环境中形成的腐蚀产物内层为 Cr_2O_3、表层为 MoS_2 和 Ni_3S_2，Cr_2O_3 的形成对基体起到了很好的保护作用。

Smith 和 Morse 等提出了腐蚀产物膜中 FeS、Fe_2CO_3、Fe^{2+} 的转换关系模型，由于硫化物比 $FeCO_3$ 更稳定，少量 H_2S 的存在就使腐蚀产物以硫化物为主。Sun 等(2013)认为，在 CO_2/H_2S 体系中，腐蚀产物的形成机制与 H_2S 和 Fe^{2+} 浓度有关，当 H_2S 浓度高而 Fe^{2+} 浓度低时，FeS 控制整个腐蚀过程；当 H_2S 浓度低而 Fe^{2+} 的浓度高时，FeS 和 $FeCO_3$ 共同控制整个腐蚀过程。白真权等(2004)在 0.01MPa H_2S+1.18MPa CO_2 环境中发现，腐蚀初期的产物膜是存在高密度缺陷的 FeS 和 FeS_{1-x} 膜，会导致局部腐蚀的发生；腐蚀后期有二次产物 $FeCO_3$ 等生成，若沉积于硫化物膜缺陷处，则可抑制局部腐蚀的进一步发展。李萍等(2006)研究发现，90℃时 P110 钢的 CO_2/H_2S 腐蚀类型以 H_2S 腐蚀(坑蚀)为主，腐蚀产物为硫化物 $FeS_{0.19}$ 和 FeS。多数研究结果表明，在 CO_2/H_2S 环境中的腐蚀产物膜结构影响着整个腐蚀进程和腐蚀速率，腐蚀产物主要由 FeS 和 $FeCO_3$ 构成，但成膜机理和转换机制方面的研究不够深入，未能形成系统体系。

目前的研究对分压比的划定范围总体认识较一致，但是对于腐蚀产物膜的形成和作用机理存在较多分歧，国外的大多数研究都表明 CO_2 腐蚀环境中，加入少量的 H_2S 有利于降低腐蚀速率，但是对于碳钢，加入 H_2S 容易引起局部腐蚀，对于低 Cr 钢腐蚀产物膜研究较少，Nose 等(2001)的研究中，没有发现 3Cr 钢和 5Cr 钢在 CO_2 和 H_2S 共存的环境中出现局部腐蚀，同时也发现，Cr-Mo 钢的抗硫化物应力开裂性能高于普通 Cr 钢。

从目前的研究来看，对 CO_2 腐蚀的研究较多，H_2S 或 CO_2/H_2S 共存环境下的腐蚀研究相对较少，H_2S 的剧毒特性是制约人们进行科学研究的重要因素。所以目前对 CO_2/H_2S 共存环境中油套管的腐蚀研究一致性成果比较少，唯有利用 CO_2/H_2S 分压比来研究共存环境中的腐蚀规律是大多数研究人员认可的研究方法，但是研究结果的离散性很大。例如，有的学者认为 CO_2 腐蚀环境加入 H_2S 后会加重腐蚀，容易导致局部腐蚀；有的学者认为加入 H_2S 后，会抑制腐蚀，有利于降低局部腐蚀发生的可能性。研究特定环境下的腐蚀情况没有一个公认的结论，大多数还是通过室内模拟实验来说明究竟是加速腐蚀还是抑制腐蚀，以及是否导致局部腐蚀的发生。

3.5　油套管防腐实验

过去腐蚀评价未能模拟不同生产阶段的产水情况，过分高估了腐蚀。模拟地层水的腐蚀应分为凝析水采气期腐蚀、携水采气期腐蚀和积水腐蚀 3 种状态。积水采气期腐蚀是最严重的腐蚀工况，现场采气制度应尽力控制和延长凝析水采气期。在不可避免地出水时，应减小油管直径，通过提高流速来增大携水率，延长携水采气期。

3.5.1　实验方法

1. 参考标准

室内模拟实验是针对南海某高温高压气田腐蚀环境特征展开的腐蚀模拟实验，目的是测定不同油套管材质在特定环境下的平均腐蚀速率、点蚀发生的温度条件、H_2S 对 CO_2 腐蚀的影响、介质含砂对 CO_2 腐蚀速率的影响及电位差对 CO_2 腐蚀速率的影响。根据测试结果，分别制作出单独 CO_2 环境条件下和 CO_2/H_2S 共存环境下的选材图版、并初步完成单独 H₂S 环境条件下及存在电位差时的选材图版设计。同时，以室内实验数据为依据进行腐蚀预测软件开发。为不同腐蚀环境下的油套管选材提供依据，弥补目前国际上在油套管选材方法及图版上的不足。

室内实验及图版制作过程中参考的标准包括：

NACE 发布的 *Preparation，Installation，Analysis，and Interpretation of Corrosion Coupons in Oilfield Operations*（RP0775—2005）；

NACE 发布的 *Metals for Sulfide Stress Cracking and Stress Corrosion Cracking Resistancein Sour Oilfield Environments*（MR0175—2003）；

NACE 发布的 *Laboratory Testing of Metals for Resistance to Sulfide Stress Cracking and Stress Corrosion Cracking in H₂S Environments*（TM0177—2005）；

Materials Selection（NORSOK STANDARD M-001）；

International 发布的 *Petroleum and Nature Gas Industries—Corrosion Resistance Alloy Seamless Tubes for Use as Casing，Tubing and Coupling Stock—Technical Delivery Conditions*（ISO 13680）。

2. 腐蚀速率测试实验方法

实验采取经典失重法，实验室模拟实际腐蚀环境，通入腐蚀气体并升温至预设温度开始计时，达到预定时间后将在高压釜内腐蚀一定时间的挂片取出，采用 NACE 发布的 RP0775−2005 标准规定的计算方法计算腐蚀速率，具体试验流程如下：

实验前将尺寸为 50mm×10mm×3mm 的挂片（图 3-9）分别用 320♯、600♯砂纸进行逐级打磨，经清水冲洗、丙酮除油，干燥后测量试样的尺寸并称重。

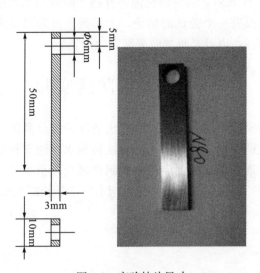

图 3-9　实验挂片尺寸

釜内加入模拟液后，挂片安装在聚四氟乙烯环上并置入装有腐蚀介质的高温高压釜中。装好试件，密封釜体，升温至 45℃排出氧气，再通入高纯氮除氧 2~4h，接着通入 CO₂ 排除釜内氮气，最后升温至预定温度。按设计流速设定电动机转速，打开电动机搅拌桨靠磁力驱动，模拟流速。然后通入 CO_2 至设定压力，待饱和后，开始计时打开电机，开始计时，实验时间为 3~60 天。

实验结束，将样品取出，用体积比 10∶1(水∶浓盐酸)的盐酸清洗腐蚀产物膜，再用清水、丙酮冲洗后电吹风吹 5min，充分干燥，拍摄微距照片，记录表面腐蚀情况，最后用精度为 0.1mg 的电子天平称重，并按照 NACE 发布的 RP0775—2005 规定的方法计算出腐蚀速率。为进行腐蚀产物膜的微观表征，需要测试相关挂片，同一材料有 3 个平行试样，两个用于计算腐蚀速率，一个用于 XRD(X 射线衍射)、SEM(扫描电子显微镜)和 EDS(能谱分析)。

3. 应力腐蚀开裂(SCC)试验方法

根据 NACE 发布的 TM0177−2005 标准，采用四点弯曲试验方法。试验前先将试样用240♯、400♯砂纸打磨抛光，丙酮除油后夹于四点弯曲夹具中。按照要求计算各种材料试样加载后的挠度值，计算过程如下：应力腐蚀开裂(SCC)试验试样尺寸为 67.0mm×4.5mm×1.5mm，采用四点弯曲加载，具体加载模型如图 3-10、图 3-11 所示，载荷为 $90\%\sigma_s$，试验周期为 720h。

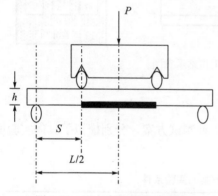

图 3-10　四点弯曲加载示意图　　　　图 3-11　试样四点弯曲加载

按照《金属和合金的腐蚀　应力腐蚀试验　第 2 部分：弯梁试样的制备和应用》(GB/T 15970.2—2000)应力腐蚀四点弯曲法的要求，根据加载 90% 的屈服强度和各种材料不同的弹性模量值，试件中心弯曲挠度为

$$\delta = \frac{PSL^2}{48EI} - \frac{PS(L^2 - S^2)}{12EI} \tag{3-25}$$

试验前将试样用 800♯ 砂纸打磨、丙酮除油、去离子水清洗。将试样通过瓷管隔绝夹置于专门为四点弯曲法定制的哈氏合金夹具上，将夹具夹置在水平台上，用螺母夹紧。然后通过拧紧加载与试样表面屏板上端的螺丝达到给试样加载指定载荷的目的。载荷大小通过接触试样中部千分表的指数变化来控制，即通过试样中部挠度的变化量控制加载载荷的大小，加载使之挠度达到上述计算值，然后放入高温高压釜中，试验完毕，将试样取出，用清水清洗并吹干。利用金相显微镜、体视镜、扫描电子显微镜观察试样表面应力腐蚀裂纹的萌生、分布形态。

4. 电化学测试方法

电化学实验在恒温水浴中进行，动电位扫描采用武汉科思特仪器有限公司的 CS350 电化学工作站进行，测试采用的参比电极为饱和甘汞电极，辅助电极为铂片（Pt），工作电极为环氧树脂浇铸的不同材质电极，电极面积为 $1cm^2$，工作电极经 200♯、400♯、1000♯金相砂纸逐级打磨至镜面，并用无水乙醇和丙酮进行脱脂干燥处理。测试前腐蚀介质通入高纯 N_2 除氧 4h，然后安装好试样，并继续通入 N_2 除氧 1h 后开始进行电化学测试。整个测试过程中一直通入 N_2 气体，出气口用水封，防止 O_2 进入。具体模型如图 3-12 所示。

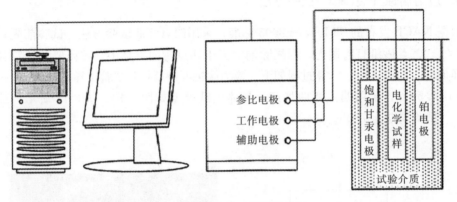

图 3-12　电化学工作站示意图

3.5.2　实验结果与分析

根据研究区域 CO_2 含量的差异，共设计 11 种测试方案，分别模拟了具体实验所需材料、实验条件和实验周期见表 3-4。

表 3-4　11 种测试方案的实验条件

测试方案	实验条件						
	温度/℃	压力/MPa	CO_2 分压/MPa	H_2S 分压/MPa	实验周期/h	实验环境	
1	150	55	1.50	微量	120	地层水	气相
2	150	55	1.50	微量	120	地层水	液相
3	150	55	1.50	微量	120	凝析水	气相
4	150	55	1.50	微量	120	凝析水	液相
5	150	55	12.36	微量	120	地层水	气相
6	150	55	12.36	微量	120	地层水	液相
7	150	55	12.36	0	120	地层水	液相
8	150	55	28.62	0	120	地层水	液相
9	150	55	8.00	0	120	地层水	气相
10	150	55	8.00	0	120	地层水	液相
11	150	55	28.62	0	120	地层水	气相

完成油套管材料 11 组腐蚀实验，通过显微镜放大至 30 倍观察。

方案 1 中，P110 和 L80-13Cr 表面存在点蚀情况（图 3-13，图 3-14）；而 13CrS-110 和 3Cr-110 则没有点蚀情况（图 3-15，图 3-16）。

(a)气相　　　　　　　　　　　　　　　(b)液相

图 3-13　P110 气液相试样表面腐蚀形貌

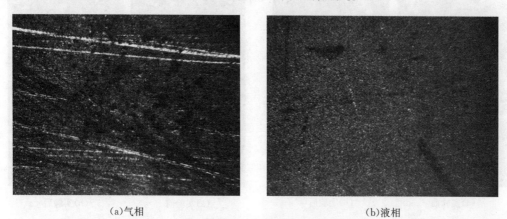

(a)气相　　　　　　　　　　　　　　　(b)液相

图 3-14　L80-13Cr 气液相试样表面腐蚀形貌

(a)气相　　　　　　　　　　　　　　　(b)液相

图 3-15　13CrS-110 气液相试样表面腐蚀形貌

试样表面腐蚀前后对比情况如图 3-16～图 3-20 所示，图中可见 P110 碳钢套管的腐蚀特别严重。

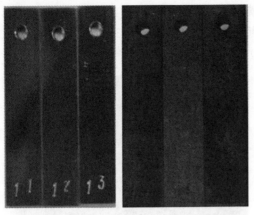

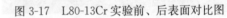

(a)实验前　　　　(b)实验后　　　　　　　　(a)实验前　　　　(b)实验后

图 3-16　13Cr-110 实验前、后表面对比图　　　　图 3-17　L80-13Cr 实验前、后表面对比图

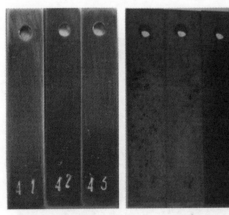

(a)实验前　　　　(b)实验后　　　　　　　　(a)实验前　　　　(b)实验后

图 3-18　13CrS-110 实验前、后表面对比图　　　　图 3-19　125-SUP15Cr 实验前、后表面对比图

(a)实验前　　　　(b)实验后

图 3-20　P110 实验前、后表面对比图

由图 3-16~图 3-20 可以看出，虽然在此环境下油套管的腐蚀速率明显大于地层水情况，但仍表现出一定的规律性：碳钢的腐蚀速率大于不锈钢的腐蚀速率；不同不锈钢之间，Cr 含量越高，腐蚀速率越低；相同含量的 Cr，不同厂商生产的碳钢，其腐蚀速率也不尽相同；各种材质套管在不同环境下的腐蚀速率如图 3-21、图 3-22 所示。

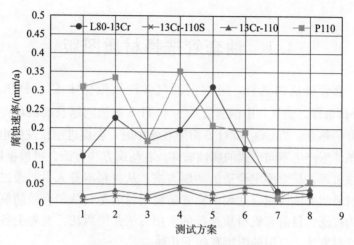

图 3-21　测试方案 1~8 的腐蚀速率

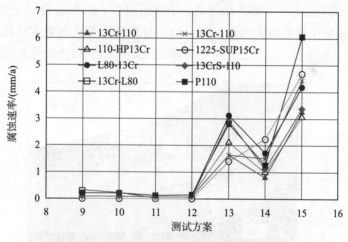

图 3-22　测试方案 9~15 的腐蚀速率

从图中可以看出碳钢的腐蚀速率最大，已经达到了严重的程度；而 13CrS-110 和 13Cr-110 腐蚀速率最小。

从图 3-21、图 3-22 可以看出，虽然在环空保护液环境下油套管的腐蚀速率明显大于地层水，但仍表现出一定的规律性：碳钢的腐蚀速率大于不锈钢的腐蚀速率；不同不锈钢之间，Cr 含量越高，腐蚀速率越低；相同含量的 Cr，不同厂商生产的碳钢，其腐蚀速率也不尽相同。

第4章　高温高压气井材料选择

4.1　油套管选择材质图版

对于油管、套管材质的选择，可根据油气井产出流体中 CO_2 分压、H_2S 分压及 Cl^- 含量进行分析选择。油气井中油套管 CO_2 和 H_2S 腐蚀问题及其机理一直是石油工程及管材工业研究的热点。当 CO_2 和 H_2S 溶解在水中时，会促进钢铁发生电化学腐蚀，并在不同的温度条件下产生不同形式的腐蚀破坏。在防腐方法方面，可根据腐蚀破坏形态，提出不同的腐蚀机理，从而确定合适的防腐方案。从材料本身入手，通过添加适当的合金元素，提高材质耐腐蚀性能以达到油套管防腐的目的是公认的有效防腐方法，且该方法目前应用最为广泛。目前套管材质选择的常用方法是图版法。世界上各主要公司也有其对应的图版选材方法，常用的图版有如下几种：

1）中海油材质选择图版

根据点蚀与均匀腐蚀速率等实验结果，中海油建立了纯 CO_2 环境中的综合选材图版（图 4-1）。选材图版主要受两大因素控制：CO_2 分压和温度。图版主要适用于 CO_2 分压（0.01~10MPa）、温度（30~170℃）、Cl^- 含量（$<25000\times10^{-6}$）的油气井生产管柱选材。

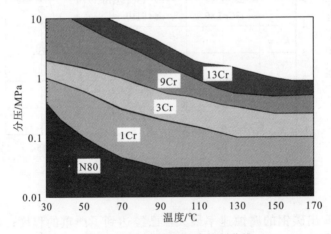

图 4-1　五种材质的综合控制曲线

2）住友材质选择图版

日本住友金属工业公司依据 CO_2 分压及 H_2S 分压，提供含 H_2S/CO_2 气井的选材模版，如图 4-2 和图 4-3 所示。

3）日本钢铁工程控股公司（JFE）材质选择图版

JFE 研究了含 CO_2 环境下，多种材质在不同试验温度下（50~250℃）NaCl 水溶液中的腐蚀行为，提供的选材图版如图 4-4 所示。

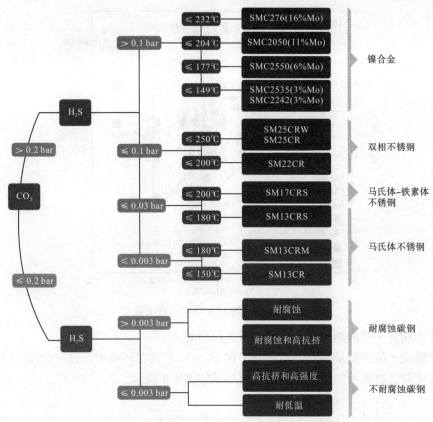

图 4-2　日本住友金属工业公司的材料选择图

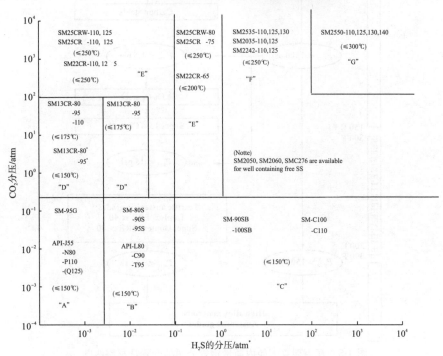

图 4-3　新 SM 系列(住友系列)特殊材料在腐蚀环境的适应范围

* 1atm=1.01325×10^5Pa

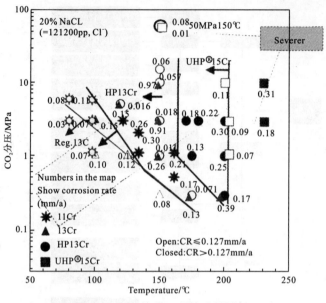

图 4-4   JFE 的 CO_2 环境选材图版

4)瓦卢瑞克·曼内斯量钢管公司材质选择图版

瓦卢瑞克·曼内斯量钢管公司研究了在 H_2S/CO_2 共存环境中，H_2S 分压、CO_2 分压及服役温度对选材提出的要求，选材图版具体如图 4-5 所示。

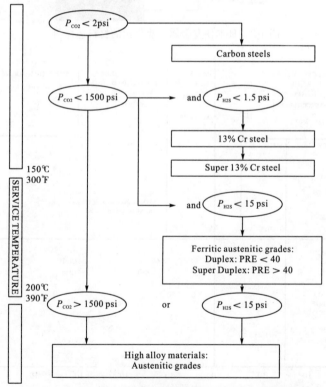

图 4-5   瓦卢瑞克·曼内斯量钢管公司油套管选材路线图

* 1psi＝6.89476×10³Pa

4.2　高压气井套管材质选择

根据现场实践及室内实验证实，H_2S 等酸性气体对管柱钢材的影响主要体现在以下几个方面。

1）金相组织

化学成分对钢材抗硫性能的影响是通过其对金相组织的影响而表现出来的（表 4-1）。冷加工和焊接能够使钢材产生异常金相组织和残余应力，增强对 SSCC 的敏感性，降低其抗硫性能。不均匀的金相组织会促进电化学腐蚀。

表 4-1　金相组织与抗硫性能的关系

热处理	高温调质	正火回火	淬火	淬火
金相组织	均匀索氏体	珠光体	马氏体	贝氏体
抗硫性能	良好	较好	不好	不好

2）化学组成的影响

对钢材而言，由于氢易向 $MnS/\alpha\text{-}Fe$ 界面处析出，所以钢中 S、Mn 的含量过高对抗 H_2S 应力腐蚀不利。但为了保证钢材具有一定的强度和韧性，需要保持一定的 Mn 含量。为了防止氢致开裂，要求石油管硫含量小于 0.005%。对在严重酸性环境中服役的石油管，则要求钢中硫含量小于 0.002%。减少硫含量不仅可减少 MnS 的数量，而且可使 MnS 的形态趋于球形，从而减少氢致开裂的形成。

3）硬度

硬度数值是钢材对硫化物应力腐蚀破裂敏感性的重要指标。钢的强度越高，其硬度可能越大。通常硬度越高的钢材对 SSCC 的敏感性越高。根据国内外生产实践证明：用于含硫气田的碳素钢和低合金钢的洛氏硬度应低于 22。在选材时，应严格控制钢材硬度的均匀性，尤其对于 7000m 以上的超深井。但如果钢材强度、硬度过低，则容易发生氢鼓泡，所以选材时必须进行综合考虑。如果采用的薄壁高强度材料与厚壁低强度材料的油套管具有相同的强度安全系数，那么从环境断裂的意义上说，应优先采用厚壁低强度材料，因为厚壁低强度材料对氢脆和裂纹扩展的敏感性会显著降低。

另外，对于不锈钢和耐蚀合金，氯化物或其他卤簇元素（F^-、Br^-）所导致的应力开裂主要发生在高温环境。根据 NACE 15156-2 标准，酸性条件下套管和油管适用的温度条件见表 4-2。长时间的关井、注入冷流体（酸化或压裂）或相态变化制冷等极易对井口段油管和套管或管汇造成管材断裂，在高压气井中应特别注意。

由于高压气田的天然气中 H_2S 和 CO_2 含量很高，所以开发井的生产套管需要下抗 H_2S 和 CO_2 腐蚀的气密封扣套管。由于 CO_2 只有在有水存在的条件下才能对钢铁起腐蚀作用，所以在高压气井套管柱结构中，封隔器上部套管因与水接触较少，采用抗 H_2S 腐蚀套管；封隔器下部使用既抗 H_2S 腐蚀又抗 CO_2 的耐蚀合金套管，以减少生产套管的成本。

表 4-2　酸性环境油套管适用的温度条件

适用于所有温度	≥65℃(150℉)	≥80℃(175℉)	≥107℃(225℉)
钢级 H40 J55 K55 M65 L80 1 型 C90 1 型 T95 1 型	钢级 N80 Q 型 C95	钢级 N80 P110	钢级 Q125
	最大屈服强度 ≤760MPa (110ksi)专用 Q&T 级的钢	最大屈服强度 ≤965MPa (140ksi)专用 Q&T 级的钢	

注：1 型是基于最大屈服强度 1036MPa，化学成分为 Cr-Mo 的 Q&T 级的钢。不可采用碳锰钢。

目前国外大批量生产高抗 H_2S 和 CO_2 的耐蚀合金套管的厂家很多，主要有日本住友金属工业公司、瓦卢瑞克曼·内斯曼钢管公司、特纳集团公司和美国特种金属公司等。为满足高压气田开发井的需要，这些公司提出了一套耐 H_2S/CO_2 腐蚀的合金套管选材依据，具体见表 4-3。

表 4-3　耐 H_2S/CO_2 腐蚀的合金套管选材依据

厂家	套管材质	螺纹结构	选择
日本住友 金属工业 公司	SM2035 SM2242 SM2535 SM2550	VAM TOP 气密 封扣	所列材质都满足高压气田开发井的需要，而 SM2535 材质的套管价格较低，使用的条件为：H_2S 分压小于 10MPa，CO_2 分压小于 10MPa，温度小于 150℃。套管中 Cr 含量为 23%～27%，Mo 含量为 2.5%～4.0%，Ni 含量为 29%～36.5%
瓦卢瑞克· 曼内斯曼 钢管公司	VM825 VMG3 VM50	VAM TOP 气密 封扣	所列材质都满足高压气田开发井的需要，而 VM825 材质的套管价格较低，使用的条件为：H_2S 分压小于 10MPa，CO_2 分压小于 14MPa，温度小于 150℃。套管中 Cr 含量为 19.5R%～23.5%，Mo 含量为 2.5%～3.5%，Ni 含量为 38%～46%
特纳 集团 公司	Sanicro 28 Sanicro 29	3SB 气密 封扣	所列材质都满足高压气田开发井的需要，而 Sanicro 28 材质的套管价格较低，使用的条件为：H_2S 分压小于 13.8MPa，CO_2 分压大于 7MPa，温度小于 140℃。套管中 Cr 含量为 27%，Mo 含量为 3.5%，Ni 含量为 31%
美国特种 金属公司	N08825 N06985 N06950 N10276 N0550 N07718 N09925 N07725	VAM TOP 气密 封扣	所列材质都满足高压气田开发井的需要，而 N08825 材质的套管价格较低，使用的条件为：H_2S 分压小于 10.34MPa，CO_2 分压小于 13.79MPa，温度小于 175℃。套管中 Cr 含量为 21.5%，Mo 含量为 3%，Ni 含量为 42%

表 4-4 为这些厂家针对套管的 H_2S 腐蚀提出的选材依据，以期为现场的选材提供一定的指导。

表 4-4　抗 H_2S 腐蚀套管的选材依据

厂家	套管材质	螺纹结构	选择说明
日本住友 金属工业 公司	SMC90S SMC95S SMC110S	VAM TOP 气密 封扣	其中 SMC110S 材质套管使用条件为：H_2S 分压小于 10MPa，温度为 65～149℃

厂家	套管材质	螺纹结构	选择说明
瓦卢瑞克·曼内斯曼钢管公司	VM110SS	VAN TOP 气密封扣	其性能符合 ISO 13680 标准，对 H_2S 分压无限制
特纳集团公司	TN110SS	3SB 气密封扣	其使用条件为：H_2S 分压小于 13.8MPa，温度大于 65℃

4.3　井口系统选型及材料评价

由于井口装置与采气树在油气井的安全生产过程中具有的重要作用，因此在油气井产出流体中存在腐蚀性气体 H_2S、CO_2 或者二者共存且同时产水的情况下，必须考虑 H_2S、CO_2 的腐蚀。对于大产量油气井，还必须同时考虑流体的冲蚀作用，因此在其材质的选择上必须谨慎、小心。井口装置和采气树材质选择步骤如下：

首先，收集油气井产出流体的组分及产量、井筒压力及温度资料；

其次，根据产出流体中所含 H_2S、CO_2 气体的含量及压力数据，计算 H_2S 分压、CO_2 分压大小；

再次，根据计算的 H_2S 分压、CO_2 分压数据，确定井口装置和采气树的使用环境；

最后，根据使用环境情况，选择井口装置和采气树的材质，确保井口装置和采气树安全、可靠地运行。

API 6A *Specification for Wellhead and Christmas Tree Equipment*《石油和天然气工业　钻井和采油设备　井口装置和采气树》(2011 版，即第 20 版)是在 2004 年 7 月 API 6A 第 19 版规范的基础上进行编制的。API 6A 第 20 版规范是对 ISO 10423(第 4 版)的等同采用。另外应注意的是，在新修订的 API 6A 标准中，增加了 ZZ 级。这样，材料的分级由原来的 7 级，细分为 14 级，其顺序依次为 AA、BB、CC、DD1、DD2、DD3、EE1、EE2、EE3、FF1、FF2、FF3、HH 和 ZZ。

4.3.1　腐蚀环境划分

井口装置主要根据气井最高地层压力及流体性质而选定，且具备远程控制井口闸门开关的性能。

1. ISO 15156 标准对酸性环境的定义

《石油和天然气工业　在含有 H_2S 的环境下油气生产使用的材料　第二部分：金属和低合金钢》(ISO 15156-2)对酸性环境进行了定义，如图 4-6 所示。

根据腐蚀环境的 H_2S 分压和 pH，ISO 15156-2 标准将腐蚀环境划分为四个区域：

1)范围 0

极低 H_2S 环境，属于"非酸性"范畴。在此范围内，暴露于该环境下的材料，并不需要特别的限制。

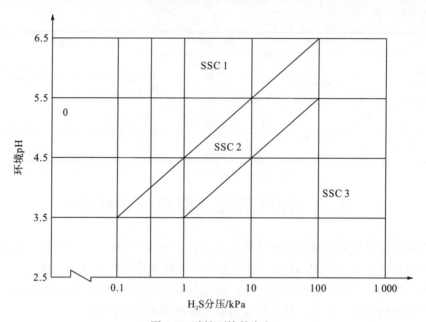

图 4-6　酸性环境的定义

0 区. 极低硫化氢环境；SSC 1 区. 轻度酸性环境；
SSC 2 区. 中度酸性环境；SSC 3 区. 重度酸性环境

　　ISO 15156 标准的范围 0 涵盖了所有 $P_{H_2S}<0.03kPa$ 的环境。在这个环境中仍然要注意以下问题：

　　(1)对硫化物应力开裂(SSC)灵敏度高的钢有可能发生破裂。

　　(2)钢的物理和冶金性能影响材料的抗硫化物应力开裂(SSC)性能。

　　(3)屈服强度超过 965MPa 的钢可以要求特别的程序来确定其抗硫化物应力开裂(SSC)性能。

　　(4)应力集中会增加开裂的风险，应避免。

　　(5)低 H_2S 边界表示的有关 H_2S 分压测定的某些不确定性。

　　2)范围 1

　　轻度酸性环境，是硫化物应力开裂(SSC)很可能出现的场合，在此范围内，暴露于轻度酸性环境中的材料也不需要特别的限制。

　　3)范围 2

　　中度酸性环境，是一个过渡区，在此范围内必须对材料应用的重要性进行评价。在某些情况下，并不是所有合格材料都可使用。它们应满足适用性目标的准则。如果没有应用实例或者很充足的实验数据时，应把范围 2 看成是范围 3 的一个组成部分。

　　4)范围 3

　　重度酸性环境，是敏感材料中可能出现硫化物应力开裂(SSC)的区域。暴露于此范围内的材料，需要慎重考虑。《石油和天然气工业　在含有 H_2S 的环境下油气生产使用的材料第三部分：抗开裂耐蚀钢》(ISO 15156-3)列出不同等级的耐蚀钢可接受的腐蚀环境。影响耐蚀钢氢脆的因素主要包括：温度、H_2S 分压、Cl^- 浓度、pH 及元素 S。使用者选择材料时还必须考虑一些其他环境因素的影响，包括井下酸化引起的低 pH、高 Cl^- 含量等。

2. API 6A 标准对采气树工作环境的定义

API 6A *Specification for Wellhead and Christmas Tree Equipment*（2011 版）对采气树工作环境进行了较为详细的分类，具体工况划分见表 4-5。

表 4-5　工况划分

材料类别	工况特性	P_{CO_2}/MPa	P_{H_2S}/MPa
AA——一般环境	无腐蚀性	<0.05	<0.00034
BB——一般环境	轻微腐蚀	0.05~0.21	<0.00034
CC——一般环境	中等程度到高程度腐蚀	>0.21	<0.00034
DD—酸性工况	无腐蚀性	<0.05	<0.00034
EE—酸性工况	轻微腐蚀	0.05~0.21	≥0.00034
FF—酸性工况	中等程度到高程度腐蚀	>0.21	≥0.00034
HH—酸性工况	严重腐蚀	>0.21	≥0.00034

为选择采气树所需要的合理材料等级，买主应考虑表 4-5 工况划分的各种环境因素和生产变量，以便确定残留、生成或注入液体的腐蚀性。一般腐蚀、应力腐蚀裂纹（SCC）、侵蚀和硫化物应力裂纹（SCC）全都受到环境因素和生产变量互相作用的影响。但是，表 4-5 中未列出的其他因素和变量也会影响液体腐蚀性，如温度、pH、氯化物浓度、砂生成、水生成和成分、生成碳氢化合物类型和相对含量。买方应确定材料是否应符合酸性运行的 NACE MR 0175 标准。因为 NACE MR 0175 标准仅涉及金属材料避免硫化物应力断裂的要求，而不涉及一般的腐蚀，所以还应考虑 CO_2 分压，该分压通常与表 4-5 中的井内腐蚀性有关。最后，买方应考虑选择某材料等级时可能遇到的其他腐蚀工况。

4.3.2　材料级别

国外，Cameron、MFC、Woodgroup 等公司具有优良的井口设备加工能力和丰富的作业经验，成套生产井口、采气树、地面安全阀、单井多井自动化控制系统、高压管汇及控制系统等产品设备，符合 API 6A、API 16A、API 16C、ISO 9001、ANSI、NACE、HSE 等各项国际标准。国外采气树压力系列已高达 30000psi、25000psi、20000psi 等压力级别，并且具备远程控制井口闸门开关的功能，各部件之间均采用金属对金属密封，采用抗冲损、抗腐蚀的材质。

根据使用环境情况，选择井口装置和采气树的材质，确保井口装置和采气树安全、可靠，选择方法见表 4-6。

碳钢（carbon steel）主要是一种铁碳合金，含碳量小于 2%、含锰量小于 1.65%，含其他微量元素，但不包括为了脱氧而有意加入的一定量的脱氧剂（通常是硅或铝），石油工业中所用碳钢的含碳量通常低于 0.8%。低合金钢（low alloy steel）合金元素（Cr、Mo、W 等）总量大约少于 5%，但钢铁含量多于碳钢规定含量。耐蚀合金（corrosion-resistant alloy，CRA）能够耐油田环境中的一般和局部腐蚀的合金材料，在这种环境中，碳钢会受到腐蚀。

对于 DD、EE、FF、HH 材料级别，制造商应在材料处理和材料性能上满足 ISO 15156 标准的要求。特殊条件下选择材料级别和特殊材料是买方的首要责任。DD、EE、FF、HH 材料级别应包括与 ISO 15156 标准额定工作压力一致的 H_2S 最大允许分压。材料等级 DD、EE、FF 和 HH 应包括以 psi 为单位的 H_2S 最大允许分压，作为牌号和标记的部分。最大允许分压应如 NACE MR 0175/ISO 15156 标准所定义的，在设备组件限制部件的指定 API 温度等级上。对于组装装置的部件，在规定的温度级别下最大允许分压应符合 ISO 15156 标准的要求。例如，"FF-10"表示材料级别 FF，H_2S 最大允用分压为 10kPa。若在 NACE MR 0175/ISO 15156 标准中无 H_2S 限制，则应该用"NL"标记（即"DD-NL"）。

表 4-6　采气井口装置主要零件材料选择（API 6A）

材料类别	本体盖端部和出口连接	控压件，阀杆和心轴悬挂器
AA——一般环境	碳钢或低合金钢	碳钢或低合金钢
BB——一般环境	碳钢或低合金钢	不锈钢
CC——一般环境	不锈钢	不锈钢
DD—酸性环境[a]	碳钢或低合金钢[b]	碳钢或低合金钢[b]
EE—酸性环境[a]	碳钢或低合金钢[b]	碳钢或低合金钢[b]
FF—酸性环境[a]	不锈钢[b]	不锈钢[b]
HH—酸性环境[a]	耐蚀合金[bcd]	耐蚀合金[bcd]
ZZ	用户自行选择	用户自行选择

a 指按 NACE MR 0175/ISO 15156 定义的；符合 NACE MR 0175/ISO 15156。
b 指符合 NACE MR 0175/ISO 15156。
c 仅在被残留液体湿润的表面上要求的耐蚀合金。
d 耐蚀合金的 NACE MR 0175/ISO 15156 定义不适用。

表 4-7　H_2S 浓度限制

材料等级	H_2S 0.5 PSIA 标记	H_2S 1.5 PSIA 标记	H_2S 无使用限制标记
AA，BB，CC	不可用	不可用	不可用
DD，EE，FF，HH	H_2S 分压小于 0.5psi	H_2S 分压小于 1.5psi	任何浓度 H_2S
ZZ	不需要	不需要	不需要

对于材料等级 DD、EE、FF 和 HH，制造商应满足 NACE MR 0175/ISO 15156 标准中对材料处理和性能（如硬度）的要求。选择材料等级及针对具体情况选择具体材料，是买主的主要职责。

NACE MR 0175/ISO 15156 标准中提出 H_2S 导致材料断裂的耐受程度受 pH、温度、氯化物浓度及元素硫等因素的影响。在标记材料分类时，买方还应考虑可能的各种环境因素和生产变量。

NACE MR 0175/ISO 15156 标准中包含特殊酸类运行应用的材料鉴定条款，它应用在标准实验或成文的现场资料定义的参数以外，包括在超过 NACE MR 0175/ISO 15156 标准中规定的限制液体条件下的材料应用，或者 NACE MR 0175/ISO 15156 标准中未涉及的材料应用。对这类酸性运行应用，设备可以被描述或标记为 ZZ 级材料（所有部分）中 ISO 15156（所有部分）（NACE 的 MR 0175，见第 2 条）包括采用实验或现场历史记录的方法规定，在特定的 H_2S 环境下（ISO 15156 标准定义以外的参数）材料的应用。这可包括在 ISO 15156 标准中超过规定限制的流体条件下材料使用或在 ISO 15156 标准没有提到的条件下材料的使用。在这种酸性条件下的使用装置可采用 ZZ 级别进行描述或标志，评价和决定这种应用条件下证明文件数据的适应性是买方的职责。对 ZZ 材料级别，制造商应满足由买方提供和认可的材料证明，并应将可追溯性记录保存到文件档案中，不考虑产品规范级别。买方的职责在于评估和确定文件数据对预期应用的适用性。对于 ZZ 级材料，制造商应满足由买方提供或批准的材料规范，并应保存可溯源的记录，以文件形式记载制造材料，无论何种 PSL。

表 4-8 为阀和井口装置所用耐蚀合金选择要求。根据表 4-8 可以选择所列要求的材料（包括金属）设计设备。表中未定义现有和未来的井口环境，但提供对于各种运行条件严重程度等级的材料分类和相对腐蚀性。若能满足力学性能，可以用不锈钢取代碳钢和低合金钢，并且可以用防腐合金取代不锈钢。

表 4-8　阀和井口装置所用耐蚀合金选择（不含单质硫）

材料类型	使用部位	H_2S 最大分压 5000psi	最小水相 pH	最大温度
碳钢或低合金钢	本体，盖，悬挂器，阀门，阀座，阀杆	无限制	无限制	无限制
410 或 F6NM 不锈钢	本体，盖，阀门，阀座	无限制	3.5	无限制
17-4 PH 不锈钢或 Monel K-500	阀杆或悬挂器	300×10^{-6}	3.5	无限制
316 或 304 不锈钢	阀杆	100×10^{-6}	4.5	无限制
碳化钨铬钴合金或硬质合金	垫环	无限制	无限制	140°F(60℃)
	阀门，阀座，阀杆	3000×10^{-6}	无限制	无限制
718 或 925 镍合金	本体，盖，悬挂器，阀门，阀座，阀杆	无限制	无限制	275°F(135℃)
		40000×10^{-6}	无限制	400°F(204℃)
625 或 825 镍合金	本体，盖，悬挂器，阀门，阀座，阀杆	无限制	无限制	无限制

注：最大温度可能影响合金的屈服强度。阀孔的密封结构(VBSM)：闸阀/球阀/旋塞阀、阀座、节流阀调节件。
资料来源：NACE MR 0175(2003 年版)。

表 4-9 为设备质量控制要求。

表 4-9　设备质量控制要求

要求	PSL 1	PSL 2	PSL 3	PSL 3G	PSL 4
通径检验	抽样	抽样	是	是	是
水力测试	是	是	是，长期的	是，长期的	是，长期的
气体测试	—	—	—	是	是，长期的
装备溯源性	—	—	是	是	是
系列化	—	是	是	是	是
抗拉测试	是	是	是	是	是
抗冲击测试	K，L	K，L，P	是	—	是
硬度测试	抽样	一次	多次	—	多次
化学分析	—	—	是	—	是
裸眼检查	是	是	—	—	—
表面无损检测	—	是	是	—	是

4.3.3 温度与井口性能级别

井口装置选择主要根据气井最高井口关井压力、流体性质及环境温度而选定，温度级别选择见表 4-10。

表 4-10　温度等级选择

最低/℉	最高/℉	最低/℃	最高/℃	温度级别
−75	180	−60	82	K
−50	180	−46	82	L
−20	180	−29	82	P

最低/℉	最高/℉	最低/℃	最高/℃	温度级别
0	150	−18	66	S
0	180	−18	82	T
0	250	−18	121	U
35	250	2	121	V

API 6A 提供了一决策程序流程来确定高含 H_2S、CO_2 天然气井口和采气树各部件规格品种的等级（PSL），以满足设备在恶劣环境中可以安全可靠地使用，如图 4-7 所示，确定产品规格品种等级需考虑的因素有工作压力、由 NACE 定义的酸性产品类别、H_2S 浓度及井场离公路、建筑物、居民住宅的距离等。

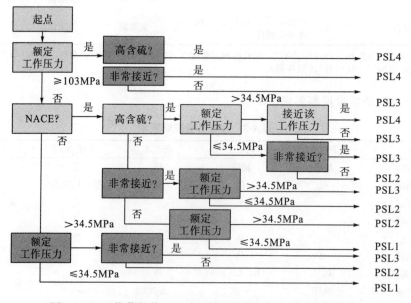

图 4-7　API 推荐的井口和采气树主要部件的产品规范与等级

采气井口装置主要根据气井最高井口关井压力及流体性质而选定，采气井口性能级别选择见表 4-11。

表 4-11　采气井口性能级别选择

酸性环境			不是	是	是	是	不是	是
高浓度 H_2S			不是	不是	是	不是	不是	是
井口装设的潜在影响			无	无	无	有	有	有
产品规范级别	额定工作压力	≤35/MPa	PSL1	PSL1	PSL2	PSL2	PSL1	PSL1
		70/MPa	PSL2	PSL2	PSL3	PSL3	PSL3	PSL4
		≥105/MPa	PSL3	PSL3	PSL4	PSL4	PSL4	PSL4

含 CO_2 气井和采气树各部件必须满足 NACE 标准 MR 0175 和 ISO 15156 的抗 CO_2 的要求，且具备远程控制井口闸门开关的性能。根据测试资料，东方中深层气层中部地层压力为 50MPa，选用压力等级为 70MPa，满足抗 CO_2 腐蚀材质采气井口装置。因此，要求材料类别为 CC 或 HH 级别、其温度类别为 U、性能级别为 PSL 3G 及以上级别。油管头(油管挂)与大四通之间为金属接触密封，采气树阀门为 Aflas 橡胶，并且带螺旋弹簧补偿。

第 5 章　高温高压气井油管柱力学完整性设计

油管柱是地层流体从井底流向地面的关键通道，直接关系到油气井的寿命、采收率和整个生产平台的安全生产，在《钻井和井下作业完整性》（NORSOK-D010）中，油管柱被定义为井筒完整性的第一安全屏障。

随着油气资源勘探开发的逐步深入及老井已服役年限的不断增加，深井超深井、高温高压、高酸性气田等开采环境日益复杂，砾石充填、酸化压裂等作业工艺广泛应用，油管柱的工作条件越来越恶劣，油套环空、生产套管与技术套管环空等异常带压现象日益增多。挪威石油安全管理局 2006 年在 2682 口井中抽样调查了 406 口井，发现有 18% 的井存在井筒完整性失效或者相关问题，其中 7% 由于井筒完整性问题而彻底关井，经济损失重大。在对北海、墨西哥湾、塔里木、四川等地复杂工况气井进行统计和分析后，有学者得出，60% 以上的油套管环空带压作业井是由油管泄漏导致的。高温高压井的特点(高温、高压、复杂腐蚀介质环境、作业施工过程中的工艺、施工过程中的高载荷、反复开关井引发的动载效应的联合作用等)是导致这类事故的主要原因。

一般情况下油管柱下到井内长达几年或十几年，作为井筒屏障的重要组成部分，如何做到油管柱的正确下入、坐封和在复杂载荷下长期安全生产，油管柱的力学完整性设计极为重要，在设计阶段应该给予足够重视。

高温高压油管柱是涉及工艺、材料力学、流体力学等的系统工程，由于油管、套管和井下工具工作环境的复杂性，目前尚不能彻底解决此类问题，但人们已对其进行了深入研究，从设计到实施已进行了很多尝试，以最大限度减少不利因素，增加可靠性和可控性。本章根据国内外海洋高温高压完井作业以及陆地经验，由管柱设计原则出发，从管柱结构、油管、井况等对管柱力学完整性的影响综合分析和阐述。

5.1　高温高压气井管柱设计

高温高压井的完井设计所面临的困难是应用先进的分析和设计方法，对完井各个环节进行准确的参数预测，参数包括操作温度、操作压力、设备负荷、流体摩阻效应、当量密度和腐蚀速率等，这些预测为完井设计和工艺流程提供依据。高温高压井的完井设计应该简单，以便设备的安装和维修。

5.1.1　国内外高温高压油管柱现状

世界上不同国家不同地区的油气田各有特点，温度、压力、产物、岩性、产量、组分等千差万别，因此高温高压井的完井方式有很大差别。下面仅就国内外有规模、有代表性的高温高压油管柱结构进行分析。

1. 国外高温高压油管柱现状

目前国内外在高温高压油气田开发方面都处于起步发展的阶段，高温高压油气田开发对国内外石油企业都是一个巨大的挑战。以位于北海的某凝析气田为例，该气藏产层中部深度为 5029.20m，储层温度为 190.06℃，压力为 108.28MPa，地层流体中 H_2S 含量为 $20 \times 10^{-6} \sim 25 \times 10^{-6}$，$CO_2$ 含量为 2%～4%，地层水中 Cl^- 含量为 145000×10^{-6} 左右，属于典型的含酸性高温高压气田。

该气田定向井采用套管射孔完井，投产工艺将井筒钻井液替换为海水，之后下入射孔联作管柱，井口加压引爆射孔枪，悬挂器自动解脱完成丢枪，具体油管柱如图 5-1 所示。

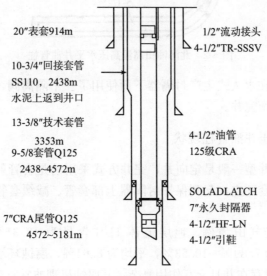

图 5-1　定向井油管柱图

油管柱结构自上而下：油管挂、井下安全阀、永久式封隔器、引鞋。材质方面，根据储层酸性腐蚀气体介质含量，通过实验，确定油管及井下工具采用镍基耐蚀合金（CRA）。井下安全阀方面，采用油管携带式可回收式井下安全阀，最大工作压力为 103.42MPa，最高工作温度为 204.44℃，同时安全阀、液控管线接口的密封形式均需采用金属对金属密封，可有效降低关井后气体泄漏的风险，阀板采用蝶式设计。井下安全阀的液压控制管线采用无缝管。控制液必须采用无机化合物，因为在高温下有机液的润滑性将变差，这将增加阀的机械磨损。

封隔器方面，采用油管携带式液压坐封式永久封隔器，额定工作压力为 103.42MPa，最高工作温度为 204.44℃。油管与封隔器通过左手螺纹接头连接，必要时可以丢手，避免封隔器橡胶泄漏危险。由于下部卡瓦暴露于生产流体中，因此下部卡瓦材质采用镍基耐蚀合金制造，并嵌入碳化物，而上部卡瓦采用低等级镍合金钢，以减小回收封隔器时，磨铣的难度。胶皮采用氟橡胶，因为该橡胶能在较苛刻的环境中长时间的使用。

该气田水平井采用防砂筛管完井，投产工艺先下入防砂筛管，再单独下入一趟带隔离阀的封隔器，之后将井筒钻井液替换为海水，实现上部油管柱欠平衡完井，之后下入带密封筒的生产管柱，插入到抛光筒中，最后加压打开地层隔离阀，具体管柱如图 5-2 所示。

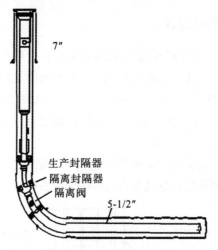

图 5-2　北海油田高温高压水平井油管柱

该管柱的特点是在永久式生产封隔器下面使用了一个隔离阀,来实现双向阻隔,有利于防止漏失和欠平衡完井。

2. 国内高温高压井油管柱现状

国内高温高压井井型一般是定向井,完井方式采用的是套管射孔完井,油管柱利用永久式封隔器封隔油套环空,起到保护封隔器上部套管、减缓套管腐蚀、延长气井生产寿命的作用。

以四川盆地普光气田为例,地层流体 H_2S 含量为 $12.31\%\sim17.05\%$,平均为 15.16% ; CO_2 含量为 $7.89\%\sim10.53\%$,平均为 8.64% ,腐蚀环境异常恶劣。普光气田由于 H_2S 和 CO_2 同时存在并且交互作用复杂,其腐蚀机理非常复杂,这对完井油管、套管、井下管柱、井口装置等完井工具和设备具有巨大的威胁。

根据普光气田开发方案,所有生产井均采用酸压投产。因此该投产工艺先进行射孔施工,压井取出射孔管柱后,再下入酸压、生产一体化管柱投产。可以减少酸压后压井起下管柱工作量,避免酸压后压井对地层的伤害,具体油管柱示意图如图 5-3 所示。

该油管柱结构设计从上向下依次为井下安全阀、循环滑套、锚定密封总成、液压坐封封隔器(带磨铣延伸筒)、坐落接头、剪切球座,完井工具采用 Inconel718,满足普光气田高酸性气井完井使用工况环境的要求。上部设计井下安全阀,保证气井在紧急状况下安全可靠关闭,及时切断气源。安全阀为全金属密封(气密封)。循环滑套安装于封隔器上部,用于再次作业时顶替环空或油管中的钻井液或完井液,亦可在紧急情况下或需回收管柱时进行循环压井,保证施工安全。封隔器具有液压坐封,一次管柱下入即可完成管柱坐封的特点,使得作业非常简单、安全。封隔器下部设计坐落短节,用于坐封封隔器、管柱试压、不压井作业、压力测试等。最下部提供的剪切球座,底部为引鞋设计,使得过油管钢丝作业顺利,剪切后的球及球座落入井底,保证管柱的通径。

克拉 2 气田是一个具有弱边底水的背斜块状深层异常高压干气气藏,气藏埋深为 3500~4100m,气藏中部温度为 100℃,原始气田压力为 74.35MPa,地层流体中 CO_2 含量为 $0.55\%\sim0.74\%$,基本不含 H_2S ,属常温异常高压气藏。

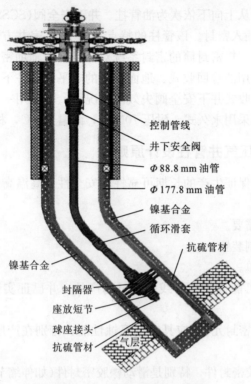

控制管线

井下安全阀

Φ 88.8 mm 油管

Φ 177.8 mm 油管

镍基合金

循环滑套

抗硫管材

镍基合金

封隔器

座放短节

球座接头

抗硫管材

气层

图 5-3　普光气田油管柱示意图

　　根据克拉 2 气田开发方案，选用射孔方式完井，该投产工艺先用钻杆射孔枪和带抛光回接筒(PBR)的悬挂器，再投球坐封悬挂器，起出钻杆，然后用钢丝作业下入斯伦贝谢的叠层枪，之后下入带密封插管的上部生产管柱，插入抛光回接筒内，坐封上部生产封隔器后，安装井口，最后在井口加压延时引爆射孔，具体油管柱如图 5-4 所示。

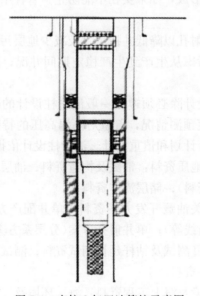

图 5-4　克拉 2 气田油管柱示意图

该油管柱结构设计从上向下依次为油管挂、井下安全阀（SCSSV）、生产封隔器（磨铣延伸筒）、堵塞球座、插入密封。该管柱的特点是在 PBR 完井方式的基础上，再增加一只永久式封隔器，利用回接密封筒的密封系统对环空行程辅助密封，可以更好地防止环空带压。井下安全阀采用油管回收式、地面控制的非平衡式井下安全阀。为确保气井长期安全生产，在油管回收式井下安全阀失效的情况下，应备用一套电缆回收式井下安全阀工作筒。生产封隔器采用永久式，耐压 70MPa，耐温 120℃，材质为 13Cr。

5.1.2　海上高温高压气井管柱设计原则

为满足开发目的和保证生产的长期可靠性和安全性，高温高压气井油管柱的设计基本原则如下：

（1）满足开发方案需要。

（2）必须有安全控制装置。

（3）结构尽可能简单。

（4）井下工具应尽可能选用经实践应用过的产品，并已证实该产品是成熟可靠、耐用的。

（5）工具材料（包括密封元件）应具有抗腐蚀性能，特别在产层流体中含 H_2S 等带腐蚀性气体的情况。

（6）尽可能减少橡胶密封件，特别是滑动橡胶密封件（如伸缩节等）。

（7）连接螺纹结构采用密封性能良好的、金属对金属密封的特殊螺纹。

（8）油管直径的选择，除应满足产量要求外，还必须考虑以下两个因素：一是管柱应能保证气井开采过程中带出井底液体和固体杂质，即自喷管底部的气流速度应大于带出液体和固体杂质必需的最小允许速度；二是管内的压力损失不大于允许的最大压力损失（即井口压力应满足地面输气的最低压力要求）。

（9）必须防止水合物的形成，如果实在不能防止，管柱中必须有乙二醇（或甲醇）化学剂注入。

（10）尽可能采用 TCP 射孔以降低井控风险及减少地层污染。

（11）强度校核应充分考虑从生产到生产稳定期间井况，以及可能的增产措施和泄漏情况等。

高温高压气井油管柱设计除必须遵循一般油管柱设计的基本原则外，还必须根据储层及流体特性、压力和温度预测情况，着重对高温高压的特殊性、潜在危险和可能出现的意外情况及事故进行周密计划和慎重设计。油管柱设计依据如下原则。

（1）完井设计所需油藏地质资料：油藏及构造资料；油层及岩性资料（包括矿物成分、粒度分析及有关防砂分析资料）；储层流体资料。

（2）油藏开发资料：有关油藏开发方案资料；单井配产方案资料（包括配产产量、预测井口温度、压力、生产曲线等）；单井射孔方案（分层系方案）。

（3）试油测井资料：钻杆测试及钻杆延长测试资料；测试资料中的产量、压力、流动温度、油嘴工作制度；测井资料。

（4）完井工程所需的环境及海上工程资料：海洋环境及气象资料，水下环境及工程地质资料；井口区及导管架资料（包括承载能力、钻机、修井机等）；作业甲板及相关设施资料(包括作业区面积、水、电、压缩空气、油料蒸气的供给等);完井作业进度与海上工程作业关系。

(5)完井工程所需的钻井工程资料:已完钻各类开发井的钻井资料(包括探井、评价井转为开发井);未钻各类开发井的钻井方案;探井、评价井的有关资料;邻井完井特殊作业提示。

(6)收集完井设计遵循的各种标准。

(7)完井设计必需的基础研究:储层保护的研究,包括地层损害因素研究、储层敏感性评价等;出砂预测及防砂方法研究成果;流体组分分析结果和腐蚀性研究及材料防腐评价成果;井筒流动能量、物性变化及水合物防治方法研究成果;封堵、增产措施、储层改造等的研究成果。

5.2　海洋井筒温度、压力计算

精确掌握井筒内压力、温度的分布,为校核油管柱及封隔器提供基础数据,对于油气井动态分析和安全生产有着至关重要的作用。在油气田开发过程中,可以通过下入一定数量的温度计和压力计来实测出井筒内压力及温度的分布,然而对于高温高压的恶劣环境,下入工作难以进行,因此通过建模,采用理论分析方法对压力、温度进行预测变得很有必要。

本节以传热学及流体力学相关理论和动量守恒、能量守恒方程为基础,建立了预测井筒压力场、温度场分布的耦合计算模型,通过递推迭代,对所得模型进行求解。

5.2.1　井筒温度场计算

井筒流体温度分布的计算模型或方法有多种,其中 Ramey 和 Willhite 在井筒流体温度分布预测方面作了开创性的研究工作。井筒流体温度的预测均要考虑与地层之间的传热。处理方法上都以第二界面(水泥环和地层之间的接触面)为界,将传热分为两个部分:井筒中的传热和井筒周围地层的传热。第二界面处的温度是这两部分的纽带。井筒中的传热视为稳定传热,井筒周围地层中的传热视为非稳定传热。

1. 井筒温度场模型的建立

建立气井井筒单相温度压力分布模型时,假设以下条件:
(1)气体在井筒中稳定流动,在井筒内任意截面上,各点温度、气体参数等相同;
(2)井筒内部的传热为稳态传热,井筒周围到其余界面为非稳态传热,且热损失为径向,沿井深方向不存在;
(3)假设地层温度具有线性分布的特性,且地温梯度已知。

井筒流体能量平衡机制如图 5-5 所示,井与水平面的夹角为 θ,并且深度坐标 Z 取向下为正。

能量平衡方程用单位长度控制体积的地层吸收热流量 Q、流入流出的对流能量表示。

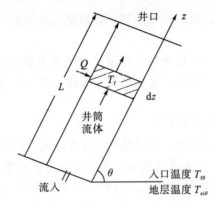

图 5-5　井筒流体能量平衡机制

能量平衡方程为

$$\frac{\mathrm{d}}{\mathrm{d}z}\Big[w\Big(H+\frac{1}{2}v_{\mathrm{m}}^{2}+gz\sin\theta\Big)\Big]-Q=0 \tag{5-1}$$

从地层中吸收的热量 Q 为

$$Q=wc_{\mathrm{pm}}(T_{\mathrm{e}}-T_{\mathrm{f}})L_{\mathrm{R}} \tag{5-2}$$

式中，g——重力加速度，$9.81\mathrm{m/s^2}$；

$\quad\quad v_{\mathrm{m}}$——流体流动流速，$\mathrm{m/s}$；

$\quad\quad \theta$——井筒轴线与水平方向的夹角，$(°)$；

$\quad\quad H$——比焓，$\mathrm{J/kg}$；

$\quad\quad w$——流体质量流量，$\mathrm{kg/s}$；

$\quad\quad T_{\mathrm{e}}$——任意深度处的原始地层温度，$\mathrm{K}$；

$\quad\quad T_{\mathrm{f}}$——任意深度处油管中流体温度（随井深变化），$\mathrm{K}$；

$\quad\quad c_{\mathrm{pm}}$——油管内流体比热，$\mathrm{J/(kg\cdot K)}$；

$\quad\quad L_{\mathrm{R}}$——松弛距离系数，无量纲。

$$L_{\mathrm{R}}=\frac{2\pi}{c_{\mathrm{pm}}w}\Big[\frac{r_{\mathrm{to}}U_{\mathrm{to}}K_{\mathrm{e}}}{K_{\mathrm{e}}+r_{\mathrm{to}}U_{\mathrm{to}}f(t)}\Big] \tag{5-3}$$

式中，K_{e}——地层导热系数，$\mathrm{W/(m\cdot K)}$；

$\quad\quad f(t)$——Ramey 无因次时间函数；

$\quad\quad U_{\mathrm{to}}$——井筒系统总传热系数，$\mathrm{J/(s\cdot m^2\cdot K)}$；

$\quad\quad r_{\mathrm{to}}$——油管外径，$\mathrm{mm}$。

对于气液两相流，混合物的焓与压力梯度、温度梯度的关系为

$$\frac{\mathrm{d}H}{\mathrm{d}z}=\Big(\frac{\partial H}{\partial P}\Big)_{T_{\mathrm{f}}}\cdot\frac{\mathrm{d}P}{\mathrm{d}z}+\Big(\frac{\partial H}{\partial T_{\mathrm{f}}}\Big)_{P}\cdot\frac{\mathrm{d}T_{\mathrm{f}}}{\mathrm{d}z} \tag{5-4}$$

其中气液两相流的焓对温度的变化率即为气体的定压比热 c_{pm}，可表示为

$$\Big(\frac{\partial H}{\partial P}\Big)_{P}=c_{\mathrm{pm}} \tag{5-5}$$

由气液两相流的焦耳-汤姆逊系数的定义：

$$c_{\mathrm{jm}}=\Big(\frac{\partial T_{\mathrm{f}}}{\partial P}\Big)_{H}=-\frac{(\partial H/\partial P)_{T_{\mathrm{f}}}}{(\partial H/\partial T_{\mathrm{f}})_{P}}$$

得

$$\left(\frac{\partial H}{\partial P}\right)_{T_{\mathrm{f}}} = -c_{\mathrm{jm}}c_{\mathrm{pm}} \tag{5-6}$$

在稳态流动条件下质量流量 w 与井的深度无关，式(5-1)改写为

$$\frac{\mathrm{d}}{\mathrm{d}z}\left[w\left(H + \frac{1}{2}v_{\mathrm{m}}^2 + gz\sin\theta\right)\right] - Q = w\left(\frac{\mathrm{d}H}{\mathrm{d}z} + v_{\mathrm{m}}\frac{\mathrm{d}v_{\mathrm{m}}}{\mathrm{d}z} + g\sin\theta\right) - Q =$$

$$w\left(c_{\mathrm{pm}}\frac{\mathrm{d}T_{\mathrm{f}}}{\mathrm{d}z} - c_{\mathrm{jm}}c_{\mathrm{pm}}\frac{\mathrm{d}P}{\mathrm{d}z} + v_{\mathrm{m}}\frac{\mathrm{d}v_{\mathrm{m}}}{\mathrm{d}z} + g\sin\theta\right) - wc_{\mathrm{pm}}(T_{\mathrm{e}} - T_{\mathrm{f}})L_{\mathrm{R}} = \tag{5-7}$$

$$wc_{\mathrm{pm}}\left(\frac{\mathrm{d}T_{\mathrm{f}}}{\mathrm{d}z} - c_{\mathrm{jm}}\frac{\mathrm{d}P}{\mathrm{d}z} + \frac{v_{\mathrm{m}}}{c_{\mathrm{pm}}}\cdot\frac{\mathrm{d}v_{\mathrm{m}}}{\mathrm{d}z} + \frac{g\sin\theta}{c_{\mathrm{pm}}}\right) - wc_{\mathrm{pm}}(T_{\mathrm{e}} - T_{\mathrm{f}})L_{\mathrm{R}} = 0$$

则式(5-7)可改写为

$$\frac{\mathrm{d}T_{\mathrm{f}}}{\mathrm{d}z} = (T_{\mathrm{e}} - T_{\mathrm{f}})L_{\mathrm{R}} - \frac{g\sin\theta}{c_{\mathrm{pm}}} - \frac{v_{\mathrm{m}}}{c_{\mathrm{pm}}}\cdot\frac{\mathrm{d}v_{\mathrm{m}}}{\mathrm{d}z} + c_{\mathrm{jm}}\frac{\mathrm{d}P}{\mathrm{d}z} \tag{5-8}$$

再求解式(5-8)，与之前求解压力分布的方法类似，将全井段分为若干段，对每一段内的温度分别进行计算，在该段内可以将 c_{pm}、c_{jm}、$\dfrac{\mathrm{d}v_{\mathrm{m}}}{\mathrm{d}z}$、$\dfrac{\mathrm{d}P}{\mathrm{d}z}$ 视为常数，则得

$$T_{\mathrm{f}} = Ce^{-L_{\mathrm{R}}z} + T_{\mathrm{e}} + \frac{1}{L_{\mathrm{R}}}\left(-\frac{g\sin\theta}{c_{\mathrm{pm}}} - \frac{v_{\mathrm{m}}}{c_{\mathrm{pm}}}\cdot\frac{\mathrm{d}v_{\mathrm{m}}}{\mathrm{d}z} + c_{\mathrm{jm}}\frac{\mathrm{d}P}{\mathrm{d}z}\right) \tag{5-9}$$

将边界条件 $z = z_{\mathrm{in}}$ 时，$T_{\mathrm{f}} = T_{\mathrm{fin}}$，$T_{\mathrm{e}} = T_{\mathrm{ein}}$ 代入式(5-9)得

$$C = \left[T_{\mathrm{fin}} - T_{\mathrm{ein}} - \frac{1}{L_{\mathrm{R}}}\left(-\frac{g\sin\theta}{c_{\mathrm{pm}}} + c_{\mathrm{jm}}\frac{\mathrm{d}P}{\mathrm{d}z} - \frac{v_{\mathrm{m}}}{c_{\mathrm{pm}}}\cdot\frac{\mathrm{d}v_{\mathrm{m}}}{\mathrm{d}z}\right)\right]/e^{-L_{\mathrm{R}}z_{\mathrm{in}}} \tag{5-10}$$

将 C 值代入式(5-9)得到每一段出口处的温度为

$$T_{\mathrm{fout}} = T_{\mathrm{eout}} + \frac{1 - e^{L_{\mathrm{R}}(z_{\mathrm{in}} - z_{\mathrm{out}})}}{L_{\mathrm{R}}}\left(-\frac{g\sin\theta}{c_{\mathrm{pm}}} + c_{\mathrm{jm}}\frac{\mathrm{d}P}{\mathrm{d}z} - \frac{v_{\mathrm{m}}}{c_{\mathrm{pm}}}\cdot\frac{\mathrm{d}v_{\mathrm{m}}}{\mathrm{d}z}\right)\cdot e^{L_{\mathrm{R}}(z_{\mathrm{in}} - z_{\mathrm{out}})}(T_{\mathrm{fin}} - T_{\mathrm{ein}})$$

$$\tag{5-11}$$

式中，$T_{\mathrm{eout}} = T_{\mathrm{ebh}} - g_{\mathrm{T}}z_{\mathrm{out}}\sin\theta$；

$\qquad T_{\mathrm{ein}} = T_{\mathrm{ebh}} - g_{\mathrm{T}}z_{\mathrm{in}}\sin\theta$；

$\qquad g_{\mathrm{T}}$——地温梯度，K/m；

$\qquad T_{\mathrm{ebh}}$——井底处流体热力学温度，K。

2. 热物性参数的计算

1)混合物比热

井筒内流体的定压比热公式为

$$c_{\mathrm{pm}} = \frac{w_{\mathrm{g}}}{w_{\mathrm{t}}}c_{\mathrm{pg}} + \frac{w_{\mathrm{L}}}{w_{\mathrm{t}}}c_{\mathrm{pL}} \tag{5-12}$$

式中，c_{pg}——天然气定压比热，J/(kg·K)；

$\qquad c_{\mathrm{pL}}$——液相定压比热，J/(kg·K)；

$\qquad w_{\mathrm{t}}$——混合流体质量流量，kg/s；

$\qquad w_{\mathrm{g}}$——气相质量流量，kg/s；

$\qquad w_{\mathrm{L}}$——液相质量流量，kg/s。

液相可认为不压缩，而天然气定压比热与温度、压力及拟临界压力有关，其比热可

查有关手册。

2)混合物的速度

$$v_m = v_{sg} + v_{sL} \tag{5-13}$$

式中，v_{sg}——气相混合物速度，m/s；

v_{sL}——液相混合物速度，m/s。

3)混合物的焦耳-汤姆逊系数

井筒内流体的焓可表示成：

$$\frac{dH}{dz} = \frac{w_g}{w_t} \cdot \frac{dH_g}{dz} + \frac{w_L}{w_t} \cdot \frac{dH_L}{dz} \tag{5-14}$$

其中，

$$\frac{dH_g}{dz} = -c_{jg}c_{pg}\frac{dP}{dz} + c_{pg}\frac{dT_f}{dz}$$

$$\frac{dH_L}{dz} = -c_{jL}c_{pL}\frac{dP}{dz} + c_{pL}\frac{dT_f}{dz}$$

那么：

$$\frac{dH}{dz} = \frac{w_g}{w_t}\left(-c_{jg}c_{pg}\frac{dP}{dz} + c_{pg}\frac{dT_f}{dz}\right) + \frac{w_L}{w_t}\left(-c_{jL}c_{pL}\frac{dP}{dz} + c_{pL}\frac{dT_f}{dz}\right)$$
$$= \left(-\frac{w_g}{w_t}c_{jg}c_{pg} - c_{jL}c_{pL}\frac{w_L}{w_t}\frac{dP}{dz}\right)\frac{dP}{dz} + \left(\frac{w_g}{w_t}c_{pg} + \frac{w_L}{w_t}c_{pL}\right)\frac{dT_f}{dz} \tag{5-15}$$

则混合物的焦耳-汤姆逊系数：

$$c_{jm} = \frac{w_g}{w_t} \cdot \frac{c_{pg}}{c_{pm}}c_{jg} + \frac{w_L}{w_t} \cdot \frac{c_{pL}}{c_{pm}}c_{jL} \tag{5-16}$$

式中，c_{jg}——气体的焦耳-汤姆逊系数，K/Pa；

c_{jL}——液体的焦耳-汤姆逊系数，K/Pa。

对于液体的焦耳-汤姆逊系数，假定液体为不可压缩流体，根据热力学原理得

$$c_{jL} = \left(\frac{\partial T_f}{\partial P}\right)_H = \frac{1}{c_{pL}}\left[T\left(\frac{\partial V}{\partial T}\right)_P - V\right] = \frac{1}{c_{pL}}\left[T\frac{\partial}{\partial T}\left(\frac{1}{\rho_L}\right)\Big|_P - \frac{1}{\rho_L}\right] = -\frac{1}{c_{pL}\rho_L} \tag{5-17}$$

对于气体的焦耳-汤姆逊系数，对一定状态下的某真实气体而言，通过状态方程 $PV = ZRT$ 来描述真实气体的压力、温度之间的关系。

$$c_{jg} = \left(\frac{\partial T_f}{\partial P}\right)_H = \frac{1}{c_{pg}}\left[T\left(\frac{\partial V}{\partial T}\right)_P - V\right] = \frac{1}{c_{pg}}\left[T\frac{\partial}{\partial T}\left(\frac{ZRT}{P}\right) - V\right] = \frac{1}{c_{pg}}\frac{RT}{P}\left(\frac{\partial Z}{\partial T}\right)_P \tag{5-18}$$

式中，T——温度；

V——体积；

Z——压缩因子；

R——通用气体常数。

以 PR 方程为基础求取压缩因子对温度的偏导，用来计算焦耳-汤姆逊系数。

$$c_{jg} = \left(\frac{\partial T_f}{\partial P}\right)_H = \frac{RT^2}{c_{pg}P}\left(\frac{\partial Z}{\partial T}\right)_P = \frac{R}{c_{pg}}\frac{(2r_A - r_B T_f - 2r_B B T_f)Z - (2r_A B + r_B A T_f)}{[3Z^2 - 2(1-B)Z + (A - 2B - 3B^2)]T_f} \tag{5-19}$$

其中，

$$A = \frac{r_A P}{R^2 T_f^2}$$

$$B = \frac{r_B P}{R T_f}$$

$$r_A = \frac{0.457235 a_i R^2 T_{pci}^2}{P_{pci}}$$

$$r_B = \frac{0.077796 R T_{pci}}{P_{pci}}$$

$$a_i = \left[1 + m_i (1 - T_{pri}^{0.5})\right]^2$$

$$m_i = 0.3746 + 1.5423 w_i - 0.2699 \omega_i^2$$

式中，T_{pci}、T_{pri}——组分 i 的临界热力学温度和对比热力学温度，K；

　　　P_{pci}——组分 i 的临界压力，Pa；

　　　ω_i——组分 i 的偏心因子，无因次。

4）瞬态传热函数

瞬态传热函数的求解过程复杂而烦琐，较为耗时，本书采用能满足工程精度要求的近似公式：

$$f(t_D) = 1.1281 \sqrt{t_D} (1 - 0.3 \sqrt{t_D})(t_D \leqslant 1.5) \tag{5-20}$$

$$f(t_D) = (0.5 \ln t_D + 0.4063)\left(1 + \frac{0.6}{t_D}\right)(t_D > 1.5) \tag{5-21}$$

其中，

$$t_D = \frac{\alpha t}{r_h^2}$$

式中，α——地层扩散系数，m^2/s；

　　　t——生产时间，s；

　　　r_h——井眼半径，mm。

5）总传热系数

海上油气井的井身结构不同于陆地油气井，二者井筒传热模型不尽相同，陆地油气井测试管柱中的流体经过管壁、管柱与套管环空、套管壁、水泥环和地层发生热交换如图 5-6 所示，而海上油气井从海底泥线到海上平台段，油井管柱中流体则是经过管壁、管柱与隔水管环空、隔水管壁和海水发生热交换。因此，在计算海上油气井测试管柱温压场时，需将井筒分为海水段与地层段，地层段传热系数 U_{to1} 与海水段传热系数 U_{to2} 分别为

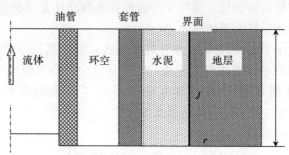

图 5-6　油管内产液到井筒/地层界面换热剖面图

$$U_{to1} = \left(\frac{r_{to}}{r_{ti}h_f} + \frac{r_{to}\ln(r_{to}/r_{ti})}{k_{tub}} + \frac{1}{h_c+h_r} + \frac{r_{to}\ln(r_{co}/r_{ci})}{k_{cas}} + \frac{r_{to}\ln(r_{wb}/r_{co})}{k_{cem}} \right)^{-1}$$

(5-22)

$$U_{to2} = \left(\frac{r_{to}}{r_{ti}h_f} + \frac{r_{to}\ln(r_{to}/r_{ti})}{k_{tub}} + \frac{1}{h_c+h_r} + \frac{r_{to}\ln(r_{co}/r_{ci})}{k_{cas}} + \frac{r_{to}\ln(r_{wb}/r_{co})}{k_{cem}} + \frac{1}{h_s} \right)^{-1}$$

(5-23)

由于油管和套管的厚度较小，且彼此之间热传导系数较大，为了简化计算，通过对相关文献的研究分析得出：对井筒传热起主导作用的仅有三项热阻，即油管（隔热）、环空和水泥环。因此式(5-22)、式(5-23)可以简化为

$$U_{to1} = \left(\frac{1}{h_c+h_r} + \frac{r_{to}\ln(r_{to}/r_{ti})}{k_{tub}} + \frac{r_{to}\ln(r_{wb}/r_{co})}{k_{cem}} \right)^{-1}$$

(5-24)

$$U_{to2} = \left(\frac{1}{h_c+h_r} + \frac{r_{to}\ln(r_{to}/r_{ti})}{k_{tub}} + \frac{r_{to}\ln(r_{wb}/r_{co})}{k_{cem}} + \frac{1}{h_s} \right)^{-1}$$

(5-25)

式中，U_{to}——井筒总传系数，J/(s·m²·K)；

r_{ti}、r_{to}——油管内径、外径，mm；

r_{ci}、r_{co}——套管内径、外径，mm；

r_{wb}——井眼半径，mm；

h_f、h_c、h_r、h_s——流体温度与其表面温度差下的传热膜系数、油管与套管环空中的对流和传热换热系数、油管与套管环空中的辐射换热系数、海水的对流换热系数，W/(m²·K)；

k_{tub}、k_{cas}、k_{cem}——油管的导热率、套管的导热率、水泥环的导热率，W/(m·K)。

5.2.2 井筒压力场计算

压力分布计算的最终目的是以开发方案确定的井底流压为基础，确定生产井的井口流压，为地面工艺如节流降压或增压输送，以及为水合物的形成与预防研究奠定基础。气井井口压力或压力分布可分为两种情况：一是单相气井或产水量很小的气井；二是产水量较大的气水同产井。

1. 单相气井压力分布的计算

根据杨继盛的《采气工艺基础》、李士伦的《天然气工程》等，在气田开采过程中，由于压力、温度的变化，凝析气、湿气中的重烃和水汽往往会部分冷凝成液而在油管内形成液相，其流动将变为气液两相流。

但对于气液比大于2000的井，流态往往呈雾流，即气相是连续相，液相是分散相，计算时可简化为均匀的单相流或拟单相流，实际计算中，当气液比大于2000（亦有大于1780的说法）时，井筒压力分布计算方法主要有"平均温度和平均偏差因子法""Cullender 和 Smith 法"等，其计算结果基本一致。

根据能量守恒，可得到：

$$\frac{dP}{\rho} + g\sin\theta dL + \frac{fu^2\sin\theta dL}{2d}$$

(5-26)

式中，ρ——流动状态下天然气密度，kg/m^3；

f——摩阻系数；

P——压力，Pa；

g——重力加速度，m/s^2；

u——流动状态下气流速度，m/s；

d——油管内径，mm；

L——油管长度，m；

θ——油管与水平方向的夹角。

在 $(P，T)$ 下天然气密度为

$$\rho = \frac{PM_g}{ZRT} = \frac{28.97r_g}{0.008314ZT} \tag{5-27}$$

在已知产量下的气流速度可表示为

$$u = B_g u_{sc} = \left(\frac{q_{sc}}{86400}\right)\left(\frac{T}{293}\right)\left(\frac{0.101325}{P}\right)\left(\frac{Z}{1}\right)\left(\frac{4}{\pi}\right)\left(\frac{1}{d^2}\right) \tag{5-28}$$

将式(5-27)、式(5-28)代入式(5-26)，利用分离变量法，可得到：

$$\int_{P_{tf}}^{\rho_{wf}} \frac{\dfrac{P}{TZ}}{\left(\dfrac{P}{TZ}\right)^2 \sin\theta + \dfrac{1.324 \times 10^{-18} fq_{sc}^2}{d^5}} dP = \int_0^L 0.03415 r_g \sin\theta dL \tag{5-29}$$

令

$$S = \frac{0.03415 r_g \sin\theta \Delta H}{\overline{T}Z} \tag{5-30}$$

则式(5-30)可简化为

$$P_{wf} = \left[P_{tf}^2 e^{2S} + \frac{1.324 \times 10^{-18} f(q_{sc} \overline{TZ})^2 (e^{2S} - 1)}{d^5} \right]^{1/2} \tag{5-31}$$

其中，

$$\frac{1}{\sqrt{f}} = 1.14 - 2\lg\left(\frac{e}{d} + \frac{21.25}{Re^{0.9}}\right); \quad Re = 1.776 \times 10^{-2} \frac{q_{sc}\gamma_g}{du_g}$$

式中，P_{tf}、P_{wf}——井口压力和井底流压，MPa；

P——井筒中某点处压力，MPa；

T——井筒中某点处热力学温度，K；

Z——天然气在 P，T 下的压缩系数；

q_{sc}——产气量，m^3/d；

r_g——天然气相对密度。

在已知井底流压 p_{wf}、气井斜深 L 和井身结构参数后，即可由式(5-31)计算得到天然气井口压力以及压力沿井筒的分布。其中，天然气压缩因子 Z、天然气黏度 μ_g、摩阻系数 f 等按相关经验公式进行计算，并根据天然气组分进行必要修正。

2. 气液两相流压力分布的计算

对于部分产液(水)量较高，在井筒条件下气液比小于2000的井，采用单相流计算方法必将产生较大误差，在此条件下，地层流体在油管柱中将呈气液两相流动状态，其井口流压及压力分布的计算只能按气液两相管流理论进行计算，其计算过程较单相流复杂得多。

描述井筒气液两相管流的模型较多，用于垂直井的主要有 Duns-Ros 模型(1963 年)、Hagedorn-Brown 模型(1965 年)、Orkiszewski 模型(1967 年)、Hasan-Kabir 模型(1988 年)、Ansari 方法等；用于倾斜气液(水)管流的压降模型主要有 Beggs-Brill 方法(1973 年)、Mukherjee-Brill 方法(1985 年)。其中，根据川渝气田的生产经验，Hagedorn-Brown 模型在产水气井中应用较广。

Hagedorn-Brown 模型于 1965 年由 Hagedorn 和 Brown 提出。此模型是基于现场的大量试验数据，反算出了持液率。Hagedorn-Brown 模型无须判别流型，而且对产水气井流动条件比较适宜。

对于多相流，假定为一维定常均匀平衡流动，根据能量守恒定律可以推导出：

$$10^6 \frac{\Delta P}{\Delta H} = \rho_{\mathrm{m}} g + \frac{f_{\mathrm{m}} M_{\mathrm{t}}^2}{9.21 \times 10^9 \rho_{\mathrm{m}} d^5} + \frac{\rho_{\mathrm{m}} v_{\mathrm{m}}^2}{2 \Delta H} \tag{5-32}$$

式中，ΔP——压力变化量，MPa；

ΔH——深度增量，m；

ρ_{m}——两相混合物密度，kg/m³，$\rho_{\mathrm{m}} = \rho_{\mathrm{L}} H_{\mathrm{L}} + \rho_{\mathrm{g}} (1 - H_{\mathrm{L}})$，其中 H_{L} 为持液率；

f_{m}——两相摩阻系数；

M_{t}——气液混合物质量流量，$M_{\mathrm{t}} = \rho_{\mathrm{g}} q_{\mathrm{g}} + \rho_{\mathrm{L}} q_{\mathrm{L}}$，kg/s；

v_{m}——两相混合物速度，m/s，$v_{\mathrm{m}} = v_{\mathrm{sg}} + v_{\mathrm{sL}}$，其中 v_{sg}、v_{sL} 分别为气、液相表观

速度，m/s，$v_{\mathrm{sg}} = \frac{q_{\mathrm{g}}}{A}$，$v_{\mathrm{sg}} = \frac{q_{\mathrm{L}}}{A}$；

g——重力加速度，m/s²；

d——管子内径，mm。

利用式(5-32)求解压力最主要的在于准确计算气水两相混合流体的密度 ρ_{m} 和摩阻系数 f_{m}，计算 ρ_{m} 的关键在于计算持液率 H_{L}，Hagedorn-Brown 方法在计算持液率 H_{L} 和摩阻系数 f_{m} 时不需要判别流型。

经实验研究，Hagedorn 和 Brown 得出了持液率的 3 条无因次曲线，如图5-7～图5-9所示。

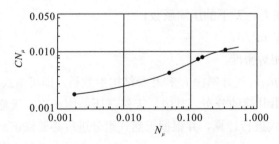

图5-7 N_μ 与 CN_μ 的关系图

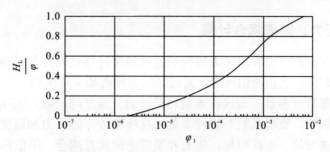

图 5-8　H_L/φ 与 φ_1 的关系图

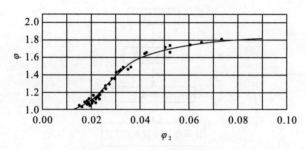

图 5-9　φ 与 φ_2 的关系图

利用这 3 条相关曲线确定持液率 H_L 时，还需要计算如下 4 个无因次参数：

液体速度数 $N_{LV}=v_{sl}\left(\dfrac{\rho_1}{g\delta}\right)^{1/4}$，气体速度数 $N_{GV}=v_{sg}\left(\dfrac{\rho_g}{g\delta}\right)^{1/4}$，管子直径数 $N_d=$ $d\left(\dfrac{\rho_1 g}{\delta}\right)^{1/2}$，液体黏度数 $N_\mu=\mu_1\left(\dfrac{g}{\rho_1 g^3}\right)^{1/4}$

式中，δ——气液界面张力，N/m；

　　　μ_1——液体黏度，Pa·s。

利用上述 4 个无因次量和 3 条相关曲线计算持液率 H_L 和摩阻系数 f_m 的步骤如下：

(1)计算 $\overline{P}$，$\overline{T}$ 条件下的 4 个无因次量：N_{LV}、N_{GV}、N_d、N_μ；

(2)从 N_μ-CN_μ 关系图(图 5-7)中，根据 N_μ 值查出 CN_μ 值；

(3)计算 $\varphi_1=\dfrac{N_{LV}CN_\mu P^{0.1}}{N_{GV}^{0.575}N_d P_{sc}^{0.1}}$，并由 H_L/φ-φ_1 关系图(图 5-8)中查出 H_L/φ；

(4)计算 $\varphi_2=\dfrac{N_{LV}N_\mu^{0.38}}{N_d^{2.14}}$，并由 φ-φ_2 关系图(图 5-9)查出 φ；

(5)计算持液率 $H_L=\dfrac{H_L}{\varphi}\cdot\varphi$；

(6)计算两相雷诺数 $N_{Rem}=\dfrac{1.474\times10^{-2}M_t}{d\mu_1^{H_L}\mu_g^{1-H_L}}$；

(7)计算两相摩阻系数 $\dfrac{1}{\sqrt{f_m}}=1.14-2\lg\left(\dfrac{e}{d}+\dfrac{21.25}{N_{Rem}^{0.9}}\right)$。

(8)根据以上求解参数的步骤求出 Hagedorn-Brown 模型计算所需要的参数。根据给定的压力初值，通过迭代法计算压降。

5.2.3　井筒压力、温度耦合计算

　　从前面的推导过程可以看出压力梯度和温度梯度计算之间并非是相互独立的，而是有着非常密切的联系。在预测温度时，需已知压力梯度和定压比热、焦耳-汤姆逊效应系数和总传热系数等物性参数，而这些参数均是压力、温度的函数；在预测压力时，也需知道温度和压缩因子、摩阻系数等物性参数，这些参数亦是压力和温度的函数，而此时的压力、温度是未知的。由此可见，压力和温度之间相互耦合，不能单独计算，需采用迭代法同时求解。其步骤如下(图 5-10)：

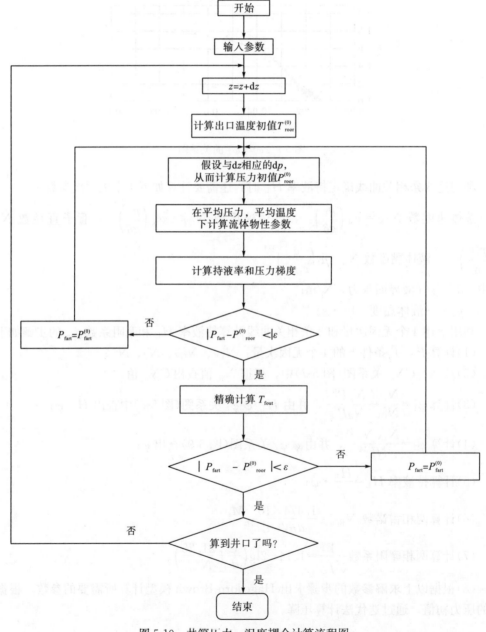

图 5-10　井筒压力、温度耦合计算流程图

(1)以井底流动压力(或井口压力)为起点,按深度差分段,用压差进行迭代。在开始计算之前,必须知道以下参数:产气量、产水量、气相比重、液相比重、井深、油管直径、井底温度(或井口温度)、井底压力、地温梯度等。

(2)将整个油管分段,每一段的长度为 ΔH,其大小取决于精度的要求。

(3)根据温度初值公式计算每一段出口温度。

(4)假设与 ΔH 相应的压降并计算该段内的平均压力 P 和平均温度 T_f。

(5)在平均压力 P 和平均温度 T_f 下计算气水的物性参数,主要包括:气体的视临界压力和视临界温度、气体压缩因子、气体黏度、气相体积系数、气相密度、气相折算速度、液相黏度、液相密度、液相折算速度、气液混合物的流速、气液表面张力。

(6)根据 Hagedorn-Brown 方法计算持液率、压降等。

(7)判断出口压力是否达到精度要求,如未达到精度要求,则返回(5),否则进行下一步。

(8)用温度计算公式计算出口温度。

(9)判断出口温度是否达到精度要求,如未达到精度要求,则返回(5),否则进行下一步。

(10)对下一段进行计算直至井口(井底)。

5.3　高温高压油管柱强度校核

对于高温高压气田生产,油管柱面临着下生产管柱、封隔器坐封、射孔、生产、储层改造等不同工况,油管柱和工区所处压力、温度环境变化范围大,不同工况下管柱内外压力变化大,导致管柱在井下要承受轴向力、内外压力、井壁支反力和摩擦力等多种载荷的联合作用,形成不同的平衡状态,而受温度和压力变化范围大的影响,管柱往往会在多种平衡状态之间转换,进而产生较大的轴向变形、弯曲应力,甚至超出管柱设计极限值,加大封隔器失效和井下管柱破坏的风险。近年来,相当比例的已完井投产的气井都存在各方面原因引起的生产管柱压力异常升高的现象,带压生产,具有一定的安全隐患。因此,在油管柱设计之前,有必要对不同工况下的油管柱和井下工具进行受力分析和安全评估,为管柱组合的合理配置及生产作业参数的合理选择等提供科学的依据,最终形成一套安全、高效、经济的油管柱结构设计和施工方案。

5.3.1　管柱变形基础效应

油管柱在井下的变形包括横向变形和纵向变形,其中纵向变形量比横向变形量大很多,如果管柱的纵向变形过大,就会存在封隔器提前解封、管柱窜封和其他恶性故障的危险,从而降低管柱整体的安全可靠性。因此,管柱轴向变形对施工作业起着决定性作用,需要我们在设计校核管柱力学分析时,对其进行深入的研究。

井筒温度和压力的变化会影响管柱在井下的受力情况和变形情况,表现在以下四种基本效应上:活塞效应、鼓胀效应、温度效应、螺旋弯曲效应。

1. 活塞效应

因油管内、外流体作用在管柱直径变化处和密封管的端面上引起管柱长度变化的效应称为活塞效应,如图 5-11 所示。

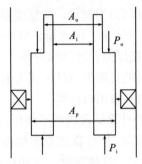

图 5-11　活塞效应

当封隔器坐封后，油管内及环空不属于同一个压力系统，内压对管柱产生向上作用的力为

$$F_a' = (A_o - A_i)P_i \tag{5-33}$$

式中，F_a'——内压对管柱由下向上作用的力，N；

$\quad$ P_i——油管内压力，Pa；

$\quad$ A_i——油管内截面积（以内径算），m^2；

$\quad$ A_o——油管外截面积（以外径算），m^2。

外压对管柱产生由上向下的作用力为

$$F_a'' = (A_p - A_o)P_o \tag{5-34}$$

式中，F_a''——外压对管柱由下向上作用的力，N；

$\quad$ P_o——环形空间压力，Pa；

$\quad$ A_p——封隔器密封腔的横截面积，m^2；

$\quad$ A_o——油管外截面积（以外径算），m^2。

这样，由内外压在管径变化处和端面上产生的力称为活塞力，其大小等于二者合力（假设向上作用力为正，向下作用力为负），那么：

$$F_a = F_a' + F_a'' = (A_p - A_i)P_i - (A_p - A_o)P_o \tag{5-35}$$

式中，F_a——引起活塞效应的力，N。

当工况发生变化或随着生产时间的推移，油管柱内外流体的密度和地面压力会发生改变，油管内压和环空外压也将发生改变，进而会导致活塞力的不同。由于在井下环境中，油管柱在压力差作用下产生的管柱变形量符合胡克定律，所以活塞力的改变引起的轴向变形为

$$\Delta L_1 = -\frac{L(\Delta F_a)}{EA_s} = -\frac{L}{EA_s}\left[(A_p - A_i)\Delta P_i - (A_p - A_o)\Delta P_o\right] \tag{5-36}$$

式中，ΔL_1——油管柱长度变化，m；

$\quad$ ΔF_a——活塞力的变化，N；

$\quad$ L——管柱原长度，m；

$\quad$ A_s——油管壁的横截面积，m^2；

$\quad$ E——材料的弹性模量；

$\quad$ ΔP_i——油管内压力变化，Pa；

$\quad$ ΔP_o——环形空间压力变化，Pa。

2. 鼓胀效应

鼓胀效应是因管柱的内、外压力差作用使管柱的直径增大或缩小的效应，如图 5-12 所示。当油管内压大于外压时，水平作用于管壁的压力差就会使管柱直径趋向增大，同时管柱长度趋向缩短，这种现象称为正鼓胀效应；反之，如果向环空施加压力，使得外压大于内压，水平作用于管壁的压力差就会使管柱直径趋向减小，同时管柱长度趋向增加，这种现象称为反鼓胀效应。

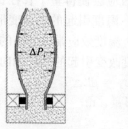

(a)正鼓胀效应　　　(b)反鼓胀效应

图 5-12　正鼓胀效应和反鼓胀效应示意图

由于油管内、外压力的变化，油管发生鼓胀效应。若用管柱受力的变化来表示鼓胀效应，其公式为

$$\Delta F = 0.6 A_i (\Delta P_{ia}) - 0.6 A_o (\Delta P_{oa}) \tag{5-37}$$

式中，ΔP_{ia}——管柱内平均应力变化，Pa；

　　　ΔP_{oa}——管柱外平均压力变化，Pa；

　　　$0.6 A_i (\Delta P_{ia})$——油管缩短的正向鼓掌力，N；

　　　$0.6 A_o (\Delta P_{oa})$——油管伸长的反向鼓掌力，N。

油管内的流体运动，不但会产生压力降和改变径向压力，而且会给油管壁一个力。同样，在环形空间内也有类似的情况。油管内、外的流体密度发生变化(例如用一种流体顶替原来的流体，无论是处于静止状态还是处于流动状态)，也会改变对管壁的径向压力，以上两种情况都会改变管柱的长度。当油管内流体流动而环形空间的流体不流动时，其管柱长度变化为：

$$\Delta L = -\frac{\mu}{E} \frac{\Delta \rho_i - R^2 \Delta \rho_o - \dfrac{1+2\mu}{2\mu}\delta}{R^2 - 1} L^2 - \frac{2\mu}{E} \frac{\Delta P_{is} - R^2 \Delta P_{os}}{R^2 - 1} L \tag{5-38}$$

式中，$\Delta \rho_i$——油管中流体密度的变化，kg/m³；

　　　$\Delta \rho_o$——环形空间流体密度的变化，kg/m³；

　　　R——油管外径与内径的比值(外径/内径)；

　　　δ——流动引起的单位长度上的压力降，Pa/m；

　　　ΔP_{is}——井口处油压的变化，Pa；

　　　ΔP_{os}——井口处套压的变化，Pa；

　　　L——管柱长度，m；

　　　μ——材料的泊松比(通常油管取 $\mu = 0.3$)；

　　　E——材料的弹性模量，MPa。

式(5-38)中前面一项称为密度效应，后面一项称为地面压力效应。在实际应用时，通常根据需要忽略密度效应，简化为

$$\Delta L_2 = -\frac{2\mu}{E}\frac{\Delta P_{is} - R^2\Delta P_{os}}{R^2 - 1}L \tag{5-39}$$

3. 温度效应

油管柱下入井底之后，会与地层温度逐渐达到平衡，当向井内注入流体或采出流体时，这个平衡就被打破，热胀冷缩的热效应会使得整个管柱长度发生变化，即发生温度效应。一般而言，当下入封隔器管柱时，温度引起的轴向变形不予考虑；在坐封时，认为管柱和井中初始流体温度一样。因此，温度效应常以井筒的最初静止温度为初始条件，来计算坐封后某一时刻的情况。所以温度改变引起的管柱轴向变形为

$$\Delta L_3 = \beta L \Delta T \tag{5-40}$$

式中，ΔL_3——温度效应产生的轴向变形量，m；

　　　　β——管柱的热膨胀系数，1/℃；

　　　　ΔT——温度变化，℃。

4. 螺旋弯曲效应

螺旋弯曲分为弹性螺旋弯曲和永久性螺旋弯曲，如果去掉螺旋弯曲力后油管柱能恢复原来的直线状态，那么就称为弹性螺旋弯曲，否则就是永久性螺旋弯曲。一般考虑弹性螺旋弯曲，对于永久性螺旋弯曲要加特殊说明，图 5-13 为螺旋弯曲效应示意图。

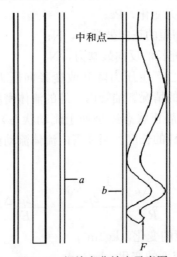

图 5-13　螺旋弯曲效应示意图

如图 5-13 所示，管柱底端力由零逐渐增大时，会压缩管柱使其变形，当这个力大于某一临界值，管柱下端就会发生螺旋弯曲。随着与底部的距离增加，管柱轴向力逐渐减小，在中和点处大小为零。中和点的研究对于螺旋弯曲具有重要意义，因为其上管柱处于拉伸直线状态，而其下管柱处于螺旋弯曲状态。则油管底部到中和点的距离 h 及屈曲段的螺旋距 n 为

$$h = \frac{F_a}{W} \tag{5-41}$$

$$n = \pi \sqrt{\frac{8EI}{F_a}}$$ (5-42)

式中，h——油管底部到中和点的距离，m；

　　F_a——管柱的有效轴向力，N；

　　W——油管单位长度的重量，N/m；

　　E——油管的抗弯刚度；

　　$I = \frac{\pi}{64}(D^4 - d^4)$，$D$、$d$ 分别为油管外径和内径，m。

在发生螺旋弯曲的管柱段，管柱产生的轴向缩短包括两部分：一是轴向压缩力 F_a 的作用；二是螺旋弯曲段自身的轴向缩短。

根据胡克定律，在轴向压缩力 F_a 的作用下，中和点以上的管柱轴向缩短量为

$$\Delta l_1 = -\frac{L_a F_a}{EA_s}$$ (5-43)

中和点以下由于管柱自身的螺旋弯曲引起的纵向缩短量为

$$\Delta l_2 = -\frac{r^2 F_a^2}{8EIW}$$ (5-44)

则由于管柱发生螺旋弯曲导致的轴向缩短量为

$$\Delta L_4 = \Delta l_1 + \Delta l_2 = -\frac{L_a F_a}{EA_s} - \frac{r^2 F_a^2}{8EIW}$$ (5-45)

式中，A_s——螺旋弯曲段管柱的横截面积，m²；

　　r——油管和套管之间的径向间隙，m；

　　L_a——螺旋屈曲段管柱的长度，m。

从螺旋弯曲公式(5-45)中可以看出，螺旋弯曲引起的长度变化 Δl_2 与油管外径到套管内径之间的径向间隙 r 的平方成正比。因此，小油管在大套管中比大油管在小套管中弯曲要厉害得多。Δl_2 还与施加的管柱有效轴向力 F_a 的平方成正比，由于作用力 F_a 从下往上逐渐减小，因此，弯曲最厉害的地方是靠近封隔器处弯曲力作用的地方，越往上，螺旋弯曲逐渐减弱。

通过以上分析，建立了活塞效应、鼓胀效应、温度效应和螺旋弯曲效应的数学模型，它们既可以单独发生，也可以一起反映在管柱轴向变形上。所以，油管柱轴向变形为各种效应的综合。

5.3.2　油管柱强度校核方法

在井下环境中，管柱的受力情况不是一成不变的，但是可能出现破坏的截面一般都处于复杂应力状态，因此，忽略其他主应力影响，只分析单向强度是不准确的。本章针对生产管柱的受力特点，对危险截面作三向应力分析，给出管柱强度校核的基本公式。

1. 生产管柱静力学校核

1)管柱抗挤强度校核

管柱抗外挤安全系数表示为

$$K_{Ro} = \frac{P_{Ro}}{\max(P_o - P_i)}$$ (5-46)

式中，K_{Ro}——抗外挤安全系数，无因次；

  P_{Ro}——管柱抗外挤强度，Pa；

  P_o——油管外压，Pa；

  P_i——油管内压，Pa。

2）管柱抗内压强度校核

管柱抗内压安全系数表示为

$$K_{Ri} = \frac{P_{Ri}}{\max(P_o - P_i)} \tag{5-47}$$

式中，K_{Ri}——抗内压安全系数，无因次；

  P_{Ri}——管柱抗内压强度，Pa。

3）管柱抗拉强度校核

管柱抗拉安全系数表示为

$$K_r = \frac{F_r}{q_e L} \tag{5-48}$$

式中，K_r——管柱抗拉安全系数，无量纲；

  F_r——管柱抗拉强度，N；

  q_e——油管在内外流体作用下单位长度的重量，N/m。

2. 生产管柱三轴应力强度校核

管柱上任一点处的应力状态主要包括以下几种应力：内、外压作用所产生的径向应力 $\sigma_r(r,s)$ 和环向应力 $\sigma_\theta(r,s)$；轴力所产生的轴向拉、压应力 $\sigma_F(s)$；井眼弯曲或正弦弯曲、螺旋弯曲所产生的轴向附加弯曲应力 $\sigma_M(r,s)$。由此可见，一般情况下管柱上的任一点的应力状态都是复杂的三轴应力状态。因此，在进行强度校核时不能只进行单轴应力校核（如单向抗拉、抗内压、抗外压等），而必须按照第四强度理论进行三轴应力校核。

1）内、外压作用下管柱的应力分析

根据弹性力学的厚壁圆筒理论可知，在内压 P_i 及外压 P_o 作用下管柱上任一点 (r,s) 处，环向应力 $\sigma_\theta(r,s)$ 和径向应力 $\sigma_r(r,s)$ 分别为

$$\sigma_\theta(r,s) = \frac{P_i r_i^2 - P_o r_o^2}{r_o^2 - r_i^2} + \frac{r_o^2 r_i^2}{(r_o^2 - r_i^2)}(P_i - P_o)\frac{1}{r^2} \tag{5-49}$$

$$\sigma_r(r,s) = \frac{P_i r_i^2 - P_o r_o^2}{r_o^2 - r_i^2} + \frac{r_o^2 r_i^2}{(r_o^2 - r_i^2)}(P_i - P_o)\frac{1}{r^2} \tag{5-50}$$

式中，r_o、r_i——管柱的内半径和外半径，m；

  P_i、P_o——管内外的压力，Pa。

2）轴力所产生的轴向拉、压应力计算

管柱所受轴向应力 $\sigma_F(s)$ 为

$$\sigma_F(s) = \frac{F_a}{A_s} \tag{5-51}$$

式中，F_a——轴向应力，N；

  A_s——油管截面积，m²。

3)弯曲应力计算

根据前面的分析，当求得管柱上任一点处的弯矩 $M(s)$ 时，则在弯矩 $M(s)$ 所作用的平面内距管柱轴心为 r 的轴向弯曲应力 $\sigma_M(r,s)$ 为

$$\sigma_M(r,s) = \pm \frac{4M(s)r}{\pi(r_o^4 - r_i^4)} \tag{5-52}$$

式中，$M(s)$——任意截面的弯矩，N·m。

因此，根据第四强度理论，油管柱上任意点处的相当应力为

$$\sigma_{ed}(r,s) = \frac{1}{\sqrt{2}}\big[(\sigma_F + \sigma_M - \sigma_r)^2 + (\sigma_F + \sigma_M - \sigma_\theta)^2 + (\sigma_r - \sigma_\theta)^2\big]^{\frac{1}{2}} \tag{5-53}$$

取 $\sigma_{max}=\max(\sigma_{ed}(r,s))$，则相应的安全系数为 $K_{ed}=\dfrac{\sigma_s}{\sigma_{max}}$。

式中，σ_s——材料的屈服极限，Pa；

K_{ed}——安全系数，无因次。

5.3.3　热膨胀效应导致的环空带压校核

高温井生产时，环空中的流体吸收来自油管的热量使温度增加，一方面，环空由于不能自由膨胀，使得环空压力增加；另一方面，在环空温压作用下油、套管的形变使环空体积增加，最终使密闭环空压力稳定在某一值。因此，在一定的井深处，密闭环空的压力是环空的平均温度、密闭环空的体积和密闭流体质量三者的函数：

$$P = P(T, V_{环空}, m) \tag{5-54}$$

对式(5-54)求偏微分，可得到密闭环空压力变化的表达式为

$$\Delta P = \frac{\gamma}{k}\Delta T - \frac{1}{kV_{环空}}\Delta V_{环空} + \frac{1}{kV_{液}}\Delta V_{液} \tag{5-55}$$

式中，γ——液体热膨胀系数，1/℃；

k——液体等温压缩系数，1/MPa；

$V_{液}$——环空中液体的体积，m^3；

$V_{环空}$——环空体积，m^3；

$\Delta V_{环空}$——环空体积的变化，m^3；

$\Delta V_{液}$——环空中液体的体积变化，m^3；

ΔT——密闭环空的平均温度差，℃。

式(5-55)表明，环空中流体的热膨胀、环空体积的变化和环空中液体质量的变化都将影响环空压力的变化。

1. 膨胀系数

膨胀是指物体由于温度改变而具有热胀冷缩的现象。其变化能力以等压(P 一定)下，单位温度变化所导致的体积变化，即热膨胀系数表示。热膨胀系数包括线膨胀系数 α、面膨胀系数 β 和体膨胀系数 γ，它们是与温度有关的函数。

对于固体，常用线膨胀系数 α，其定义为

$$\alpha = \frac{1}{L}\frac{dL}{dT} \tag{5-56}$$

对于流体，常用体膨胀系数 γ，其定义为

$$\gamma = \frac{1}{V}\frac{dV}{dT} \tag{5-57}$$

式中，L——物体的初始长度，m；

V——物体的初始体积，m^3；

dL——物体在温差 dT 下变化的长度，m/K；

dV——物体在温差 dT 下变化的体积，m^3/K。

严格说来，式(5-56)、式(5-57)只是温度变化范围不大时的微分定义式的差分近似，准确定义要求 ΔV 与 ΔT 无限微小，这也意味着，热膨胀系数在较大的温度区间内通常不是常量。因此，可用平均线膨胀系数 $\bar{\alpha}_{T_1-T_2}$ 或平均体膨胀系数 $\bar{\gamma}_{T_1-T_2}$ 来表示温度在 $[T_1, T_2]$ 范围内的线膨胀量或体膨胀量。常见物质的热膨胀系数见表 5-1、表 5-2。

表 5-1　常见金属的线膨胀系数(20℃)

金属名称	元素符号	线热膨胀系数/(10^{-6}/℃)	金属名称	元素符号	线热膨胀系数/(10^{-6}/℃)
铁	Fe	12.20	铝	Al	23.20
铜	Cu	17.50	铅	Pb	29.30
铬	Cr	6.20	银	Ag	19.50

表 5-2　常见液体的体膨胀系数(20℃)

液体名称	体热膨胀系数/(1/℃)	液体名称	体热膨胀系数/(1/℃)
水	0.000208	水银	0.00018
$CaCl_2$(40.9%)	0.000458	乙醇	0.00109
汽油	0.00095	浓硫酸	0.00055

当温度由 T_1 变化到 T_2，长度由 L_1 变化到 L_2 时，对式(5-57)积分可得

$$L_2 = L_1 e^{\alpha(T_2-T_1)} \tag{5-58}$$

利用泰勒级数展开得

$$L_2 = L_1[1 + \alpha(T_2-T_1) + \alpha^2(T_2-T_1)^2 + \alpha^3(T_2-T_1)^{3+}\cdots] \tag{5-59}$$

因为 α 很小，故二次项以后可以忽略，即

$$L_2 \approx L_1[1 + \alpha(T_2-T_1)] \tag{5-60}$$

则平均线膨胀系数定义为

$$\bar{\alpha}_{T_1-T_2} = \frac{L_2-L_1}{L_0} \cdot \frac{1}{T_2-T_1} \tag{5-61}$$

同理，平均体膨胀系数定义为

$$\bar{\gamma}_{T_1-T_2} = \frac{V_2-V_1}{V_0} \cdot \frac{1}{T_2-T_1} \tag{5-62}$$

前面的理论分析已经指出，热膨胀系数随着温度的变化而变化。对于一般的金属材料，其线膨胀系数在低温时较小，但随着温度升高，线膨胀系数增加很快。但是也有例外，如铁磁性金属及其合金，在居里点温度以下，随着温度的升高，线膨胀系数反而降低。而对于水来说，在 0~4℃时，其体膨胀系数降低，在 4℃时达到最小，在 4~100℃

时，其体膨胀系数升高。由于不同材料的热膨胀系数与温度的变化关系不同，因此，对于两级封隔器之间的密闭环空体积与温度的变化关系需要通过实验测定。

2. 流体性质的影响

不同的环空流体，其热膨胀系数、等温压缩系数等物性参数均不同，同样的温度增量将产生不同的压力增量。

3. 体积的影响

当环空中流体的温度和压力增加时，密闭环空体积的增加主要有以下 3 个方面的原因：①钢材的热膨胀系数小于流体的热膨胀系数；②由于环空压力的增加，内层套管被挤压收缩；③由于环空压力的增加，外层套管被挤压膨胀。由于环空体积的变化引起的压力变化量采用式(5-63)计算：

$$\Delta P_V = \frac{1}{kV_{环空}} \Delta V_{环空} \tag{5-63}$$

式中，ΔP_V——环空体积变化单独作用(假定温度不变)所导致的环空压力增量，MPa。

考虑到内层套管被压缩，同时也考虑到外层套管的膨胀作用，则密闭环空的压力采用式(5-64)计算：

$$\Delta P_V = \left(1 + \frac{C_1}{k}\right)^{-1} \frac{\gamma - \gamma'}{k} \Delta T \tag{5-64}$$

式中，γ'——钢的热膨胀系数，1/℃；

C_1——套管总的变形系数，MPa。

4. 温度的影响

对于完全被特定液体充满的密闭环空，$\Delta m = 0$，即可得密闭环空压力的计算式：

$$\Delta P = \frac{\gamma}{k} \Delta T - \frac{1}{kV_{环空}} \Delta V_{环空} \tag{5-65}$$

在密闭环空中，假设套管不发生形变，环空压力的变化只受环空流体的热膨胀作用，则采用式(5-66)计算温度变化导致的环空压力增量：

$$\Delta P_T = \frac{\gamma}{k} \Delta T \tag{5-66}$$

式中，ΔP_T——温度变化单独作用(假定环空体积不变)所导致的环空压力增量，MPa。

综上所述，假设密闭环空完全密封，不存在漏失，忽略温度、压力对材料性质的影响，考虑环空流体热膨胀和环空体积变换的共同作用，环空压力总的变化采用式(5-67)计算：

$$\Delta P = \Delta P_T + \Delta P_V = \frac{\gamma}{k} \Delta T + \left(1 + \frac{C_1}{k}\right)^{-1} \frac{(\gamma - \gamma')}{k} \Delta T \tag{5-67}$$

式中，ΔP——温度升高产生的密闭环空压力增量，MPa。

由于密闭环空体积变化很小，体积变化导致的压力变化远小于环空温度升高导致的压力变化，因此，忽略油、套管变形，只考虑温度升高导致液体膨胀产生的附加压力值。

5.4　南海西部高温高压井油管柱应用实例

东方某气田是国内首个海上高温高压气田,该气田位于南海西部海域莺歌海盆地,水深 63m,储层平均埋深约 3000m,地层压力系数为 $1.91\sim1.97$,储层温度为 $141℃$,CO_2 含量为 $14\%\sim22\%$,CO_2 分压最高达 $28.62MPa$,属于典型的高温、高压、高含 CO_2 气田。恶劣的井下工况,加上海上的特殊作业环境,对气井的油管柱提出了更高的要求。

5.4.1　南海西部高温高压井油管柱设计原则

为满足开发目的和保证生产的长期可靠性和安全性,东方某气田高温高压气田油管柱的设计重点考虑下述因素:

(1)油管直径的选择,除应满足配产要求之外,必须考虑气井的井口压力应满足地面输气的最低压力要求、后期携液能力、冲蚀能力。

(2)考虑气田的高压特效和海上作业环境的安全性,油管柱尽可能简单。井下工具应尽可能选用经实践应用,并证明是成熟可靠、耐用的产品;连接螺纹结构采用密封性能良好的、金属对金属密封的特殊螺纹;尽可能减少橡胶密封件,特别是滑动橡胶密封件(如伸缩节等)。

(3)针对产层流体中富含 CO_2 腐蚀气体,工具材质应优选经济、有效的防腐材质。

(4)考虑射孔管柱振动对油管强度、封隔器的影响。

采用上述设计原则,对东方某气田中深层的高温高压气井进行优化设计。

定向井生产管柱采用双层封隔器管柱结构,具体如图 5-14 所示。具体工艺为:先下入射孔枪、悬挂器,下部油管悬挂在 7″套管,上部油管插入下部封隔器内,之后加压点火,清喷投产。

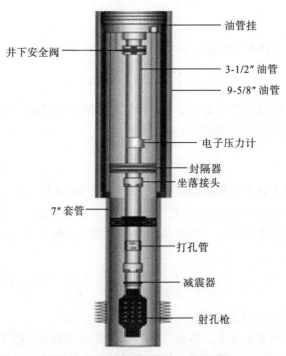

图 5-14　气田高温高压定向井油管柱

上部生产管柱结构从上到下为：油管挂＋双公短节＋油管＋井下安全阀＋油管＋可回收永久式封隔器＋油管＋插入密封；下部生产管柱结构从上到下为：可回收永久式封隔器＋油管＋射孔枪。

水平井生产管柱，同样采用双层封隔器结构，如图 5-15 所示。与常规管柱相比，该水平井管柱增加了中部封井管柱，能够实现在井筒安全条件下替入低比重的环空保护液，保护生产套管。具体施工流程为：裸眼段下入打孔管后，单独钻杆送入一趟带有地层隔离阀的中部封井管柱，验封合格后，井筒内替入环空保护液，之后下入带有插入密封的生产管柱，当插入密封成功插入中部封井管柱的回接筒后，验插入密封合格后，安装井口，最后管柱内加压打开中部封井管柱的地层隔离阀，实现井筒清井排液，诱导油气流的目的。

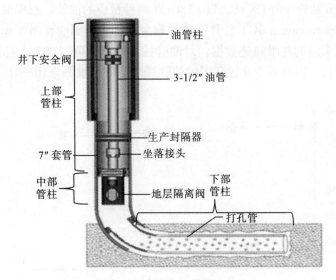

图 5-15 水平井油管柱示意图

上部生产管柱结构从上到下为：油管挂＋双公短节＋油管＋井下安全阀＋油管＋可回收永久式封隔器＋油管＋插入密封。

中部临时封井管柱结构从上到下为：可回收永久式封隔器＋油管＋地层隔离阀。

井下安全阀：生产管柱上部设计井下安全阀，保证气井在紧急状况下安全可靠地关闭。井下安全阀推荐选择非自平衡式井下安全阀，同时安全阀、液控管线接口的密封形式均需采用金属对金属密封，可有效降低关井后气体泄漏的风险。另外安全阀下入深度需考虑关闭后是否会产生水合物、结垢等因素。

封隔器：为了降低环空带压的风险，增加了封隔油套环空的可靠性。封隔器采用永久式可回收式封隔器，且封隔器必须满足 ISO 14310 V0 测试认证。

油管螺纹：高温高压井油管柱的连接螺纹应通过 ISO 13679 CAL Ⅳ 级的密封测试，拉伸和压缩效率均不低于 100%，推荐选用 VAM-TOP 扣。

井下工具橡胶件：根据腐蚀性流体类型和含量，按照国外著名油田服务商橡胶密封材料选择指南，最终密封件选择 AFLAS。

由于生产管柱采用双封隔器结构，且未与底层连通，随着油管内温度的升高，双封隔离器之间密闭环空内流体热膨胀压力急剧增加，可能造成油管抗挤不足和油层套管抗内压不足的危险，直接危害油套管强度和密封性，需要重点确保不同工况下套管及油管在环空密闭压力下的安全。

5.4.2　油管柱安全性分析

根据实际的井眼轨迹数据，考虑腐蚀、封隔器之间密封环空压力等因素，对油管柱下入、封隔器坐封、稳定生产、掏空等工况进行力学分析。

1. 考虑腐蚀缺陷油管强度校核

由于地层流体中富含 CO_2 酸性气体，因此需要评估腐蚀环境下油管生产期间的强度。选取 Φ73mm 油管 110-13CrS、110-13CrM 两种材质的油管，根据油套管腐蚀速率评价，按照 API Specification 5CT 计算油管的剩余强度，得到油管强度和服役年限之间的关系，之后根据实际的井眼轨迹数据，对油管柱下入、封隔器坐封、稳定生产、掏空等工况进行力学分析，得到基于腐蚀年限的油管强度结果，如图 5-16～图 5-18 所示。

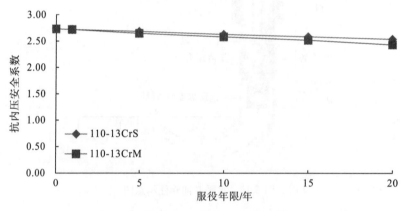

图 5-16　Φ73mm 油管抗内压强度设计图

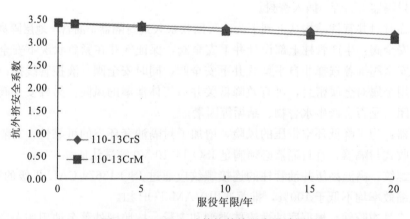

图 5-17　Φ73mm 油管抗外挤强度设计图

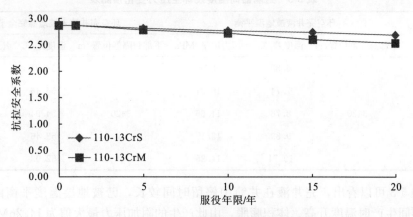

图 5-18 Φ73mm 油管抗拉强度设计图

油管的剩余抗拉强度：

$$T = \frac{\pi \sigma_Y \left[r_i^2 - (r_o + vt)^2 \right]}{4} \tag{5-68}$$

油管的剩余抗内压强度：

$$P_{bo} = \frac{2\sigma_Y (\delta - vt)}{4} \tag{5-69}$$

油管的剩余抗挤强度：

$$P_{co} = 2\sigma_Y \left\{ \frac{\left[r_i / (\delta - vt) \right] - 1}{r_i / (\delta - vt)} \right\} \tag{5-70}$$

式中，T——油管抗拉强度，kN；

P_{bo}——油管抗内压强度，MPa；

P_{co}——油管抗挤强度，MPa；

t——服役时间，a；

v——套管腐蚀速率，mm/a；

r_i——油管外径，mm；

r_o——油管内径，mm；

σ_Y——油管屈服强度，MPa；

δ——油管名义壁厚，mm。

从图 5-16~图 5-18 可以看出，采用 Φ73mm 110-13CrS/110-13CrM 油管服役 20 年开采要求其安全系数均满足《海洋钻井手册》的设计要求。

2. 考虑密闭环空压力油管安全评估

以某井为例，井深 3600m，下部封隔器位置 3420m，考虑环空完井液被地温平衡以及环空完井液未被地温完全平衡时两种情况下的密闭环空压力变化，根据式(5-71)计算两种情况下的密闭环空压力变化，计算结果见表 5-3。

表 5-3　封隔器间温度及环空压力变化预测表

两封隔器的距离/m	环空完井液被地温平衡			环空完井液未被地温完全平衡		
	下部封隔器位置/m	温度差/℃	压力增量/MPa	下部封隔器位置/m	温度差/℃	压力增量/MPa
100		6.88	9.16		58.01	77.23
200		7.74	10.31		56.46	75.17
300	3420	8.76	11.66	3420	54.94	73.15
400		9.89	13.17		53.46	71.18
500		10.71	14.26		52.03	69.27

由表 5-3 可以看出，完井液在井筒中停留时间较长，已被地层温度平衡的条件下，双封隔器间生产时温度升高、体积膨胀，由此产生的附加压力最大值为 14.26MPa，均远远低于 9-5/8″、7″套管及 2-7/8″油管的抗外挤强度与抗内压强度。

但是考虑完井液循环，环空内完井液未能被地层充分加热的极端情况，如果此时坐封，密闭环空内温度上升为流温，温差大大增加，两级封隔器之间密闭环空压力增量也随之增加，最大达到 77.23MPa，远远大于 9-5/8″、7″套管及 2-7/8″油管的抗外挤强度与抗内压强度。

因此，建议两个封隔器之间的距离在 200m 以内，且为确保各井生产管柱均安全，完井液停止循环后不能马上坐封封隔器，需要等候一段时间，再坐封封隔器。

3. 应用效果

海上高温高压完井技术已在国内海上首个高温高压气田东方某气田得到了应用，共应用于 4 口定向井，1 口水平井，并取了良好的效果。目前这 5 口井的日产量为 $30 \times 10^4 \sim 60 \times 10^4 \mathrm{m}^3$，平均井口温度为 96℃，平均井口压力为 39MPa。自投产以来，无异常环空带压情况。东方某气田中深层高温高压气田的开发成功，标志着中国在海上高温高压天然气领域实现从勘探向开发的跨越，是中国南海向大气区建成迈出的关键一步。

第 6 章　高温高压气井套管柱力学设计

由于高温超压井的压力和温度特点，要针对不同测试条件对套管强度进行计算和校核，并进行安全性分析。针对高温高压井的套管设计标准，目前石油行业还没有明确出台，现对国内其他高温高压井的套管设计做法进行分析。

6.1　高温高压井套管柱设计

6.1.1　套管强度计算

1. 抗挤强度

1）屈服挤毁强度值

当 $\left(\dfrac{D_c}{\delta}\right) \leqslant \left(\dfrac{D_c}{\delta}\right)_{yp}$ 时，

$$P_{co} = 2Y_p \left[\frac{\left(\dfrac{D_c}{\delta}\right) - 1}{\left(\dfrac{D_c}{\delta}\right)^2}\right] \tag{6-1}$$

其中，

$$\left(\frac{D_c}{\delta}\right)_{Y_p} = \frac{\sqrt{(A-2)^2 + 8\left(B + \dfrac{0.0068947C}{Y_p}\right)} + (A-2)}{2\left(B + \dfrac{0.0068947C}{Y_p}\right)} \tag{6-2}$$

$$A = 2.8762 + 1.54885 \times 10^{-4}Y_p + 4.4806 \times 10^{-7}Y_p^2 - 1.621 \times 10^{-10}Y_p^3 \tag{6-3}$$

$$B = 0.026233 + 7.34 \times 10^{-5}Y_p \tag{6-4}$$

$$C = -465.93 + 4.4741Y_p - 2.205 \times 10^{-4}Y_p^2 + 1.1285 \times 10^{-7}Y_p^3 \tag{6-5}$$

2）塑性挤毁强度值

当 $\left(\dfrac{D_c}{\delta}\right)_{yp} \leqslant \left(\dfrac{D_c}{\delta}\right) \leqslant \left(\dfrac{D_c}{\delta}\right)_{pt}$ 时，

$$P_{co} = Y_p \left[\frac{A}{\left(\dfrac{D_c}{\delta}\right)} - B\right] - 0.0068947C \tag{6-6}$$

其中，

$$\left(\frac{D_c}{\delta}\right)_{pt} = \frac{Y_p(A - F)}{0.0068947C + Y_p(B - G)} \tag{6-7}$$

$$F = \cfrac{3.237 \times 10^5 \left[\cfrac{\cfrac{3B}{A}}{2 + \cfrac{B}{A}} \right]^3}{Y_{\mathrm{p}} \left[\cfrac{\cfrac{3B}{A}}{2 + \cfrac{B}{A}} - \cfrac{B}{A} \right] \left[1 - \cfrac{\cfrac{3B}{A}}{2 + \cfrac{B}{A}} \right]^2} \tag{6-8}$$

$$G = F \left(\frac{B}{A} \right) \tag{6-9}$$

3)过度挤毁强度值

当 $\left(\dfrac{D_{\mathrm{c}}}{\delta} \right)_{\mathrm{pt}} \leqslant \left(\dfrac{D_{\mathrm{c}}}{\delta} \right) \leqslant \left(\dfrac{D_{\mathrm{c}}}{\delta} \right)_{\mathrm{te}}$ 时，

$$P_{\mathrm{co}} = Y_{\mathrm{p}} \left[\frac{F}{\left(\dfrac{D_{\mathrm{c}}}{\delta} \right)} - G \right] \tag{6-10}$$

其中，

$$\left(\frac{D_{\mathrm{c}}}{\delta} \right)_{\mathrm{te}} = \frac{2 + B/A}{3B/A} \tag{6-11}$$

4)弹性挤毁强度值

当 $\left(\dfrac{D_{\mathrm{c}}}{\delta} \right) \geqslant \left(\dfrac{D_{\mathrm{c}}}{\delta} \right)_{\mathrm{te}}$ 时，

$$P_{\mathrm{co}} = \frac{3.237 \times 10^5}{\left(\dfrac{D_{\mathrm{c}}}{\delta} \right) \left(\dfrac{D_{\mathrm{c}}}{\delta} - 1 \right)} \tag{6-12}$$

2. 抗内压强度

1)管体破裂

$$P_{\mathrm{bo}} = 0.875 \left(\frac{2Y_{\mathrm{p}}\delta}{D_{\mathrm{c}}} \right) \tag{6-13}$$

2)接箍泄漏

$$P_{\mathrm{iRj}} = \frac{E T_{\mathrm{th}} N_{\mathrm{mu}} P_{\mathrm{th}} (M_2^2 - M_1^2)}{4 M_1 M_2^2} \tag{6-14}$$

3)接箍开裂

$$P_{\mathrm{bj}} = 0.875 \left(\frac{2Y_{\mathrm{p}}\delta_{\mathrm{cj}}}{D_{\mathrm{cj}}} \right) \tag{6-15}$$

3. 抗拉强度

1)圆螺纹连接

螺纹断裂强度值：

$$T_{\mathrm{o}} = 9.5 \times 10^{-4} A_{\mathrm{ip}} U_{\mathrm{p}} \tag{6-16}$$

螺纹滑脱强度值：

$$T_{\mathrm{o}} = 9.5 \times 10^{-4} A_{\mathrm{ip}} L_{\mathrm{j}} \left(\frac{4.99 D_{\mathrm{c}}^{-0.59} U_{\mathrm{p}}}{0.5 L_{\mathrm{j}} + 0.14 D_{\mathrm{c}}} + \frac{Y_{\mathrm{p}}}{L_{\mathrm{j}} + 0.14 D_{\mathrm{c}}} \right) \tag{6-17}$$

其中，

$$A_{ip} = 0.7854[(D_c - 3.6195)^2 - D_{ci}^2]$$ (6-18)

2)梯形螺纹连接

管体螺纹强度值：

$$T_o = 9.5 \times 10^{-4} A_p U_p \left[25.623 - 1.007 \left(1.083 - \frac{Y_p}{U_p} \right) D_c \right]$$ (6-19)

接箍螺纹强度值：

$$T_o = 9.5 \times 10^{-4} A_c U_c$$ (6-20)

其中，

$$A_p = 0.785(D_c^2 - D_{ci}^2)$$ (6-21)

$$A_c = 0.785(D_{cj}^2 - d_{cj}^2)$$ (6-22)

4. 三轴应力强度

1)三轴抗挤强度值

$$P_{ca} = P_{co} \left[\sqrt{1 - \frac{3}{4} \left(\frac{\sigma_a + P_i}{Y_p} \right)^2} - \frac{1}{2} \left(\frac{\sigma_a + P_i}{Y_p} \right) \right]$$ (6-23)

2)三轴抗内压强度值

$$P_{ba} = P_{bo} \left[\frac{r_i^2}{\sqrt{3r_o^4 + r_i^4}} \left(\frac{\sigma_a + P_o}{Y_p} \right) + \sqrt{1 - \frac{3r_o^4}{\sqrt{3r_o^4 + r_i^4}} \left(\frac{\sigma_a + P_o}{Y_p} \right)^2} \right]$$ (6-24)

3)三轴抗拉强度值

$$T_a = 10^{-3} \pi (P_i r_i^2 - P_o r_o^2) + \sqrt{T_o^2 + 3 \times 10^{-6} \pi^2 (P_i - P_o)^2 r_o^4}$$ (6-25)

4)等效应力设计公式

$$\sigma_e = \left\{ \frac{1}{2} \left[(\sigma_r - \sigma_t)^2 + (\sigma_t - \sigma_a)^2 + (\sigma_a - \sigma_r)^2 \right] \right\}^{1/2}$$ (6-26)

其中，

$$\sigma_a = \frac{T_{ax}}{A_s}$$ (6-27)

$$\sigma_r = -P_i$$ (6-28)

$$\sigma_t = \frac{-aA_o p_o + (A_o + A_i)P_i}{A_s}$$ (6-29)

$$A_s = A_o - A_i$$ (6-30)

管体屈服强度：

$$T_y = 7.854 \times 10^{-4} (D_c^2 - D_{ci}^2) Y_p$$ (6-31)

轴向应力对抗挤强度的影响：

$$Y_{pa} = \left[\sqrt{1 - 0.75 \left(\frac{\sigma_a}{Y_p} \right)^2} - 0.5 \left(\frac{\sigma_a}{Y_p} \right) \right] Y_p$$ (6-32)

先计算当量屈服强度值，用此值代替抗挤强度公式中的屈服强度值，计算在轴向力作用下的有效抗挤强度值。

6.1.2　有效外载计算

1. 有效内压力

1)气井

(1)表层套管和技术套管。

按下一次使用的最大钻井液密度计算套管鞋处的最大内压力为

$$P_{bs} = 0.00981\rho_{max}H_s \tag{6-33}$$

任意井深处套管最大内压力为

$$P_{bh} = \frac{P_{bs}}{e^{1.1155\times10^{-4}(H_s-h)\rho_g}} \tag{6-34}$$

有效内压力为

$$P_{be} = P_{bh} - 0.00981\rho_c h \tag{6-35}$$

(2)生产套管和生产尾管。

按管内全充满天然气考虑,即任一井深的最大内压力为

$$P_{bh} = P_b \tag{6-36}$$

有效内压力为

$$P_{be} = P_{bh} - 0.00981\rho_c h \tag{6-37}$$

(3)预设井涌量法。

气体充满井筒的上部,下部由钻井液充满,气体高度除以整个井眼的高度即为井涌量。气液界面处压力为

$$P_{mg} = P_{bs} - 0.00981\rho_{max}(H_s - H_{mg}) \tag{6-38}$$

其他位置内压力及有效内压力计算同前。

2)油井

(1)表层套管和技术套管。

任一井深的套管最大内压力为

$$P_{bh} = 0.00981\rho_{max}h \tag{6-39}$$

有效内压力为

$$P_{be} = P_{bh} - 0.00981\rho_c h \tag{6-40}$$

(2)生产套管和生产尾管。

对不用油管生产的最大内压力为

$$P_{bs} = G_p H_s \tag{6-41}$$

任一井深处的最大内压力为

$$P_{bh} = \frac{P_{bs}}{e^{1.1155\times10^{-4}(H_s-h)\rho_g}} \tag{6-42}$$

对用油管生产的最大内压力为

$$P_{bh} = G_p H_s + 0.00981\rho_w h \tag{6-43}$$

有效内压力为

$$P_{be} = P_{bh} - 0.00981\rho_c h \tag{6-44}$$

3）定向井

定向井有效内压应将斜直段和弯曲段的测量深度换算为垂直井深计算。

2. 有效外压力

1）直井

（1）表层套管和技术套管。

对非塑性蠕变地层：

$$P_{ce} = 0.00981[\rho_m - (1 - k_m)\rho_{min}]h \tag{6-45}$$

对塑性蠕变地层：

$$P_{ce} = \left[\frac{\nu}{1 - \nu}G_v - 0.00981(1 - k_m)\rho_{min}\right]h \tag{6-46}$$

（2）生产套管和生产尾管。

对非塑性蠕变地层：

$$P_{ce} = 0.00981[\rho_m - (1 - k_m)\rho_w]h \tag{6-47}$$

对塑性蠕变地层：

$$P_{ce} = \left[\frac{\nu}{1 - \nu}G_v - 0.00981(1 - k_m)\rho_w\right]h \tag{6-48}$$

2）定向井

定向井有效外压力应将弯曲段和斜直段的测量井深换算为垂直井深计算。

3. 轴向力

1）直井

$$T_{en} = \sum_1^n \Delta L_i q_{ei} \tag{6-49}$$

$$q_e = q_{si}\left(1 - \frac{\rho_m}{\rho_s}\right) \tag{6-50}$$

2）二维井眼

造斜井段，管柱和下井壁接触（$N>0$）：

$$T_{ei+1} = (T_{ei} - A\sin\beta_i - B\cos\beta_i)e^{-\mu(\beta_{i+1}-\beta_i)} + A\sin\beta_{i+1} + B\cos\beta_{i+1} \tag{6-51}$$

$$A = \frac{2\mu}{1 + \mu^2}q_{ei}R \tag{6-52}$$

$$B = -\frac{1 - \mu^2}{1 + \mu^2}q_{ei}R \tag{6-53}$$

$$N = q_{ei}\cos\beta_i - \frac{T_{ei}}{R} \tag{6-54}$$

造斜井段，管柱和上井壁接触（$N<0$）：

$$T_{ei+1} = (T_{ei} + A\sin\beta_i - B\cos\beta_i)e^{\mu(\beta_{i+1}-\beta_i)} - A\sin\beta_{i+1} + B\cos\beta_{i+1} \tag{6-55}$$

降斜井段：

$$T_{ei+1} = (T_{ei} + A\cos\alpha_i + B\sin\alpha_i)e^{\mu(\alpha_{i+1}-\alpha_i)} - A\cos\alpha_{i+1} - B\sin\alpha_{i+1} \tag{6-56}$$

稳斜井段：

$$T_{ei+1} = T_{ei} + q_{ei}(\cos\alpha + \mu\sin\alpha)(L_i - L_{i+1}) \tag{6-57}$$

3）三维井眼

$$T_{ei+1} = T_{ei} + \left[\frac{\Delta L_i}{\cos\left(\dfrac{\theta}{2}\right)}\right][q_{ei}\cos\bar{\alpha} + \mu(f_E + f_n)] \tag{6-58}$$

$$\bar{\alpha} = \frac{\alpha_{i+1} + \alpha_i}{2} \tag{6-59}$$

$$f_E = 11.3EJK^3 \tag{6-60}$$

全角平面上的总侧向力为

$$F_{ndp} = -(T_{ei} + T_{ei+1})\sin\left(\frac{\theta}{2}\right) + n_3\Delta L_i q_{ei} \tag{6-61}$$

或

$$F_{ndp} = -2T_{ei}\sin\left(\frac{\theta}{2}\right) + n_3\Delta L_i q_{ei} \tag{6-62}$$

其中，

$$n_3 = \left[\sin\left(\frac{\alpha_{i+1} + \alpha_i}{2}\right)\sin\left(\frac{\alpha_{i+1} - \alpha_i}{2}\right)\right] \bigg/ \sin\left(\frac{\theta}{2}\right) \tag{6-63}$$

法线方向上的总侧向力为

$$F_{np} = m_3\Delta L_i q_{ei} \tag{6-64}$$

其中，

$$m_3 = \frac{\sin\alpha_i \sin\alpha_{i+1}\sin(\varphi_i - \varphi_{i+1})}{\sin\theta} \tag{6-65}$$

三维井眼中一个管柱单元的总侧向力是全角平面的总侧向力和垂直全角平面的总侧向力的矢量和。由于它们相互垂直，所以可得单位管长侧向力的计算公式如下：

$$f_n = \frac{\sqrt{F_{ndp}^2 + F_{np}^2}}{L_s} \tag{6-66}$$

4）套管弯曲力

套管弯曲力为

$$F_b = 2.32D_c q_c\theta \tag{6-67}$$

弯曲段套管任一点的有效拉力为

$$T_{ax} = F_b + T_e \tag{6-68}$$

5）动载荷

轴向动载荷设计计算公式为

$$T_{dyn} = 2\rho_s C_o v A_s \tag{6-69}$$

6）热采井

（1）热采井套管实际承载能力由下式来修正：

$$R_{Cgt} = K(t)R_{Cg} \tag{6-70}$$

（2）热采井套管设计时，应考虑套管和水泥受温度影响伸长系数不一样的影响。

7）含酸性气体井

含酸性气体井应选择相应材质的套管，强度设计和校核方法同常规井。

6.1.3　套管柱强度设计方法

1)安全系数

抗挤系数 S_c 为 1.00~1.125，抗内压系数 S_i 为 1.05~1.15，抗拉系数 S_t 为 1.60~2.00。

2)设计原始数据

设计原始数据见表 6-1。

表 6-1　设计原始数据

项目名称	单位	项目名称	单位	项目名称	单位
井别		下次最小钻井液密度	g/cm³	套管下入总长	m
井号		地层水密度	g/cm³	掏空系数	
套管类型		天然气相对密度		抗挤系数	
套管下深	m	地层压力梯度	MPa/m	抗内压系数	
水泥返深	m	上覆岩层压力梯度	MPa/m	抗拉系数	
固井时钻井液密度	g/cm³	地层破裂压力梯度	MPa/m	是否蠕变地层	
下次最大钻井液密度	g/cm³	岩石的泊松系数			

3)套管性能参数

套管性能参数见表 6-2。

表 6-2　套管性能参数

项目名称	单位	项目名称	单位
直径	mm	单位长度质量	kg/m
钢级		抗挤强度	MPa
螺纹		抗内压强度	MPa
壁厚	mm	抗拉强度	kN
管体屈服强度	kN		

4)设计方法及步骤

先按抗挤强度自下而上进行设计，同时进行抗拉强度和抗内压强度校核。当设计的抗拉强度或抗内压强度不满足要求时，选择比上一段高一级的套管，改为抗拉强度或抗内压强度设计，并进行抗挤强度校核，一直到满足设计要求为止。

(1)确定第一段套管的钢级和壁厚。

计算套管鞋处的有效外挤压力 P_{ce1}，并根据 $P_{cal} \geqslant S_c \cdot P_{ce1}$ 的原则，选择第一段套管的钢级和壁厚，用前述套管强度公式计算或查出套管强度，列出套管性能参数表。

(2)确定第一段套管的下入长度 L_1。

第一段套管下入的长度 L_1 取决于第二段套管的下入深度 H_2，因此，第二段套管应选比第一段套管强度低一级的。第二段套管的下入深度 H_2 用式(6-71)确定：

$$H_2 = \frac{-b + \sqrt{b^2 - 4ac}}{2a} \tag{6-71}$$

其中，

$$a = C_1^2 + C_1 C_2 + C_3^2 \tag{6-72}$$

$$b = C_1 C_2 + 2 C_3 C_2 \tag{6-73}$$

$$c = C_2^2 - 1 \tag{6-74}$$

$$C_1 = \frac{C_{ce} S_c}{P_{CO_2}} \tag{6-75}$$

$$C_2 = \frac{0.00981 q_1 H_1 k_f}{T_{y2}} \tag{6-76}$$

$$C_3 = \frac{9.81 \times 10^{-6} (1 - k_m) \rho_{min} A_2 - 0.00981 q_1 k_f}{T_{y2}} \tag{6-77}$$

或 $n > 3$,

$$C_1 = \frac{C_{ce} S_c}{P_{con}} \tag{6-78}$$

$$C_2 = \frac{0.00981 \left(\sum_{i=1}^{n-1} q_i H_i - \sum_{i=2}^{n-1} q_{i-1} H_i \right) k_f}{T_{yn}} \tag{6-79}$$

$$C_3 = \frac{9.81 \times 10^{-6} (1 - k_m) \rho_{min} A_n - 0.00981 q_{n-1} k_f}{T_{yn}} \tag{6-80}$$

第一段套管的下入长度 L_1 为

$$L_1 = H_1 - H_2 \tag{6-81}$$

(3)对第一段套管顶部进行抗内压强度校核。

按前述三轴抗内压公式计算出第一段套管顶部的三轴抗内压强度 P_{bal} 及有效内压力 P_{bel}, 则第一段套管的抗内压安全系数:

$$S_{i1} = P_{bal} / P_{bel} \tag{6-82}$$

如果 $S_{i1} \geqslant S_i$, 则满足要求, 否则选择高一级的套管并改为抗拉设计。

(4)对第一段套管顶部进行抗拉强度校核。

按前述三轴抗拉强度公式计算出第一段套管顶部的三轴抗拉强度 T_{al} 及有效拉力 T_{el}, 则第一段套管抗拉安全系数为

$$S_{t1} = T_{al} / T_{el} \tag{6-83}$$

如果 $S_{t1} \geqslant S_t$, 则满足要求。按上述步骤继续设计第二段、第三段套管等, 直到达到设计井深为止。

按上述抗挤设计到第 n 段套管时, 如果抗拉强度或抗内压强度不满足, 则应选用高一级的套管, 改为抗拉强度设计该段套管。

(5)按套管抗内压强度计算该段套管的下入长度 L_{on}。

(6)按套管抗拉强度计算该段套管的下入长度 L_{an}。

计算出 L_{on} 和 L_{an} 后, 如果 $\left| \dfrac{L_{an} - L_{on}}{L_{an}} \right| \leqslant 0.01$, 则 $L_n = L_{an}$; 否则重复上述计算, 直到 $\left| \dfrac{L_{an} - L_{on}}{L_{an}} \right| \leqslant 0.01$ 为止。然后进行该段套管抗内压和抗挤强度校核, 直到满足设计井深为止。

6.1.4　高温高压井套管柱设计优化

除了遵循常规设计原则外，要考虑以下因素：

(1)对于探井的高温高压井段，按压力和温度预测值的上限设计。

(2)一层套管不能设计封固压力梯度相差大于 $0.4g/cm^3$ 的两个地层。

(3)需要考虑高温对套管变形和强度的影响。

(4)技术套管和生产套管必须使用气密封扣，并选用抗高温高压型的套管浮箍、浮鞋等套管附件。

(5)套管强度设计应按 $40\%\sim100\%$ 掏空考虑；强度设计存在风险点：如果按照上限设计可选择的高强度套管类型较少，如果按照下限设计套管强度应付复杂情况的安全系数很难保证。

(6)考虑套管磨损对套管强度的影响，磨损厚度陆上应小于30%，海上应小于20%。

(7)采用 API 安全系数，抗拉安全系数为 $1.6\sim2.0$，抗挤安全系数为 $1.1\sim1.33$，抗内压安全系数为 $1.0\sim1.125$。高温高压井设计时采用上限值。

(8)在预测的高压层顶部设计下入一层技术套管。

(9)根据高温高压井的特点，一般备用一层套管。

(10)设计时需要考虑高温对套管强度的影响。

(11)要尽可能地用少量的套管解决上部井段的复杂问题。

在考虑温度影响及双轴应力作用的基础上，高温高压井套管柱设计方法步骤：

(1)分别进行抗挤和抗内压计算，求得套管柱所受的外挤载荷和内压载荷；

(2)根据套管柱所受的外挤载荷和内压载荷进行套管柱初选；

(3)采用迭代法进行套管柱强度校核计算，检验是否满足设计要求；

(4)产层套管和上一层技术套管，都应以井内钻井液完全被掏空而充满地层液体的情况估算出来的井口最大压力作为设计的最低界限，或者以最后一层技术套管鞋处的地层破裂压力梯度减去地层流体压力梯度所得到的压力作为最大井口压力的设计依据；如果产层流体含 H_2S 和 CO_2，还必须按防 H_2S 和 CO_2 酸性气体技术规范进行套管设计。

正确地分析与计算套管柱的受力，使各种载荷的计算符合实际，是套管设计的重要前提。油气井套管在钻进及以后油气田开发过程中，要承受不同工况下的多变载荷，所设计的套管柱应满足各种载荷的要求。在套管设计中有些载荷能够较准确地计算，而另外一些则不能。设计者们通常把那些难以精确计算的外在因素考虑在一定的安全系数之中。

过去，国内外多以管内全掏空下的管外泥浆液柱压力作为套管柱的外压载荷，以管柱在泥浆中的浮重作为拉力载荷进行套管设计。近几年来，为了使套管柱载荷的计算更全面和符合井内实际情况，国外已出现了多种套管载荷计算与套管设计方法。它们的共同特点是：用有效载荷代替过去的单一载荷，即用管内、外压力差计算出各种套管的有效内压力和有效外压力。

在套管柱优化设计中，除了恰当地确定套管柱在整个使用过程中所需承受的最危险载荷情况之外，更重要的任务就是选择在强度方面满足载荷要求和在经济方面满足费用最低或总重量最小的套管柱组合方案。套管柱在井下受力十分复杂，但最终结果可以归结为轴向拉伸或压缩，外挤和内压。轴向拉力和压力主要由套管自重和泥浆浮力引起，外挤压力主要由管外静液柱压力和岩石侧压力引起，内压力主要由管内液柱压力，地层流体压力及各种作业时的注入压力引起。

为使设计出的套管在成本上经济，在使用上安全，应遵循的基本原则有以下几点：

（1）要有精确合理的套管强度计算公式，使计算得出的强度数据与套管真实强度尽可能一致或接近。要严格套管出厂检验，保证符合规定标准。

（2）应根据地质及井内条件正确分析在下套管、钻进及开发过程中套管实际承受的各种载荷，并按有效载荷进行设计。

（3）采用合理的设计方法（包括安全系数的选用）。设计所考虑的条件与因素，要符合生产实际。

钢级及壁厚优化的方法及步骤：

（1）给出套管柱强度校核及钢级壁厚优选软件的开发与介绍；

（2）使用软件对已钻完井的套管柱强度进行校核，得出某一区域套管柱强度的统计结果；

（3）根据已钻完井的统计结果分析该区域油气田的普遍使用规律，并结合地质资料及钻完井信息验证规律的可行性；

（4）根据分析结果对油气田油气井套管柱设计进行钢级壁厚优选，最终实现安全经济合理化的目标。

6.2　套管磨损评价及预防措施

随着高温高压深井、超深井、大斜度井、水平井及大位移井钻井技术的发展，因钻井时间延长、钻杆作用在套管上的侧向力增大等因素，套管和钻柱的摩擦与磨损问题越来越突出。套管磨损轻则降低套管柱的抗挤毁、抗内压强度，影响随后的钻井、完井及开采作业质量和安全性；重则造成套管柱挤毁、变形及泄漏，甚至造成全井报废。

据不完全统计，国外因技术套管磨损就可能带来100万～200万美元的修井费，如哥伦比亚某油公司因套管磨损造成500万～600万美元的修井费；莫比尔湾两个油公司的超厚壁套管被磨穿，采取回接套管的措施费用超过100万美元；墨西哥湾某井的套管因磨损发生破裂。据不完全统计，国内已有圣科1井、英科1井、克参1井、东秋5井、崖城某气田3井、郝科1井等10余口深探井或深井发生了严重的套管磨损问题及破裂或挤毁事故，平均延长钻井周期23.5天。圣科1井套管磨损破裂后从井下返出长约1m的条带碎片；英科1井 $\varPhi$244.5mm技术套管600～700m处因长期磨损而破裂，采用挤水泥补救；克参1井 $\varPhi$177.8mm套管在3033m处磨穿并变形，多次挤水泥才补救成功；崖城某气田3井 $\varPhi$399.7mm套管磨损相当严重，套管最薄处仅有3.2mm；郝科1井 $\varPhi$244.5mm套管由于磨损导致4200m处套管挤毁；塔里木阳霞1井因 $\varPhi$244.5mm SM110TT套管多处严重磨损，在试油中用清水替换管内钻井液而造成套管挤毁，最后该井报废，损失近亿元人民币。

南海西部前期探井钻井过程中润洲某油田1井、崖城某气田3井、崖城某气田4井等均出现过套管磨损的情况。其中润洲某油田1井，作业时井漏失返，钻井液从套管环空返出，判断套管已经磨穿，提前下 Φ244.5mm 套管，弃井时发现泥线悬挂下方 Φ339.73mm 双公套管被磨穿。崖城某气田 3 井，先后进行 4 次微井径测井作业，发现 Φ339.73mm 套管几近磨穿，对套管进行回接修补后完成后续作业，共损失 55.34 天时间。此外，在钻井施工过程中套管磨穿会造成遇阻卡钻、井漏等复杂井下事故。

　　国外关于套管磨损预测的研究开展较早，提出的理论模型较多，主要采用理论模型和室内模拟相结合的方式进行套管磨损预测，其中最具有代表性的是由 White 和 Dawson 提出的线性磨损效率模型，该模型的计算结果与现场实测结果在趋势上比较吻合，数值上比较接近，为大多数专家学者所采用。国内相关研究起步较晚，主要采用有限元法和理论分析法开展研究，近几年主要集中在试验模拟和现场应用分析方面；在进行套管磨损预测时，磨损系数多采用 20 多年前国外文献给出的数据，往往与现场实际工况差别较大。

6.2.1　套管磨损机理和研究现状

1. 套管磨损类型

　　从套管摩擦学系统的结构、摩擦元件之间的相互作用及工作的环境条件来看，油气井套管可能存在的主要磨损形式有机械切削磨损、三体磨粒磨损、黏着磨损、抛光磨损。这几种形式在许多情况下完全可能同时存在，当套管与钻杆接头表面不能被润滑剂膜有效分开且存在研磨机制时，黏着磨损占主导地位；当接头为粗糙的硬质接头，在高侧向力作用下，接头上的硬质点会对套管进行微切削，形成较严重的三体机械切削磨损；当接触表面之间夹有较硬的颗粒时，在高侧向力情况下便会发生严重的磨粒磨损；当细粉末在软材料周围圈闭，会产生光滑的抛光表面，此时磨损很小，为抛光磨损。

　　1）机械切削磨损

　　机械切削磨损是一种两体磨料磨损，所谓两体磨料磨损是指仅由两个配偶摩擦元件参与的微切削性质的磨粒磨损。这种磨损通常发生在两个摩擦元件表面或局部表面存在明显硬度差别的情况下。当一个摩擦元件表面较硬而锋利的微凸体峰在法向正压力作用下与另一摩擦元件的软表面接触时，很容易刺入软表面，并在两表面的相对运动中对软表面材料产生犁沟作用，进行微切削。被切削部分材料脱离原表面，成为切屑（磨粒），导致另一摩擦元件表面上的材料损失。对于钻杆接头/套管摩擦副而言，当钻杆接头敷焊硬度较高的耐磨材料或者表面存在较硬的局部质点时，硬度相对较低的套管表面很容易在相互接触过程中受到微切削作用而发生磨损。在较高的钻杆侧向力作用下，这种两体磨粒磨损发生的概率会很高，当接头的焊接表面较为粗糙时，磨损会更为严重（图 6-1）。

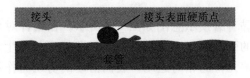

图 6-1　机械切削磨损

2）三体磨粒磨损

三体磨粒磨损是指由两个配偶摩擦元件及夹杂在这两个摩擦元件表面间的外来磨料参与的磨粒磨损。对套管磨损系统来说，外来磨料磨粒主要来自于钻井液中的固相成分、岩屑、钻头磨损产物和钻杆/套管磨损后形成的磨屑等。当钻杆旋转时，混入钻井液中的这些磨料硬颗粒的尖锐部分在法向压力的作用下压入金属材料的表面，随着钻杆的旋转运动向前移动，在金属表面犁出沟槽，严重时使金属材料脱落。虽然磨料的犁沟作用不一定使材料直接脱落，但可以促使形成更严重的黏着磨损和腐蚀磨损（图 6-2）。

图 6-2　三体磨粒磨损

接头或耐磨带表面高的侧向力作用在磨粒上，当超过碳钢的强度时，会造成局部点失效。当力超过极限值时，会造成套管脆性或塑性失效，如图 6-3 所示。

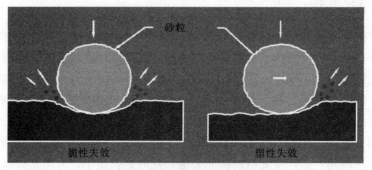

图 6-3　套管的局部失效

虽然碳钢正常应为塑性失效，但磨损过程中会产生热量，使碳钢的表面硬化，造成脆性失效。此种磨损的磨损碎屑较小。此种磨损须达到以下条件：固体颗粒有足够的强度造成套管的脆性和塑性失效；固体颗粒的形状能承受较高的应力；软固体颗粒的存在对硬颗粒承受的较高应力起缓冲作用；接头的硬度要远高于套管的硬度，以能够承受固体颗粒较高的应力；接头和套管之间要有高的侧向力。磨粒磨损的发生会导致摩擦表面进一步粗化，加剧黏着磨损的发生。

在实际钻井工况条件下，一旦存在套管与钻杆之间的接触摩擦，磨粒磨损的发生几乎很难避免。但磨损的程度与载荷、磨料的性质（锐度、大小、硬度等）及套管和钻杆接头的材料特性有着密切的关系。合理选择钻杆接头，与套管材料配对、硬度匹配，使用强度较高的套管材料或对套管表面进行强化处理，增强表面的抗切削、挤压和疲劳破坏的能力，有助于提高套管的耐磨性。

3）黏着磨损

接头和套管之间的黏着磨损示意图如图 6-4 所示。在钻杆对套管表面作用的法向压力较大处，两摩擦表面的微凸体相互接触，并在微凸体顶部发生塑性变形，形成黏着点或结合焊点。随着两摩擦元件的相对运动，表面滑动的剪切力作用使黏着点或焊合点与材料的基体金属发生脱落，导致表面材料损失，形成所谓的黏着磨损。不同程度的黏着造成擦伤、胶合、咬死等不同程度的磨损。严重的黏着磨损会使套管/钻杆的材料大量从表面脱落，是一种非常有害的磨损形式，是进入严重磨损阶段的重要标志。

图 6-4　接头和套管之间的黏着磨损

　　研究表明，黏着磨损与摩擦表面的氧化膜或污染膜的厚度有很大关系，厚度越小，表面微凸体越容易透过氧化膜形成黏着磨损。因此，在套管与钻杆接头表面形成稳定的足够厚的保护膜是防止黏着磨损的重要举措。选择有较强润滑作用的钻井液，采用合理的表面结构形式（包括合理的表面微观形貌）和改善钻杆接头与套管间的液体或固体润滑膜的保持能力均可提高套管的抗黏着磨损能力。

　　另外，表面微凸体峰发生黏着/焊合的倾向与黏着磨损程度有密切关系，黏合点的结合强度（亲和力）越高，表面发生胶合与咬死的概率就越大，黏着磨损越严重。而黏合点的结合强度主要取决于套管与钻杆接头材料的相容性。从这个意义上来讲，套管与钻杆接头材料的合理匹配，对于防止套管与钻杆接头发生严重黏着磨损有着特别重要的意义。因此，当确定在钻杆接头敷焊某种耐磨材料时，必须首先考虑该材料与套管材料的匹配性。

　　在过于粗糙的摩擦表面上，微凸体很容易穿过保护膜而发生金属材料间的直接接触，导致黏着的发生。因此，适当控制钻杆接头与套管表面的粗糙度非常必要。

　　4）抛光磨损

　　当细粉末在软材料周围圈闭，会产生光滑的抛光表面，此时磨损很小，该磨损称为抛光磨损。如图 6-5 所示，软材料就像缓冲介质，能产生变形，以防止高载荷的颗粒磨损金属，此时套管和钻杆橡胶保护器之间的磨损为抛光磨损。

图 6-5　抛光磨损

　　2. 国内外套管磨损研究

　　研究人员使用实验机尽可能模仿套管实际工作条件来考察与套管接触部件的运动形式、套管结构、材料、受力条件及钻井液类型等因素对套管磨损的影响，利用有限元方法分析磨损对套管接头的泄漏、抗挤强度和抗内压强度的影响。同时，以已有的磨损理论为指导，国际上在降低套管磨损的措施和现场套管磨损检测方法等方面也开展了大量的研究工作。

　　我国在套管磨损预测、防磨减磨技术方面的研究和应用较少。传统的套管设计方法，一般不考虑套管的磨损问题，导致完井和测试前对套管磨损估计不足。国内常用的一些减磨或防磨措施是：使用耐磨带钻杆、适当增加套管壁厚、表层与技术套管井段尽量打直、减少裸眼井段长度等。但这些措施和方法并不能有效地防止和减少套管磨损。在认识上，有一些油田认为钻杆不敷焊金属硬化带更有利于防止套管磨损，以至于在超深井、大斜度井及水平井钻探中，大量使用无金属硬化带钻杆，这些认识有待于进一步澄清和转变。提高套管磨损预测和套管柱设计水平，采用合适的防磨减磨技术与产品，对于减少套管和钻柱磨损及其井下失效事故，节省套管成本和补救、回接等作业费用，延长油气井使用寿命具有重大的经济效益和技术价值。

1)套管磨损机理的研究

1975 年，有学者研究了钻杆、套管等部件的主要运动形式及其对套管磨损的影响。认为套管磨损主要产生于钻杆/工具接头对套管壁的相对转动过程中，而钻杆的起下钻过程引起的往复磨损相对要小很多。他们的工作还表明，在狗腿度严重处，钻杆与套管之间接触力较大，易引起严重磨损，较大狗腿度是导致套管磨损加剧的重要原因。实际上，钻杆的运动状态非常复杂，在正常钻井过程中，有自转、公转（涡动）、纵向振动、扭转振动、横向振动等运动方式。钻杆的涡动很容易导致强烈的横向振动，加速钻杆和套管的磨损和疲劳破坏。Best(1986)的实验研究结果表明，钻井工具接头与套管之间磨损的主要形式为黏着磨损、切削磨损和磨蚀磨损。其中，黏着磨损体现为钻具接头与套管内表面金属间直接接触，发生由局部微凸体峰黏焊、撕裂引起的表面材料损失或转移；切削磨损则由工具接头表面硬质点或岩石碎粒对套管软表面的微切削作用引起；磨蚀磨损则表现为金属磨损与来自地层（如盐膏层、高压盐水层）中的腐蚀性介质的腐蚀交互作用；同时在高温高压井中，温度的升高会降低套管的屈服强度，减少套管的耐磨寿命。

在有关套管磨损的力学分析上，目前国外研究最多的是钻具接头在狗腿处对套管施加的侧向正压力。工具接头与套管之间的接触压力是影响套管磨损的关键因素，而且套管的磨损率是接触压力的二次函数。也有人认为磨损量与侧向力成正比，并提出套管的磨损量与旋转钻杆接头传递给套管的摩擦能量成正比，即所谓的"磨损效率模型"，为实验室数据分析和现场套管磨损预测提供了重要理论依据。

2)套管磨损的影响因素

(1)狗腿度。

实际井壁总是弯曲的，井壁弯曲程度用狗腿严重度来表示。套管在井壁弯曲处要随之弯曲，狗腿度越大，套管弯曲就越严重。钻杆在通过这些弯曲套管的地方，钻杆一侧与套管壁接触，并产生接触力，如图 6-6 所示。当钻柱拉力一定时，钻杆与套管之间的接触力随狗腿度增大而增大，从而加快了钻杆与套管之间的磨损。狗腿度对套管的磨损也是一个不容忽视的方面，必须严格控制钻井质量，减小狗腿度。

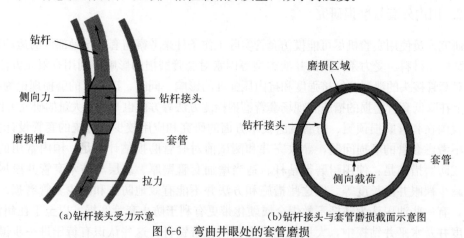

(a)钻杆接头受力示意　　　　(b)钻杆接头与套管磨损截面示意图

图 6-6　弯曲井眼处的套管磨损

(2)钻杆工具接头。

在钻井和修井作业期间，钻具在井中旋转及起下钻，将不可避免地对套管柱内壁造成磨损。大部分磨损是由钻杆旋转造成的，而不是钻杆的往复移动造成的。

钻杆柱对套管的磨损作用包括钻杆接头和钻杆本体两部分，其中对套管磨损更有影响的是钻杆接头。其原因是钻杆接头的直径比钻杆本体大，一般大 20%～30%，因此最容易与套管内壁接触，在接触力的作用下促使钻杆接头和套管都发生磨损。钻杆接头上敷焊碳化钨硬质合金，由于表面粗糙，对套管磨损影响非常显著。

(3)套管材质的影响。

不同碳钢级的套管其磨损速率也不同。采用了 K55、N80、P110 三种碳钢级的套管进行磨损实验，结果表明，P110 比 N80 磨损快，N80 比 K55 磨损快，至少在表面上看磨损和硬度成反比。这种现象有两种解释，一种认为 P110 套管磨损快可能是因为 P110 套管和钻杆接头材料类似，这种解释基于相似材料相互磨损一般比不同材料快。另一种解释是 N80 套管本身比 P110 套管抗磨损性强。有人曾做过实验，发现一根普通碳钢试件经不同热处理后，可以得到低硬度、抗磨性好的冶金性能。

(4)钻井液组成及类型的影响。

钻井液是套管与钻杆工具接头接触摩擦的介质，在杆管摩擦学系统中充当润滑剂的作用，其类型与成分对套管磨损会产生重要影响。

清水产生套管磨损最大，壁厚减少达 46%，从磨损形式来看，磨损套管的表面有很多划伤犁沟。套管/钻杆摩擦副在未加重钻井液润滑下主要发生严重黏着磨损和塑性流动；而在含重晶石的钻井液润滑下主要发生磨粒磨损；当钻井液中铁矿粉含量较低时，磨粒磨损与黏着磨损共存；当钻井液中铁矿粉含量较高时，主要磨损机理为黏着磨损和疲劳磨损。水基钻井液与清水相比磨损要小，这是因为水基钻井液中的重晶石粉具有润滑作用。在水基钻井液中加入约 31% 的重晶石，套管磨损显著下降，这是由于重晶石使钻柱与套管表面分离而没有直接接触的缘故，非加重油基钻井液与非加重水基钻井液相比，套管磨损得到很大的改善，水基钻井液中的 EP-Lube 也能显著降低套管的磨损。钻井液中的铁矿粉可促进摩擦副接触表面之间的黏着及焊合作用，从而导致严重的黏着磨损；而钻井液中所含的重晶石可有效地减轻摩擦副的黏着磨损和塑性变形。

不同成分的钻井液之所以对套管磨损影响有较大的差别，是因为它们具有不同的摩擦系数。油基、含 EP-Lube 和含重晶石的钻井液的摩擦比非加重水基钻井液要小得多，在狗腿度严重处，以及大位移井和水平井中，摩擦系数小将使钻柱的旋转扭矩和拉力明显降低，从而减少磨损。

(5)钻杆保护器(橡胶护箍)。

钻杆保护器能在高接触载荷下特别有效地减少磨损。然而，一些保护器会在相对低的载荷下滑动，造成钻杆的划伤和磨损。用 42 个不同结构和质量的保护器在含 3% 砂的水或钻井液中进行的滑动及磨损实验表明：保护器开始滑动的载荷在 3.6kN 到 41kN 变化，这取决于保护器的设计和制造公差；带锥型固定的保护器在钻杆上的加持坚固性比直平式的好；保护器在 23kN 下的使用寿命为 15min～13h，这取决于保护器的设计、材料、制造工艺等；保护器对套管的磨损都较小，在高载荷与磨料钻井液条件下有效。凹槽式保护器对套管的磨损比光滑式的稍大。橡胶材料的硬度越高，套管的磨损越大。有研究学者分析了在平缓和急陡的狗腿下使用碳钢制或橡胶保护器的有效性，认为保护器可防止钻杆磨损并减少疲劳损伤。Kevin 和 Dawson 讨论了橡胶摩擦的理论，按能量消耗分为黏着和滞后两种机理，黏着机理发生时摩擦系数高，滞后机理的摩擦系数低。用 $\Phi127mm\times\Phi191mm$ 保护器在 $\Phi244.5mm$ N80 和 J55 套管中进行了摩擦磨损实验，接触载荷分别为 2224N、4448N、8896N、13345N，转速分别为 15r/min、75r/min、125r/min，钻井液密度为 $1.438g/cm^3$，含 80~120 目砂粒。实验结果显示：随着旋转速度的增加，摩擦系数降低，可从 15r/min 下的 0.25 减低到 125r/min 下的 0.14（8896kN 侧向载荷）；但随着载荷的变化，摩擦系数变化不大；温度为 27~66℃，对磨损影响不大；新保护器与已磨损的保护器有相同的摩擦系数；在粗糙或生锈的套管中，保护器的摩擦系数可高达 0.50。为证实实验室结论，又进行的现场实验数据证实，随着旋转时间的延长，摩擦系数逐渐变小，与实验室结果相近。大约在旋转 100h 后，摩擦系数从 0.29 降为 0.10，这主要是因为橡胶保护器对套管表面有抛光作用。而且，对于深度为 3682m，直径为 $\Phi251mm$ 的井眼，测试的井底扭矩为 25600N·m。如果不用钻杆保护器，则估计此值至少要高 6779N·m。钻杆保护器的正确安放非常重要，如在一口定向井中合理安放保护器，已成功地钻进了 5444m 并旋转 549h，未产生过高的扭矩或套管磨损。因为不回接套管，节省费用 50 万美元。

3）套管磨损模型与磨损预测

套管磨损的预测模型从纯理论基础上讲还不太可能建立，简单的公式容易推导，但需要给出经验的磨损系数。为预测钻柱旋转造成的套管磨损速率，有必要以现场测量的参数来表达，参数包括旋转时间与转速、钻井液条件、钻杆磨损能力、套管磨损阻力、狗腿严重度和磨损点的钻柱拉力。根据磨损速率等于代表磨损条件的两个系数与接触力乘积的基本概念，提出了钻杆接头旋转、钻杆起下钻、接头保护器旋转、起下电缆工况下的套管磨损预测公式，并通过室内实验，确定了不同钻井液、接触力、套管钢级条件下的磨损系数。比较实验数据计算的套管磨损深度与现场测量的磨损深度可知，有一半数据较接近，但证实套管的磨损主要是由钻柱旋转造成的。Bradley 随后又给出了很简单的套管磨损经验计算式，如无钻杆保护器时，套管磨损深度等于磨损系数、钻杆在套管中的接触长度和旋转时间的乘积。金属磨损量与磨损消耗的能量联系起来，可以得到线形磨损效率模型。认为磨损效率等于磨损吸收的能量除以总机械能输入，进而推导出磨损体积公式，即磨损体积等于磨损效率、摩擦系数、侧向接触力、接头外径的总乘积除以套管的布氏硬度。并通过在不同套管钢级、侧向力、磨损时间和旋转周次下的 22 次实验，测量了磨损体积和平均摩擦系数，这就求出了磨损效率值。经与现场实际测量的磨损体积比较发现，两者在趋势上吻合，数值上接近。但考虑到实际条件的复杂性和不确定性，建议套管磨损预测的分析，不能取代在有疑问的情况下进行实际测量的工作。Schoenmakers 通过对 4 口井 8 种情况的套管磨损进行了实测和实验室模拟实验，对比发现两种套管磨损深度符合较好，这也显示了套管磨损模拟实验的重要性。Maurer 公司在 DEA-42 项目中，进行了 300 多个套管的磨损模拟实验，获得了大量的实验数据。采用 White 和 Dawson 的摩擦能量模型，以月牙形不均匀磨损为研究对象，给出了相应的数学模型。然后，应用室内实验推算的磨损系数，结合现场参数预测套管磨损，建立的 CWEAR 预测程序已在许多油田应用。在 CWEAR 中，计算点的侧向载荷是根据

Johancsic 等提出的扭矩/摩阻模型求出的。SHELL 公司建立了非线性磨损模型，开发了 WEAR2000 套管磨损程序。

4)磨损对套管使用性能的影响

(1)套管抗内压强度。

Bradley 描述了套管爆破失效的统计学本质，并以此预测磨损套管柱的爆破失效。套管爆破压力的变化归因于壁厚、套管直径、材料强度和缺陷长度与类型的变化。White 和 Danwson(1987)讨论了屈服、极限强度和 ASME 失效判据下的爆破压力差异，以及用 API 公式下的套管柱失效概率。结论认为：①对于 D/t 在 $12:1\sim24:1$ 的套管，采用将磨损剩余壁厚 w 代入厚壁管压力容器应力公式得到的爆破压力和非均匀圆筒体公式计算的爆破压力很接近，爆破压力与 w/t 基本成线形正比关系。这也与两个公式均使用最大剪应力失效判据有关。②API 内压设计在失效概率变大之前，可容许较大的套管磨损。Nelson 研究了 $\Phi177.8mm$ 和 $\Phi244.5mm$ 套管在磨损 0.79mm 时的最小爆破压力完整性。Song 等(1992)建立了月牙形磨损的极坐标复杂公式，以月牙形磨损形状为对象，用均匀管自然对数破裂公式、有裂纹厚壁圆筒体公式和极坐标复杂公式计算了套管内压破裂强度。并通过 $\Phi244.5mm$ Q125 套管的爆破实验对比了 3 种公式的计算结果，说明了极坐标复杂公式具有较高的精度，可用来评价已磨损套管柱的真实安全性。

(2)套管抗挤强度。

Kuriyama 等用实物实验和有限元研究了磨损对套管抗挤强度的影响。实验样品为 $\Phi139.7mm$ K55 和 N80 碳钢级、$\Phi177.8mm$ N80 和 P110，壁厚磨损深度为 20%、25%、30%、35%、40%和 45%。研究结论表明：①套管抗挤强度随着壁厚磨损深度的增加而减少，壁厚磨损比与抗挤强度的下降有很强的相关性。②用 API 理想管弹性挤毁公式和屈服压力公式计算的结果与实验数据有较大的偏差，尤其是屈服压力公式计算值普遍较高。用 Tamano 等建立的厚壁管经验公式求出的估算值与实验值符合较好。③有限元分析结果与实验值吻合较好。OTS 公司发现 Song 等建立的月牙形磨损的极坐标公式与一些实验结果符合性强，已为 CWEAR 程序采纳。

(3)套管接头强度。

用经典力学推导的 API 8R 套管接头内压泄漏公式和外压泄漏公式探讨了磨损接头的泄漏问题。分析认为，只要未破坏第一个密封点，接头抗内压泄漏不会受一定磨损量影响。而且，在此情况下，套管的破裂抗力是主导因素。然而，接头的外压泄漏抗力与接头内径有关，随着磨损量的增加，外压泄漏抗力直线下降。虽然外压泄漏抗力大于未磨损套管的挤毁值，但需要进一步研究磨损接头的外压泄漏抗力是否低于已磨损套管的挤毁压力。Tsuru 等用实物模拟实验进行了水平井载荷条件下的管材接头的性能研究。试样选用 $\Phi177.8mm$ L80 套管，接头类型为特殊螺纹(PJ)、API 8R LTC 和 BTC 螺纹，磨损深度为 2mm 和 4mm。实验结果表明：①在 40°/30m 井眼曲率下的拉伸失效载荷随着磨损深度的增加有一定下降，如磨损深度为 4mm 时，PJ、BTC 接头下降 4%，LTC 接头下降 14%。所以，API LTC 接头不适用于水平井。②在 0°/30m、20°/30m、40°/30m 井眼曲率下气体密封实验下泄漏与 2mm 的磨损深度无关，只与接头类型有关。PJ 接头无泄漏，BTC 接头全泄漏，LTC 接头部分泄漏。

5)套管磨损监测

真实套管磨损系统十分复杂，不确定因素非常多，因此不可能精确地预测井下套管磨损量，建立在室内实验基础上的套管磨损模型的预测结果常常与现场情况出现较大的偏差。套管磨损监测技术采用技术手段按需要监测井下套管的磨损状况，可为采取更有效的套管防磨措施设计和实施提供最有力的技术支持。

(1)磁铁吸附物监测。

磁铁吸附物数量在一定程度上反映了套管磨损程度，是防磨减磨效果监测的主要手段。通过对其实时监测，可及时评价防磨减磨效果，并为调整防磨减磨方案提供依据。

(2)井径仪测井。

机械式井径仪是最老的检查套管的仪器之一，它具有较好的灵敏度($0.004''$)，一般由 16~80 个指状臂构成，机械指状臂依靠机械弹力贴靠在套管内壁上，通过指状臂张开的角度测量套管内壁形状，其原理容易理解。

井径仪测井曲线给出的是最大和最小井径曲线。井径仪测井的缺点：一是不能评价套管壁厚；二是积垢和麻坑等会影响其测量精度。

(3)电磁法测井。

一般采用多频电磁套管测厚仪来检测套管，它使用非破坏性和不接触的感应方法来探测管柱损耗的范围和套管几何形状的变化，最适合探测大面积腐蚀、大于 $2''$ 的洞，以及纵向破裂这样大规模的套管损伤现象。

电磁法测井的测试精度不高，不适合对套管磨损进行精细的检测。因此在套管监测中应用得非常少见。

(4)超声法测井。

套管超声成像测井解释主要依据声成像测井资料，根据井壁声阻抗变化(由射孔、套管变形或破损等原因造成)所导致的振幅、时间变化，对本井测量层段内套管的物理特征进行分析。

最常用的声波成像测井(CBIL)采用旋转式超声换能器，对井周进行扫描，并记录回波信号。声阻抗的变化会引起回波幅度的变化，井径的变化会引起回波传播时间的变化。将测量的反射波幅度和传播时间按井眼内 360°方位显示成图像，就可对整个井壁进行高分辨率成像。

图像按顺时针方向展开，在套管井内由于套管的屏蔽作用，无法确定地磁北极。检测套管变形的方法是根据套管内径的变化、声波幅度在成像图上颜色的深浅及声波在套管内径中的传播时间在成像图上颜色的差异来确定套管是否变形。套管内径是根据声波传播时间计算的。

正常情况下，测井技术不能作为常规套管磨损监测措施的原因如下：

(1)井下套管状态无法判断，测井时机不易确定。

套管磨损贯穿于套管固井后下一次钻井施工全过程中，这个钻井过程从数十天至数百天不一，井下套管是否磨损严重，是否应该采取测井措施，缺乏可供应用的客观评判指标，现场技术人员无法判断是否应该实施测井作业。

(2)油田公司、钻井公司及测井公司之间协调困难。

是否测井作业不宜由钻井公司决定，只能由油田公司来进行决策。在没有典型的井下套管严重磨损征兆的情况下，钻井公司无法提供油田公司决策所需的套管磨损评估资料；当出现明显的套管磨损征兆时，不仅已经错失了改善井下防磨手段的最佳时机，而且很可能已经酝酿了无可挽回的巨大经济损失。

(3)测井占用时间长，测井及相关解释费用高。

测井作业必须由专业测井人员借助于专业仪器来完成，人员设备占用的费用本来就不菲，加上来往路程费用和工作站解释费用，总体测井直接费用已经很高；更为重要的是从发现征兆、讨论措施、多方协调、决策指令到队伍上井、测井施工、数据处理等过程都需要占用钻井工时，会造成巨大的工时损失。总之，套管测井总体的费用少则几十万元，多则上百万元，不适合作为常规监测手段。

虽然利用测井手段作为常规的套管磨损手段不可行，但是能精确测量井下各段套管磨损量是测井手段的独特优势，因此当需要准确了解井下套管状况时必须利用测井手段。

就井径测量、电磁测量及超声波测量 3 种手段而言，可采取以下的选择策略：

(1)套管磨损的检测精度要求不高，能达到 10^{-1} mm 即可。3 种测量手段均能达到要求。

(2)井径测量不能检测套管壁厚，不适合检测因地层条件不好可能导致套管不规则变形的井段。

(3)超声成像测井检测精度高，数据图像化处理结果直观明了，是检测套管磨损最好的手段，但测量和解释的费用较高。

(4)电磁测井精度稍低，检测结果容易受环境影响，在井径检测和超声检测能满足要求的情况下不推荐使用。

多触点测径器效果最好，声波成像技术在低密度钻井液中也能比较准确地测量套管磨损和变形，当钻井液密度大于 1.438×10^3 kg/cm^3 时，瑞利散射的影响会使声波信号失效而影响测量结果。电磁测井可以检测出套管是否穿孔，但无法检测出套管的磨损。在套管磨损监测方面目前还缺乏实用的技术手段，Best(1986)在实验中采取了磨屑分析的方法对套管磨损进行分析，但该方法在现场生产中的缺点是不能判断磨损发生的部位。英国 Kingdom Drilling 公司研究总结出采用钻井液出口处磁性磨屑收集与称重计量方法评定井下套管磨损状态的判据为：日收集磨屑量为 0~500g，套管磨损正常；日收集磨屑量为 500~1000g，套管磨损异常；日收集磨屑量为 1000~6000g，套管壁上随时可能磨穿出孔。另外，在起下钻过程中，通过在地面检测与套管对磨的钻杆接头处的外径变化可以确定钻杆接头的磨损量，从另一个侧面反映套管的磨损情况。同时借助统计接头磨损钻杆的序号可推断出井下套管磨损的主要区段。

现有的套管磨损监测技术具有很大的局限性，不能满足钻井现场套管磨损监测的需要，主要存在以下问题：

(1)基于测井的套管磨损检测方法虽然具有较高的测量精度，但因为其检测成本高，检测时间难以确定，占用钻井工作时间，需专业人员专业工具进行施工等，在钻井现场不能发挥套管磨损实时监测的作用，只能作为事后检测套管磨损程度的一种手段，难以在钻井现场指导防磨方面发挥作用。

(2)基于磨屑收集和钻杆外径检测的方法可以作为现场套管磨损状态的监测手段，但其监测方法不够规范，没有发挥其实时监测，定量分析井下套管磨损状态的作用。

6.2.2　套管磨损实验测试

很早国外就已经开始借助实验室小型试验机来模拟实际工况下的套管磨损，较系统地研究了套管的磨损问题，如 API Bariod 试验机、Falex 试验机和 TNO 试验机，但是由于实验考虑的因素较少，而且方法简单，所以得到的一些结论与真实工况下的磨损情况存在着较大的不一致。20 世纪 80 年代，Best 等开发了卧式全尺寸套管磨损试验机，利用它模拟井下套管的磨损情况，大大地推进了套管磨损试验的发展。

研究人员经过对套管磨损理论和现场统筹分析认为，钻杆的旋转是引起井下套管磨损的最主要原因，套管磨损主要取决于钻杆与套管的接触力、钻杆钻速、套管材质、钻井液性能及加重剂等因素，但对具体规律的认识还存在着一定的分歧。本节简单介绍钻杆和套管的旋转摩擦磨损实验设备、实验方法及实验设计条件，通过实验结果与分析探讨套管磨损的规律，对预防和减少套管磨损提供一些指导。

套管磨损实验突出的特点是实验周期较长。而方案设计的过于简化往往又得不到良好的实验效果，主要原因是金属材料的摩擦磨损受工况、介质及摩擦副表面状况等多种因素的影响，存在一定的随机性，相同条件下的两次实验结果都会略有差别；实验参数测试同样存在着误差。因此，特定条件下的重复实验和对比实验也很重要。通过大量的前期实验，已经对实验设备的运行、控制、套管磨损的过程及特性都有了较深的认识和把握。在此基础上，合理地设计实验方案并在实验过程中适当加以调整，以期找出套管磨损的一般规律。

本次实验内容如下：

(1)实验测定不同工况条件下套管的磨损效率(或磨损系数)；

(2)分析钻杆转速、钻井液黏度、介质温度、接触力、钻井液加重剂和套管材质对套管磨损的影响规律。

结合高温高压井现场实际工况，确定了以下实验方案(表 6-3)：

(1)接触力(10kN/m、12kN/m、15kN/m)对套管磨损量的影响实验；

(2)转速(70r/min、120r/min、215r/min)对套管磨损量的影响实验；

(3)钻井液体系(南海西部莺琼盆地高温高压某油田现场应用 1♯、2♯ 钻井液)对套管磨损量的影响实验；

(4)持续磨损、间断磨损对套管磨损量的影响实验；

(5)套管钢级(J55、N80、P110)对套管磨损的影响实验；

(6)钻屑浓度对套管磨损的影响实验；

(7)耐磨带(X1、X2、X3、X4、X5、X6、X7)效果评价实验。

表 6-3　实验方案及参数

实验类型	钻井液体系	磨损类型	接触压力/(kN/m)	转速/(r/min)	实验时间/h
接触力影响实验	1♯钻井液	S135 钻杆与 P110 套管磨损	15		105
			12	120	140
			10		140
转速影响实验	1♯钻井液	S135 钻杆与 P110 套管磨损	15	70	
				120	140
				215	

续表

实验类型	钻井液体系	磨损类型	接触压力/(kN/m)	转速/(r/min)	实验时间/h
钻井液体系实验	1♯钻井液 2♯钻井液	S135 钻杆与 P110 套管磨损	12	120	140
连续磨损实验 间断磨损实验	1♯钻井液	S135 钻杆与 P110 套管磨损	15 12	120	40
套管材料影响实验	1♯钻井液 2♯钻井液	S135 钻杆与 J55 套管磨损 S135 钻杆与 N80 套管磨损 S135 钻杆与 P110 套管磨损	12	120	40
耐磨带影响实验	1♯钻井液	7 种耐磨带与 P110 套管磨损	15	120	40

注：实验时间 5h 为一组实验，样品放置、实验结束样品处理各占 10min。

实验液体介质主要有清水、南海西部莺琼盆地高温高压某气田现场应用的两种钻井液体系，经过实验室测定，得到两种钻井液体系的性能参数，见表 6-4。

表 6-4　钻井液参数

液体介质	钻井液流变参数/(r/min)						密度 /(g/cm³)
	Φ600	Φ300	Φ200	Φ100	Φ6	Φ3	
1♯钻井液	247	154	114	67	9	7	1.90
2♯钻井液	155	89	66	39	5	4	1.65

套管材质为南海西部莺琼盆地高温高压某气田现场应用的两种套管试样，分别为 Φ339.7mm N80、Φ244.5mm P110 套管。钻杆材质为南海西部莺琼盆地高温高压某气田现场应用的钻杆接头。

1)接触力对套管磨损量的影响实验

1♯钻井液中固定转速为 120r/min 时，研究不同侧向力（10kN/m、12kN/m、15kN/m）对套管磨损的影响。钻杆与套管间侧向力为 10kN/m 时，套管、钻杆磨损情况如图 6-7~图 6-9 所示。

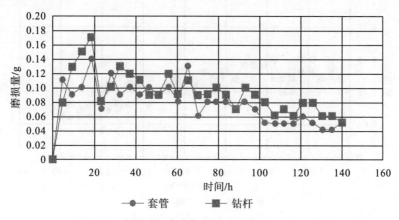

图 6-7　单位时间内磨损量的变化情况（10kN/m）

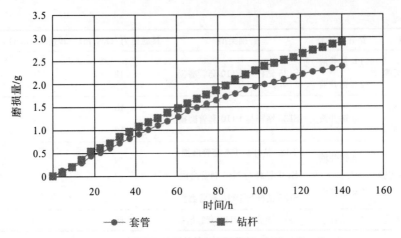

图 6-8　不同磨损时间下磨损量的变化情况（10kN/m）

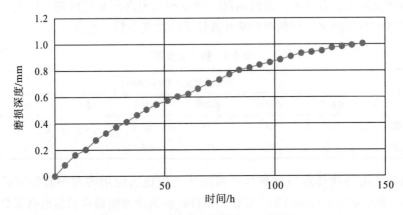

图 6-9　不同磨损时间下套管磨损深度的变化情况（10kN/m）

钻杆与套管间侧向力为 12kN/m 时，套管、钻杆磨损情况如图 6-10～图 6-12 所示。

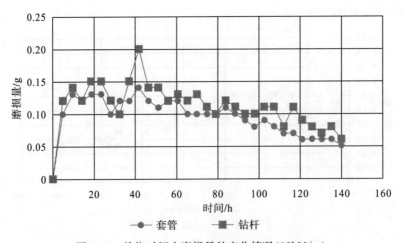

图 6-10　单位时间内磨损量的变化情况（12kN/m）

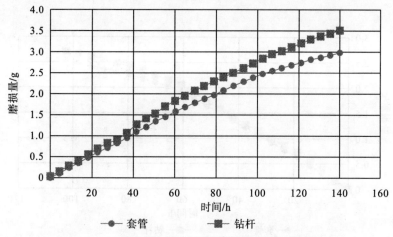

图 6-11　不同磨损时间下磨损量的变化情况（12kN/m）

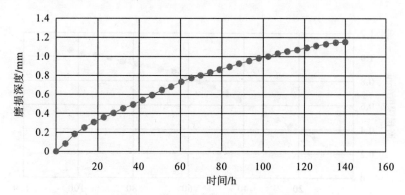

图 6-12　不同磨损时间下套管磨损深度的变化情况（12kN/m）

钻杆与套管间侧向力为 15kN/m 时，套管、钻杆磨损情况如图 6-13～图 6-15 所示。

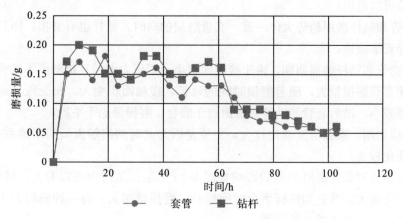

图 6-13　单位时间内磨损量的变化情况（15kN/m）

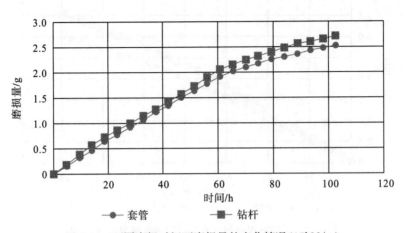

图 6-14　不同磨损时间下磨损量的变化情况(15kN/m)

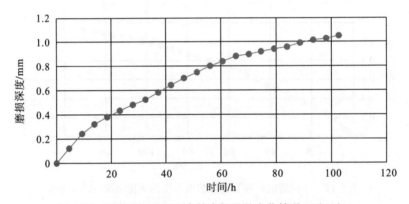

图 6-15　不同磨损时间下套管磨损量的变化情况(15kN/m)

　　从实验可以看出：

　　(1)套管和钻杆磨损趋势大体一致，套管磨损的同时，钻杆也有磨损，而且钻杆磨损量略大于套管磨损量；

　　(2)在套管和钻杆磨损初期，由于接触面积小，正压力大，且接触面不磨合，摩擦系数大，致使套管磨损量大，随着磨损时间的延长，接触面积变大，所受压力减小，磨损量开始缓慢减小，最后套管和钻杆接触面趋于磨合，磨损量趋于平稳；

　　(3)磨损初期，磨损量波动比较大，主要是因为此时两接触面间的摩擦系数不稳定，造成磨损变化较大。

　　不同接触力对套管瞬时磨损的影响如图 6-16 所示。从图中可以看出：接触力越大，磨损波动幅度越大，套管和钻杆磨合时间越长，磨损量越大。每一种侧向力下套管磨损都经历了磨损由大逐渐减小的过程。

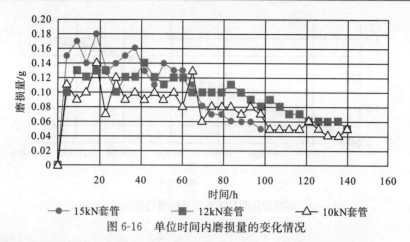

图 6-16　单位时间内磨损量的变化情况

不同接触力对套管磨损深度的影响如图 6-17 所示。从图中可以看出：

(1)随着接触力的增加，套管磨损量变大；

(2)磨损达到一定深度时(套管磨损区域曲率接近钻杆曲率)，磨损量明显减小。

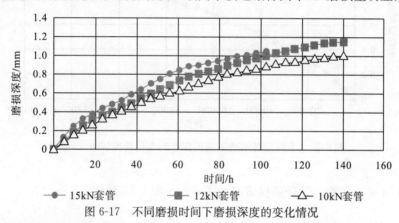

图 6-17　不同磨损时间下磨损深度的变化情况

2)转速对套管磨损量的影响实验

1♯钻井液，套管和钻杆间侧向力为 15kN/m，研究不同转速(70r/min、120r/min、215r/min)对套管磨损的影响。

70r/min 时，套管、钻杆磨损情况如图 6-18～图 6-20 所示。

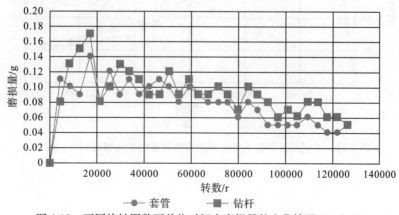

图 6-18　不同旋转圈数下单位时间内磨损量的变化情况(70r/min)

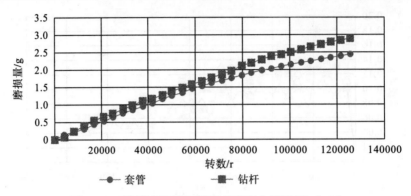

图 6-19　不同旋转圈数下磨损量的变化情况（70r/min）

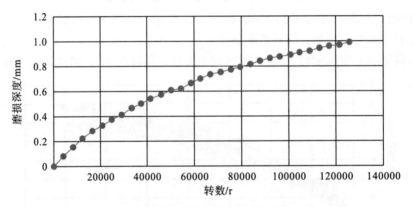

图 6-20　不同旋转圈数下磨损深度的变化情况（70r/min）

120r/min 时，套管、钻杆磨损情况如图 6-21～图 6-23 所示。

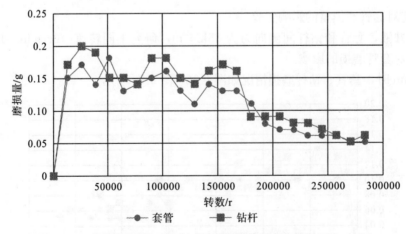

图 6-21　不同旋转圈数下单位时间内磨损量的变化情况（120r/min）

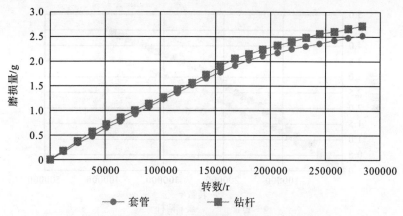

图 6-22　不同旋转圈数下磨损量的变化情况(120r/min)

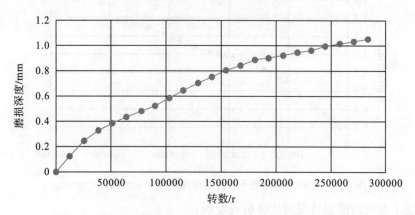

图 6-23　不同旋转圈数下套管磨损深度的变化情况(120r/min)

215r/min 时，套管、钻杆磨损情况如图 6-24～图 6-26 所示。

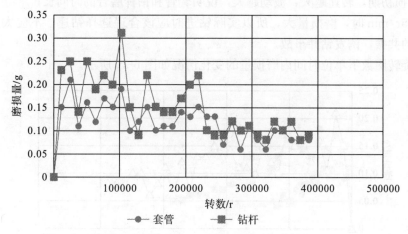

图 6-24　不同旋转圈数下单位时间内磨损量的变化情况(215r/min)

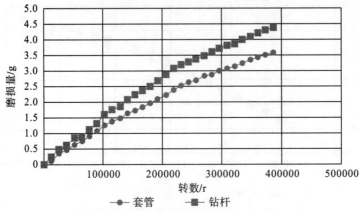

图 6-25　不同旋转圈数下磨损量的变化情况（215r/min）

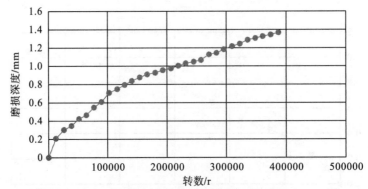

图 6-26　不同旋转圈数下套管磨损深度的变化情况（215r/min）

各转速下套管的磨损情况对比分析可发现：

(1)在某一固定的转速下，由于初始阶段摩擦表面较为粗糙，磨损量随着旋转次数的增加而快速增大；随着时间延长，钻杆和套管表面的光洁度不断改善，表面发生钝化，这在一定程度上降低了钻杆的研磨性，套管和钻杆的磨损量变小；

(2)磨损初期，转速越大，波动越大，说明套管和钻杆磨合的时间长；

(3)215r/min 时，磨损量大，所以实际钻进时应该合理选择钻速，不应太高，避免引起套管的共振，诱发钻井事故。

不同旋转圈数下单位时间内磨损量的变化情况如图 6-27 所示。

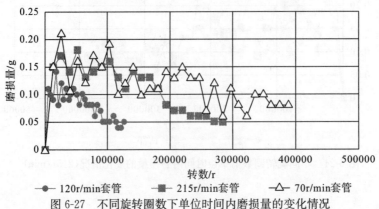

图 6-27　不同旋转圈数下单位时间内磨损量的变化情况

　　通过对比可知：不同转速相同转数下，转速越大，套管磨损量越大，同一转速时初始磨损量较大，随着磨损接触时间的延长，磨损量有所减小而趋于平稳。

　　3)钻井液体系(加重材料)对套管磨损量的影响实验

　　1#钻井液在转速为 120r/min，钻杆和套管间侧向力为 12kN/m 时，套管、钻杆磨损情况如图 6-28～图 6-30 所示。

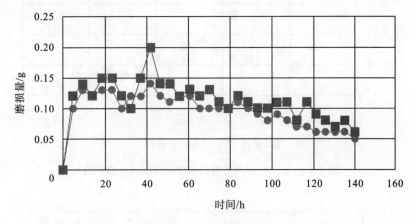

图 6-28　单位时间内磨损量的变化情况(1#钻井液)

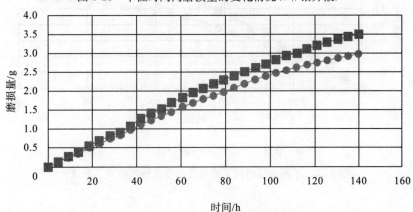

图 6-29　不同磨损时间下磨损量的变化情况(1#钻井液)

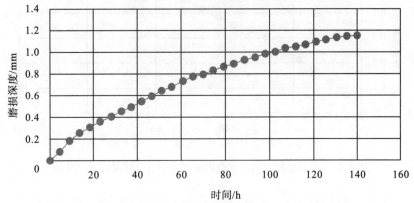

图 6-30　不同磨损时间下套管磨损深度的变化情况(1#钻井液)

2#钻井液在转速为 120r/min，钻杆和套管间侧向力为 12kN/m 时，套管、钻杆磨损情况如图 6-31～图 6-33 所示。

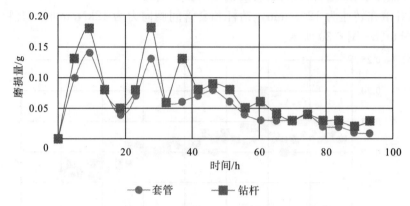

图 6-31　单位时间内磨损量的变化情况（2#钻井液）

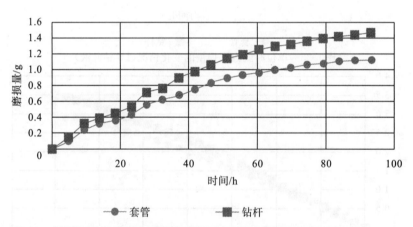

图 6-32　不同磨损时间下磨损量的变化情况（2#钻井液）

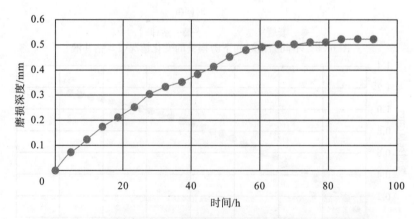

图 6-33　不同磨损时间下套管磨损深度的变化情况（2#钻井液）

1♯和2♯钻井液磨损情况对比如图6-34、图6-35所示。

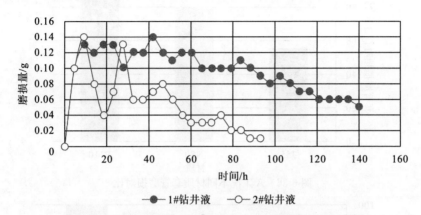

图6-34　不同磨损时间下套管单位时间内磨损量的变化情况

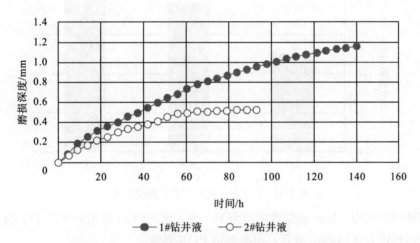

图6-35　不同磨损时间下套管磨损深度的变化情况

通过对以上磨损情况分析可知：

(1)两种钻井液磨损时，钻杆磨损比套管磨损严重，随着磨损时间的延长，磨损渐渐减小。

(2)在120r/min转速、12kN/m载荷的作用下，1♯钻井液比2♯钻井液对套管的磨损大。深井钻井时，虽然高密度钻井液中的重晶石和润滑剂等可以对套管与钻杆的接触产生润滑作用，但是这时候铁矿粉等表现出的粒子性更强，增大了磨粒磨损程度，增加了对套管的磨损作用。

4)套管材料对套管磨损的影响实验

套管材料方面，选择 Φ244.5mm J55、N80和P110套管，在两种工况下进行了套管磨损实验。实验结果数据处理如图6-36、图6-37所示。

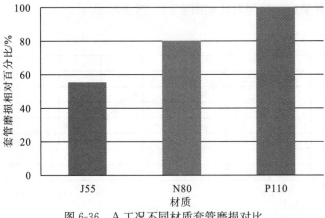

图 6-36　A 工况不同材质套管磨损对比

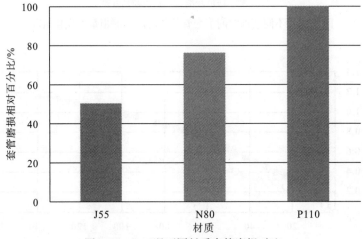

图 6-37　B 工况不同材质套管磨损对比

从两种情况来看，N80 磨损效率约为 J55 的 2 倍，P110 磨损效率为 J55 的 5 倍。套管耐磨性材料优先选用 N80 套管，再次选用 P110 套管。

5）钻屑对套管磨损的影响实验

钻杆与套管间侧向力为 12kN/m 时，套管、钻杆累计磨损量如图 6-38、图 6-39 所示。

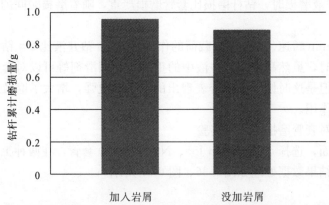

图 6-38　钻杆累计磨损量对比（钻杆与套管间侧向力为 12kN/m）

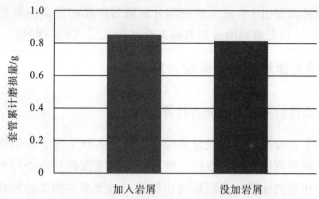

图 6-39　套管累计磨损量对比（钻杆与套管间侧向力为 12kN/m）

从图中可以看出：钻屑浓度对套管磨损程度影响较小。

6）耐磨带效果评价实验

实验转速为 120r/min，钻杆与套管间侧向力为 15kN/m。将堆焊不同类型耐磨带的钻杆试样打磨光滑，在 1♯钻井液中分别进行实验，分析耐磨带减磨和耐磨效果。

耐磨带减磨效果对比分析如图 6-40、图 6-41 所示。

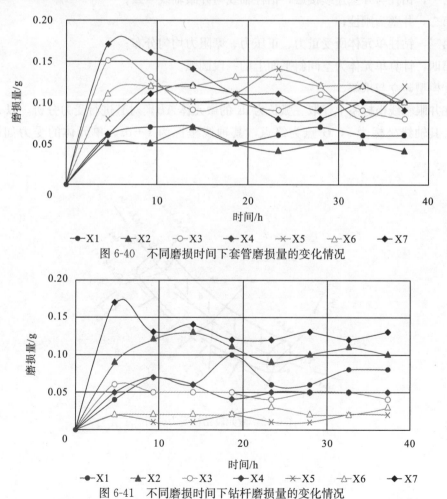

图 6-40　不同磨损时间下套管磨损量的变化情况

图 6-41　不同磨损时间下钻杆磨损量的变化情况

通过比较分析可以看出 1# 钻井液中部分耐磨带产品在提高钻杆耐磨效果方面更理想，如产品 X5、X6，从套管减磨效果方面来看产品 X2、X7 更理想。

6.2.3　套管磨损量预测及剩余强度计算方法

1. 复杂运动条件的判别及侧向力计算

在前人的基础上，推导三维摩阻分析模型，计算各种工况下的钻柱、套管柱的接触力分布，为套管磨损预测提供基础数据。摩阻扭矩对超深侧钻短半径水平井施工工具有重要的影响，摩阻、扭矩的预测和控制是成功钻成一口水平井的关键和难点所在。开展摩阻、扭矩预测技术研究，在设计(包括钻井设备选择、轨道形式与参数、钻柱设计、管柱下入设计等)、施工(轨道控制、井下作业等)阶段都具有十分重要的意义。

1)钻柱摩阻扭矩模型的建立

(1)钻柱三维刚杆摩阻扭矩模型。

①基本假设条件。

第一，钻柱与井壁连续接触，钻柱轴线与井眼轴线一致；

第二，井壁为刚性；

第三，钻柱单元体所受重力、正压力、摩阻力均匀分布；

第四，计算单元体为空间斜平面上的一段圆弧。

②模型建立与求解。

在井眼轴线坐标系上任取一弧长为 ds 的微元体 AB，对其进行受力分析，以 A 点为始点，其轴线坐标为 s，B 点为终点，其轴线坐标为 $s+\mathrm{d}s$，单元体的受力如图 6-42 所示。

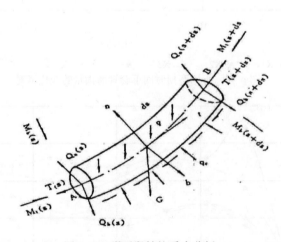

图 6-42　微元段钻柱受力分析

侧钻水平井全刚度钻柱摩阻计算模式:

$$
\begin{cases}
\dfrac{\mathrm{d}T}{\mathrm{d}s} + K\,\dfrac{\mathrm{d}M_\mathrm{b}}{\mathrm{d}s} \pm \mu_\mathrm{a}N - q_\mathrm{m}K_\mathrm{f}\cos\alpha = 0 \\[2mm]
\dfrac{\mathrm{d}M_\mathrm{t}}{\mathrm{d}s} = \mu_\mathrm{t}RN \\[2mm]
-\dfrac{\mathrm{d}^2M_\mathrm{b}}{\mathrm{d}s^2} + K\cdot T + \tau(\tau\cdot M_\mathrm{b} + K\cdot M_\mathrm{t}) + N_\mathrm{n} - q_\mathrm{m}K_\mathrm{f}\cos\alpha\,\dfrac{K_a}{K} = 0 \\[2mm]
-\dfrac{\mathrm{d}(KM_\mathrm{b} + \tau M_\mathrm{t})}{\mathrm{d}s} - \tau\dfrac{\mathrm{d}M_\mathrm{b}}{\mathrm{d}s} + N_\mathrm{b} - q_\mathrm{m}K_\mathrm{f}\sin^2\alpha\,\dfrac{K\varphi}{K} = 0 \\[2mm]
N^2 = N_\mathrm{n}^2 + N_\mathrm{b}^2
\end{cases}
\tag{6-84}
$$

$$
K = \left|\frac{\mathrm{d}^2\vec{\gamma}}{\mathrm{d}s^2}\right| = \sqrt{K_a^2 + K_\varphi^2\sin^2\alpha}
$$

$$
K_\alpha = \frac{\mathrm{d}\alpha}{\mathrm{d}s}
$$

$$
K_\varphi = \frac{\mathrm{d}\varphi}{\mathrm{d}s}
$$

$$
K_\mathrm{f} = 1 - \frac{\gamma_\mathrm{m}}{\gamma_\mathrm{s}}
\tag{6-85}
$$

$$
N^2 = N_\mathrm{n}^2 + N_\mathrm{b}^2
\tag{6-86}
$$

式中，K_α——井斜变化率，rad/m；

　　　K_φ——方位变化率，rad/m；

　　　τ——井眼挠率，rad/m；

　　　q_m——钻柱单位长度重量，N/m；

　　　M_b——钻柱微段上的弯矩，N·m；

　　　α——井斜角，rad；

　　　μ——摩阻系数；

　　　M_t——钻柱所受扭矩，N·m；

　　　$\mathrm{d}T$——钻柱轴向力增量，N；

　　　T——微元段上的轴向力，N；

　　　R——管柱半径，m；

　　　Q_n、Q_b——曲线坐标 s 处的主法线和副法线方向的剪切力，N；

　　　N_n、N_b——主法线和副法线方向的均布接触力，N/m。

采用解非线性方程组的拟牛顿迭代法进行迭代求解，首先应用有限差分中的差分公式：

$$
\begin{cases}
\dfrac{\mathrm{d}T}{\mathrm{d}s} = \dfrac{T(s+1) - T(s)}{h(s+1) - h(s)} \\[2mm]
\dfrac{\mathrm{d}M_\mathrm{t}}{\mathrm{d}s} = \dfrac{M_\mathrm{t}(s+1) - M_\mathrm{t}(s)}{h(s+1) - h(s)} \\[2mm]
\dfrac{\mathrm{d}M_\mathrm{b}}{\mathrm{d}s} = \dfrac{M_\mathrm{b}(s+1) - M_\mathrm{b}(s)}{h(s+1) - h(s)} \\[2mm]
\dfrac{\mathrm{d}M_\mathrm{b}^2}{\mathrm{d}s} = \dfrac{M_\mathrm{b}(s+2) - 2M_\mathrm{b}(s+2) + M_\mathrm{b}(s)}{[h(s+1) - h(s)]^2}
\end{cases}
\tag{6-87}
$$

$$M_{\mathrm{b}}(s) = E \cdot I \cdot K(s) \tag{6-88}$$

式中，E——弹性杨氏模量，$\mathrm{N/m^2}$；

$\quad\quad I$——钻柱惯性矩，$\mathrm{m^4}$；

$\quad\quad h(s+1)-h(s)$——各段的段长，m。

把常微分方程离散化，求得 $T(s+1)$，$M_{\mathrm{t}}(s+1)$，$M_{\mathrm{b}}(s+1)$，$M_{\mathrm{b}}(s+2)$，然后将其代入非线方程组求解，得出主副法线方向上的均布接触力后，即可计算出距钻头任意井深处的摩阻力 F_{μ}，摩擦扭矩 M_{t}，大钩载荷及转盘扭矩，其公式形式为

$$\begin{cases} F_{\mu} = \mu_{\partial} \int_0^s |N|\,\mathrm{d}s \\[2mm] M_{\mathrm{t}} = \mu_{\mathrm{t}} \int_0^s R|N|\,\mathrm{d}s \\[2mm] T = \int_0^s q_{\mathrm{m}} K_{\mathrm{f}} \cos\alpha\,\mathrm{d}s \end{cases} \tag{6-89}$$

起下钻时，

$$T = \int_0^s q_{\mathrm{m}} K_{\mathrm{f}} \cos\alpha\,\mathrm{d}s \pm \mu_{\alpha} \int_0^s |N|\,\mathrm{d}s \tag{6-90}$$

空转时，

$$\begin{cases} T = \int_0^s q_{\mathrm{m}} K_{\mathrm{f}} \cos\alpha\,\mathrm{d}s \\[2mm] M_{\mathrm{t}} = \mu_{\mathrm{t}} R \int_0^s |N|\,\mathrm{d}s \end{cases} \tag{6-91}$$

转盘钻进（划眼起下钻）时，

$$\begin{cases} T = \int_0^s q_{\mathrm{m}} K_{\mathrm{f}} \cos\alpha\,\mathrm{d}s - \mu_{\alpha} \int_0^s |N|\,\mathrm{d}s + \mathrm{WOB} \\[2mm] M_{\mathrm{t}} = \mu R \int_0^s |N|\,\mathrm{d}s \end{cases} \tag{6-92}$$

滑动钻进时，

$$\begin{cases} T = \int_0^s q_{\mathrm{m}} K_{\mathrm{f}} \cos\alpha\,\mathrm{d}s - \mu_{\alpha} \int_0^s |N|\,\mathrm{d}s - F_u - F_y + \mathrm{WOB} \\[2mm] M_{\mathrm{t}} = 0 \end{cases} \tag{6-93}$$

起下钻时，

$$T\big|_{s=0} = 0,\ M_{\mathrm{t}} = 0 \tag{6-94}$$

空转时，

$$T\big|_{s=0} = 0,\ M_{\mathrm{t}}\big|_{s=0} = 0 \tag{6-95}$$

转盘钻进时，

$$T\big|_{s=0} = -\mathrm{WOB},\ M_{\mathrm{t}}\big|_{s=0} = M \tag{6-96}$$

滑动钻进时，

$$T\big|_{s=0} = -\mathrm{WOB},\ M_{\mathrm{t}} = M \tag{6-97}$$

划眼下钻时，

$$T\big|_{s=0} = 0,\ M_{\mathrm{t}} = M \tag{6-98}$$

倒划眼起钻时，

$$T\big|_{s=0} = 0,\ M_{\mathrm{t}} = M \tag{6-99}$$

式中，WOB——钻头钻压，Pa；

　　 M ——钻头扭矩，N·m。

（2）三维软杆摩阻扭矩计算模型。

①基本假设。

第一，计算单元段的井眼曲率是常数；

第二，管柱接触井壁的上侧或下侧，其曲率与井眼的曲率相同；

第三，忽略钻柱横截面上的剪切力；

第四，不考虑钻柱刚度的影响（软杆模型）。

在定向井钻井中，井眼曲率变化平缓，在起下钻和钻进作业中，在杆柱的横截面上不会产生太大的剪切力，从而剪切力可以忽略；同时对于小曲率井眼，忽略刚度的影响，在工程上可以得到足够的精度。

②摩阻/扭矩模型建立。

井斜角和方位角的变化都会引起钻柱轴向载荷的变化。综合考虑钻柱在不同工况下，不同井段中的受力工况建立如下三维软杆计算模型。

$$F_i \cos \frac{\Delta \varphi}{2} \cos \frac{\Delta \alpha}{2} = w_e \Delta L \sin \bar{\alpha} + F_\varphi + F_G + F_{i-1} \cos \frac{\Delta \varphi}{2} \cos \frac{\Delta \alpha}{2} \tag{6-100}$$

$$T_{ni} = R \mu |N_i| + T_{i-1} \tag{6-101}$$

$$N_\varphi = F_i \sin \frac{\Delta \varphi}{2} + F_{i-1} \sin \frac{\Delta \varphi}{2} \tag{6-102}$$

$$N_G = w_e \Delta L \cos \bar{\alpha} + F_i \cos \frac{\Delta \varphi}{2} \sin \frac{\Delta \alpha}{2} + F_{i-1} \cos \frac{\Delta \varphi}{2} \sin \frac{\Delta \alpha}{2}, \alpha_i > \alpha_{i-1} \tag{6-103}$$

$$N_\varphi = F_i \cos \frac{\Delta \varphi}{2} \sin \frac{\Delta \alpha}{2} + F_{i-1} \cos \frac{\Delta \varphi}{2} \sin \frac{\Delta \alpha}{2} - w_e \Delta L \cos \bar{\alpha} \quad \alpha_i < \alpha_{i-1} \tag{6-104}$$

$$F_\varphi = \pm \mu |N_\varphi| \tag{6-105}$$

$$F_G = \pm \mu |N_G| \tag{6-106}$$

$$\bar{\alpha} = (\alpha_i + \alpha_{i-1})/2 \tag{6-107}$$

$$\Delta \alpha = |\alpha_i - \alpha_{i-1}| \tag{6-108}$$

$$\Delta \varphi = \varphi_i - \varphi_{i-1} \tag{6-109}$$

$$\vec{N}_i = \vec{N}_\varphi + \vec{N}_G \tag{6-110}$$

　　注：钻柱向上运动取"+"号，钻柱向下运动取"−"号。

式中，F_i——第 i 单元钻柱上端面的轴向载荷，N；

　　 T_{ni} ——第 i 单元钻柱上端面的扭矩，N·m；

　　 w_e ——钻柱单位长度浮重，N/m；

　　 ΔL ——单元钻柱长度，m；

　　 α_i ——第 i 单元段上端井斜角，rad；

　　 φ_i ——第 i 单元段上端方位角，rad；

　　 μ ——摩阻系数；

　　 $\bar{\alpha}$ ——平均井斜角，rad；

　　 $\Delta \alpha$ ——井斜角变化，rad；

　　 $\Delta \varphi$ ——方位变化，rad；

N_G——在重力面内产生的正压力，N；

N_φ——在空间斜平面内所产生的正压力，N；

F_G——单元在重力面内产生的摩阻力，N；

F_φ——单元在空间斜平面内产生的摩阻力，N。

以上给出了三维井眼中的摩阻扭矩计算模型，采用迭代逼近的方法，可以计算出井口的轴向载荷和扭矩。

(3)摩阻系数的确定。

对轴向摩阻和周向摩阻的处理大多采用速度分解法，因为钻柱的运动可以分为轴向运动和周向运动，根据这两种速度的大小比例将总的摩阻力沿轴向和周向进行分解。分解后的摩阻力可以简单地表示为

$$\begin{cases} F_a = N \cdot \dfrac{\mu V_\alpha}{\sqrt{V_\alpha^2 + V_t^2}} \\[3mm] F_t = N \cdot \dfrac{\mu V_t}{\sqrt{V_\alpha^2 + V_t^2}} \end{cases} \tag{6-111}$$

式中，N——钻柱单位长度上的侧向力，N/m；

V_α——钻柱的轴向速度，m/s；

V_t——钻柱的周向速度，m/s，$V_t = \dfrac{D_i n \pi}{1000 \times 60}$，其中 D_i 为管柱的内径，n 为转盘转速；

F_α——钻柱单位长度上轴向摩阻力，N；

F_t——钻柱单位长度上周向摩阻力，N；

μ——井眼摩阻系数。

影响摩阻系数的因素包括岩石性质、滤饼质量、压差及接触面积。水平井往往都具有长段裸眼，建立裸眼中的分段摩阻系数可以改进摩阻和扭矩计算精度。但是如果太精细，现场将不便操作，且程序过于复杂，因此建立了以砂岩为基准的摩阻系数修正方法。用 E-P 极压润滑仪测量水基钻井液和砂岩的摩阻系数。然后根据不同的岩石分别给予修正，例如测得水基钻井液与岩石的摩阻系数为 0.30。软件设计不引入岩屑床影响，以便在现场应用时，实测摩阻与预测摩阻的比较可用于分析井眼净化。

2)钻柱屈曲与后屈曲分析

在钻进过程中，由于钻柱本身重力的影响和管柱与井壁摩擦的影响，钻柱在受压时可能发生不同形式的弯曲，也称屈曲。

钻柱屈曲后，由于受到井壁的限制，在一定程度上还将保持钻柱的稳定性，当轴向压缩载荷达到钻柱的屈服极限时，钻柱将破坏。屈曲的钻柱很大程度上增加了钻柱与井壁之间的接触力，从而使得摩阻/扭矩增大。摩阻/扭矩和钻柱屈曲之间的关系，可以由图 6-43 来表示。

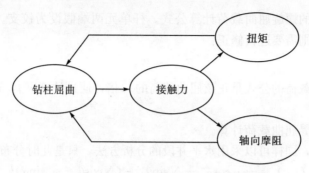

图 6-43　摩阻/扭矩与钻柱屈曲之间的关系图

(1)钻柱临界屈曲载荷分析。

①水平井段临界屈曲载荷计算。

水平井段临界载荷屈曲模型示意图如图 6-44 所示。

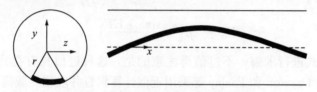

图 6-44　水平井段钻柱屈曲模型

通过弹性力学理论可以推导出水平井段的正弦屈曲载荷：

$$F_{cr}^{*} = 2\left(\frac{EI\omega_{e}}{r}\right)^{0.5}$$ （6-112）

式(6-112)与 Daswon、Yu-Che Chen、Jiang Wu 等推导的正弦弯曲临界载荷一致。由此可以看出，以上作者采用的能量法分析中，实际上是将单元杆柱的两端当作铰支情况处理。

在钻柱发生正弦屈曲后，如果增大轴向压缩载荷，则 θ 将增大，当 $\theta \geqslant \frac{\pi}{2}$ 时，钻柱发生螺旋屈曲。在推导螺旋屈曲临界载荷计算公式中，我们是先假定钻柱已经发生了螺旋弯曲，结合屈曲变形进行推导的。螺旋屈曲后的形状可以由图 6-45 表示。

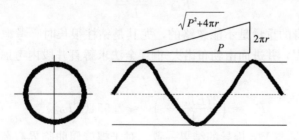

图 6-45　水平井段螺旋屈曲模型

对于螺旋屈曲，为了避免数学上的麻烦，本书采用能量法进行分析。

$$\overline{F}_{hel} = 2\sqrt{2}\left(\frac{EI\omega_{e}}{r}\right)^{0.5}$$ （6-113）

这是水平井段的螺旋屈曲载荷计算公式。杆单元两端假设为铰支。如果杆单元两端为弹性铰支连接，则需要进行修正：

$$F_{hel} = \sqrt{2} F_{cr} \tag{6-114}$$

也即螺旋屈曲载荷的公式是正弦屈曲载荷的 $\sqrt{2}$ 倍，通过计算 F_{cr}，进而求出螺旋屈曲载荷。

②倾斜井段临界屈曲载荷计算。

对于斜直井段，同样可以采用水平井段的分析方法，只是此时分布的外力有所变化。

$$\overline{f}(x) = -\omega_e \cos\overline{\alpha_i} - N\sin\overline{\theta_j} + (N\cos\theta - \omega_e \sin\alpha)\overline{k} \tag{6-115}$$

考虑了井斜角 α 后，轴向压缩载荷不再是常数，而是沿 x 轴变化的量。但是如果仍然认为轴向压缩载荷为常量，近似地可以得到：

$$\beta = \frac{1}{2} F_0 \left(\frac{\omega_e \sin\alpha \cdot EI}{r} \right)^{-0.5} \tag{6-116}$$

临界屈曲载荷为

$$F_{cr} = 2\beta \left(\frac{\omega_e \sin\alpha \cdot EI}{r} \right)^{0.5} \tag{6-117}$$

β 根据前述公式进行求解，不过值得注意的是，这种近似只有在井斜角较大时才会比较精确。这也是 Daswon 和 Paslay 等采用近似计算斜直井段临界载荷的依据。

对于螺旋屈曲的临界载荷，同样可以采用近似的方法，在已求得正弦屈曲的临界载荷后，即可求出螺旋屈曲的载荷计算公式。

$$F_{hel} = \sqrt{2} F_{cr} = 2\sqrt{2}\beta \left(\frac{EI\omega_e \sin\alpha}{r} \right)^{0.5} \tag{6-118}$$

由于没有考虑重力沿轴线分量的影响，将会带来一定的误差。

③垂直井段的临界屈曲载荷计算。

不考虑自身重量的垂直钻柱的临界弯曲载荷可以表示如下。

正弦屈曲：

$$F_{cr} = \frac{\pi^2 EI}{L^2} \tag{6-119}$$

螺旋屈曲：

$$F_{hel} = \frac{8\pi^2 EI}{L^2} \tag{6-120}$$

实际上钻柱本身的重量是不能忽略的，尤其是钻柱很长时。考虑钻柱重量后，由虚功原理导出变分方程，并进而由勃布诺夫-伽辽金法求解直井段内考虑自重后的临界弯曲载荷。

$$F_{cr} = \left(\frac{27EI\omega_e^2 \pi^2}{16} \right)^{\frac{1}{3}} \approx 2.554 (EI\omega_e^2)^{\frac{1}{3}} \tag{6-121}$$

式(6-121)的结果与 Wu 推导的结果一致。对于螺旋屈曲临界载荷公式，也可以通过虚功原理推导出来，Wu 给出的近似计算公式具有足够的精确度：

$$F_{hel} = 5.55 (EI\omega_e^2)^{\frac{1}{3}} \tag{6-122}$$

④弯曲井段临界屈曲载荷计算。

弯曲井段中的钻柱具有初始弯曲。在降斜井段中，初始弯曲降低了临界弯曲载荷，而在增斜井段中，这种初始弯曲将增大临界载荷。

上面推导了水平井段和斜直井段的临界屈曲载荷计算公式，对于弯曲井段，由于具有初始弯曲（挠度），需要对临界屈曲载荷计算公式进行修正。为了推导出弯曲井段临界载荷和斜直井段临界载荷的关系，首先假设一种简单的情况，假设计算单元段的两端为铰支，并且不记单元段的重量，井眼的曲率半径为 R。

$$F_{\text{crCur}} = \frac{2r}{2r + \left(1 - \cos\dfrac{L_0}{2R}\right)R} \cdot 2\beta\left(\frac{EIw_{\text{e}}\sin\bar{\alpha}}{r}\right)^{1/2} = \frac{2r}{2r + \left(1 - \cos\dfrac{L_0}{2R}\right)R} F_{\text{crInc}}$$

$$(6\text{-}123)$$

$$F_{\text{crHel}} = \sqrt{2}\,F_{\text{crCur}} = \frac{2\sqrt{2}\,r}{2r + \left(1 - \cos\dfrac{L_0}{2R}\right)R} \cdot 2\beta\left(\frac{EIw_{\text{e}}\sin\bar{\alpha}}{r}\right)^{1/2} \qquad (6\text{-}124)$$

式中，F_{crCur}——降斜弯曲井段的临界正弦载荷，N；

　　　F_{crInc}——斜直井段的临界载荷，N；

　　　F_{crHel}——降斜弯曲井段的临界螺旋载荷，N。

以上推导了降斜弯曲井段的临界载荷计算公式，下面分析造斜井段的临界屈曲载荷。在造斜井段，当管柱开始形成正弦或螺旋弯曲之前，处于轴向压缩的管柱被推向井眼的底侧（即井眼弯曲的外侧），如图 6-46 所示。在造斜井段，由于两个独特的作用只出现在造斜井段（即弯曲井段），所以螺旋屈曲并不容易发生。在弯曲井眼中，轴向压缩载荷的横向分力将产生一个等效分布于单位管柱长度的横向力 F/R，这样分布的横向力将管柱推向弯曲井眼的外侧。

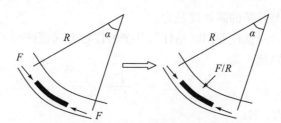

图 6-46　管柱在弯曲井眼中等效分布的横向力

第二个作用是来自井眼弯曲的形状本身。由于井眼弯曲的外侧沿井眼方向具有最大的侧长，所以管柱从弯曲的外侧到其他侧面的弯曲，比在同尺寸的直井眼内需要更多次的弯曲（即更高阶的弯曲）以补偿长度的差别，而且弯曲次数越多或弯曲阶数越高，则需要的弯曲载荷越大。

由于这两个因素，在造斜井段只有当轴向压缩载荷很大时，管柱才会发生弯曲。对弯曲井眼中钻柱的弯曲问题，在此不作详细分析，但如果在造斜井段中发生正弦或螺旋弯曲，则可用下面的弯曲载荷公式来预测所需要的压缩载荷。

$$F_{\text{cr}} = \frac{4EI}{rR} \cdot \left[1 + \left(1 + \frac{rR^2\omega_{\text{e}}\sin\theta}{4EI}\right)^{0.5}\right] \qquad (6\text{-}125)$$

$$F_{\text{hel}} = \frac{12EI}{rR} \cdot \left[1 + \left(1 + \frac{rR^2\omega_{\text{e}}\sin\theta}{8EI}\right)^{0.5}\right] \qquad (6\text{-}126)$$

式(6-125)和式(6-126)是在造斜井段对 Φ127mm 钻柱的正弦弯曲载荷。

　　对于相同的管柱在直井段的正弦弯曲载荷也可用图 6-47 来表示。正如上面的讨论，在造斜井段的正弦弯曲载荷要比在直井段的大得多。而且造斜率越大，正弦弯曲载荷越大。在造斜井段当井斜角增大时，正弦弯曲载荷也越大。因此钻柱在造斜井段一般不会发生弯曲。

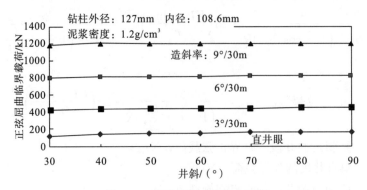

图 6-47　造斜井段正弦弯曲载荷

　　(2)屈曲井段摩阻分析。

　　钻柱发生屈曲后，改变了与井壁的接触状态，同时也改变了接触载荷的大小。一般而言，由于屈曲作用，增大了钻柱与井壁的接触力，从而增大了摩阻。对于没有发生屈曲的钻柱，采用前面给出的摩阻计算模型进行求解，可以得到较为准确的计算结果。当钻柱发生屈曲后，增大了与井壁的接触力，采用原有的摩阻模型进行计算，必将导致较大的误差。

　　①屈曲井段钻柱与井壁的附加接触力。

　　近年来，许多学者对钻柱屈曲时钻柱与井壁的接触力问题进行了广泛的研究和探讨，接触压力的表达式可以统一为

$$\bar{\omega}_n = \zeta \frac{rF^2}{EI} \tag{6-127}$$

式中，F——轴向压力，N；

　　　　ζ——接触压力系数。

　　不同的学者推导的 ζ 值不同，Dawson 和 Paslay 认为，沿杆柱全长，不考虑自重时，$\zeta=0.5$；Chen 和 Cheatham 认为沿管柱全长在加载过程中不考虑杆柱自重时，$\zeta=0.25$；Mitchell 推导的螺旋屈曲时的接触压力系数 $\zeta=0.25$，当端部受封隔器约束时有 $\zeta=0.1466$；Sorenson 和 Cheatham 认为在管端有约束和不考虑自重的情况下，接触压力分布会受到约束的影响，但不是全长，管端为铰支时，$\zeta=0.14672$，管端为固定时，$\zeta=0.12050$，远离约束端 $\zeta=0.25$；Wu 采用能量法推导的结果为，正弦屈曲时 $\zeta=0.125$，螺旋屈曲时 $\zeta=0.2369$。对管柱螺旋屈曲时的接触压力进行了实验研究，实验的结果表明，对于螺旋屈曲的稳定段有 $\zeta=0.25$。

　　综合上述结果，对于正弦屈曲和螺旋屈曲时的附加接触压力分别取值如下。

　　正弦屈曲：

$$\bar{\omega}_n = \frac{rF^2}{8EI} \tag{6-128}$$

螺旋屈曲:

$$\bar{\omega}_{n} = \frac{rF^2}{4EI} \tag{6-129}$$

由于杆柱的屈曲而产生的附加接触压力有时是很大的，对于倾斜井段，杆柱发生正弦屈曲时，有

$$\bar{\omega}_{n} = 0.5\beta^2 \bar{\omega}_{e} \sin\alpha \tag{6-130}$$

杆柱发生螺旋屈曲时，有

$$\bar{\omega}_{n} = 2\beta^2 \bar{\omega}_{e} \sin\alpha \tag{6-131}$$

由此可以看出，若取 $\beta=1$，发生正弦屈曲时附加接触压力为重力分量的 0.5 倍，而发生螺旋屈曲时，附加接触压力为重力分量的 2 倍。

②钻柱屈曲影响下摩阻模型的修正。

在前节已经对全井段钻柱的摩阻扭矩进行了分析和公式推导，并对不同的钻柱结构建立了 3 种摩阻扭矩计算模型，摩阻和扭矩的求解实际上是侧向压力合力的求解，只要求得侧向压力合力，由摩擦力公式 $F_\mu = \mu N$ 和扭矩计算公式 $T = \mu r N$ 即可求得单元杆柱的摩擦力和扭矩。钻柱屈曲时，侧向合力应该叠加附加接触压力的影响：

$$\vec{N} = \vec{N}_0 + \vec{\omega}_{n} \tag{6-132}$$

式中，$\vec{N}_0$——不考虑钻柱屈曲时钻柱与井壁的接触力，kN；

$\bar{\omega}_{n}$——钻柱屈曲时的附加接触压力，kN。

③钻井液黏滞力引起的附加摩阻扭矩计算。

钻井液黏滞力计算的主要思路就是利用黏性流体的本构方程和流体的速度分布，求出切应力，进而求得黏滞力。

(3)起下钻时钻井液摩阻力的计算。

根据同心环空流动规律，其环空速度分布函数如下。

①环空中。

$$V_y = \frac{1}{2A_V} \frac{dP}{dx} y^2 - \left(\frac{1}{2A_V} \frac{dP}{dx} h + \frac{V_p}{h}\right) h + V_p \tag{6-133}$$

经过坐标变换后为

$$V_y = \frac{1}{2A_V} \frac{dP}{dx} (y - r_i)^2 - \left(\frac{1}{2A_V} \frac{dP}{dx} h + \frac{V_p}{h}\right)(y - r_i) + V_p \tag{6-134}$$

把 V_y 代入本构方程，可得：

$$\tau_{宾}|_{y=r_i} = \tau_0 + \eta_{塑}\left[\frac{1}{2A_V} \frac{dP}{dx}(r_o - r_i) + \frac{V_p}{r_o - r_i}\right] \tag{6-135}$$

$$\tau_{幂}|_{y=r_i} = k\left[\frac{1}{2A_V} \frac{dP}{dx}(r_o - r_i) + \frac{V_p}{r_o - r_i}\right]^n \tag{6-136}$$

对任取微段钻柱则外壁所受阻力为

$$F_{do宾} = 2\pi r_o L_i \left\{\tau_0 + \eta_{塑}\left[\frac{1}{2A_V} \frac{dP}{dx}(r_o - r_i) + \frac{V_p}{r_o - r_i}\right]\right\} \tag{6-137}$$

$$F_{do幂} = 2\pi r_o L_i k\left[\frac{1}{2A_V} \frac{dP}{dx}(r_o - r_i) + \frac{V_p}{r_o - r_i}\right]^n \tag{6-138}$$

②钻杆内。

$$V_y = V_p - \frac{1}{A_V} \frac{dP}{dx}(r_i^2 - r^2) \tag{6-139}$$

$$\tau_{\text{宾}}\big|_{y=r_i} = \left[\tau_0 + \eta_{\text{塑}} \frac{1}{2A_V} \frac{dP}{dx} r_i \right] \tag{6-140}$$

$$\tau_{\text{幂}}\big|_{y=r_i} = k \left[\frac{1}{2A_V} \frac{dP}{dx} r_i \right]^n \tag{6-141}$$

对任取微段钻柱则其内壁所受阻力为

$$F_{\text{di宾}} = 2\pi r_i L_i \left[\tau_0 + \eta_{\text{塑}} \frac{1}{2A_V} \frac{dP}{dx} r_i \right] \tag{6-142}$$

$$F_{\text{di幂}} = 2\pi r_i L_i k \left[\frac{1}{2A_V} \frac{dP}{dx} r_i \right]^n \tag{6-143}$$

总的摩阻为

$$F_{\text{di}} = F_{\text{do}} + F_{\text{di}} \tag{6-144}$$

(4)钻柱旋转时扭矩。

①环空。

由环空速度分布代入本构方程可得

$$\tau_{\text{宾}}\big|_{r=r_i} = \tau_0 + \eta_{\text{塑}} \Omega \frac{r_o^2 + r_i^2}{r_o^2 - r_i^2} \tag{6-145}$$

$$\tau_{\text{幂}}\big|_{r=r_i} = \left(k\Omega \frac{r_o^2 + r_i^2}{r_o^2 - r_i^2} \right)^n \tag{6-146}$$

任取微段钻柱则其外壁所受扭矩为

$$m_{\text{do宾}} = 2\pi r_o^2 L_i \left[\tau_0 + \eta_{\text{塑}} \cdot \Omega \frac{r_o^2 + r_i^2}{r_o^2 - r_i^2} \right] \tag{6-147}$$

$$m_{\text{do幂}} = 2\pi r_o^2 L_i \cdot k \left[\Omega \frac{r_o^2 + r_i^2}{r_o^2 - r_i^2} \right]^n \tag{6-148}$$

②钻杆内。

由钻杆内速度分布和本构方程可得

$$\tau_{\text{宾}}\big|_{r=r_i} = \tau_0 + \eta_{\text{塑}} \Omega \tag{6-149}$$

$$\tau_{\text{幂}}\big|_{r=r_c} = (k\Omega)^n \tag{6-150}$$

任取微段钻柱其内壁所受扭矩为

$$m_{\text{di宾}} = 2\pi r_i^2 L_i [\tau_0 + \eta_{\text{塑}} \cdot \Omega] \tag{6-151}$$

$$m_{\text{di幂}} = 2\pi r_i^2 L_i \cdot k [\Omega]^n \tag{6-152}$$

总的摩阻为

$$m_{\text{d}} = m_{\text{do}} + m_{\text{di}} \tag{6-153}$$

式中，Ω——转盘转速，r/min；

r_o——环空外半径，m；

r_i——环空内半径，m；

L_i——相同环空流道长度，m；

τ_0——塑性流体动切力，Pa；

η——塑性黏度，mPa·s；

　　n——幂律流体流型指数；

　　K——幂律流体稠度系数；

　　A_V——动力黏度，mPa·s。

2．套管磨损预测

1）套管磨损预测模型

套管的磨损主要有腐蚀磨损和钻杆运动造成的磨损，本章讨论钻杆等部件的主要运动形式及其对套管磨损的影响。Bradley 和 Fontenot 认为套管磨损主要产生于钻具工具接头对套管壁的相对转动过程中，而钻杆的下钻过程引起的往复磨损相对要小得多；在狗腿度严重之处，钻杆与套管之间接触力较大，易引起大的磨损，较大狗腿度是导致套管磨损加剧的重要原因。实际上，钻杆的运动状态非常复杂，在正常钻井过程中，有自转、公转（涡动）、纵向振动、扭转振动、横向振动等运动方式。钻杆的涡动很容易导致强烈的横向振动，加速钻杆和套管的磨损和疲劳破坏。钻头在破碎岩石时所产生的周期性作用力、周期性位移和周期性扭矩是诱发钻杆纵向振动、扭转振动和横向振动的主要原因。显然，钻杆接头与套管接触表面的复杂相对运动和受力状况以及表面间介质的相互作用，决定了套管磨损类型的多样性。Best 的实验研究结果表明，钻井工具接头与套管之间磨损的主要形式为黏着磨损、磨料磨损和犁沟磨损。其中以套管—磨料—钻具接头三体磨料磨损为主。

套管磨损是在钻井、修井、测井等现场作业期间，钻杆接头、钻杆本体、钻杆胶皮护砸、碳钢丝绳、电缆等与套管磨损的综合结果，磨损的形式多种多样影响套管磨损的因素也很多，而且作用形式和机理都非常复杂，但主要磨损形式还是月牙磨损，回收套管中有 50％是月牙形磨损的。图 6-48 是典型的月牙形磨损形式示意图。

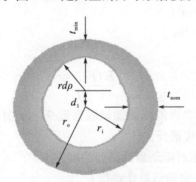

图 6-48　月牙形磨损套管

　　一般对机械系统的磨损预测有两种途径：①基于磨损理论模型；②基于运行系统的前期磨损监测数据或经验数据。

　　其中，基于磨损监测数据的方法主要用来预测系统未来的磨损行为，一般的做法是以实际监测得到的磨损数据作为样本，通过神经网络、回归理论和灰色理论等方法建立经验预测模型，来描述系统的磨损规律。这种方法对于通过实际钻井过程积累的磨损监测数据建模来确定某一类井套管的磨损规律是很有意义的，但强烈依赖于套管磨损状态监测技术的进步。基于磨损理论模型的预测方法以磨损的理论计算方法为基础，对于目前缺乏套管磨损监测技术和监测数据的情况来说，采用基于磨损理论模型的预测方法更为现实。

磨损效率模型是由 White 和 Dawson 提出的，目前发展也比较完善。即认为钻杆在张力作用下紧靠在弯曲的套管上产生正压力，外径较大的工具接头在正压力及旋转运动的作用下与套管发生摩擦，形成月牙形磨损沟槽。磨损效率模型是以输入能量为基础的模型，对于动态液体润滑作用不敏感。

(1)磨损体积的确定。

在研究套管磨损时，若设 F 为钻杆接头表面和套管内表面之间的侧向力，由于存在摩擦，套管在狗腿段全长所受到的摩擦力为摩擦系数与侧向力的乘积，即为 fF，其方向与钻柱的相对运动方向相反。

在钻井过程中，套管最大磨损多数发生在井斜很大或者狗腿度较大的地方。另外，套管磨损大多在有狗腿度的地方，由于这些点加速套管磨损，尤其当狗腿度较大时，钻杆拉力也增大。因此，在计算套管磨损时，必须考虑狗腿度的影响。

由旋转摩擦力产生的摩擦功或摩擦时消耗的机械能量 U_t 为

$$U_t = fFL_z\sin\theta \tag{6-154}$$

式中，f——钻柱与套管间的摩擦系数，无量纲；

F——钻杆接头与套管之间的侧向力，N；

L_z——钻柱与套管之间的相对运动累计路程，m；

θ——狗腿严重度，°/30m。

摩擦功一部分转化为摩擦热，一部分表现为金属的磨损，金属磨损吸收能量为 $U=VH$，则磨损效率 E 为

$$E = \frac{VH}{fFL_z\sin\theta} \tag{6-155}$$

式中：，V——金属磨损量，m³；

H——布氏硬度，N/m³。

因此，磨损体积 V 为

$$V = \frac{EfFL_z\sin\theta}{H} \tag{6-156}$$

该模型将金属磨损量与磨损消耗的能量联系起来，认为磨损量与接触力和滑动距离的乘积成正比，与材料的硬度成反比。

(2)钻柱与套管之间的相对运动累计路程的确定。

①用井段长度 L 确定相对运动累计路程 L_z。

要求任意给定位置即给定某个井深的套管磨损量，必须知道钻柱与套管之间的相对运动累计路程 L_z。

$$L_z = \pi N_R D_j \tag{6-157}$$

式中，D_j——钻杆接箍的外径，m；

N_R——钻柱的转动次数，$N_R=60R_PL/R_o$；

R_p——转速，r/min；

R_o——机械钻速，m/h；

L——钻进井段的长度，m。

钻杆接箍在套管内的位置是变化的，钻头前进一根钻杆的长度时，上一个接箍正好处在下一接箍原来所在位置。因此，由磨损体积除以单根钻杆的长度，即得磨损截面积。而侧向力约等于单位长度上的接触力与单根钻杆长度的乘积。因此，直接将单位长度上的接触力代入，计算得到的结果就是磨损截面积：

$$A = \frac{E}{H} f F_n \pi N_R D_j \tag{6-158}$$

式中，F_n——套管单位长度上所受的侧向力，N/m。

②用钻井时间 t 计算相对运动累计路程 S。

工具接头旋转滑动距离为

$$S = \pi 60 D N t \tag{6-159}$$

式中，S——工具接头旋转滑动距离，mm；

$\quad D$——工具接头外径，mm；

$\quad N$——转速，r/min；

$\quad t$——钻井时间，h；

钻井时间 t 为

$$t = s/R \tag{6-160}$$

式中，t——钻井旋转时间，s；

$\quad s$——钻进距离，m；

$\quad R$——平均钻井速度，m/s。

2）井身质量（"狗腿度"）对套管磨损的影响

在钻井过程中，套管最大磨损多数发生在井斜很大或者狗腿度较大的地方。控制井斜和限制狗腿以防止套管磨损已成为钻井工作人员和研究人员的一个共识，同时井身结构的准确测量对套管磨损的预测和判断也很重要，Maurer 公司的研究还表明测点距离大于 30m 时就可能漏测短狗腿或"S"形狗腿，造成预测失效。套管磨损大多在有狗腿度的地方，由于这些点加速套管磨损，尤其当狗腿度较大时，钻杆拉力也增大。

以下举例说明狗腿度严重度和位置对套管磨损的影响。

例井 1 为直井，计算参数如下。

套管：$\Phi 244.5$mm，69.94kg/m；套管鞋：3040m；狗腿位置：从井口附近到不同深度；狗腿严重度：6°/30m；钻杆浮重：29.84kg/m；工具接头外径：165mm；转速：100r/min；钻速：6.08m/h；钻头载荷：88.9kN；钻井进尺：3040~6080m。

用上述有关公式计算的套管磨损率见表 6-5。这个实例清楚地证明当狗腿位置在井口附近会导致更多的磨损，解释了为什么在上部井段应采取特殊措施避免狗腿。

表 6-5　狗腿位置对套管磨损的影响

狗腿深度/m	平均载荷/kN	磨损体积/(m³/m)	磨损深度/m	磨损率/%
0	1244	0.96	0.10	85
608	1066	0.82	0.09	76
1216	889	0.68	0.08	68
1824	711	0.54	0.06	57
2736	444	0.34	0.04	40

例井 2 计算参数与例井 1 相同，假设井口附近和 2743m 处有不同的狗腿度，这样来计算套管磨损的变化，计算结果见表 6-6。

表 6-6　狗腿严重度对套管磨损的影响

狗腿度/(°/30m)	狗腿深度/m	平均侧向载荷/kN	磨损体积/(m³/m)	磨损深度/m	磨损率/%
0	0	1244.679	0	0	0
2	0	1244.679	0.323429	0.04572	38
4	0	1244.679	0.641467	0.0762	64
6	0	1244.679	0.964896	0.1016	85
8	0	1244.679	磨穿	0.11938	100
10	0	1244.679	磨穿	0.10668	100
0	2736	444.528	0	0	0
2	2736	444.528	0.1132	0.02286	19
4	2736	444.528	0.231791	0.0381	32
6	2736	444.528	0.344991	0.04826	40
8	2736	444.528	0.458191	0.06096	51
10	2736	444.528	0.571391	0.07112	59

这个实例清楚地表明狗腿严重度越大，套管的磨损越严重。

目前发展的比较完善的套管磨损计算方法是 White 和 Dawson 在 Archard 黏着磨损理论基础上提出的磨损效率模型，他们认为受横向力作用的旋转工具接头在套管中磨出月牙形沟槽，根据钻杆的受力和工作时间以及实验取得的经验数据可计算出月牙形沟槽中被磨掉的材料体积，并由此计算磨损沟槽的深度。

3）侧向力对套管磨损的影响

侧向力是影响套管磨损很重要的因素，侧向力主要由狗腿度形成，随着侧向力的增加，套管磨损急剧增加。在油气井中侧向力主要是由狗腿度造成的，此外还有套管由于地层等外界压力发生变形扭曲等形成。在深井、超深井中钻柱较长，在形成狗腿度处钻杆需要承受的拉力很大，形成较小狗腿度时便造成了很大的侧向力。可见井身质量的控制是减小套管磨损很重要的环节。

如果在井口产生较大井斜，在以后钻井过程中要使用套管防磨套，以减小套管磨损，并对防磨套定期及时检验并及时更换。

在钻井过程中要尽量把井打直、控制最大允许狗腿度，其最终目的应使下入的第一层技术套管的井斜角小于或等于 0.5°/30m。

美国摩尔公司开展了不同侧向力下的全尺寸套管磨损实验，实验结果如图 6-49 所示。从图中可以看出，随着侧向力的增加套管磨损量增加，套管磨损逐渐增加。

3. 剩余壁厚的计算

取钻柱与套管作用的一个截面作为研究对象，建立如图 6-50 的坐标关系，套管磨损截面可以看成是两个圆相交所形成的公共部分，内层最小圆为钻杆接箍的外圆，中间圆为套管的内壁圆，最大圆为套管的外圆。套管内壁和钻杆接箍外圆相交的部分为套管的几何磨损面积。

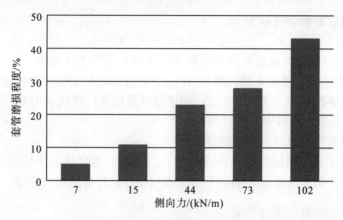

图 6-49　侧向力与套管磨损量之间的关系

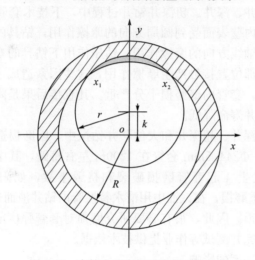

图 6-50　套管内壁磨损后横截面的形状

钻杆接箍外圆方程：

$$x^2 + (y - k)^2 = r^2$$

套管内圆方程：

$$x^2 + y^2 = R^2$$

式中，k——钻柱的轴线与套管轴线之间的距离，m；

r——钻杆接箍外圆半径，m；

R——套管内圆半径，m。

联立内外圆方程，得两方程的交点：

$$X_1 = -\sqrt{R^2 - \frac{(R^2 - r^2 + k^2)^2}{4k^2}} \qquad (6\text{-}161)$$

$$X_2 = +\sqrt{R^2 - \frac{(R^2 - r^2 + k^2)^2}{4k^2}} \qquad (6\text{-}162)$$

几何磨损面积为

$$A = \int_{x_1}^{x_2} \left(\sqrt{r^2 - x^2} + k - \sqrt{R^2 - x^2} \right) \mathrm{d}x \qquad (6\text{-}163)$$

则套管磨损后的剩余壁厚为

$$t_0 = t + R - r - k \qquad (6\text{-}164)$$

根据式(6-163)求得的截面总磨损面积 A，求取 k 值的方法如下：

第一，由几何关系，确定 k 值，则 $k = R - r$，然后求取套管刚磨穿时的磨损面积 $A_{\max}$。

第二，如果磨损面积 A 在 $0 \sim A_{\max}$，则通过计算机进行迭代求出 k；如果套管磨损面积 $A > A_{\max}$，则套管已经破裂不再计算；

第三，计算套管磨损后的剩余壁厚。

求 k 值的方法可以通过区间逐步搜索法、二分法、迭代法、牛顿法、弦切法和抛物法等方法求解。根据上面所述，编制了相应的程序计算套管的磨损壁厚。

4. 磨损套管的剩余强度计算

在水平井、大位移井、深井、超深井钻井过程中，下技术套管之后还需要长时间钻进，钻具的旋转使套管内壁表面受到圆周方向的摩擦作用，钻具的纵向进给以及起、下钻使套管内壁表面受到轴线方向的摩擦作用，钻压作用下钻具的弯曲变形和钻具的横向振动使套管与钻具在局部位置接触产生摩擦作用，这些因素造成了套管的磨损，特别是在井眼狗腿严重井段处，套管内壁磨损十分严重。其直接后果是降低套管的抗挤强度和抗内压强度，导致油气井寿命降低。

近几年来，在我国深井、超深井和大位移井钻探中，因磨损造成的技术套管挤毁事故频繁发生。郝科 1 井 $\Phi244.5\text{mm}$ 套管在 4200m 左右挤毁，其中先期的磨损是原因之一。塔里木近几年已发生 4 起套管磨损破裂和挤毁事故，如阳霞 1 井因 $\Phi244.5\text{mm}$ SM110TT 套管多处严重磨损，在试油中用清水替换管内钻井液而造成套管挤毁，最后该井报废损失近亿元人民币。因此，很有必要研究磨损对套管强度的影响，以便为套管强度预设计、套管回接和完井测试等作业提供技术依据。

1)磨损对套管抗挤强度的影响

文献资料和现场实测表明，套管磨损一般为非均匀磨损，其形式主要为月牙形磨损。磨损套管截面如图 6-51 所示，阴影重叠部分是月牙形磨损部位。

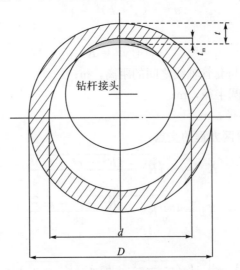

图 6-51　套管月牙形磨损模型

由于该部位壁厚最薄，且存在较大不圆度和壁厚不均度等几何缺陷，当均匀外挤压力作用于套管时，将产生附加弯矩，形成应力集中区，进而出现屈服。该区域实际承载几何尺寸同步减少，塑性区迅速由内壁向外壁扩展，在套管磨损处发展成塑性铰，引起整个结构失稳，造成套管挤毁失效。研究表明，均匀磨损套管的挤毁与未磨损套管的挤毁情况相似，类似于"四铰"失稳；对于非均匀磨损套管，挤毁类似于"三铰"失稳。在磨损区域塑性铰形成过程中，套管内壁其他点的应变与外压仍然保持线性关系。

磨损使套管使用性能降低，特别是降低套管的抗挤强度。影响套管抗挤强度的因素主要有径厚比、长径比、套管壁厚的不均匀性、残余应力及套管材料的弹塑性等。套管磨损增大了其不圆度及壁厚不均匀性，从而改变了套管承受外载时的应力分布，也降低了套管的抗挤强度。

套管磨损的形状对抗挤强度的降低有明显影响。对 N80 139.7mm×7.7mm 套管进行的实验发现，没有磨损的套管处在塑性挤毁区域；壁厚减少到 5.5mm 和 4.2mm 的均匀磨损，套管挤毁压力落在弹性挤毁区域；最小壁厚磨损到 5.5mm 和 4.2mm 的局部磨损，套管仍处在塑性挤毁区域。由此可以看出，在最小剩余壁厚相同的条件下，均匀磨损比局部磨损对套管抗挤强度的降低程度要严重得多。这里局部磨损是将套管磨损成月牙形，所以，月牙形磨损并不是最危险的磨损形式。

实验结果表明，壁厚为 7.7mm 套管，最小壁厚磨损到 5.5mm 和 4.2mm 时，其实际抗挤强度与开始屈服压力之比的降低率几乎是相同的。磨损套管的挤毁首先是在磨损部分开始屈服，然后产生塑性变形，最后被挤毁。所以磨损对抗挤强度的影响表现为套管磨损部位屈服开始点的影响，而最小剩余壁厚则是反映套管磨损程度的主要参数。

套管受到磨损，会产生各种形状的几何缺陷，磨损套管的抗挤强度可看作是由几何缺陷所产生的。根据 ISO 标准的抗挤强度最终极限状态公式，有

$$P_{\text{ult}} = \frac{(P_{\text{eult}} + P_{\text{yult}}) - \sqrt{(P_{\text{eult}} - P_{\text{yult}})^2 + 4P_{\text{eult}}P_{\text{yult}}H_{\text{ult}}}}{2(1 - H_{\text{ult}})} \qquad (6\text{-}165)$$

其中，

$$P_{\text{eult}} = K_{\text{els}} \frac{2E}{(1 - v^2)} \frac{1}{(D_{\text{ave}}/t_{\text{ave}})(D_{\text{ave}}/t_{\text{ave}} - 1)^2} \qquad (6\text{-}166)$$

$$P_{\text{yult}} = K_{\text{yls}} \frac{2\sigma_s}{(D_{\text{ave}}/t_{\text{ave}})} \left[1 + \frac{1}{2(D_{\text{ave}}/t_{\text{ave}})} \right] \qquad (6\text{-}167)$$

$$H_{\text{ult}} = 0.127\phi + 0.0039\varepsilon - 0.440\frac{\sigma_R}{\sigma_s} + h_n \qquad (限制条件\ H_{\text{ult}} \geqslant 0) \qquad (6\text{-}168)$$

式中，D_{ave}、D_{max}、D_{min}——套管的平均外径、最大外径、最小外径，mm；

t_{ave}、t_{max}、t_{min}——套管的平均壁厚、最大壁厚、最小壁厚，mm；

ε——壁厚不均度，$\varepsilon = 100\dfrac{t_{\text{max}} - t_{\text{min}}}{t_{\text{ave}}}$；

ϕ——不圆度，$\phi = 100\dfrac{D_{\text{max}} - D_{\text{min}}}{D_{\text{ave}}}$；

h_n——应力-应变曲线形状因子，是从挤毁测试数据获得的经验值，一般取 0，在加工生产不好的情况下，即检测其应力-应变曲线弹性到塑性为圆弧过渡，则为 0.017。

　　计算套管的抗挤强度时，只考虑了套管外壁不圆度、壁厚不均度和残余应力的影响，忽略了套管的内壁不圆度对抗挤强度的影响，这显然增加了套管抗挤强度的计算误差。为了理论计算更符合实际情况，引入套管内壁不圆度概念。以 $d_{\max}$ 表示套管内壁最大直径，$d_{\min}$ 表示套管内壁最小直径，则套管内壁不圆度为

$$\phi_1 = \frac{2(d_{\max} - d_{\min})}{(d_{\max} + d_{\min})} \tag{6-169}$$

　　对于均匀磨损套管，可直接采用套管磨损后的剩余壁厚 t 和径厚比 D/t 利用挤毁方程式进行计算。对非均匀磨损套管，由其挤毁机理可知，壁厚不均度和内壁不圆度的增加是磨损套管抗挤强度降低的主要原因。因此，可将磨损视为套管缺陷对其抗挤强度进行计算。根据套管非均匀磨损特征，可将非均匀磨损套管简化为一个具有内壁不圆度的套管模型和包含壁厚不均度的套管模型的叠加。将磨损部位扩展为椭圆，可反映内壁不圆度对套管抗挤性能的影响。D 为实际套管平均外径，d 为未磨损套管内径，t 为实际套管平均壁厚，$t_{\max}$ 为套管不均匀磨损量，由套管外壁不圆度可以转换到内壁不圆度，即

$$\phi' = 100 \frac{D_{\max} - D_{\min}}{D_{\text{ave}}} = 100 \times \frac{(D_{\max} - 2t) - (D_{\min} - 2t)}{\dfrac{(D_{\max} - 2t) + (D_{\min} - 2t) + 4t}{2}}$$

$$= 100 \times \frac{d_{\max} - d_{\min}}{\dfrac{d_{\max} + d_{\min} + 4t}{2}} \tag{6-170}$$

　　套管磨损后，有：$d_{\max} = d + t_{\mathrm{m}}$，$d_{\min} = d$，$d = D - 2t$，代入式(6-170)，最后得到：

$$\phi' = 100 \times \frac{2t_{\mathrm{m}}}{2D + t_{\mathrm{m}}} \tag{6-171}$$

　　将磨损部位扩展为偏心圆，使之成为偏心圆筒，该模型反映了壁厚不均度对套管抗挤性能的影响。可得到套管不均匀磨损后的壁厚不均度为

$$\varepsilon' = 100 \times \frac{t_{\max} - t_{\min}}{\dfrac{t_{\max} + t_{\min}}{2}} = 100 \times \frac{t - (t - t_{\mathrm{m}})}{\dfrac{t + (t - t_{\mathrm{m}})}{2}} = 100 \times \frac{2t_{\mathrm{m}}}{2t - t_{\mathrm{m}}} \tag{6-172}$$

　　套管磨损后，平均外径和平均壁厚都有变化，则有

$$\frac{D_{\text{ave}}}{t_{\text{ave}}} = \frac{D_{\max} + D_{\min}}{t_{\max} + t_{\min}} = \frac{d_{\max} + 2t + d_{\min} + 2t}{t + t - t_{\mathrm{m}}} = \frac{2D + t_{\mathrm{m}}}{2t - t_{\mathrm{m}}} \tag{6-173}$$

　　为了与实验结果对比，模型尺寸直接取自实验套管，分别用代号 C_1、C_2、C_3 表示，带有磨损的套管几何尺寸见表6-7，相应试件的材料参数见表6-8。

表 6-7　实际计算模型的几何参数

编号	平均外径/mm	平均内径/mm	磨损厚度/mm
C_1	246.19	222.1	0.41
C_2	246.25	221.81	0.77
C_3	246.12	222.12	0.63

表 6-8　模型的材料特性

编号	碳钢级	屈服强度/MPa	抗拉强度/MPa	弹性模量/MPa	泊松比
C_1		880			
C_2	CS-110T	850	910	2.06×10^5	0.3
C_3		825			

表 6-9 中的相对误差是由磨损后的套管抗挤强度计算模型与水压实验结果的比值，其中残余应力取值为 200MPa，两者的相对误差在 5% 以内，计算结果很接近实验值。本算法综合考虑了磨损和制造缺陷对套管抗挤强度的影响，可以较准确预测含磨损缺陷套管的抗挤强度。

表 6-9　三种套管磨损后的抗挤强度

套管参数	C_1	C_2	C_3
实验抗挤强度/MPa	57.80	57.00	57.20
计算抗挤强度/MPa	59.83	59.42	57.30
相对误差/%	3.50	4.25	0.17

2)磨损对套管抗内压强度的影响

根据 ISO 10400 的抗内压屈服公式，即

$$P_{\text{iyield}} = \sigma_y \frac{D^2 - d_{\text{wall}}^2}{\sqrt{3D^4 + d_{\text{wall}}^4}} \tag{6-174}$$

式中，$d_{\text{wall}} = D - 2k_{\text{wall}}t$。

套管的抗内压强度与壁厚的允许误差因子 k_{wall} 有关。套管的磨损一般大多为月牙形，与磨损对套管抗挤强度的影响分析相同，考虑套管的内壁不圆度、壁厚不均度和残余应力的影响，则可将允许误差因子 k_{wall} 与包含套管内壁不圆度、壁厚不均度和残余应力的综合影响系数 H_{ult} 等效。

$$k_{\text{wall}} = 1 - \left(12.7 \times \frac{2t_m}{2D + t_m} + 0.39 \times \frac{2t_m}{2t - t_m} - 0.44 \frac{\sigma_R}{\sigma_y} + h_n \right) \tag{6-175}$$

式中，t_m——套管的磨损厚度，mm。

推导的磨损后套管抗挤强度计算模型需要实验数据加以验证。表 6-10 是套管不磨损时，即 $t_m = 0$，用此公式与 API 套管抗内压强度的比较。其中 K55 等级套管的残余应力取为 100MPa，N80 为 150MPa，P110 为 200MPa。不考虑套管的磨损，所计算的套管抗内压强度值与 API 值误差很小。

表 6-10　套管抗内压强度比较

套管等级	外径/mm	壁厚/mm	API/MPa	模型计算结果/MPa
	244.5	8.94	24.3	24.434
K55	244.5	10.03	27.2	27.394
	339.7	12.19	23.8	23.982

续表

套管等级	外径/mm	壁厚/mm	API/MPa	模型计算结果/MPa
	244.5	10.03	39.6	39.742
N80	11.05	11.05	43.6	43.753
	339.7	12.19	34.0	34.792
	244.5	11.05	60.0	60.316
P110	244.5	11.99	65.1	65.4
	339.7	12.19	47.6	47.963

5. 高温高压对套管屈服强度的影响

在温度升高时，钢材的各种性质将发生变化。在标准 SY5322-88 中，还没有考虑温度场对套管强度的影响，因此，在高温高压井套管柱设计中应考虑温度对套管材料屈服强度的影响。在实际计算中，套管有效屈服强度计算公式为

$$P_{\mathrm{T}} = KP \tag{6-176}$$

式中，K——温度下降系数，与温度 T 有关。

值得注意的是，对于不同型材的套管，其 $K\text{-}T$ 曲线不同，一般由套管供应商提供该曲线图。

6. 模型验证

南海西部前期探井钻井过程中涠洲、崖城等均出现过套管磨损的情况，见表 6-11。其中涠洲某井作业时井漏失返，钻井液从套管环空返出，判断套管已经磨穿，提前下 Φ244.5mm 套管，弃井时发现泥线悬挂下方 Φ339.73mm 双公套管被磨穿。崖城某井先后进行 4 次微井径测井作业，发现 Φ339.73mm 套管几近磨穿，对套管进行回接修补后完成后续作业，共损失 55.34 天时间。此外，在钻井施工过程中套管磨穿会造成遇阻卡钻、井漏等复杂井下事故。

表 6-11　南海西部前期探井的套管磨损情况

参数		涠洲 X 井	崖城 Y 井
水深	m	30	115
泥线深度	m	61	138
泥线井斜	度	0.5	1.3
磨损套管	mm	339.7	339.7
钻柱转速	r/min	90~110	90~110
旋转时间	h	817.9	449.2
起下钻次数	次	32	15
磨损厚度	mm	12.19	12.19
磨速	mm/(旋转时间 & 起下次数)	1.49(100 & 3.9)	2.71(100 & 3.3)

　　通过表 6-12 可以看出，崖城某 X 井使用较高密度钻井液，加重材料（固相）含量较多，钻井周期长，导致磨损严重。四开 Φ311mm 井段开钻即使用密度为 1.86g/cm³ 钻井液，钻进至 3968m 发现有微漏，继续钻进至 3969m，漏失钻井液 5.3m³，漏速为 6.36m³/h，泵压从 21.1MPa 下降至 19.9MPa，没有返出。期间共漏失钻井液 27m³，井口灌 1.86g/cm³ 钻井液 5.4m³ 观察不到液面，吊灌 1.02g/cm³ 胶液 30m³，井口液面平衡。配制堵漏钻井液，堵漏过程中共潜入 1.70g/cm³ 钻井液 33m³。起钻至 Φ339.7mm 套管内进行循环，观察井内情况，没有漏失现象。通过微井径电测，Φ339.7mm 磨损严重，回接修补 Φ339.7mm 套管。后续倒划眼起钻至 3925m 时发生了井漏，共漏失钻井液 18m³，停泵向井内吊灌 1.09g/cm³ 钻井液 11m³，液面才升到井口处。配制密度为 1.75g/cm³ 的堵漏钻井液 37.15m³，用 1.86g/cm³ 的钻井液进行顶替。整个过程中只有部分钻井液返出，共注入钻井液 84m³，回收 55m³，漏失 28.52m³。起钻前循环观察只有部分钻井液返出，泵压 8.3MPa，但是未建立正常的循环，说明堵漏效果不明显，现场决定注水泥塞。下钻杆至 3918m 遇阻，划眼至 3937m，消耗钻井液很多，就地注水泥 11.38m³，起 11 柱钻杆，挤入水泥 7.93m³。起钻下钻探水泥塞面，钻完水泥塞后进行正常钻进（图 6-52）。

表 6-12　崖城某 X 井套管磨损的基本情况

钻井日期	钻井天数/天	完井深度/m	钻头用量/件	纯钻时间/h	最高泥浆密度/(g/cm³)	最高地层温度/℃
1993.10.13～1994.10.06	283.75	4688.00	36	1284.06	2.34	206(DST)

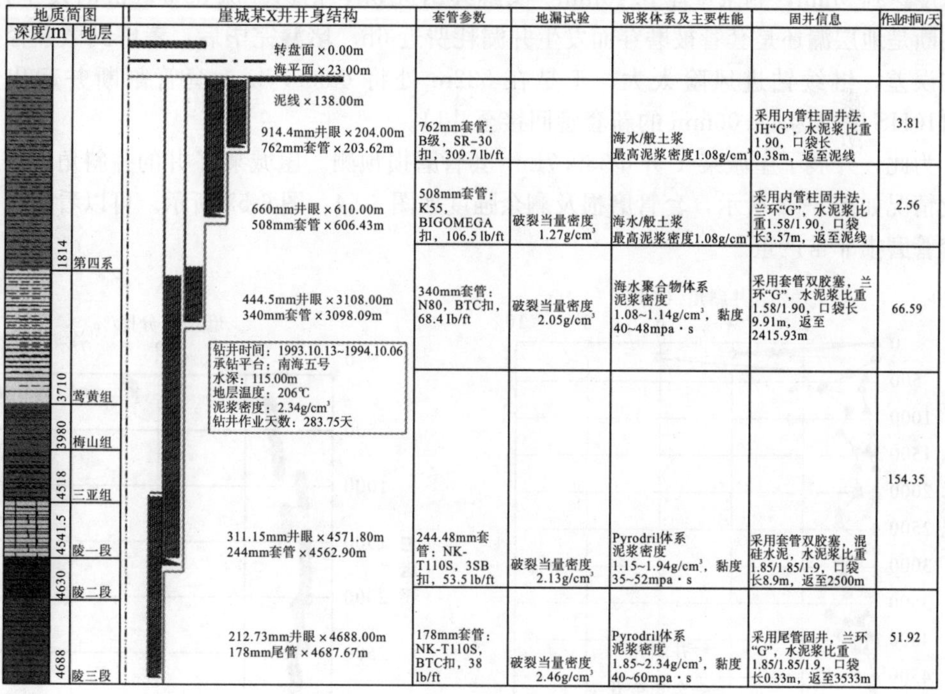

图 6-52　崖城某 X 井的井身结构

　　五开 Φ215.9mm 井段 4571.8～4688m（陵水组）：Φ244.5mm 套管鞋先后 3 次挤水泥作业，最终使承压当量密度为 2.45g/cm³，满足作业要求。后续作业为检验地层和管鞋处的承压能力，又一次进行地层承压能力试验，证明地层承压能力大于 2.46g/cm³。钻进至 4628m 钻速从 1m/h 加快到 21m/h，当时钻井液密度为 2.18g/cm³，钻进至 4630m 最大气测值为 22.7%，循环后稳定在 10%，停泵检查有溢流。加重钻井液至 2.24g/cm³、2.26g/cm³、2.30g/cm³，气测值 0.6%，静止观察 2h，无溢流。钻进至 4688m 达到完钻井深，气测值为 0.13%～0.52%，起钻 35 柱后发现灌浆不正常，静止观察无溢流，下钻进入裸眼开泵循环最大后效为 22%，循环至 0.46% 后又开始起钻，起钻 85 柱灌浆又不正常，起钻 105 柱少灌浆 1.2m³，静止观察有溢流，下钻到底，最大后效为 38.66%。加重钻井液至 2.33g/cm³，无气测值，静止观察无溢流。

弃井作业注弃井水泥塞过程中，注完水基钻井液后，顶替泵压较高，卸开固井管线，钻井液大量从钻杆中返出，提钻杆至合适位置准备关 BOP 反循环出水基钻井液时，发现钻杆卡死，拆固井管线，强行起钻，多次上提下放钻具，无法解卡。期间钻杆内一直喷钻井液，现场意识到井底封隔器失效，抢接钻杆防喷阀失败，关剪切防喷器将钻杆剪断后，控制住井喷，关井后井口压力为 51MPa。加重钻井液 55.6m³（2.35～2.40g/cm³）向井内挤入 25.4m³ 后井口压力降为 4.3MPa，再挤入 3.2m³ 井口压力仍为 4.3MPa，后每隔 1h 向井内挤入加重钻井液。后向钻杆内挤水泥 6.56m³，替入钻井液 11.9m³，憋压候凝 14h，试压合格。

崖城某 Y 井，四开 Φ311mm 井眼钻进至 3963.3m 钻柱累计旋转 444.2h，井内一直有较多铁屑返出，进行了第一次微井径测井，测量井段为 600m 深度以上套管（钢级 N-80，新套管标准壁厚 12.19mm），测量结果：悬挂器以下双公套管磨损最严重处，磨损深度达到 9mm，剩余壁厚 3.19mm。又继续钻进 5h，钻达井深 3969.6m 时发生井漏，为判断是地层漏还是套管被磨穿而发生井漏耗费近 6h。堵漏完毕后，考虑到微井径电测存在误差，继续钻进风险太大，于是在 532m 处将 Φ339.7mm 套管割断并起出，用 NT110HS 壁厚为 13.06mm 的新套管回接至井口。

为此，开展了崖城某 Y 井 Φ339.7mm 套管磨损预测。崖城某 Y 井的井斜角、狗腿度变化情况如图 6-53 所示，套管磨损及剩余强度如图 6-54、图 6-55 所示。可以看出，井口段套管磨损非常严重。

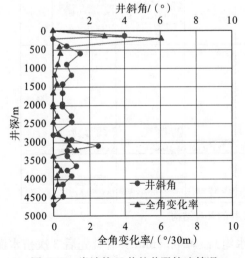

图 6-53　崖城某 Y 井的井眼轨迹情况

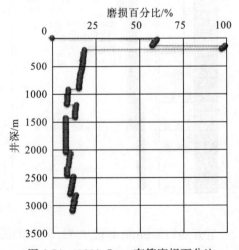

图 6-54　Φ339.7mm 套管磨损百分比

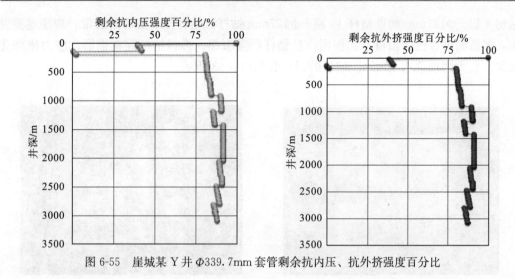

图 6-55　崖城某 Y 井 Φ339.7mm 套管剩余抗内压、抗外挤强度百分比

陆上 XX 井设计井深 5300m。其井身结构和基本地质概况如图 6-56 所示，XX 井井斜情况如图 6-57 所示。

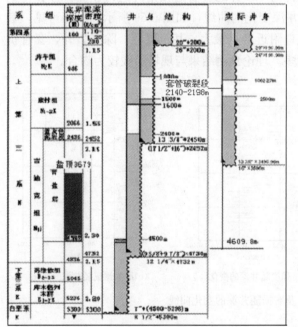

图 6-56　XX 井的井身结构图

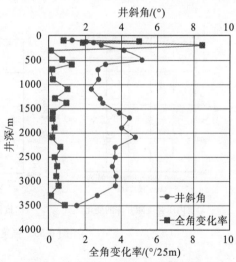

图 6-57　XX 井的井斜角和狗腿度曲线

在 Φ339.7mm 技术套管内钻进时，使用聚合物磺化钻井液，密度为 $1.2\sim2.4$g/cm^3，钻井液中含有铁矿粉。本井二开套管是 Φ339.7mm P110 梯形扣套管，壁厚 12.19mm，下入深度 3496m。当钻至 4609m，钻井液密度为 2.25g/cm^3，循环起至 3467m 保养、检查设备后下钻至 3969m，出口连续 5 柱不返钻井液。之后，起钻至 3478m 套管内，累计反灌钻井液 25m^3 未见返出，用封隔器找漏层确定套管破裂位置。该井三开钻具组合为 Φ311mm 钻头＋Φ228mm 钻铤 3 根＋Φ203mm 钻铤 14 根＋Φ203mm 随钻 1 根＋Φ203mm

钻铤 3 根＋Φ127mm 加重钻杆 15 根＋Φ127mm 钻杆。钻杆接头敷焊耐磨带，现场观察发现，多数耐磨带已磨损得不起作用，且钻杆严重磨损，多根钻杆存在偏磨、应力槽磨光现象。最大磨损单边 10mm。钻杆磨损形貌如图 6-58 所示。

图 6-58　钻杆磨损形貌

将钻井数据输入，采用 CWEAR 软件对 XX 井的套管磨损情况进行预测，计算得到套管的抗挤毁、破裂压力及磨损情况随井深变化的曲线，如图 6-59 所示。由图可见，套管壁厚平均磨损量在 20％左右，其中井口附近磨损最大，甚至磨穿。除井口外，套管挤毁强度下降 45％左右，爆破强度下降不多。理论预测结果与现场实践较为吻合。

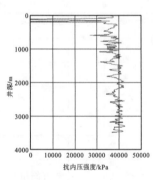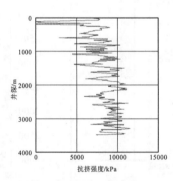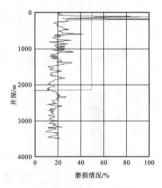

(a)抗内压强度随井深的变化　　(b)抗挤强度随井深的变化　　(c)磨损情况随井深的变化

图 6-59　强度及磨损随井深的变化曲线

7. 在 A7H 井中的应用

以 A7H 井 Φ339.7mm 套管磨损实例计算为例。

1)一定造斜段井眼曲率下套管磨损随磨损系数的变化图

A7H 井在 Φ339.7mm 套管处，当造斜段井眼曲率分别选用 3°/30m、4°/30m、5°/30m 和 6°/30m 时，磨损系数为 1～5 时对应的磨损百分比变化如图 6-60～图 6-63 所示。本章涉及的所有图例中磨损系数的单位为 10^{-14}/Pa，为简洁起见，在图中只以其整数位来表示。

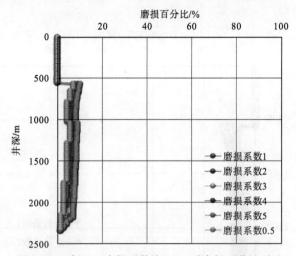

图 6-60　3°/30m 磨损系数为 1~5 时磨损百分比对比

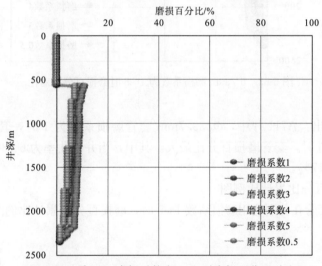

图 6-61　4°/30m 磨损系数为 1~5 时磨损百分比对比

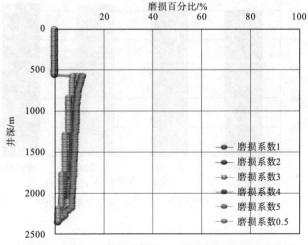

图 6-62　5°/30m 磨损系数为 1~5 时磨损百分比对比图

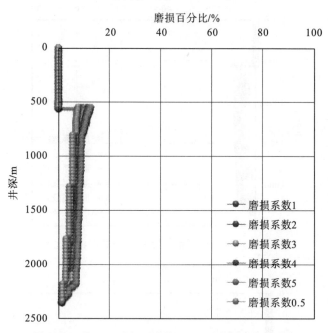

图 6-63　6°/30m 磨损系数为 1～5 时磨损百分比对比

从图可以看出：A7H 井中，Φ339.7mm 套管磨损系数为 1 时，套管磨损百分比最小；磨损系数为 5 时，套管磨损百分比最大。其中，当井眼曲率为 6°/30m 时，套管磨损百分比最大达到 17%。

2）套管磨损百分比累计比例图

Φ339.7mm 套管在分别选用磨损系数 1～5 时，磨损百分比累计比例图分别如图 6-64～图 6-68 所示。

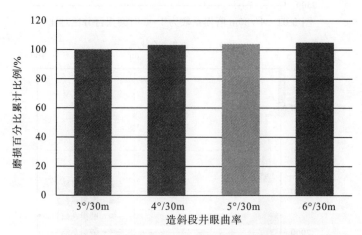

图 6-64　磨损系数为 1 时磨损百分比累计比例

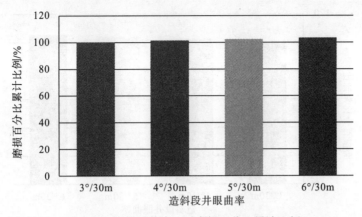

图 6-65　磨损系数为 2 时磨损百分比累计比例

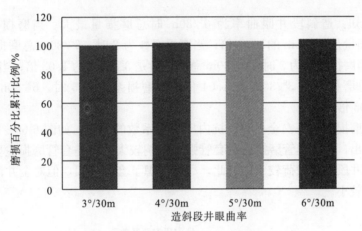

图 6-66　磨损系数为 3 时磨损百分比累计比例

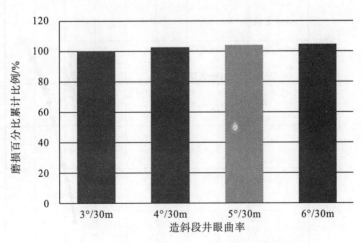

图 6-67　磨损系数为 4 时磨损百分比累计比例

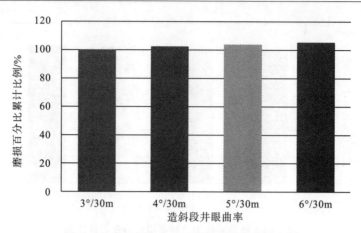

图 6-68　磨损系数为 5 时磨损百分比累计比例

　　分析图可知：造斜段井眼曲率为 6°/30m 时总磨损量最大。当磨损系数为 1 时，6°/30m 总磨损量是 3°/30m 的 1.04 倍；当磨损系数为 2 时，6°/30m 总磨损量是 3°/30m 的 1.03 倍；当磨损系数为 3 时，6°/30m 总磨损量是 3°/30m 的 1.03 倍；当磨损系数为 4 时，6°/30m 总磨损量是 3°/30m 的 1.04 倍；当磨损系数为 5 时，6°/30m 总磨损量是 3°/30m 的 1.05 倍。

　　研究套管磨损后抗挤安全系数、抗内压安全系数的分布，如图 6-69～图 6-72 所示。从图中可以看出，尽管套管磨损后对套管强度影响较大，但是套管磨损主要集中在造斜井段，而造斜井段的外载荷较小，因此，尽管考虑了套管磨损，但对全井段的套管安全系数分布影响较小。

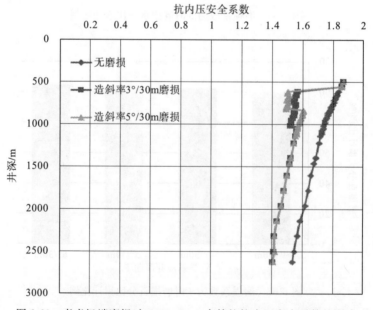

图 6-69　考虑极端磨损对 Φ339.7mm 套管柱抗内压安全系数的影响

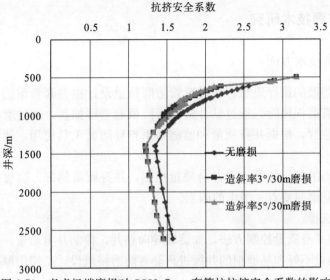

图 6-70　考虑极端磨损对 Φ339.7mm 套管柱抗挤安全系数的影响

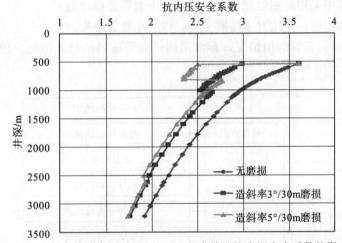

图 6-71　考虑极端磨损对 Φ244.48mm 套管柱抗内压安全系数的影响

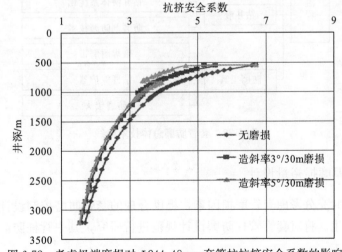

图 6-72　考虑极端磨损对 Φ244.48mm 套管柱抗挤安全系数的影响

6.2.4　套管防磨技术研究

1. 套管防磨技术方向

贯彻全过程防磨的指导思想，通过套管防磨裕量设计提高套管耐磨能力，通过控制井身质量减小套管磨损风险，通过钻井液润滑降低套管磨损量，通过磨损监测了解套管磨损程度和磨损位置，根据井身质量和监测结果指导防磨工具使用，通过井下防磨工具减少套管磨损。

技术套管防磨的核心和关键是井身质量控制，井身质量越好，套管磨损越少。井身质量控制是套管防磨时要首先考虑的因素。

防磨技术的选择：

(1)必须采用井身质量控制方法，如旋转导向钻井，控制井身质量；

(2)对井身质量不好和易磨损的井段进行套管防磨裕量设计，使用厚壁套管；

(3)钻井过程中尽量采用优质钻井液，降低套管磨损；

(4)钻井过程中采用磨损监测技术，监测井下套管磨损状态；

(5)在严重磨损段，使用井下防磨工具，以减小套管磨损。

根据油田具体的套管磨损情况，参考国内外套管防磨的技术措施，建立套管防磨总体技术路线如图 6-73 所示。

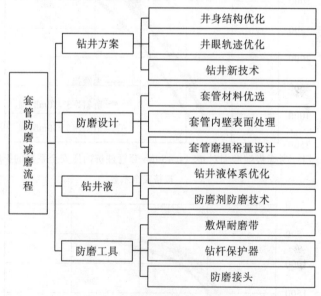

图 6-73　套管防磨总体技术路线

2. 套管壁厚磨损裕量设计

在钻井设计时充分考虑套管磨损因素，提供合理的套管防磨控制设计能有效减少套管磨损事故的发生。将对套管管柱防磨设计规范进行研究，其中管柱防磨重点在于套管磨损裕量设计技术。

1) 设计防磨工作流程

如图 6-74 所示，首先估算常规设计确定的钻井方案各井段的套管磨损量，对剩余壁厚套管进行强度校核，若不满足相关安全性指标，则增加相关防磨措施，形成新的方案，对新方案进行磨损量强度校核，直至剩余强度满足要求，形成最终的施工方案。

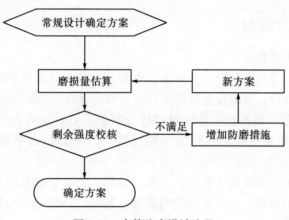

图 6-74　套管防磨设计流程

2) 磨损量估算方法

利用套管磨损预测软件，输入钻井时间、钻井参数、井身质量参数、钻杆套管材料等因素就可以计算出各处套管的磨损量和相应的强度。对于还没有钻进的井眼，如果有同构造邻近井，利用邻近井的参数进行校核；如果缺乏邻井资料，可利用钻井设计参数进行估算。

磨损裕量设计要求下入井内的套管壁厚在扣除估算的套管磨损量后还具有足够的抗挤毁强度，这个在常规套管设计壁厚上附加的估算套管磨损壁厚就是磨损裕量，利用具有充足磨损裕量的套管来达到防止井下套管磨损事故的方法就是套管磨损裕量设计技术。

在大狗腿度、盐膏层、异常压力地层等处下入具有较大强度裕量（或壁厚裕量）的套管。

3) 强度校核方法

套管柱下入井中之后要受到各种力的作用。在不同类型的井中或在一口井的不同生产时期，套管柱的受力是不同的。套管柱所受的基本载荷可分为轴向拉力、外挤压力及内压力。套管柱的受力分析是套管柱强度设计的基础，在设计套管柱时应当根据套管的最危险情况来考虑套管的基本载荷。目前对于设计时的套管强度有规范化的方法和程序，对于因磨损减小了壁厚的套管来说，最关键的是要校核其抗内压强度和抗挤毁强度。

鉴于这一部分已有成熟的行业技术规范，可直接应用。

3. 井身质量控制指标

国外多数现场监测结果表明，狗腿度低于 $3°/30m$ 的井段套管磨损不严重。因此，建议严格控制井身质量，狗腿度控制指标为 $3°/30m$。

4. 钻井液防磨技术

钻井液类型也是影响套管磨损的重要因素。现用重晶石加重的高密度钻井液，钻井液中重晶石等固相颗粒较多，在钻井过程中钻井液中的铁矿粉对套管产生了严重磨粒磨损，导致套管壁厚减小。

5. 井下防磨工具选用

常用防磨工具主要包括：

第一，耐磨带，是指在钻杆接头外壁上敷焊的一条或几条环状的合金带，合金带的外径大于钻杆接头外径，可避免钻杆接头外表面与套管内壁接触磨损。

第二，橡胶护箍，是指利用橡胶材料作为磨损部件的钻杆保护器，护箍固定安装在钻杆上，外部为橡胶材质，外径大于钻杆接头，与套管内壁接触时对套管的磨损很小。

第三，防磨接头，是指安装在钻杆之间，外部为与套管接触的不旋转外筒，内部为与钻杆连接在一起的心轴，内、外部之间靠轴承连接，将钻杆与套管的磨损转变为自身部件磨损的专用接头。

1）耐磨带防磨

耐磨带的核心技术之一为平衡磨损设计。平衡磨损设计的概念是尽量减小套管的被动磨损，同时允许钻杆接头适度磨损。少数单位目前仍在采用的技术是，在钻杆接头上手工电焊硬质合金粉，这一做法已证实十分有害。它实际上是牺牲套管来保护钻杆接头，是典型的非平衡设计。根据平衡磨损设计思想优选新型耐磨带材料，既能保护钻杆接头，又能防止套管磨损，是重点推广的技术。

2）橡胶护箍防磨

(1)井底温度大于100℃时，要选用耐高温的复合橡胶材质护箍。井底温度大于150℃时，建议不使用橡胶护箍防磨；

(2)理论侧向载荷大于8.9kN的位置不宜安放橡胶护箍；

(3)井下使用时间不超过橡胶护箍额定工作时间，在含铁矿粉的钻井液中使用时间时井下作业时间应再适当减少，减少量可根据现场橡胶护箍磨损实际情况来确定；

(4)使用时要选择质量可靠的产品，要注意及时更换；

(5)推荐使用工作橡胶体螺旋式分布的橡胶护箍。

3）防磨接头防磨

(1)深井和超深井钻进中优先选用安全性好的滑动轴承型防磨接头；

(2)井底温度高于150℃时优先选用防磨接头作为井下防磨工具；

(3)理论计算出的侧向载荷大于8.9kN时优先选用防磨接头作为井下防磨工具；

(4)井下使用时间不超过防磨接头额定工作时间，在含铁矿粉的钻井液中使用时间时井下作业时间应再适当减少，减少量可根据现场防磨接头磨损实际情况来确定；

(5)使用时要选择质量可靠的产品，要注意及时更换。

6. 主要防磨减磨技术措施

以优化井身结构、优化钻具组合、找正井口为主动防磨措施，以控制井眼轨迹、提高固井质量和减小起下钻等措施为被动防磨措施的思路来达到防磨减磨的目的。

1）主动防磨措施

通过井眼轨迹设计、井身结构优化设计，将油层套管作为最后一次套管完井，不在油层套管内进行小井眼钻进，从源头上杜绝套管的磨损。油层套管采取"先悬挂后回接"可以减少油层套管磨损段，避免回接段油层套管的磨损。

2）被动防磨措施

针对定向井和小井眼的井，在不改变井身结构情况下，应尽量控制水平位移和井斜角，以降低狗腿度，缩短小井眼段长，减少施工周期，尽量降低套管磨损程度。

在钻井过程中，要严格控制狗腿度，特别是在井段上部。因为在上部狗腿度区域，钻杆的侧向力大，套管的磨损总时间也长，对套管磨损的危害最大。当然，井口安装首先必须对正，以免产生后期偏磨隐患。

对井眼轨迹复杂，井斜角和狗腿度大的井段，油层套管采用厚壁套管，提高套管磨损后的井筒承压能力。

3）防磨技术

在狗腿度严重的地方，可考虑采用一定数量的钻杆橡胶卡箍或防磨接头来减少套管的磨损。在选择钻杆橡胶卡箍时，应对卡箍的类型和性能评价，并且在使用时，应下入特殊旋转工具，将套管内壁抛磨光滑。在采用防磨接头时，应考虑到接头本身的可靠性和使用寿命。

6.3　高压腐蚀条件下套管强度计算及套管下深的校核

腐蚀对套管造成的缺陷会严重影响套管的强度。如图 6-75～图 6-77 所示即为选用 7″生产套管进行有限元分析，在受到点蚀（或坑蚀）、缝蚀和槽蚀情况下的无因次剩余强度变化曲线。

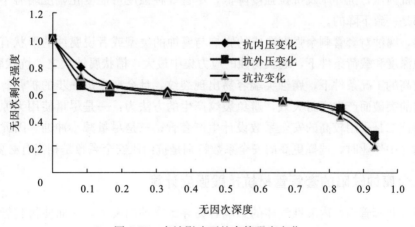

图 6-75　点蚀影响下的套管强度变化

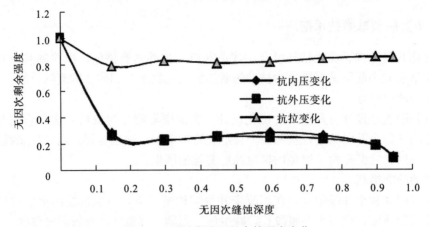

图 6-76　缝蚀影响下的套管强度变化

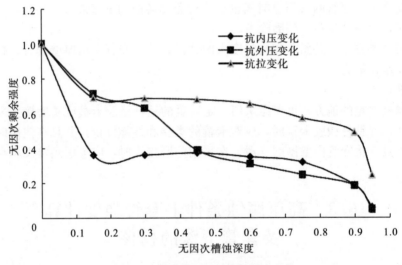

图 6-77　槽蚀影响下的套管强度变化

由此可见，套管在高压气井中受腐蚀后，其剩余强度呈明显的下降趋势，具体表现为套管的抗内压，抗外压及抗拉强度降低，尽管 3 种强度可能变化幅度略有不同，但总体趋势都是一致下降的。

当然，腐蚀对套管剩余强度造成的影响与腐蚀的类型或者说腐蚀的形状有关，在相同的腐蚀深度和载荷条件下，缝状腐蚀的应力集中最大，槽状腐蚀次之，坑状腐蚀最小，而且在较高的工况条件下，腐蚀尖端容易出现裂纹，且会产生进一步的扩张。最终造成套管裂纹的突破而产生密封失效，避免裂纹产生的方法为：一是尽量使用无原始缺陷的生产套管；二是采用较高的安全系数设计生产套管；三是尽量减小冲蚀。因此在高压腐蚀严重的井中作业时，选择更高的安全系数特别是抗内压安全系数是相当有必要的。

6.3.1　含腐蚀缺陷的套管管材抗挤毁强度计算

高压气井套管因井内酸性气体的影响容易导致腐蚀的发生，从而使得套管受腐蚀部位壁厚最薄，套管内壁存在较大的不圆度，且壁厚不均度增加等几何缺陷，且随几何缺陷深度的增加,套管抗挤强度降低。由于在高压气井中存在复杂的地质条件,往往多套压力层系共存于同一裸眼井段内,套管承受非均匀地应力的作用,套管柱强度设计需考虑非均匀载荷对其强度的影响。非均匀载荷作用下,沿最小水平地应力方向、套管的内壁是承载危险区,可将该区域的应力状态作为判断套管抗挤能力的依据。对非均匀载荷下套管磨损或腐蚀、残余应力、不圆度和壁厚不均匀度等缺陷进行综合考虑,建立厚壁套管受径向非均匀挤压和周向受非均匀剪切的力学模型(图 6-78)。

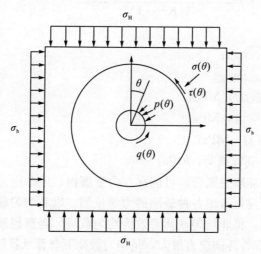

图 6-78　套管受非均匀载荷的力学模型图

在固井质量良好的情况下,水泥环和套管将胶结在一起。根据力学原理,图 6-78 所示的载荷形势下,套管外壁将受到非均匀剪切载荷的作用。套管外壁的应力边界条件为

$$
\left.
\begin{aligned}
(\sigma_r)_{r=r_2} &= 0 \\
(\tau_{r\theta})_{r=r_2} &= 0 \\
(\sigma_r)_{r=r_1} &= p_1 + p_2 \cos 2\theta \\
(\tau_{r\theta})_{r=r_1} &= q_2 \sin 2\theta
\end{aligned}
\right\}
\tag{6-177}
$$

力学模型的求解:假设套管为壁厚均匀的理想厚壁圆管,根据套管边界的受力情况,采用了弹性力学逆解法对上图所示的力学模型进行求解。根据弹性力学理论,可得套管的径向、环向、剪应力表达式为

$$
\left.
\begin{aligned}
\sigma_r &= (2A_1 + A_2 r^{-2}) - (A_5 + 4A_3 r^{-2} - 3A_6 r^{-4}) \cos 2\theta \\
\sigma_\theta &= (2A_1 + A_2 r^{-2}) + (A_5 + 4A_4 r^2 - 3A_6 r^{-4}) \cos 2\theta \\
\tau_{r\theta} &= (A_5 + 6A_4 r^2 - 2A_3 r^{-2} + 3A_6 r^{-4}) \sin 2\theta
\end{aligned}
\right\}
\tag{6-178}
$$

将式(6-177)代入式(6-178)验证边界条件,可得

$$
\left.
\begin{aligned}
A_1 &= \frac{K^2}{2(K^2-1)} p_1 \\
A_2 &= \frac{r_1^2}{K^2-1} p_1
\end{aligned}
\right\}
\tag{6-179}
$$

$$A_3 = \frac{r_2^2(2K^6 + K^4 + K^2)p_2 - r_2^2(K^4 + K^2)q_2}{2(K^2 - 1)^3}$$

$$A_4 = \frac{(K^4 + 3K^2)p_2 - (K^4 - 3K^2)q_2}{6r_2^2(K^2 - 1)^3}$$

$$A_5 = \frac{2K^2 q_2 - (K^6 + K^4 + 2K^2)p_2}{(K^2 - 1)^3}$$

$$A_6 = \frac{r_2^4(3K^6 + K^4)p_2 - 2r_2^4 K^4 q_2}{3(K^2 - 1)^3}$$

$$\tag{6-180}$$

式中，$K = r_1/r_2$

$\quad r_1$——套管外径，mm；

$\quad r_2$——套管内径，mm；

$\quad \sigma_r$——套管径向应为，MPa；

$\quad \sigma_\theta$——套管环向应力，MPa；

$\quad \tau_{r\theta}$——套管剪应力，MPa；

$\quad p_1$、p_2、q_2——套管载荷，MPa。

　　而对于实际套管并非理想圆管，可能存在内壁磨损、残余应力等缺陷。这些缺陷的分布随机性很大，难于建立考虑各种缺陷的力学模型。以非均匀载荷和均匀载荷下的套管应力分布规律为依据，将非均匀载荷等效为均匀载荷。当理想圆管载荷为均匀载荷 p 时，在套管内径 $2r$ 处套管环向应力最大，是均匀载荷下套管承载危险区。均匀载荷 p 与套管内壁的环向应力 $\sigma_{\theta max}$ 为

$$p = (K^2 - 1)\sigma_{\theta max}/2K^2 \tag{6-181}$$

非均匀载荷下套管的危险区也在套管内壁，其环向应力可由式(6-182)求得：

$$\sigma_{\theta max} = (2A_1 - A_2 r_2^{-2}) + (A_5 + 12A_4 r_2^2 - 3A_6 r_2^{-4})\cos\pi \tag{6-182}$$

将式(6-181)代入式(6-182)，即可得到套管在非均匀载荷作用下的均布等效压力为

$$p = \frac{K^2 - 1}{2K^2}\left[(2A_1 - A_2 r_2^{-2}) - (A_5 + 12A_4 r_2^2 - 3A_6 r_2^{-4})\right] \tag{6-183}$$

式中，p——等效压力，MPa。

　　根据 Tamano 等的研究，考虑内壁受腐蚀或磨损等造成的不圆度和残余应力的影响，在等效均匀载荷 p 作用下实际含缺陷套管的抗挤强度 P_c 如下所示：

$$P_c = \frac{1}{2}\left[p_e + p - \sqrt{(p_e - p)^2 + g p_e p}\right] \tag{6-184}$$

其中，

$$p_e = \frac{454.95 \times 10^3}{(D/t)[(D/t) - 1]^2}$$

$$p = 2\sigma_Y \frac{D/t - 1}{(D/t)^2}\left[1 + \frac{1.47}{(D/t - 1)}\right] \tag{6-185}$$

$$g = 0.3232e + 0.00228\varepsilon - 0.5648\sigma_R/\sigma_Y$$

$$e = 2t_m/(2D - 4t + t_m)$$

$$\varepsilon = 2t_m/(2t - t_m) \tag{6-186}$$

式中，p_e——理想圆管的弹性挤毁压力，MPa；

　　p——理想圆管的弹塑性挤毁压力，MPa；

　　g——套管缺陷综合影响系数；

　　ε——综合考虑内壁不圆度和壁厚不均度条件下的套管壁厚不均度；

　　t_m——套管不均匀磨损量，mm；

　　e——综合考虑内壁不圆度和壁厚不均度条件下的套管不圆度；

　　D——实际套管平均外径，mm；

　　t——实际套管平均壁厚，mm。

　　图 6-79 所示为 Φ127mm×12.7mm P110 套管在不同磨损形式时的抗挤强度及强度降低率的对比。由图可知，随着磨蚀深度的增加，套管的抗挤强度降低，且降低率增大；随着非均匀磨损量的增加，套管抗挤强度趋于线性降低；另外，由于 API 公式是基于套管试验数据建立的经验公式，随着套管制造工艺的发展和制造质量的不断提高，高抗挤套管的制造缺陷越来越少，有的已经远远超过 API 名义强度，此时继续使用 API 给出的计算公式已不能准确预测套管实际抗挤强度。同时还可以看出，当处于相同的磨损量时，非均匀磨损套管抗挤强度较均匀磨损套管的抗挤强度高，由此说明在具体的套管强度设计时采取均匀磨损设计太过保守，应采取以上分析的套管非均匀磨损对高压气井套管柱抗挤强度进行设计。

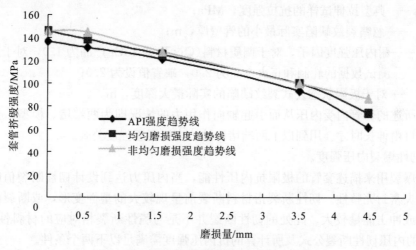

图 6-79　磨损算法对套管强度的影响曲线

6.3.2　高压气井套管管材抗内压计算

　　套管和油管内压破裂相对于挤毁后果更为严重，它可能造成井眼失控或地下井喷，带来环境与安全问题。高压气井，尤其是含硫化氢气井极易使套管面临内压破裂问题。

　　ISO 10400 标准引入了现代材料工程与断裂力学的理论及应用性研究成果，使高压气井套管的抗内压设计与原 API 5C3 不同。API 5C3 中套管的抗内压强度用薄壁筒巴罗（Barlow）公式，该公式忽略了径向应力。公式假设在内压力作用下，管壁周向应力使管子内壁材料开始屈服时，套管即失效，即失去密封性。而实际上，套管内壁开始屈服时仍不会尚失密封完整性。ISO 10400 提出了管子的内压极限强度，即管子爆裂，失去密封完整性。

(1)当轴向应力、外压、弯曲和扭矩为零时，两端开口的厚壁管用拉梅公式计算径向和周向应力，按二者的复合应力计算开始屈服的强度。计算公式为

$$P_{iYLo} = f_{vmn}(D^2 - d_{wall}^2)^2/(3D^4 + d_{wall}^4)^{1/2} \tag{6-187}$$

式中，f_{vmn}——最小屈服强度，MPa；

    D——套管外径，m；

    d_{wall}——套管内径，m。

(2)当内压作用于管的两端时，管子受到内压引起的轴向作用力，近似于轴向力提高了抗内压强度。此时套管韧性断裂公式定义如下：

$$p_i = 2k_{dr}t_{dr}f_u/(D - t_{dr}) \tag{6-188}$$
$$p_i = 2k_{dr}t_{dr}f_u/(D - t_{dr}) \tag{5-15}$$

其中，

$$t_{dr} = t_{min} - k_a a_N$$

式中，p_i——韧性断裂处内压，MPa；

    k_{dr}——基于管变形和材料应变、硬化的校正因子，$k_{dr} = (1/2)^{n+1} + (1/\sqrt{3})^{n+1}$，$n$为无量纲硬化指数；

    D——套管外径，m；

    f_H——典型拉伸试样的抗拉强度，MPa；

    t_{min}——忽略裂纹缺陷实际最小的管壁厚，m；

    k_a——耐内压强度因子，对于调质材料(Q&T)或13Cr产品为1.0，对于基于可靠测试数据的轧制和正火产品为2.0，缺省值设为2.0；

    a_N——对于极限状态公式裂纹缺陷的实际最大深度，m。

如上所述的套管内受内压从而引起轴向作用力的情况即为两端堵口模型，只有在套管末端可自由伸长时才会用到以上两端堵口的抗内压屈服强度公式。

(3)韧性爆裂内压强度。

韧性爆裂用来描述套管的极限抗内压性能，当内压力达到设计韧性断裂值时，管子开裂和丧失密封完整性。韧性断裂指材料断裂前呈现较大的塑性变形，或断裂前材料所吸收的功或冲击能量较大。此处的韧性断裂并不是与脆性断裂相对应的材料性质，ISO 10400中的内压韧性断裂公式及所计算的抗内压强度需满足以下两个条件。

塑性变形条件：材料在断裂前具有足够大的塑性变形，脆性断裂材料不允许用作套管。

小裂纹条件：管子难免存在制造裂纹，但裂纹深度应足够小。目前的超声探伤技术有可能漏检小于壁厚5%以下深度的裂纹，因此在ISO 10400标准中，韧性断裂内压值均按小于壁厚5%的裂纹计算，并在内压强度表中标明为强度等级5。如果厂家制造质量和检测手段只能保证漏检相当于壁厚12.5%以下的裂纹，那么将在内压强度表中标明为强度等级12.5。将来检测技术提高后，若能使漏检裂纹小于壁厚2%以下，那么韧性断裂内压强度值还会再提高。

套管的最小韧性断裂公式定义为

$$P_{iR} = 2K_{dr}f_{umn}(k_{wall} - k_a a_N)/[D - (k_{wall} - k_a a_N)] \tag{6-189}$$

式中，f_{umn}——抗拉强度最小值，MPa；

k_{wall}————管壁公差因子，对于最小公差值为 12.5%，$k_{wall}=0.875$；

　　t——管壁厚，m。

k_{wall} 因子为不考虑缺陷时的最小管壁厚度，裂纹缺陷可以通过 a_N 来计算，$k_a a_N$ 表示与裂纹缺陷相关的最小管壁厚度的进一步减小，这个裂纹缺陷超出了监测装置的灵敏度范围。同时裂纹缺陷还与最小管壁值所处的位置有关。

当裂纹深度大于管壁厚的 5% 和小于壁厚的 12.5% 时，失效形式是一种裂纹扩展失稳，前述韧性爆裂内压强度公式不可应用，应采用裂纹失稳断裂公式。工作环境导致的断裂失效，往往在应力水平低于材料屈服强度时发生断裂。高压气井的套管环境断裂失效的工作环境主要为应力腐蚀断裂。

当同时存在应力和某些特定的介质腐蚀时，应力与腐蚀相互激励导致的断裂行为称为应力腐蚀断裂。单独只有应力或只有腐蚀时，断裂不会有二者协同作用时那么严重。套管中的应力包含外部作用力，制造残余应力，螺纹连接应力。最严重和应优先考虑的应力腐蚀断裂是硫化物应力腐蚀断裂。在采用不锈钢时，还应考虑氯化物应力断裂。

在内压作用下，管壁产生周向拉应力，因此材料的韧性、制造过程中潜在的裂纹对抗内极限压强度有显著影响。API 5C3 中的抗内压强度公式没有考虑断裂韧性和断裂失效问题。使用 ISO 10400 标准计算的内压屈服强度低于 API 5C3 的内压屈服强度为 1%～10%。按小于壁厚 5% 的裂纹计算韧性爆裂内压强度高于内压屈服强度，但是按相当于壁厚 12.5% 以下的裂纹计算的爆裂内压强度低于内压屈服强度。这说明制造质量对内压强度的标定影响大，设计者和厂家都要注意这一问题。

6.3.3　合理安全设计系数的选用及套管下深校核设计

根据以上对含腐蚀缺陷套管进行的抗外挤及抗内压强度的计算分析，在进行套管下深强度校核时应选用合适的安全设计系数对套管柱所承受的有效载荷进行校核，保证所选用的套管在钢级、壁厚，以及根据载荷和密封要求所选用的套管接头螺纹能满足高压气井安全钻进的要求。

在高压气井中，正确地分析与计算套管柱的受力，使各种载荷的计算符合实际，是套管设计的重要前提。作用在套管上的外载有套管的内外压力、轴向拉力、浮力及摩擦力，另外在弯曲井眼内还存在弯曲应力，采用以下公式对其进行分析计算。

第一，有效内压力，是指套管内可能受到的最大内压力与管外液柱压力之差。

气井直井表层套管和技术套管：按下一次使用的最大钻井液密度计算套管鞋处的最大内压力，即

$$P_{bs} = 0.00981 \rho_{max} H_s \tag{6-190}$$

式中，P_{bs}——套管鞋处最大内压力，MPa；

　　ρ_{max}——下次下钻最大钻井液密度，g/cm^3；

　　H_s——套管下深或套管鞋深度，m。

任意井深处套管最大内压力用下式计算：

$$P_{bh} = \frac{P_{bs}}{e^{1.1155 \times 10^{-4}(H_s-h) \rho_s}} \tag{6-191}$$

式中，P_{bh}——计算点最大内压力，MPa；

ρ_s——套管钢材密度，g/cm^3；

h——计算点井深，m。

有效内压力用下式计算：

$$P_{be} = P_{bh} - 0.00981\rho_c h \qquad (6\text{-}192)$$

式中，P_{bc}——有效内压力，MPa；

ρ_c——地层水密度，取 $1.03\sim1.06g/cm^3$。

按管内全充满天然气考虑，即任一井深的最大内压力为

$$P_{bh} = P_p \qquad (6\text{-}193)$$

式中，P_p——地层或气层压力，MPa。

有效内压力为

$$P_{be} = P_{bh} - 0.00981\rho_c h \qquad (6\text{-}194)$$

　　定向井有效内压力应将斜直段和弯曲段的测量深度换算为垂直井深计算。根据 GBaq2102 石油天然气安全规程：抗内压安全系数一般取 $1\sim1.25$。J55 和 K55 套管管体和接箍，抗内压安全系数 $\geqslant1.25$；L80、C90 和 T95 型套管管体和接箍，抗内压安全系数 $\geqslant1.11$；C110ksi 级别抗硫钢，根据厂家提供的临界应力百分比可计算抗内压安全系数，一般取 1.17。参照加拿大 H_2S 酸性油气井套管和油管设计标准 *Directive 010-Draft for Consultation September 23，2004 Minimum Casing Design Requirements*：CO_2 分压 $>$ 2000kPa 和 H_2S 分压 $\leqslant$500kPa 时，抗内压安全系数 >1.35。H_2S 分压 >500 时，抗内压安全系数值应该会更高。

　　第二，有效外压力，是指套管柱可能受到的最大外压力与管内最小内压力之差，套管受到的最大外压力和最小内压力与套管的种类和地层条件相关，应根据具体情况选择相应的载荷进行设计分析。

　　(1)直井中的表层套管和技术套管。

　　对非塑性蠕变地层：

$$P_{ce} = 0.00981[\rho_m - (1-k_m)\rho_{min}]h \qquad (6\text{-}195)$$

式中，P_{ce}——有效外压力，MPa；

ρ_m——固井时钻井液密度，g/cm^3；

k_m——掏空系数（$k_m=0\sim1$），1 表示全掏空；

ρ_{min}——下次下钻最小钻井液密度，g/cm^3。

对塑性蠕变地层：

$$P_{ce} = \left[\frac{\mu}{1-\mu}G_v - 0.00981(1-k_m)\rho_{min}\right]h \qquad (6\text{-}196)$$

式中，μ——地层岩石泊松系数，$\mu=0.3\sim0.5$。

G_v——上覆岩层压力梯度，一般取 $0.023\sim0.027MPa/m$。

　　(2)直井中的生产套管和生产尾管。

　　对非塑性蠕变地层：

$$P_{ce} = 0.00981[\rho_m - (1-k_m)\rho_w]h \qquad (6\text{-}197)$$

式中，ρ_w——完井液密度，g/cm^3。

　　对塑性蠕变地层：

$$P_{ce} = \left[\frac{\mu}{1-\mu} G_v - 0.00981(1 - k_m)\rho_w \right] h \qquad (6\text{-}198)$$

另外，对于定向井，在计算其有效外压力时应将弯曲段和斜直段的测量井深根据曲率和曲率半径换算为垂直井深进行计算。

根据 GBaq2102 石油天然气安全规程：抗挤安全系数一般取 1~1.125。由室内和油田试验证明，套管外注水泥时，由于水泥支撑会提高套管抗外挤强度，且套管柱下部由于浮力的作用，套管受压缩载荷，在压缩应力下也会提高套管抗挤强度，API 标准给出的套管抗挤强度是最小值，而 95% 以上的套管会超过这个值。因此在对高压气井进行抗外挤设计安全系数一般取 1.0~1.1，有的国外公司及四川气井中曾根据水泥面进行推荐，在水泥面以下的套管柱一般取设计系数 0.85，在水泥面以上的套管柱一般取 1.0。

第三，浮力系数法计算浮力时任一井深处的有效轴向力：

套管柱有效轴向力是自重、浮力、惯性力、冲击力、摩擦力、弯矩力及完井后井内温度，压力变化产生的附加轴向力的矢量和。对于直井套管柱有效轴向力一般考虑自重和浮力。

采用浮力系数法计算浮力时任一井深处的有效轴向力为

$$T_e = \left[\sum_{i=1}^{n} T_i + (H_x - H)q_j \right] K_f \qquad (6\text{-}199)$$

式中，T_e——计算处的有效轴向力，kN；

T_i——计算段套管以下第 i 段套管重量，kN；

H_x——计算段套管下深，m；

H——任一井深，m；

q_j——计算段套管每米重量，kN/m；

K_f——浮力系数。

抗拉设计安全系数一般取 1.6，应根据螺纹类型，分别校核套管螺纹连接强度和套管本体抗拉强度。一般圆螺纹套管校核螺纹连接强度，偏梯形螺纹或气密封螺纹套管应校核本体屈服强度和螺纹强度，应根据上述原则和具体地区实际经验来确定。若选用API 标准套管的强度达不到设计系数的要求时，则需要考虑采用特殊套管柱结构，或专门定购高精度、特厚壁、特殊螺纹连接等高强度的套管。

考虑三轴应力的影响，根据高压气井的实际承受外载情况可知：轴向拉力自下而上是逐渐增加的；有效外挤压力有可能是自下而上减小，有可能是除井底和井口两点外的某一点的有效外挤压力最大，向下和向上各自减小；有效内压力有可能是自下而上增加，有可能是除井底和井口两点外的某一点的有效内压力最小，向下和向上各自增加。需要注意的是，在高压气井中，套管的内压破裂相对于挤毁后果更为严重，它可能会造成井眼失控或地下井喷，影响套管接头螺纹的密封等，带来环境与安全问题。因此，在实际套管柱设计时，应首先考虑套管的抗内压强度。先按内压力初选套管，再按有效外挤力及拉应力进行强度设计。

设计步骤如下：

(1)对井内可能出现的最大套管内压值(井口和井底)分别进行计算，筛选出符合抗内压强度的套管，由此完成套管的初选。

（2）当有效外挤压力是自下而上减小时，先对下部（自下而上）进行抗挤设计，此时需按全井的最大外挤载荷初选第一段套管，其允许抗外挤强度必须大于等于套管的最大外挤压力和选用安全系数的乘积。然后选择壁厚小一级或钢级低一级的套管为第二段套管，计算其下深和第一段套管的长度，同时进行抗拉校核，当抗拉强度不满足时，转为抗拉设计（自下而上），同时进行抗挤和抗内压校核。

（3）当有效外挤压力是除井底和井口两点外的某一点的有效外挤压力最大，向下和向上各自减小时，首先以最大有效外挤压力点开始向下选套管，直至套管鞋，然后从套管鞋处开始自下而上进行抗挤设计，同时进行抗拉和抗内压校核，当抗拉强度不满足时，转为抗拉设计（自下而上），同时进行抗挤和抗内压校核。

在实际应用中，还应考虑实际的套管储备，在保证安全的前提下尽量做到节约成本，最大限度地提高经济效益。

6.4　高压气井套管柱螺纹选型

对于高压气井的套管柱而言，不仅要求其套管抗内压强度足够，螺纹连接强度的密封性要求也很苛刻。由于气体比水和油有更大的渗透能力，有关资料表明，能密封住 20MPa 液压的套管螺纹，却密封不住 10MPa 的气。套管接头（尤其是油层套管接头）承受内压的极端情况是管柱泄漏或破裂，其次才是结构的完整性。当套管内气体压力低于螺纹接触应力时，套管接头会保持良好的密封性；反之，当套管内压力超过螺纹的接触压力时，螺纹的密封性很难得到保证，对于高压气井中的整个管柱，每一段处于不同的地层环境中，发生泄漏的可能性也不同。

6.4.1　螺纹强度及密封要求

套管柱抗拉强度大小与所采用的套管螺纹密切相关。目前 API/ISO 套管螺纹的基本连接类型有短圆螺纹（STC）、长圆螺纹（LTC）、偏梯形（BTC）螺纹和直连型螺纹（XL）。

API 螺纹的密封一般是靠螺纹的金属密封，接头螺纹密封性与接触应力有关，如果接触应力高，气体泄漏就不易发生。然而，当间隙很大时，不管接触应力多高，气体总会通过间隙泄漏。研究结果表明，临界泄漏压力随着密封面积和接触应力的增加而增加。当气体通过间隙时产生的局部阻力取决于间隙和泄漏路径长度。在高压气井中，由于温度和压力的影响，会使套管接头的接触压力分布更加不均，当温度和压力达到一定值时，套管接头的等效应力将接近材料的屈服强度，使螺纹接触处进入塑性变形状态，影响套管接头的密封性。采用弹塑性有限元的方法建立套管接头的有限元模型，考虑到温度对套管屈服强度的影响，在实际计算中套管有效屈服强度计算公式为

$$P_T = KP \tag{6-200}$$

式中，K——套管强度下降系数，是温度 T 的变化函数。

对于不同型材的套管，其 K-T 曲线不同，一般由套管供应商提供该曲线图。

螺纹接触时屈服判断准则满足材料力学的第四强度理论，即

$$\sigma_t = \sqrt{\frac{1}{2}\left[(\sigma_1 - \sigma_2)^2 + (\sigma_2 - \sigma_3)^2 + (\sigma_3 - \sigma_1)^2\right]} \tag{6-201}$$

式中，σ_1，σ_2，σ_3——3 个方向的主应力，MPa。

当等效应力 σ_t 未达到材料的屈服极限时，材料仍属于弹性变形阶段；当等效应力 σ_t 超过材料的屈服极限时，材料进入塑性变形阶段。

螺纹的预紧力按照 API RP 5 C1 标准选取标准紧扣扭矩，模型中预紧力的施加方法主要是把标准扭矩转化为模型的轴向拉力。不同的轴向拉力对应不同的螺纹接触应力，根据相关的公式把应力值换算为螺纹上的摩擦力，再根据螺纹接触的长度把摩擦力换算为扭矩值。图 6-80 所示即为选用 P110 实体套管进行 ANSYS 有限元分析时施加标准扭矩时的螺纹接触压力曲线图。可知，当完全拧紧即施加标准扭矩时，螺纹的最大接触压力出现在公扣的根部，且母螺纹根部的接触压力也很高，中间部位的螺纹的接触压力要比两端的接触压力低得多，且变化较平稳。由于 API 螺纹结构的设计不合理，压力类似抛物线形的分布对螺纹的强度和密封性是不利的。

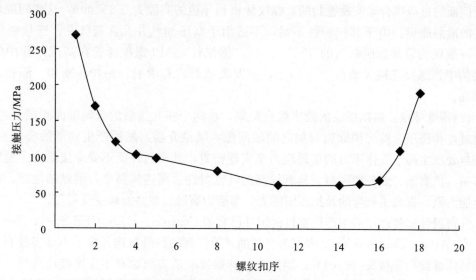

图 6-80　P110 实体套管施加标准扭矩时的螺纹接触压力曲线图

P110 实体套管材料属性见表 6-13。

表 6-13　P110 实体套管材料性能参数表

套管钢级	P110
弹性模量/MPa	2.12×10^5
泊松比	0.32
摩擦因数	0.06
屈服强度/MPa	$758 \sim 965$
套管直径/mm	177.8
螺纹类型	偏梯形 API 标准螺纹
热膨胀系数/(/℃)	1.2×10^{-5}

在套管头两端螺纹的接触压应力都比中间部位的螺纹接触压应力大。对于高压气井的上部井段，在内压和外挤力都不是很大的情况下，套管的预紧力必须严格控制，使其

小于或等于标准的上扣扭矩，来承受更大的轴向拉应力。而下部井段一般内压和外挤力都很大，而轴向拉应力相对很小，因此必须使上扣扭矩大于或等于标准扭矩，使其承受更大的内压。

在高压气井中使用 API 标准螺纹保证套管连接接头的密封性，需要对现有的 API 标准螺纹从螺纹类型的选择、加工质量、表面处理、上扣操作及螺纹脂的选择等方面把关，提高现有 API 标准螺纹的密封性能。一般情况下，高于 70MPa 的高压腐蚀性气井，普通的 API 螺纹已经难以承受，必须考虑选择其他高气密封性的螺纹形式。

6.4.2　特殊螺纹选型

对现场应用进行分析研究可知，API 螺纹及特殊螺纹(气密封性螺纹)存在以下特点。

(1)普通 API 螺纹：密封性能不可靠、连接强度低、上扣控制难。该种螺纹是靠螺纹牙侧面的过盈啮合来实现密封的，螺纹牙根到牙顶的间隙为 0.152mm，这些间隙成为潜在的泄漏通道。由于其气密性不足，不适用于高压油气井及含硫气井；连接强度较低，一般仅为管体屈服强度的 60%~80%。据统计，API 螺纹套管在高压气井中的失效案例中，螺纹连接失效占 75% 以上，主要失效形式有滑脱、粘扣、断扣、涨扣、腐蚀穿孔。

(2)特殊螺纹：借助螺纹的紧密配合旋紧，在两个相互接触的金属锥面和端面之间，通过过盈和挤压，首先消除密封副之间的间隙，隔绝介质，然后产生局部的金属变形，在密封处产生高于气体压力的接触应力来实现密封，其密封性能不受介质压力、温度变化影响，抗腐蚀，能长期密封。具有较高的气密封性、高连接强度、耐黏结性好、抗过扭矩能力强、提高了抗弯曲及抗压缩能力、耐应力腐蚀、耐高温蠕变及形变。

气密封性套管螺纹的生产厂家目前国外已有如 Centron、HES、JFE Steel、Tenaris、V&M、Atlas、Bradford 等 30 多家著名的油井管厂商的科研机构开发了 100 多种有专利权的特殊螺纹套管接头(表 6-14)。国内在特殊螺纹制造方面也有不少突破性进展，如中原油田与天津华新特殊扣石油套管有限公司合作开发加工的高密封性能的 SEAL-LOCK HT 特殊螺纹套管，曾在中原油田成功解决了高压气井套管密封失效问题，为井身结构设计提供了安全的螺纹保障。

表 6-14　国外套管特殊螺纹厂家及产品

制造厂商	接头类型
Siderca(阿根廷)	SEC，ANTARES 系列，PJD，PL-4S，ST-L，TC-11，NJO，Sealy Lock BOSS TKC4040
Centron(美国)	DHC，DH&C
TenarisHydril(美国)	3SB，HW，MAC-Ⅱ，MS，SLX
HES(美国)	FJ-150，SEAL-LOCK FLUSH，SEAL-LOCK APEX，TKCMMS
Tamsa(墨西哥)	SEC，ANTARES 系列，PJD，FL-4S，ST-L，TC-11，NJO，SEAL LOCK HC
Dalmine(意大利)	SEC，ANTARES 系列，PJD
Mannesmann(德国)	BDS，TDS，HPC，MUST，MID OMEGA，BIG OMEGA，MAT
住友(日本)	VAM，NEWVAM，VAMACE，TM，TM-SW，VAMHW，VAMACEXS，VAMFJL，VAMSL

续表

制造厂商	接头类型
Vallaurec（法国）	VAM，NEWVAM，VAMACE，TM，VAMACEXS，VAMFJL
川崎（日本）	FOX
NKK（日本）	NK3SB，NK2SC，NKEL，NKFJ1，NKFJ2，NKSL
新日铁（日本）	NSCC，NSCT，NS-IT，BDS，TDS，NSR，IBT
HyDril（美国）	SEAL-LOCK，A-95，PH 系列，TC-11

其中最有代表性的螺纹代号为 VAM、TM、FOX、3SB 和 NSSS（图 6-83）。

如图 6-81 所示，TenarisHydril 3SB 型号的套管螺纹具有较高的强度，可消除螺纹滑脱的影响。由于接箍内台阶的金属对金属接触密封，即使内外压力使套管压裂也不会导致螺纹的密封性能失效，而且"穿刺设计"（stabbing design）实际上避免了错扣的发生。VAM Connections-VAM HTF（High Torque Flush）类型的套管螺纹连接属于内外无接箍型的连接，提供最大的扭矩力，可专门用在高温高压井中。VAM HTF 内外都属金属对金属密封，内外相互独立，可对环空及井筒压力达到 100% 的完全密封。VAM Connections-VAM TOP 类型的螺纹连接利用新型的陡锥形金属对金属密封螺纹，可保证气密封的完整性，尤其适用于大外径的生产套管且适合于所有类型的材料，在斜井和水平井中尤其适用。

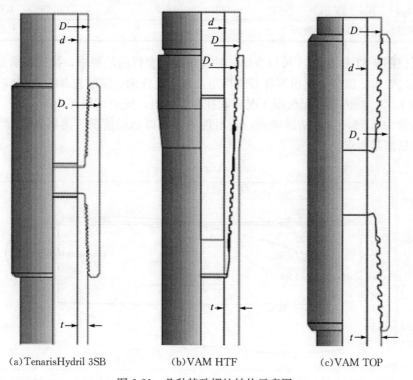

(a)TenarisHydril 3SB　　　(b)VAM HTF　　　(c)VAM TOP

图 6-81　几种特殊螺纹结构示意图

6.5　高温高压探井套管强度校核及选择实例

以东方 X 井为例，介绍莺琼盆地高温高压探井的套管强度校核和选择见表 6-15。

表 6-15　基础数据

序号	井段	井深/m	套管尺寸	下深/m	计算钻井液密度/(g/cm³)
1	36″	156	30″	156	1.06
2	26″	625	20″	620	1.06
3	17-1/2″	2210	13-3/8″	2205	1.30
4	12-1/4″	2750	9-5/8″	2745	1.70
5	8-3/8″	2973	7″	2545～2968(约423)	2.00

1)20″套管强度校核

轴向工况：考虑解卡过提拉力 100t，下套管速度 0.5m/s。

抗外挤工况：40％掏空、固井和继续钻进。

抗内压工况：气侵（最大气侵段长 965m）、套管试压、固井碰压和继续钻进（表 6-16）。

表 6-16　20″套管强度校核表

套管尺寸	公称重量/(lb/ft)	钢级	螺纹结构	套管下深/m	抗拉强度/T	抗内压强度/MPa	抗外挤强度/MPa	抗内压安全系数	抗挤强度安全系数	抗拉安全系数
20″	106.5	K55	JV_LW	620	749	16.6	5.3	1.73	1.24	4.12
校核标准《海洋钻井手册》								1.1	1.125	1.6

由校核图 6-82 和表 6-16 可以看出，轴向工况，套管满足要求，抗外挤满足正常固井和继续钻进要求，极限工况出现在套管掏空，最大允许掏空深度在 345m，此时抗外挤安全系数为 1.13，抗内挤工况极限工况出现在套管试压，按照试压 800psi 计算，套管抗内压安全系数为 2.74，正常钻进期间，若出现关井井口憋压情况，薄弱点在套管鞋位置。套管抗内压满足要求。

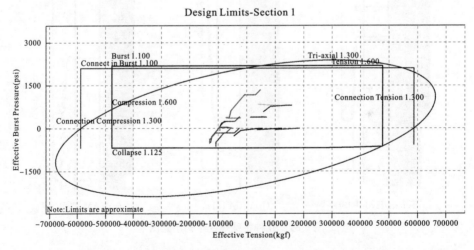

图 6-82　20″套管强度校核曲线（磅级 106.5lb/ft，钢级 K55）

2)13-3/8″套管强度校核

抗拉极限工况：考虑解卡过提拉力 13-3/8″套管 100t、下套管速度为 13-3/8″套管 0.5m/s。

抗外挤极限工况：40％掏空、井漏、固井和继续钻进。

抗内压极限工况：气侵(考虑气侵深度为管鞋处/2205m)、套管试压(2500psi)、固井碰压和继续钻进(表 6-17)。

表 6-17 13-3/8″套管强度校核表

套管尺寸	公称重量/(lb/ft)	钢级	螺纹结构	套管下深/m	抗拉强度/T	抗内压强度/MPa	抗外挤强度/MPa	抗内压安全系数	抗挤强度安全系数	抗拉安全系数
13-3/8″	61	N80	BTC	2205	634	31.0	11.5	1.35	0.91	2.36
13-3/8″	68	N80	BTC	2205	692	34.6	15.6	1.48	1.22	2.45
校核标准《海洋钻井手册》								1.1	1.125	1.6

针对本井情况，对 61lb/ft 和 68lb/ft 的 N80 套管进行校核比选：两种套管轴向载荷校核均满足起下套管要求；抗外挤满足正常钻井、固井作业要求，极限工况出现在套管内掏空，61lb/ft 套管最大允许掏空至 725m，68lb/ft 套管最大允许掏空至 950m，此时其抗外挤安全系数为 1.13；抗内压极限工况出现在气侵工况，61lb/ft 及 68lb/ft 套管对应最大气侵深度分别为 2410m 和 2500m。为此，结合套管库存情况，推荐采用 68lb/ft、N80 的 13-3/8″套管，且在采用该型号套管时需注意保持井筒液面，使其不低于 950m，且最大气侵深度不超过 2500m(图 6-83，图 6-84)。

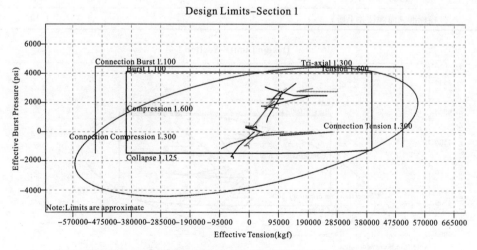

图 6-83 13-3/8″套管强度校核曲线(磅级 61lb/ft，钢级 N80)

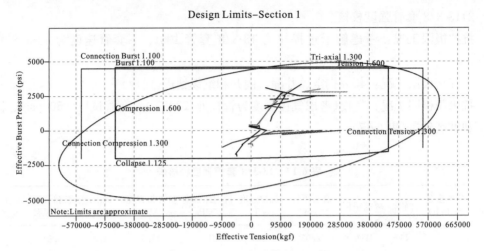

图 6-84　13-3/8″套管强度校核曲线（磅级 68lb/ft，钢级 N80）

3）9-5/8″套管强度校核

（1）工况条件 1。

抗拉极限工况：9-5/8″套管 100t，下套管速度为 9-5/8″套管 0.5m/s。

抗外挤极限工况：40％掏空，井漏、固井和继续钻进。

抗内压极限工况：气侵、套管试压（4000psi）、碰压、继续钻进（表 6-18）。

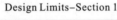

表 6-18　9-5/8″套管强度校核表

套管尺寸	公称重量/(lb/ft)	钢级	螺纹结构	套管下深/m	抗拉强度/T	抗内压强度/MPa	抗外挤强度/MPa	抗内压安全系数	抗挤强度安全系数	抗拉安全系数
9-5/8″	47	P110	FOX	2745	664	65.1	36.5	1.19	0.93	1.93
9-5/8″	53.5	P110	FOX	2745	761	75.1	54.8	1.26	1.40	2.93
9-5/8″	53.5	Q125	VAM TOP	2745	864	85.4	58.1	1.31	1.48	3.32
校核标准《海洋钻井手册》								1.1	1.125	1.6

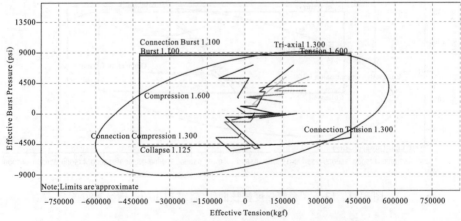

图 6-85　9-5/8″套管强度校核曲线（47lb/ft，钢级 P110）

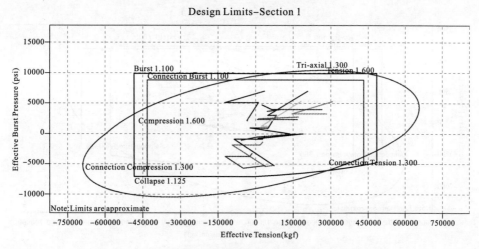

图 6-86 9-5/8″套管强度校核曲线(53.5lb/ft，钢级 P110)

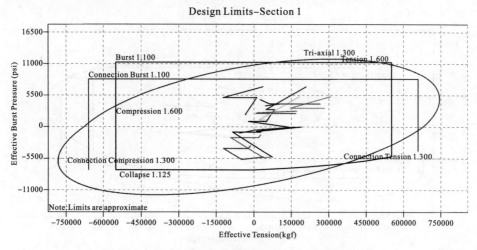

图 6-87 9-5/8″套管强度校核曲线(53.5lb/ft，钢级 Q125)

(2)工况条件 2。

抗拉极限工况：9-5/8″套管 100T，下套管速度为 9-5/8″套管 0.5m/s。

抗外挤极限工况：全掏空、井漏、固井和继续钻进。

抗内压极限工况：气侵、套管试压、固井碰压、继续钻进(表 6-19)。

表 6-19 9-5/8″套管强度校核表

套管尺寸	公称重量/(lb/ft)	钢级	螺纹结构	套管下深/m	抗拉强度/T	抗内压强度/MPa	抗外挤强度/MPa	抗内压安全系数	抗挤强度安全系数	抗拉安全系数
9-5/8″	47	P110	FOX	2745	664	65.1	36.5	1.19	0.71	1.93
9-5/8″	53.5	P110	FOX	2745	761	75.1	54.8	1.26	1.07	2.93
9-5/8″	53.5	Q125	VAM TOP	2745	864	85.4	58.1	1.31	1.14	3.32
校核标准《海洋钻井手册》								1.1	1.125	1.6

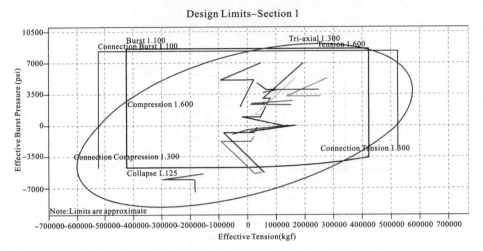

图 6-88　9-5/8″套管强度校核曲线(47lb/ft，钢级 P110)

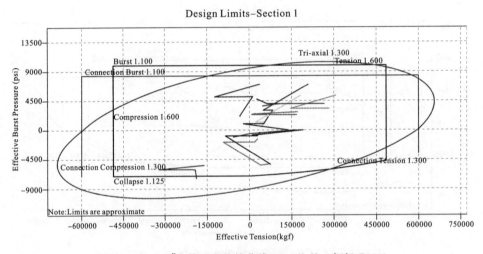

图 6-89　9-5/8″套管强度校核曲线(53.5lb/ft，钢级 P110)

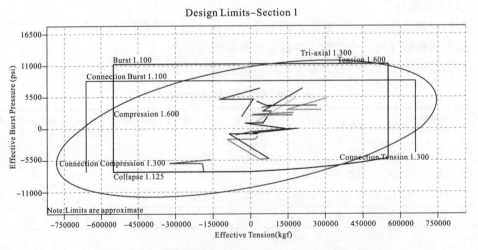

图 6-90　9-5/8″套管强度校核曲线(53.5lb/ft，钢级 Q125)

　　为此，53.5lb/ft 的 Q125 套管满足作业要求，因此选择该型号的 9-5/8″套管，其满足本井全掏空及全气侵工况。

　　4)7″尾管强度校核

　　抗拉极限工况：考虑解卡过提拉力 7″尾管 50T，下尾管速度为 0.5m/s。

　　抗外挤极限工况：全掏空状态，固井。

　　抗内压极限工况：套管试压、固井碰压(表 6-20)。

　　根据 LANDMARK 软件校核结果，选用套管的抗外挤强度安全系数、抗内压强度安全系数、抗拉强度安全系数均大于《海洋钻井手册》校核标准，满足作业要求。

表 6-20　7″尾管强度校核表

重量 /(lb/ft)	钢级	螺纹结构	掏空情况	套管下深 /m	抗拉强度 /T	抗内压强度 /MPa	抗外挤强度 /MPa	抗内压安全系数	抗外挤安全系数	抗拉安全系数
29	P110	FOX	100%	2545~2968	421.0	77.3	58.8	2.29	1.01	6.62
35	P110	FOX	100%	2545~2968	507.6	94.4	89.8	2.38	1.54	7.63
35	Q125	AMS	100%	2545~2968	576.9	107.3	98.7	2.57	1.70	8.68
校核标准《海洋钻井手册》								1.1	1.125	1.6

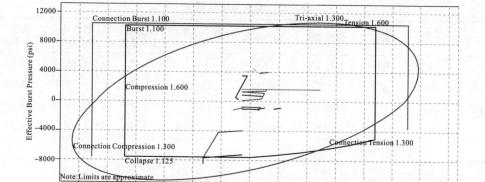

图 6-91　7″尾管强度校核曲线(29lb/ft，钢级 P110)

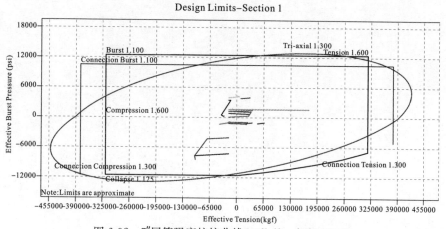

图 6-92　7″尾管强度校核曲线(35lb/ft，钢级 P110)

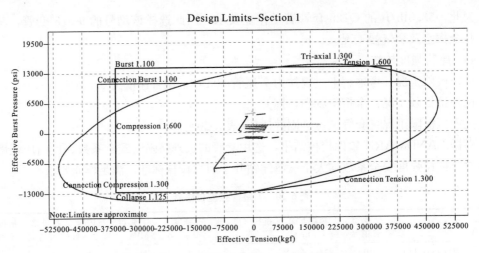

图 6-93　7″尾管强度校核曲线（35lb/ft，钢级 Q125）

综上所述，7″尾管采用 35lb/ft，P110 和 Q125 钢级均满足要求，考虑库存情况，推荐使用 35lb/ft，Q125 钢级尾管。

结合库存，经过综合考虑，实际使用的各层套管见表 6-21。

表 6-21　套管柱设计结果

尺寸	重量 /(lb/ft)	钢级	螺纹结构	掏空情况	套管下深 /m	抗内压 安全系数	抗外挤 安全系数	抗拉安 全系数
20″	106.5	K55	JV_LW	40%	620	1.73	1.24	4.12
13-3/8″	68	N80	BTC	40%	2205	1.48	1.22	2.45
9-5/8″	53.5	Q125	VAM TOP	100%	2745	1.31	1.14	3.32
7″	35	Q125	AMS	100%	2545~2968	2.57	1.70	8.68
校核标准《海洋钻井手册》						1.1	1.125	1.6

第7章 高温高压固井技术

高温高压环境下固井难度高，高温高压井固井通常面临的主要问题有气窜导致环空带压、水泥呈蜂窝状导致水泥强度不够、套管鞋承压能力不够、弃井水泥塞上行等。如果不能成功解决高温高压固井出现的问题，就有可能会导致水泥环封隔失效、下部井段钻完井作业难以继续、生产井的油气产量和开采寿命相应降低，甚至导致井眼报废或产生类似墨西哥湾深水地平线的灾难性事故。一般情况下，高温高压固井质量都不易补救，补救成功率低而且成本相当高，无论是从技术难度还是经济效益方面补救，注水泥都不是最佳选择。因此，保证初次注水泥的固井质量尤其关键。针对高温高压井的特点，通过优化水泥浆体系，提高固井工艺技术水平，精细化作业关键技术环节并尽量克服影响井壁与套管间水泥环封固质量的不利因素，以保证高温高压固井质量和整个井筒在全寿命期间的井筒完整性。

7.1 高温高压固井技术难点

7.1.1 高温高压井固井主要技术难点

总体来说，高温高压井钻井难度大，周期长，费用高，在国际上，高温井段的固井费用往往高出常规井段的几倍，这从另一个侧面反映出高温高压井固井难度极大的风险性。20 世纪 80 年代以来，高温高压井钻遇的新问题以及固井难点主要体现在以下方面。

井深温度高：高温高压井由于地质原因，穿越地层较深，使循环温度和井底静止温度大幅度升高，由于油气层顶部往往覆盖着盐、膏、泥重复交替混杂的复合盐层，对地层的传热起到了屏蔽作用，使其下部热流高度集中，平均地温梯度为 $4.6 \sim 4.8 \, ℃/100m$，如四川高压气井一般井深超过 4000m 井温都在 100℃ 以上。而有些地热井的开发，如腾冲、瑞丽地区，热蒸气高达 $270 \sim 300 ℃$，其难度更大。很显然，采用一般的固井手段很难解决高温井的固井问题。

层系多压力高、地层结构复杂：深井由于井眼较深，钻遇的地层会更为复杂，一个井眼会有多个显示复杂层段(如石膏、盐膏层、垮塌层等)，多个压力系统，多个油、气、水、漏互层。而且有些油田由于长期的注采，地层原始压力体系更加紊乱，存在异常高压和低压。以往对流体的认识曾出现两种理论：一是界面胶结理论，此一理论认为主要是由于滤饼的存在，导致界面与地层胶结不良，从而引起窜流，措施上提出紊流顶替，套管居中，使用刮泥器，冲洗液等工艺措施，在固井外加剂方面使得减阻剂、膨胀剂得到广泛应用；二是 20 世纪 90 年代初期，Soran(2004)提出的新理论，即微环隙-微裂缝理论，认为环空存在微裂缝-微环隙是引起窜流的根本原因。塔里木、中原、海上等油田也特别关注水泥环的分隔能力，对固井中的窜通问题进行了大量的研究和实践工作，其采取的措施归结起来主要有两种：一是"压稳"（包括钻井液加重压稳、水泥浆加重压稳、环空加回压等）；二是优选降失水剂等外加剂，把水泥浆的高温失水降至最小，高压井段吐不出，低压井段吞不进，而且水泥浆应有非常短的过渡时间，一旦固井结束，水泥带迅速增长胶凝强度，减少结构形成初期的外力破坏。迅速的抗压强度发展和胶凝强度增长，使之迅速越过临界强度。

套管与套管间的间隙减少，封固段增大：随着勘探领域逐步向深层和复杂地质条件转移，深探井单一的 20″、13-3/8″、9-5/8″、7″、5″(5-1/2″) 套管程序，因深探井井下复杂，不得不提前下入技术套管，被迫采用小尺寸钻头钻井，导致主要勘探目的层在深井段要面对小间隙、高密度、长封固段的复杂条件，下套管时间长，下完套管开采困难，带压高，注水泥，替泥带时间长，固井质量难以保证。

水质矿化度高及水泥石的腐蚀问题：实验中发现，在淡水中性能较好的水泥浆，如果换成矿化水，水泥浆操作性马上变差，出现闪凝等不正常现象，归其原因主要是水中的矿化离子对高分子外加剂的沉淀作用，如据文献资料，Mg^{2+} 的存在，会成倍消耗缓凝剂，一个 Mg^{2+} 的影响相当于几个 Na^+ 的影响。深井的高温高压也会造成腐蚀介质的腐蚀速率成倍的增长，腐蚀速率与温度和压力有着密切的关系，有时高温高压下腐蚀几天的结果就赶上常温常压下腐蚀一年的结果。对水泥石的腐蚀，除专门开展腐蚀研究，揭示腐蚀规律和采取防制措施外，提高水泥石的高温稳定性以及水泥浆的韧性等力学性能也是不可缺少的一个方面，水泥石的腐蚀一般与水泥石的渗透率有着密切的关系，如果水泥石的高温稳定性较差，强度发生衰退，或水泥石的韧性较差，发生破裂，都会使水泥石的抗压强度下降、渗透率增大，导致水泥石的腐蚀加剧，损坏套管，影响油井寿命。

高温高压井的钻井投入巨大，固井的成败直接关系到勘探成果。为保证固井作业的成功，需要有性能良好而且稳定的固井水泥浆体系为每口具体的油气井深井固井设计提供充分的可选择余地。

7.1.2　高温导致的问题

1)高温会使水泥浆稠化时间发生突变

在高温条件下，温度的少量增减将导致稠化时间的大幅度变化。大量的研究结果表明，温度相差 5℃，在相同的水泥配方下，稠化时间可能会产生 150~200min 的增加或缩短。这种变化的结果就是水泥浆早凝或长时间不凝固，因此准确地把握井底循环温度已成为海洋高温高压井固井设计的关键问题。

2)高温会使水泥强度衰退

在高温条件下，水泥强度衰退得很快，大量的实验数据表明：温度超过 150℃时，硅酸盐水泥的强度就会随温度的增加而衰退，有现场实验数据显示 200℃下普通"G"级水泥强度衰退的速率达 5MPa/d。

3)高温材料混合水延迟使用失效

高温材料混合水延迟使用老化的现象是普遍存在的，多数高温缓凝剂是一些由木质素和糖类缓凝剂及原酸组成的材料，很不稳定，一旦配制成水溶液，在短期内就会失效，甚至还会降低一些诸如纤维类降失水剂的作用。这种事故多出现在不能及时固井的情况下，如等到事故处理完后，仍用早已配制的混合液固井，水泥浆的稠化时间就大大缩短，导致固井失败。

4)高温情况下水泥石腐蚀加剧

高温下 CO_2 对水泥石腐蚀严重,导致水泥石强度衰退,易破碎。

7.1.3 高压导致的问题

1)压力层系多,存在气窜问题

东方某气田压力层系多,气窜风险大。导致油气水窜槽的原因,主要是固井过程中,水泥凝固并达到防止气窜的胶凝强度前,环空液柱压力无法平衡地层气体压力和可能的油水压力所致。在南海高温高压固井作业中,平衡压力固井技术的研究和应用较早,每次固井都通过计算,并利用各种措施设法实现平衡压力固井,但在南海高温高压气井中要完全做到压力平衡固井较为困难,一方面,由于高温高压井中的地层压力高,压力体系较复杂,要准确预测各地层压力也较为困难;另一方面,由于地层的孔隙压力和破裂压力非常接近,容易出现喷漏同层的情况,给平衡压力固井带来困难,一旦地层的高压气体较为活跃时,就会引起气窜,莺歌海的地层压力体系就属于这种类型。图 7-1 和图 7-2 分别为南海某井固井返出的蜂窝状水泥块实物图、南海某井 13-3/8″套管固井地面完整样品实物图。

图 7-1 南海某井固井返出的蜂窝状水泥块

图 7-2 南海某井 13-3/8″套管固井地面完整样品

2)井口环空带压问题

随着开采周期的延长，部分开发井存在井口环空带压现象。这一问题造成安全、环保隐患，严重影响产能建设，大大降低勘探开发效益。这一问题属于固井后的长期气窜问题，在目前技术条件下，常常发生在井下工况条件复杂的高温高压气井中。造成井口带压的原因主要是井下地层条件变化和后期作业引起的套管-水泥环-地层系统的受力状态发生改变，导致环空水泥环应力-应变发生改变，水泥环发生破坏丧失水力密封性，高压气体通过失效水泥环内部的微裂缝界面逐渐窜移至井口，这是目前世界高温高压井开发的一个世界性难题。

3)易窜易漏

莺琼盆地的固井作业中，在同尺寸井眼中存在多套压力系统，在固井作业时要同时满足多套压力系统是非常困难的。高密度固井时环空流动阻力大，施工压力高，对固井设备要求高，施工参数控制极为重要，否则就会发生固井作业中的漏失，现有的固井设备不能保证水泥浆密度能控制在压力窗口内，易造成气窜和井漏；缺少高能量混合系统和自动密度控制系统，水泥浆密度很难达到设计要求。

对于高温高压开发井来说，大斜度、大位移生产井套管居中困难，泥浆黏切大，由于安全压力窗口小，不能高速顶替，因而造成顶替效率差，形成窜槽，导致气窜的发生。安全压力窗口窄，更容易发生漏失现象。

莺琼盆地地质情况复杂，套管层序多，经常要进行超长封固段小间隙尾管作业。超长封固段小间隙固井作业时，环空流动阻力大，使得加在井底的压力大，极易压漏地层，导致水泥浆返高不够。

长裸眼段堵漏技术上存在不足，不能有效提高地层承压能力。多套不同压力系统往往是"上吐下泻"或"下吐上泻"，为解决这个问题，常用的方法是对低压层进行堵漏作业，提高低压层的承压能力，一方面防止高压层流体进入低压层，另一方面防止下套管作业中压漏低压层。但常规的堵漏作业存在许多不足，有些井用桥堵钻井液堵漏时能承受较高的压力但通井到堵漏井段后又漏失，有些井在堵漏后提高承压值很少，有些井则揭开一段新地层堵一段，有些井用钻井液根本无法堵，只能用水泥浆堵，这类井进行过堵漏作业后多少都能提高一些地层承压能力，但有的井，上部钻进时钻井液密度较低，到下部钻井时发生渗漏，根本无法判断漏失层段，也就无法进行堵漏作业，下套管产生的激动压力、注水泥浆产生的高流动阻力，往往引发井漏，造成无法作业或作业失败。

4)高密度水泥浆沉淀不稳定

海洋高温高压井段固井常采用高密度水泥浆，以往高密度水泥浆体系的沉降稳定性差，容易出现加重材料固相颗粒下沉、水泥浆明显分层等现象。大体原因如下：

(1)体系中水泥固相相对减少，水泥浆的稠度偏低；

(2)高密度水泥浆混拌能力不强，水泥浆均匀度差；

(3)加重材料本身细度不高，没有吸水能力；

(4)加重材料、颗粒级配材料及水泥密度差别大，现场不具备混合条件，长途运输过程中易发生分层，造成灰的密度不均匀；

(5)高密度水泥浆对加重材料要求高，对于加重材料的化学惰性、比重、颗粒级配要求严格，满足这些性能要求的材料选择困难。

7.1.4　钻井工艺引起的问题

1)前置液清洗隔离效果不理想

在高温高压气井固井中,前置液由冲洗型清洗液和双作用隔离液组成,前置液密度高、用量较少、与地层接触时间短等原因,前置液中表面活性剂会与高含量的固体粒子难以完全冲刷井壁高温钻井液形成滤饼,致使水泥-套管界面和水泥-井壁界面的胶结强度差,甚至会引发水泥塞胶结力差而上行。另外,前置液与钻井液混浆后失水多、滤液多、悬浮性差、沉淀稳定性差,易使高温钻井液中重晶石产生离析沉淀堵塞,阻止环空液柱压力传递以平衡地层压力,加剧水泥候凝失重时产生气窜。气窜现象在莺歌海的高温高压固井中经常出现,前置液清洗效果不理想是一个重要的原因。

2)下套管难度大

微小的环形间隙、较大的摩擦阻力及不规则的井眼,给下套管作业造成了很大的障碍。有些井段,平时下钻往往需要划眼才能通过,而下套管作业不具备这种手段,其通过该种井段的难度就可想而知,常要经过较大吨位的上提下放,才可能强行压入,下放到位即可能被卡死。

3)施工压力高

细小的钻具水眼及窄小的环形间隙,造成了较大的流动摩阻,形成了较高的循环压力,再加上水泥浆密度小于泥浆密度,施工过程中将一直伴随着过高的施工压力,对设备和管线都是个考验,加大了施工的危险性。

4)顶替效率差

由于环形间隙小,套管串上无法加扶正器,一些井眼状况太差,存在先天不足,有井斜、狗腿、糖葫芦等不良情况,使得套管下入后,严重不居中,影响了水泥浆对泥浆的驱替效果;另外,过高的施工压力,也影响了施工的排量,很难实现紊流顶替,造成顶替效果差,影响固井质量。

5)井身质量难以保证

提高固井质量是一个系统工程,井身质量、泥浆性能、固井技术水平等因素共同决定了一口井的固井质量,地层可钻性差,存在地层倾角,钻出的井眼轨迹极不规则,事故复杂多造成井径极不规则,地层岩性变化大,钻井液密度高、黏切高等影响了顶替效率和胶结效果。

7.2　高温高压水泥浆技术

海洋高温高压固井是石油界的一大难题,根据海洋高温高压的特点并结合莺琼盆地已钻井的固井经验,对水泥浆具有如下要求:高密度、耐高温、防气窜、防漏失、防腐蚀。

7.2.1　高密度水泥浆技术

高密度水泥浆主要通过在普通水泥中加入一定量的高密度加重材料来获得。配制水泥浆的密度越高,需要加入的加重材料越多。由于受水泥浆流动性和现场配制要求的限制(水固比限制)，加入这些加重材料后，水泥的加量会随之减少，这直接影响到水泥石强度的发展。因此，如何合理地通过粒度级配来选择加重材料的粒径，合理地控制加重材料的加量，在保证水泥浆满足流动性、稠化时间等工程性能要求的条件下，在最短时间内获得最好的水泥石强度性能，一直以来是国内外致力研究的目标。

1. 国内外高密度水泥浆研究现状及存在问题

在国外，斯伦贝谢公司、阿曼石油开发公司等对高密度水泥浆体系做了很多研究，配制了一些性能优异的高密度水泥浆体系，并在油田矿场应用中取得了良好的效果。

斯伦贝谢公司开发的 DensCRETE 水泥浆技术，基于混凝土水泥浆技术，利用颗粒级配原理，优化水泥及外掺料颗粒直径分布；该技术优选 3 种以上不同级别的颗粒，其目的是增加单位体积的固体颗粒，降低水泥浆水灰比，提高水泥石的抗压强度和降低水泥石的孔隙度和渗透率。配制出流动性能良好的水泥浆。水泥浆的最高密度可达 $2.9\mathrm{g/cm^3}$，并已在墨西哥、阿曼和我国的南海等油气田使用。与常规高密度水泥浆相比，该体系具有流变性可调、对密度变化不太敏感、在同龄期下具有更高的抗压强度、凝固水泥体积收缩量少、渗透率和孔隙度小等优点。该公司在不加加重剂的情况下，还研制了一种高性能的分散剂，水泥浆密度能达 $2.16\mathrm{g/cm^3}$，并且配置出的水泥浆具有较好的流动性和失水量，在阿塞拜疆取得了很好的效果。

斯伦贝谢公司在阿曼固井时，用粒径分布技术同时对水泥浆和凝固水泥性能进行了优化。大量的室内试验和现场试验及应用都证明，高密度高性能水泥浆(HDHPS)在液相和凝固状态下的性能都比常规水泥浆好。

在 HDHPS 中，用粒径分布优化技术选取至少 3 种不同直径的颗粒进行混合。不同尺寸的颗粒互相匹配，如图 7-3 所示。

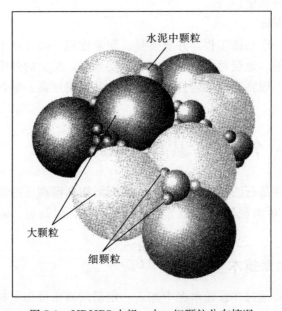

图 7-3　HDHPS 中粗、中、细颗粒分布情况

HDHPS 通过调整混合物中不同固相的粒径分布，单位体积中的固相比常规水泥浆多。不管水泥浆密度如何，都可以通过提高填充体积的比例、增加凝固水泥的抗压强度来减小孔隙度和渗透率。

在 HDHPS 混合物中，高固相含量形成稳定体系，该体系需要的化学外加剂很少、容易混合并能够溶在水中。另外，在大颗粒之间的小颗粒提供了像球轴承一样的润滑性，形成一种含水少的低黏度、低胶凝强度的水泥浆，因此容易顶替；含水量低就减少了沉淀，与常规水泥相比，这种水泥的抗压强度发展得更快、更大。

与常规水泥浆相比，高密度高性能水泥浆（HDHPS）的优点如下：

(1)流变性可调、密度高（达 $2.8g/cm^3$），能够对液体水泥浆和凝固水泥的性能进行优化；

(2)具有更大的现场容忍性，对可能发生的密度变化不太敏感，更具稳定性；

(3)相同的混合物密度变化可能为 $0.069g/cm^3$，为体系提供了灵活性；

(4)水泥浆抗污染能力更大；

(5)有更高的抗压强度；

(6)在更宽的温度范围内，凝固更快、更均匀，可防止井眼出现不稳定和井涌；

(7)最终的抗压强度更高；

(8)凝固水泥体积收缩少，凝固水泥的渗透率和孔隙度小。

国内对高密度水泥浆体系进行了大量研究，取得了一些成绩，目前，配制高密度水泥浆基本上还是采用普通加重剂的方法，常见的加重剂有钛铁矿石、赤铁矿石、重晶石等。新疆油田准噶尔盆地腹部存在异常高压油气夹层、盐水侵的固井难题，同样的情况也出现在南缘山前构造带上，新疆油田通过优选赤铁矿粉作为加重剂同时配套的优选外加剂研制出了密度为 $2.6g/cm^3$ 的高密度水泥浆体系，成功地解决了上述难题。

中国石油集团工程技术研究院结合石油钻井工程需要，开发出了新型加重剂 BCW2500S，并对高密度水泥浆体系的配方和性能进行了研究，通过紧密堆积实现了高密度水泥浆的高性能。经过特殊的加工后 BCW2500S 可变为微细颗粒，并具有比表面积高、易分散在水中的特点，具有良好的悬浮稳定性，将其加入含有其他加重剂的高密度水泥浆体系中，BCW2500S 能够有效地填充在其他粒子之间，从而起到润滑的作用。2011 年 1 月 15 日中国石化石油工程技术研究院和西南石油局通过设计优选加重材料，优化添加剂体系，成功配置了密度为 $2.75g/cm^3$ 的隔离液和平均密度为 $2.78g/cm^3$ 的超高密度水泥浆，水泥浆最高密度达 $2.82g/cm^3$，隔离液和水泥浆密度不但创造了国内最高纪录，而且刷新了水泥浆密度为 $2.6g/cm^3$ 的世界纪录。

中石油工程院使用 G60、BXF-1、SQ、BXF-200L 作为降失水剂配合常规加重剂研制出了一系列高密度水泥浆体系，并成功在冷科 1 井、鸭深 1 井、冷七 2 井和乌兹别克应用。

紧密堆积理论和颗粒级配技术的引入同样促进了高密度水泥浆技术的发展。2010 年 6 月，冯克满、朱江林等利用 3 重堆积模型，成功配置了密度为 $2.80g/cm^3$ 的高密度水泥浆，所优选的超高密度体系性能良好。紧密堆积理论的优势在于能够显著降低水灰比，改善水泥浆流变性，提高水泥浆的强度，降低水泥石的渗透率。

上述高密度水泥浆体系普遍存在一些问题：对使用的温度都有一定的限制，一般不高于 160℃；性能难以达到工程的需求或是外加剂体系不配套。虽然基本上可以满足国内固井的需要，但个别井仍需要使用国外的固井材料，成本较高。

2. 常用的加重剂

高密度水泥浆常用的加重剂有重晶石、钛铁矿、赤铁矿及氧化锰等。

1) 重晶石（$BaSO_4$）

重晶石为最常用的水泥加重材料，密度为 $4.3 \sim 4.6 g/cm^3$。使用时要磨细，其粒度要求达到 300 目。粒度较细的重晶石粉在水泥浆中分散较好，对保持胶体安定性有利。其不利的一面是粒度太细，使水灰比增大，不但削弱了它对水泥浆的加重作用，同时又使水泥石强度下降。用重晶石配制的水泥浆密度可达到 $2.2 g/cm^3$ 左右。重晶石虽然使用较普遍，但从综合性能来看不如钛铁矿和赤铁矿。

2) 钛铁矿

钛铁矿是经机械加工研磨成适宜细度的黑色颗粒粉状材料，其主要化学成分为 $TiO_2 \cdot Fe_3O_4$。密度为 $4.45 g/cm^3$，粒度为 200 目左右。可使水泥浆密度调整到 $2.4 g/cm^3$ 左右，对水泥浆稠化时间和强度影响很小。

3) 赤铁矿

赤铁矿是具有天然磁性金属光泽的暗红色粉末，主要成分为 Fe_2O_3，密度为 $5.0 \sim 5.3 g/cm^3$，粒度为 $40 \sim 200$ 目，对缓凝剂有吸附作用。可使水泥浆密度加重到 $2.4 g/cm^3$ 左右，与分散剂、降失水剂等复配应用时，可使水泥浆密度提高到 $2.6 g/cm^3$。

4) 氧化锰

此加重材料是锰铁合金生产中的副产品，含氧化锰 $96\% \sim 98\%$（质量分数），密度 $4.9 g/cm^3$，与赤铁矿相似。粒径小于 $10\mu m$。比表面积为 $3.0 m^2/g$，10 倍于水泥颗粒表面。因此在水泥浆中悬浮性能好，浆体稳定，可使水泥浆密度增加到 $2.5 g/cm^3$。

配制高密度水泥浆的难点主要有以下几个方面：

(1) 高密度水泥浆由于其固相含量较高，常会造成水泥浆体系的流变性差，黏度大，难以泵送。

(2) 水泥浆加重材料密度一般要高于水泥固相的密度，因此配置高密度水泥浆时，加重剂会在浆体中发生沉降，造成水泥浆的不稳定。而固井过程中，当水泥浆沉降严重时，会导致水泥封固段水泥环的强度不一，而且由于下部加重剂沉积过多、上部过度析水造成上部与下部水泥石强度过低，不能满足封隔地层和保护套管的要求，从而促使油井寿命缩短，给油气井生产及维护造成巨大的经济损失。

(3) 水泥浆的稠化时间较难调节，这是因为处理剂耐温性受到一定的限制，而高密度水泥浆主要应用在高温条件下。

(4) 高密度水泥浆不容易形成致密的滤饼，失水量高。

(5) 水泥石的强度偏低，由于高密度水泥浆的加重剂不具有胶凝强度，使水泥石内部无法完全胶结，因此其固结强度明显低于纯水泥体系。

(6) 水泥浆浆体的稳定性与其流变性相互排斥，若流变性差、水泥浆浆体的黏度大，则加重剂不容易出现沉降，但在泵注时泵压过高；相反，水泥浆体流变性好，则会使固相颗粒沉降，不利于固井施工的安全和质量。因此，配制高密度水泥浆体系必须协调其沉降稳定性和流动性，这是直接影响高压与深井固井成败的关键。

鉴于常规密度的水泥浆体系已经不能满足深井固井作业的需求，国内常用的高密度水泥浆密度难以超过 $2.6g/cm^3$，且对使用温度有一定的限制，开发出流变性能良好，沉降性能稳定的密度为 $2.7\sim2.8g/cm^3$ 的高密度水泥浆体系，对保证油田顺利开发具有重要的工程意义。

3. 超高密度水泥浆体系研究

近年来石油可采、易采储量不断减少，油气田勘探与开发由陆地、单一底层、浅井向海洋、复杂地层、深井、超深井方面发展，高温高压或者异常高压时有存在，与其相配套的钻井技术不断的创新，其固井研究应用也越来越受到人们的关注。目前国内常规密度水泥浆固井应用广泛，常规水泥浆密度已施工的温度可以达到 160℃ 及以上，压力达到 150MPa，甚至更高，应用已达到相对成熟的阶段。

对于超高密度水泥浆体系的研究，大部分还处于室内阶段，现场得以应用的相对较少，值得借鉴和参考的资料及经验相对较少，但最近几年已经有一些关于超高密度水泥浆体系的研究报道，其中水泥浆的研究和现场应用都取得了一定的成功，并且还在不断发展中。随着技术的发展，在固井领域超高密度水泥浆方面还有待进一步发展和提高。

为解决常规固相加重配置高密度水泥浆存在的难题与问题，有效地提高水泥浆密度，前辈提出了一种结合颗粒级配原理，采用无机盐提高水泥装基液密度的新型加重技术首先为形成不同粒径的大、中、小三种颗粒级配，需要合理选择外掺料粒径，然后使用已加重至密度为 $1.50g/cm^3$ 的基液混配干混材料来进一步加重水泥浆，最终配制出密度为 $3.05g/cm^3$ 的超高密度水泥浆。该基液加重技术配制的超高密度水泥浆性能良好，满足固井作业需要的各项工程性能，为后期的勘探开发做了一定的技术储备。

在中海油，采用紧密堆积理论的颗粒级配原理，建立室内紧密堆积颗粒级配模型，使得单位体积水泥浆中的固相颗粒增加，水泥浆液固比的降低，水泥浆密度提高，改善水泥浆性能，完成了缅甸 A 地区浅层高压气、低温超高密度的油气井固井对于加重材料进行了优选，由于比较理想的加重材料 Micromax 价格非常昂贵，因此选择了密度为 $4.80\sim5.20g/cm^3$ 的赤铁矿粉来配置水泥浆；并且对铁矿粉进行了进一步的优化选择，选择与水泥相近的颗粒粒度较粗的 100 目的铁矿粉作为主要加重剂即 1 级加重剂；利用紧密堆积理想模型计算选择 500 目粒度的铁矿粉作为合理的 2 级加重剂；为更紧密的堆积，实现超高密度的加重目标，在 2 级颗粒级配的基础上，进一步选用 1200 目的铁矿粉加重堆积形成 3 级级配体系。该地区主要属于低温高密度，如在表层套管使用的是 $2.30g/cm^3$ 高密度水泥浆，技术套管使用的是 $2.35g/cm^3$ 高密度水泥浆，固井质量优良。

通过对国内外文献的调研，得出如下结论：

设计超高密度水泥浆体系时除满足一般固井的性能要求外，还需要重点考虑水泥浆在高温高压下的沉降稳定性、水泥石高温稳定性、水泥石顶部强度发展等因素保证高温下固井顺利施工和固井质量达到下次开采作业要求。另外，超高密度水泥浆固井一般都为深井注水泥作业或者遇到高压层，为保持井眼压力平衡，井内液柱压力需始终与地层压力保持平衡或略高于地层压力。超高密度或者高密度水泥浆一般通过以下方法实现：

(1)通过减小液固比，提高固体材料的堆积密度，提高水泥浆密度；

（2）提高配浆水的密度，加重基液，再外掺加重材料来完成，提高水泥浆的密度。

不足之处如下：

（1）根据调研情况来看，高密度水泥浆体系的研究应用比较常见，其技术程度也趋于稳定，并且处于不断的发展当中，而超高密度水泥浆却相应的发展缓慢。现有的资料显示，研究出了密度高于 2.60g/cm³ 的水泥浆，但是现场施工应用很少；

（2）目前大部分使用的加重铁矿粉密度最高为 5.05g/cm³，使用密度为 7.00g/cm³ 的高密度铁矿粉进行加重的情况很少，目前现场施工应用中官深 1 井密度达 2.80g/cm³。

（3）超高密度水泥浆的研究中，由于流动性、稳定性、强度等因素的限制，多采取不同密度的加重剂进行多级复合加重，常常还会加入价格昂贵的 Micromax。

（4）国内常规水泥浆外加剂的性能在配制常规高密度水泥浆时有一定的选择性，但配制超高密度水泥浆由于受温度、密度、流动度、稳定性、失水、强度、稠化时间等性能的影响，其选择范围大大降低，很难满足实际需求。只能从国外引进，很大程度上增加了深井的固井成本。

4. 非规则颗粒级配神经元技术

虽然国内对高密度水泥浆颗粒级配技术研究较多，但是仍有许多缺陷和需要改进的地方，如构建颗粒级配物理模型时，基于同一目数的粒径一样，颗粒都是圆形（图 7-4），而水泥浆实际上属于非规则颗粒级配（图 7-5），这样就造成提供的高密度水泥浆配方指导性不强。此外，由于水泥及各种外掺料的厂家不同，批次不同，各种影响因素相互关联，形成"超叠加效应"，非线性关系极强，造成水泥浆配方性能波动大，可重复性差，给性能优良的高密度水泥浆的开发和使用带来诸多不便。

图 7-4　以往颗粒级配理论模型　　　　图 7-5　水泥浆实际颗粒级配情况

为此，从水泥浆颗粒的实际级配情况出发，利用非规则颗粒级配理论来指导高密度水泥浆的配制，以大量高密度水泥浆正交实验结论为基础，最后采用人工神经元网络和数据库技术进行回归处理，建立高密度水泥浆配合比设计软件。所研发的软件具有自组织、自学习的特点，不需要预先对模型的形式、参数加以限制。在软件中输入原料数据，即可得到性能结果；在软件中输入期望的性能，即可得到合适的原料数据，并给出可供选择的多组配合比，供实际生产参考。

1）原理

目前，关于材料性质和配合比组成对浆体性能影响的研究有很多，但是这些复杂过程中的微观机理和影响机制尚不明确。由于缺少有效的理论模型，浆体配制大多依赖于经验公式和大量试验验证，给高性能水泥浆的开发和使用带来诸多不便。曾经的统计回归建立单因素影响模型的研究思路已经不能满足需要，这种方法工作量巨大，且研究结果应用面窄。目前广泛研究和应用的人工神经元网络方法，在处理复杂系统的建模问题上表现出了极强的优越性，因此选用人工神经元网络和数据库技术进行油井水泥浆流变模型的建立、预测，这也是神经元网络技术在油井水泥中的首次应用。

BP 神经网络也称误差反向传播神经网络，它是由非线性变换单元组成的前馈网络，是人工神经网络中应用最广的一种神经网络。

BP 神经网络是一种映射表示法。它通过对简单的非线性函数进行复合来表达复杂的物理现象，具有自组织、自学习的特点，不需要预先对模型的形式、参数加以限制。网络只根据训练样本的输入、输出数据来自动寻找其中的相关关系，给出过程对象的具体数学表达。BP 神经网络是由输入层、隐藏层、输出层构成，同层各神经元互不相连，相邻的神经元通过权相互连接。它尤其适用于处理同时需要考虑多种因素的非线性问题。

目前在材料性能预测领域，多数情况下无法建立完整的理论模型，因而只能借助于一些经验的方法，如正交设计方法、经验公式回归方法和神经网络方法等。神经网络方法在水泥基复合材料性能预测领域中的应用时间还不长，目前采用的主要是两层或三层的 BP 神经网络进行性能预测，而在油井水泥中应用尚属首次。神经网络方法的优点是只要在训练网络时，将所有影响因素考虑在内，即可进行性能的预测，不必关心这些因素是如何对材料的性能造成影响的。另外，这种方法具有很强的处理离散数据的能力，其缺点是为了得到足够精确的预测结果，就需要有足够多的用于训练网络的试验值，此外神经网络方法也得不到材料性能与影响因素之间的解析表达式。

2）模型建立

根据需要，选取实际应用中最关注的高密度水泥浆体的密度、流变和强度 3 个性能作为主要的考察因素，先从实验中取得 100 组左右的流变、沉降均合格的不同密度的数据，建立数据库架构，在数据库和神经元模型建立后，再大量补充实验数据，完善数据库。

在数据库中，每一条完整的数据包含的内容见表 7-1。

表 7-1　数据库中记录的数据内容

原料数据	性能数据
铁矿粉总掺量	密度
铁矿粉 1 的种类和掺量	流变仪 300 转读数
铁矿粉 2 的种类和掺量	流变 n 值
硅粉的种类和掺量	强度

实际使用时，通常使用两种铁矿粉复配，由于原料库中有多种铁矿粉和硅粉，使用时根据需要从中选择一种或两种铁矿粉复配，以及一种硅粉，确定各自比例进行水泥浆配制。因此在数据计算时需要将原料的种类和比例分开集成到数据矩阵中。

其中铁矿粉总掺量等于两种铁矿粉掺量的和，且与密度近似呈线性关系，对于这两个线性关系进行了统一处理，不代入神经元网络计算。

将原料数据作为输入层，性能数据作为输出层进行训练，可得到正向预测矩阵，在正向预测中，输入原料数据，即可得到性能数据，可以起到配合比的辅助验证作用。

将性能数据作为输入层，原料数据作为输出层进行训练，可得到反向预测矩阵，在反向预测中，输入期望的性能，即可得到合适的原料数据，从而得到配合比，达到配合比预测的目的。

通过基础数据的正反向两次学习，可以得到正向预测矩阵和反向预测矩阵，从而可以灵活地进行双向预测。更新基础数据后，重新进行学习训练，得到新的矩阵即可。可以通过学习速率、最大训练次数、最小训练精度等神经元网络参数控制训练的精度和速度。

此外，软件系统中还加入了原材料数据库，配合比列表等辅助功能，方便进行基础数据的管理。数据库中合格数据的量越大，相关性越好，预测的结果也就更精准(图7-6，图7-7)。

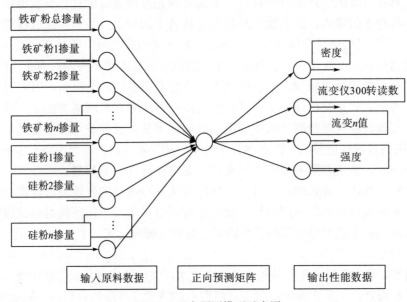

图 7-6　正向预测模型示意图

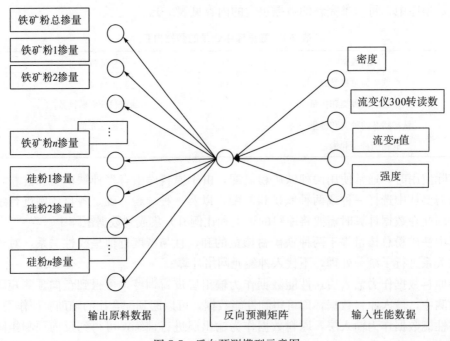

图 7-7　反向预测模型示意图

3）软件功能说明

根据以上原理和数据库资料，使用人工神经元网络软件包设计软件，包含用户管理、原材料管理、配合比管理、配合比预测等多个模块，其主要功能如下。

（1）用户管理。

软件用户根据权限的不同包含 3 个层次，分别是普通用户、管理员用户和超级管理员用户。普通用户通过账号密码登录，可进行配合比的查询导出、配合比和性能预测的操作，但无法对原料数据库和配合比数据库进行增删改；管理员用户在普通用户功能的基础上增加数据的增删改功能；超级管理员用户则具有管理用户数据库，增删用户的权限。图 7-8 为用户管理界面。

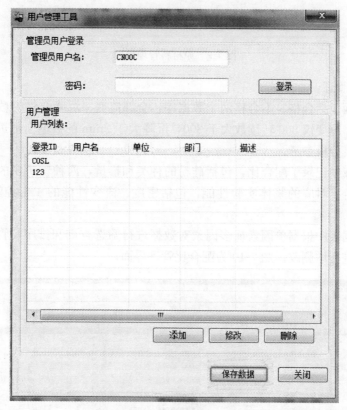

图 7-8　用户管理界面

（2）原材料管理。

通过管理员用户登录系统后，即可对原材料数据库进行增删改操作，这里原材料主要包括硅粉和铁矿粉，为便于计算分析，取平均粒径、密度、含水率和杂质含量 4 个易量化的指标作为控制参数，可供技术人员参考选择使用。图 7-9 为原材料管理界面。

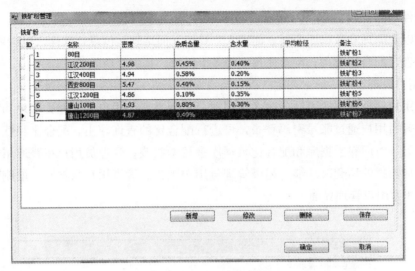

图 7-9　原材料管理界面

(3)配合比管理。

配合比界面包括合格、不合格两个数据库，全部流变、沉降合格的数据将被整理在合格数据库内，流变仪 300 转读数大于 300，沉降大于 2mm 的数据全部进入不合格数据库，供技术人员分析参考。

合格数据库中记录了配合比，包括硅粉的种类和掺量，两种铁矿粉的种类和各自掺量，以及该配合比对应的浆体实验性能，包括密度、流变性能的 4 个控制指标和强度、沉降稳定性。

可以在数据表中根据单因素或多因素对数据进行筛选查询和排序，管理员用户可通过下方的按钮进行增删改。图 7-10 为配合比管理界面。

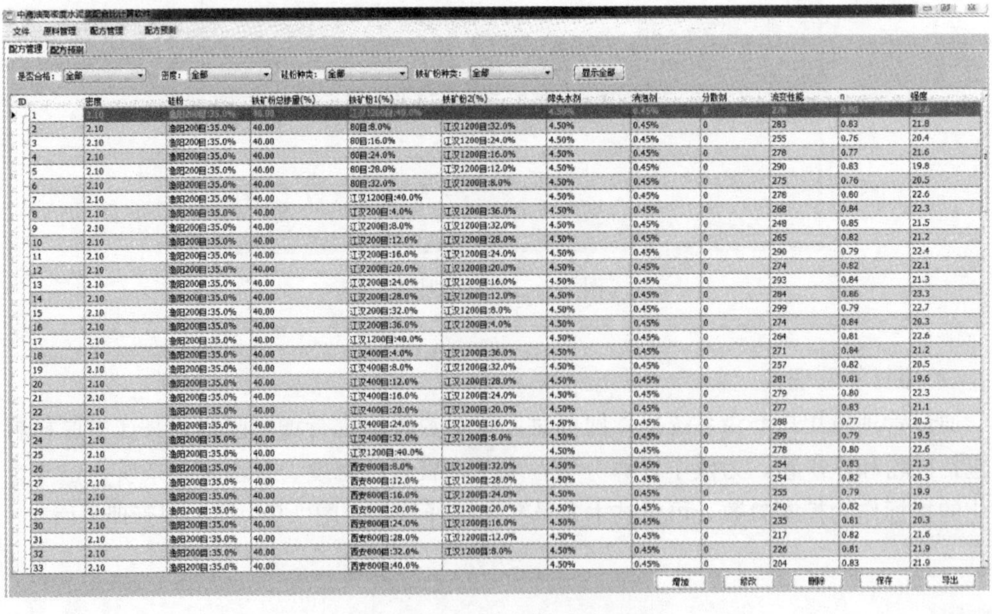

图 7-10　配合比管理界面

(4)配合比预测。

每次增删改配合比数据后，都需要进行神经元的重新训练计算才能将新增数据代入矩阵计算。无配合比数据变化时，只需训练一次，即可持续使用。这里提供了双向预测，一方面可以通过输入期望密度，期望的流变读数为 300，选取可能使用的粉体材料，来预测配合比，即硅粉、铁矿粉各自的种类和掺量；另一方面输入硅粉和铁矿粉各自的种类和掺量，即可预测浆体的密度和流变性能。图 7-11 为配合比预测界面。

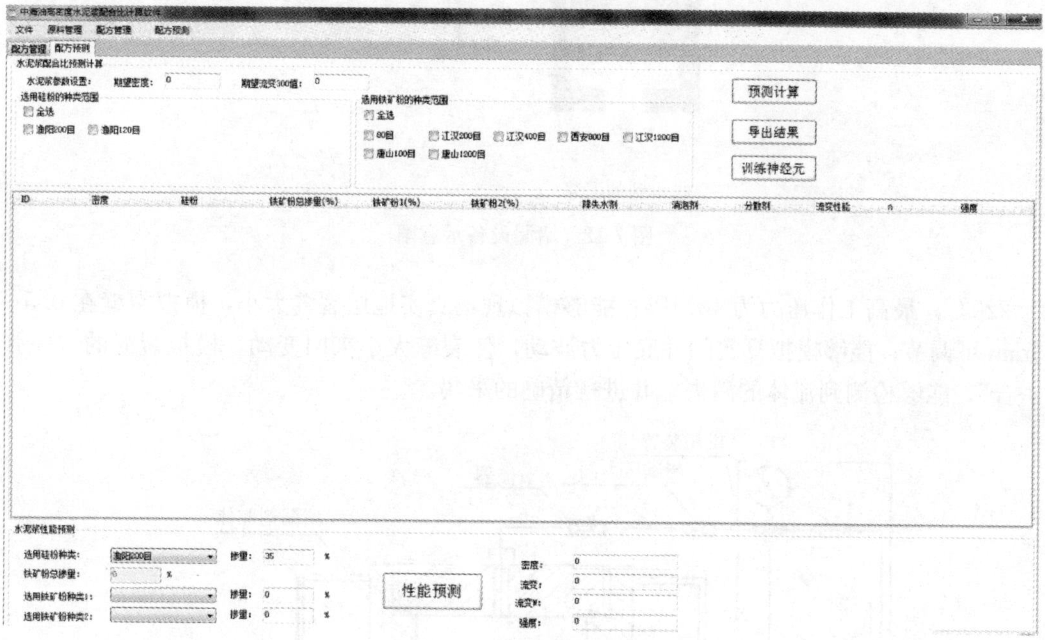

图 7-11　配合比预测界面

7.2.2　水泥浆防漏失技术

固井时发生井漏不仅会耗费钻井时间、漏失水泥浆，而且严重时还可能引起井喷、固井质量差等问题，甚至导致井眼报废事故，造成重大经济损失。高温高压井中由于地层压力体系多变，高温高压固井时通常面临的压力安全窗口非常小，在施工过程中"涌漏并存"现象普遍，因此水泥浆防漏堵漏控制技术一直是固井中研究的重点。

1.　水泥浆漏失评价技术

目前，模拟井底泥浆或水泥浆的漏失，一般都是在一定温度和压差下，使用网孔板或者固定宽度的裂缝进行模拟流体的漏失(图 7-12)。而实际地层存在裂缝时，会随着井内的波动压力存在"一张一合"的情况，存在裂缝对流体反复"吞吐"的动态漏失，动态漏失对堵漏材料提出了更高的要求。

以往室内堵漏评价装置对堵漏效果的评价虽具有较大的意义，但也存在一定缺陷：与实际裂缝漏失通道相比尺寸较小，并且不能真实模拟裂缝尺寸的动态变化行为。因此，在以往堵漏评价装置的基础上，研制出一种能模拟现场真实地层裂缝大小动态变化的动态堵漏仪(图 7-13)，其具有如下功能：能够模拟现场真实地层温度压力，最高工作温度

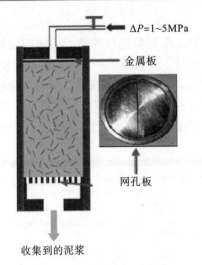

$\Delta P=1\sim5\text{MPa}$

金属板

网孔板

收集到的泥浆

图 7-12　堵漏设备示意图

为 220℃，最高工作压力为 40MPa；能够模拟现场真实地层裂缝大小，模拟裂缝在 0.5~5mm 可调节；能够模拟真实的井底压力波动，使裂缝大小来回变动，模拟裂缝的"一张一合"；能够检测到流体的漏失，并进行精确的采集。

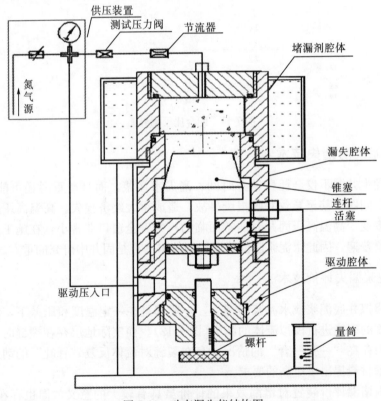

供压装置

测试压力阀

节流器

堵漏剂腔体

氮气源

漏失腔体

锥塞

连杆

活塞

驱动腔体

驱动压入口

螺杆

量筒

图 7-13　动态漏失仪结构图

模拟现场真实地层裂缝大小动态变化的动态堵漏仪由如下 5 部分组成：

(1)各类腔体，由堵漏剂腔体、漏失腔体、驱动腔体自上而下连通组成。

（2）联动装置，由锥塞、连杆、活塞组成，上部锥塞位于漏失腔体内，通过能够上下运动的连杆将活塞伸入驱动腔体中。

（3）供压装置，由氮气源、调压阀、压力表组成，一方面将压力通过驱动压入口输入至驱动腔体作为活塞向上运动的驱动压，另一方面经由测试压力阀和节流器与测试压入口接通，将测试压逐渐输入至堵漏剂腔体中。

（4）调节机构，即螺杆，上端位于驱动腔体中，在供压装置未供压情况下，与联动机构的活塞下部接触，进而调节活塞运动行程的下限，从而获得最大环形漏隙。

（5）计量装置，即量筒，测量由漏失腔体的漏失液出口流出的液体体积。

工作原理：如果堵漏剂堵漏效果明显，则环形漏隙逐渐加大至最大环形漏隙。如果堵漏剂堵漏效果不明显，堵漏剂漏失使得堵漏剂腔体内压力损失，联动机构在驱动压作用下再次向上运动，从而使环形漏隙变小；测试压经过节流器再次输入堵漏剂腔体内，当堵漏剂腔体和驱动腔体中压强相等时，联动机构再次向下运动；联动机构重复上述过程。如果堵漏成功，即环形漏隙为最大环形漏隙时堵漏剂仍无漏失，而由于锥塞所受的测试压大于活塞所受的驱动压，使得联动机构停止振荡。如果堵漏失败，则堵漏剂全部漏失，联动机构一直持续小幅振荡直至停止供压。

2. 水泥浆漏失控制技术

一般水泥浆的正常密度为 $1.9g/cm^3$，且含有大量固相颗粒，尤其是高温高压井中水泥浆产生的高液柱压力极易造成水泥浆向地层的大量漏失。在水泥浆要封隔的地层中，如果存在漏失地层或可能发生诱发性漏失层位，则水泥浆漏失难以避免。对水泥浆漏失进行控制应在不同阶段采取相应的措施：

（1）注水泥前应处理好井筒，使注水泥在无漏失情况下进行。但在实际注水泥作业中，可能面临两种情况，即在注水泥期间发生漏失或未发生漏失。如果油田区块及地质地层有漏失存在，设计必须按可能漏失情况进行设计选择。

（2）为防止水泥浆的漏失，在设计阶段应尽可能降低环空液注压力，使之小于地层破裂压力，或者小于注水泥前循环钻井液时环空当量压力梯度，设计时主要的防漏控制措施包括：①控制水泥上返高度，或经地质与采油同意的情况下降低水泥上返高度，或选择分级注水泥方案；②降低水泥浆密度；③增加冲洗隔离液数量，尤其是紊流冲洗液；④加入分散剂，在较小排量下达到紊流，降低摩阻。

（3）设计时并不能完全考虑到固井现场的实际情况，当固井施工过程中已发生漏失时，可采取以下措施进行适当处理：①防漏设计按预防漏失情况进行设计选择。例如，降低水泥浆密度，增加冲洗隔离液数量，加入分散剂和降低顶替排量；②管柱的下部结构，尤其是浮鞋浮箍，开启应有较大的尺寸，防止桥塞堵漏材料造成套管内堵塞憋泵；③注水泥前，先行用井浆加入桥塞堵漏材料注入井内，然后注入冲洗隔离液；④控制注替水泥浆排量，在尾随的水泥浆中加入触变性处理剂；⑤采用如表 7-2 所示的颗粒状材料进行漏失封堵，堵塞岩层表面或内部形成桥塞。其中，使用黑沥青时井下温度不超过100℃，使用核桃壳类材料时注意套管内堵塞，一般不要使用长纤维堵漏材料。对于天然裂缝和溶洞漏失，使用这类材料不会有效。

表7-2　水泥浆中常用堵漏材料

类型	名称	材料特征	每袋水泥加量/kg	需水量/(L/kg)
颗粒状	硬沥青	分粒度的	2.3~23	7.6/23
	珍珠岩	膨胀	14~30	7.6/30
	胡桃壳	粒度	0.5~2.5	3.2/25
	炭黑	粒度	0.5~5.0	7.6/23
薄片状	赛珞玢	薄片	0.05~1.0	无
纤维状	尼龙	短纤维	0.05~0.10	无

3. 纤维对水泥浆性能影响

采用混合纤维 B62 评价其对水泥浆性能的影响，结果见表7-3、图7-14~图7-18。

表7-3　B62对水泥浆性能影响规律（聚合物水泥浆体系）

序号	密度/(g/cm³)	加量/(g/600ml)	流动度/cm（常温，养护前）	稠化时间/min（75℃，35MPa）	抗压强度/MPa（90℃，常压，48h）	API失水/ml（75℃，6.9MPa，30min）
1	1.90	0	23	279	45.3	31
2	1.90	2.4	21	280	47.5	32
3	1.90	3.6	20	255	48.8	35

图7-14　0g 纤维流淌度，23cm

图7-15　2.4g 纤维流淌度，21cm

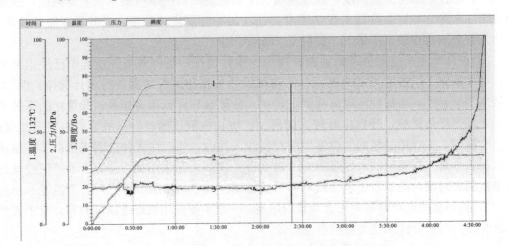

图7-16　0g 纤维时对应的稠化曲线（稠化时间 279min）

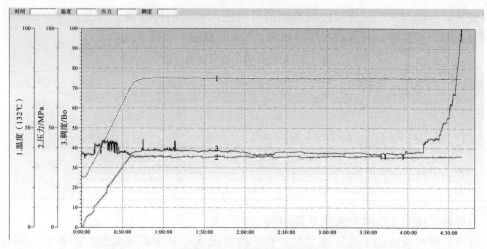

图 7-17　2.4g 纤维时对应的稠化曲线（稠化时间 280min）

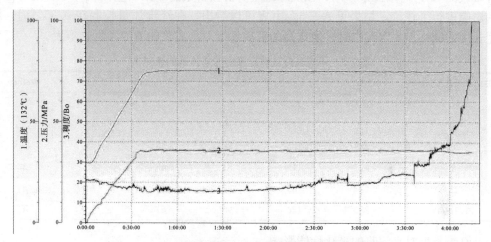

图 7-18　3.6g 纤维时对应的稠化曲线（稠化时间 255min）

从实验结果可以看出：①纤维 B62 的加入对流变性能有一定的影响，但控制在 0.5％的加量是合适的；②纤维 B62 对稠化及失水影响都不大，属于误差范围以内，同时有利于水泥石抗压强度的提高。

4. 纤维长度对水泥浆性能的影响

1)纤维长度与水泥浆的漏失

水泥浆的漏失控制性能与水泥浆中使用的纤维长度相关联，过长的纤维，不仅使水泥浆拌混和顶替产生困难，也可能降低水泥浆的漏失控制效果；但是，作为在水泥浆中以漏失控制为基本功能的纤维材料，漏失控制效果的好坏，是选择纤维材料品种和规格的基础。通过室内对玻璃纤维加量变化影响的评价，选择玻璃纤维加量为 0.35％，在此基础上对纤维长度为 3~15mm 的水泥浆漏失情况进行了评价，结果见表 7-4。从表中可以看出，玻璃纤维的长度在 5mm 时，纤维水泥浆具有最低的漏失量；纤维长度为 3mm 时，漏失量相对较大；纤维长度为 9~15mm 时，其漏失量随着纤维长度的增加，漏失量变大，甚至无法产生封堵效果；在纤维长度为 9mm 时，没有明显的滤饼形成，而滤失量相对较大，可能与水泥浆穿过松散堆积的纤维进入砂层的持续漏失有关。在实际的纤维水泥浆的漏失控制中，纤维的长度选择在 5mm 左右较为合适。

表 7-4　玻璃纤维加量的堵漏试验

纤维长度/mm	漏失量/ml	滤饼厚度/mm	封堵效果	滤饼与砂层接触面
3	104	30	完全堵住	完好清晰
5	26	14	完全堵住	完好清晰
9	78	20	完全堵住	完好清晰
13	130	25	未堵住	完好清晰
15	135	33	未堵住	完好清晰

2) 纤维长度对水泥浆的流变性能影响

纤维长度可能影响水泥浆流变性。在一些情况下，对水泥浆流变性的影响主要是玻璃纤维表面 SiO_2 与水泥浆作用，以及纤维本身链接桥架的结果。室内就纤维长度对流变性的影响进行了评价，结果见表 7-5。由表可以看出，在纤维加量控制在 0.35% 时，将一定长度的纤维加入水泥中时，所选择的玻璃纤维对水泥浆的流变性影响不大。

表 7-5　不同长度玻璃纤维水泥浆体系的流变性

玻璃纤维长度/mm	$\Phi600mm$	$\Phi300mm$	$\Phi200mm$	$\Phi100mm$	$\Phi6mm$	$\Phi3mm$
—	235	135	94	53	4	3
3	215	115	80	43	4	2
5	223	126	88	48	5	3
9	220	119	84	45	4	3
13	224	125	87	47	4	3
15	230	126	90	51	5	4

3) 纤维长度对水泥浆的稠化性能影响

从玻璃纤维化学成分的角度理解，在水泥浆的碱性环境下，玻璃纤维实际上并不是一种惰性物质，高温和水泥浆的碱性环境将使玻璃纤维表面被溶解，这种溶解对水泥浆的诸多性能产生影响。为了了解玻璃纤维在水泥浆中对稠化性能的影响，在 70℃ 温度下就不同长度玻璃纤维对水泥浆的稠化时间进行了评价，结果如图 7-19 所示。由图 7-19 可见，随着玻璃纤维长度的增加，水泥浆的稠化时间延长。纤维的加入和溶解使水泥浆的稠度增加，稠化时间增加。

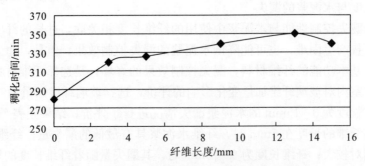

图 7-19　玻璃纤维长度对水泥浆稠化时间的影响

4)纤维长度对水泥浆的抗压强度影响

纤维在水泥浆中的使用不仅可以有效地降低水泥浆在易漏失地层的漏失，改善水泥浆的顶替和泵送效果，而且可以有效地提高水泥浆的抗压强度。不同长度的纤维对水泥石强度的影响如图 7-20 所示。由图 7-20 可见，在一定纤维加量情况下，随着纤维长度的增加，纤维水泥石的抗压强度呈现出一种先增加再逐渐下降的趋势，说明纤维水泥石的抗压强度受水泥浆中添加的纤维长度的影响，并存在一个使水泥石达到最高强度的最佳纤维长度。图 7-20 显示其最佳长度为 5～9mm。

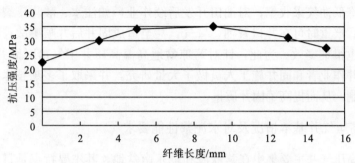

图 7-20　玻璃纤维长度对水泥石抗压强度的影响

纤维本身对水泥石或水泥石裂缝有一种桥接作用。纤维长度过短，无法连接所形成的水泥石裂缝，起不到应有的增强作用；纤维长度过长，一方面不容易均匀分散在水泥中，容易卷曲成团，使得纤维不能发挥正常长度的作用，另一方面长纤维在与短纤维加量相同的情况下，由于弯曲、取向、搭接、缠绕，其产生有效作用的纤维段浓度相对降低，降低了在水泥浆中起增强作用的纤维总浓度，使得抗压强度下降。

5)纤维长度对水泥浆的抗折强度影响

水泥石的抗折强度也受到纤维长度的影响。室内对不同纤维长度的水泥石常压抗折强度的测定结果如图 7-21 所示。从图 7-21 可见，纤维长度对水泥石抗折强度的影响趋势与对抗压强度的影响趋势有所不同，图 7-21 显示，抗折强度在经历了一个短的上升后开始下降，然后继续上升，室内多次试验都显示了这种抗折强度的变化规律。抗折强度在纤维长度 13mm 以前强度值变化规律与抗压强度值变化规律类似，而纤维长度继续增加，抗折强度上升，但是仍然达不到 5mm 纤维长度时的抗折强度，这可能与纤维在缠绕后的重叠或者在某一个相同方向的纤维弯曲折叠产生的有效纤维段的浓度累积有关，对于13mm 以上长纤维来说，这种现象的产生是固定纤维加量情况下，纤维水泥石中有效纤维段在某一个方向随机取向概率增加的体现。

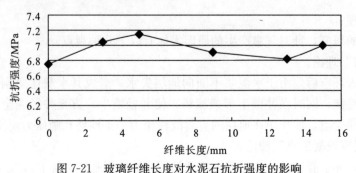

图 7-21　玻璃纤维长度对水泥石抗折强度的影响

7.2.3　水泥浆防气窜技术

高温高压气井固井的主要风险之一是环空气窜的发生。固井后环空气窜是指在注水泥结束后,在水泥浆由液态转化为固态的过程中,水泥浆难以保持对气层的压力或由于水泥浆窜槽等原因造成胶结质量不好,或水泥浆凝固后,气层气体窜入水泥石基体,或进入水泥与套管或水泥与井壁之间的间隙中造成层间互窜甚至窜入井口。发生环空气窜的主要危害是:直接影响水泥石胶结强度;导致层间窜流,直接影响油气层的测试评价,污染油气层;降低油气采收率;对油田开发后续作业,如注水、酸化压裂和分层开采等造成不利影响;严重时可在井口冒油、冒气,甚至造成固井后井喷事故,即使采用挤水泥等补救工艺也很难奏效。为此,针对莺琼盆地高温高压井中气窜对固井质量的影响,南海西部的钻井作业者和固井施工人员做了大量研究,并采取了多项技术和工艺措施来对气窜进行控制,从而提高了固井质量。

1. 高温高压气井基本情况及对水泥浆性能要求

南海高温高压气井主要集中在莺歌海和琼东南盆地,其主要特点是目的层以天然气为主,且气层压力高,地温梯度大,同时存在高压地层水,在同一封固井段中,常常存在多个不同压力体系的地层,形成同一裸眼井段内出现地层的孔隙压力与破裂压力很接近的情况,使得固井难于实现平衡压力注水泥和控制候凝过程中环空气窜,给固井防窜水泥浆设计带来极大的难度。

1)基本情况

根据对已钻井的统计,井深 4500m 左右的井,其井底地层压力超过 100MPa,地层压力系数一般为 $2.00g/cm^3$ 左右,有的达到 $2.30g/cm^3$ 以上,井底静止温度超过 $200℃$,平均地温接近 $4℃/100m$,最高达 $5.5℃/100m$。

2)固井水泥浆应具有的性能

根据莺歌海盆地和琼东南盆地高温高压气井的地质特点,要求固井水泥浆的主要性能在井底静止温度为 $163\sim203℃$,井底循环温度为 $125\sim165℃$,井底压力为 $68\sim100MPa$ 的条件下,水泥浆密度达到 $2.25\sim2.40g/cm^3$,水泥浆自由水小于 0.5%,API 失水量控制在 $50\sim100ml$,24h 水泥石抗压强度大于 20MPa,水泥浆防气窜要求在候凝过程中,其有效液柱压力与气侵阻力之和始终大于地层压力。

2. 气窜机理及趋势分析

1)气窜机理

经过大量的研究,针对气窜产生的原因大体有以下几种观点。

(1)"桥堵"理论。

水泥浆进入环空后,由于水泥浆不断向地层失水,造成其水灰比急剧下降,改变了水泥浆的原有性能,同时在井壁上形成滤饼,使井径缩小,直至井径完全被堵塞,导致水泥浆静压传递受阻,使作用在地层的有效液柱压力小于地层孔隙压力而发生气窜。

(2)"水泥浆胶凝失重"理论。

水泥浆进入环空静止后,水泥浆内部开始形成静胶凝强度。随着胶凝结构逐渐形成,环空静液柱压力逐渐降低，水泥颗粒逐渐形成网架结构，水泥浆稠度增加，气窜阻力（包括水泥浆结构自身阻力及聚合物提供的附加阻力）相应增大，如果此时环空静液柱压力与气窜阻力叠加之和小于地层压力则将会发生气窜。

（3）"界面胶结"理论。

由于界面胶结不好而发生气窜，主要原因是滤饼的存在和顶替效率低，导致水泥石界面与地层（或套管）胶结不好而引起气窜。

（4）"微裂缝-微环隙"理论。

微裂缝是在水泥环内产生的微小通道，而微环隙是由于水泥环不能很好地与套管或地层胶结造成的。该理论认为环空或水泥环本体存在微裂缝-微环隙这一窜流通道，是引起气窜的根本原因。

（5）油管、套管或井下工具泄露。

油管、套管或井下工具的密封性出现问题，发生流体泄露，也会导致环空气窜。

2）气窜趋势

气窜在水泥浆凝固前、水泥浆凝固过程中，以及水泥浆凝固后均有发生的可能。以下从这3个阶段分别对气窜的趋势进行说明。

（1）水泥浆凝固前的气窜。

从固井作业流程看，固井作业中在水泥浆泵送到井下以后的候凝开始一直到固井水泥浆凝固并产生较大的强度的整个过程，每个过程都可能产生油气水的窜槽现象，其中水泥浆凝固之前的气窜一般不被重视。但是，在实际的固井作业过程中经常发生，水泥浆凝固前的气窜可能由于两个主要的因素。

第一，水泥浆密度的设计不合理，产生环空液柱压力低于高压地层压力的情况。该情况可能在地层压力层系比较多时发生，也可能在高压地层被忽略和没有被识别的情况下发生。

第二，可能由于水泥浆附加量不够，水泥浆的上返高度不够，水泥浆产生的液柱压力低于地层压力。在这种情况下，水泥浆在凝固之前已经产生了较严重的气窜或者流体窜，水泥浆的性能无论如何好也不能改变流体窜槽的趋势，但是，这种情况可以通过水泥浆设计而得到解决。在地层处于高压的情况下，特别是压力层系较多，井下情况不明，或者处于高压低渗的情况，对压力的监控较难时，可以适当提高水泥浆的密度，抑制流体窜流的趋势。在水泥浆大量漏失，井眼极不规则，水泥浆附加量太小的情况下，都可能导致水泥浆返高不够。因此，在固井作业前应该研究和分析井眼状态，了解井下漏失情况，做到科学设计以防止流体窜槽的发生。

（2）水泥浆凝固过程中的气窜。

水泥浆在凝固过程中，由于"胶凝"和"体积收缩"等原因，P_c不断下降。随着水泥浆强度的增大，P_f也不断增大。因此，水泥浆的防窜性能是随稠化过程的进行而不断发展并变化的。为研究水泥浆压力降低规律，室内采用的一种模拟实验方法为：向一定高度的模拟井筒内灌注水泥浆，然后在不同的时间测量水泥浆压力和相应的胶凝强度。其时间与凝胶强度、水泥浆液柱压力变化的规律如图 7-22 所示。

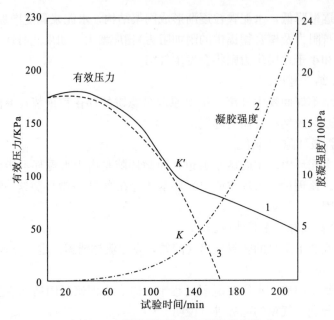

图 7-22　水泥浆的压力降与凝胶强度关系

图 7-22 中各曲线具体含义及相应的规律变化情况如下。

第一，图示曲线 1 反映了水泥浆液柱压力的变化规律：初期下降很慢，中期加快，后期减慢，中、后期之间有一个较明显的分界点 K'。

第二，图示曲线 2 反映了水泥浆胶凝强度发展规律：初期发展很慢、中期加快、后期更快。

第三，图示曲线 3 为由水泥浆胶凝强度计算得到的水泥浆压力降低值。

第四，对比曲线 1 和 3 可知：在 K' 点以前，两条曲线很接近，说明这一阶段水泥浆的压力下降主要由胶凝引起。此时水泥浆的胶凝强度还不够高，水泥水化后体积收缩引起的压力降低可由水泥浆自由回落而得以部分补充；在 K' 点以后，两条曲线发生偏离。这是因为此时水泥浆已具有一定的胶凝强度，水泥浆已停止回落。水泥浆的压力下降由水化后体积收缩造成。在胶凝强度发展曲线 2 上，有一个 K 点与 K' 点相对应。在 K 点以后，胶凝强度迅速发展，呈近似直线规律变化。由于胶凝强度迅速增大，水泥浆的抗窜阻力 P_f 也将迅速增大，而此时，水泥浆压力 P_c 的降低已变慢。因此，在 K 点以后，水泥浆抗窜阻力 P_f 的增大速度将高于水泥浆压力 P_c 的降低速度。也就是说，如果在 K 点仍不发生水窜，在 K 点以后将不会发生水窜。K 点为临界点，K 点所对应的时间 t_k 为临界气侵危险时间，所对应的胶凝强度 r_k 叫临界胶凝强度。

3）水泥浆凝固后的气窜

水泥浆凝固后，在水泥硬化阶段，常规密度的水泥变成渗透率较低的固相，其渗透率只有几微达西。因此，在水泥基体中的孔隙内部充满水的情况下，几乎没有气窜发生。但低密度水泥在水灰比较高的情况下渗透率相当高（0.5～5.0mD）。因此，在这样的水泥基体内，可能发生气窜，尽管流速很低，但也可能窜到地面。这种现象可能需要几周或几个月才能在地面显示出或测量到，通常表现为关井压力恢复很慢。此外，后续的钻井工程等措施可能会造成水泥环的胶结界面间产生微环隙，形成气窜通道。

3. 水泥浆防窜能力评价装置及方法

尽管窜流事故时有发生，但现场实践表明，并非所有的井都发生窜流，发生窜流的井窜流的程度也不尽相同。这就需要根据井下的实际情况以及所用的水泥浆性能，合理判断窜流发生的可能性，然后再根据窜流发生可能性的大小，调整相应的水泥浆性能，采取相应的防窜措施，直到能满足防窜要求为止，以防止窜流的发生。为了实现这个目标，针对上述窜流形成的原因及趋势情况，国内外众多学者、专家在多年的防窜研究基础上，形成了一系列不同的水泥浆防窜评价方法和配套防窜评价装置。

1) 过渡时间评价装置

测试仪器采用千德乐公司 5265 型静胶凝强度/超声波抗压分析仪(SASG)来测试静胶凝强度发展过渡时间，最高工作压力为 137MPa，最高工作温度为 204℃。该仪器采用无损测量技术，能可靠地测量井底温度、压力下静胶凝强度发展过程。该设备的过渡时间基于 Sabins 和 Rogers 提出的理论：水泥浆静胶凝强度发展到 48Pa 时就开始进入过渡阶段，当水泥浆静胶凝强度超过 240Pa 时就能抑制气体运移。该仪器的超声波原理如图 7-23 所示、实物如图 7-24 所示。

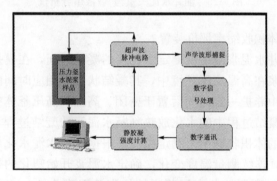

图 7-23　超声波原理图

图 7-24　5265 型静胶凝强度(SASG)

2) 气侵危险时间内的气侵阻力评价装置

采用北京东方欧科应用技术公司生产的 OWC-0480 型油井水泥失重与气/液窜模拟测试仪考察水泥浆的防窜能力。如图 7-25 所示，最高模拟压力为 7MPa，最高模拟温度为 175℃。仪器设计原理基于防止窜流的必要条件：环空静液柱压力与水泥浆的抗窜阻力之和大于地层压力。水泥浆未胶凝前，静压力大于地层压力，不会发生窜流。而当水泥浆静胶凝强度足以阻止气体窜入时，气体无法窜入水泥浆。进而引入了窜流危险期的概念，当水泥浆柱失重后的静液柱压力等于地层压力或水柱压力时，气窜的可能性最大。测窜原理是测试水泥浆的失重找出窜流的危险时间，并设计了压力平衡关系。选定窜流危险时刻后，改变平衡关系，便可测出水泥浆的抗窜能力。

图 7-25　油井水泥失重与气/液窜分析仪

3)水泥浆终凝时体积收缩率评价装置

利用高温高压油井水泥浆凝结仪测定水泥浆的凝结时间，在模拟不同井深及静态条件下，测量环空水泥浆在高温高压环境中，其凝结状态及相应时间的方法。室内实验将水泥浆在增压稠化仪中养护一定时间后置于密闭、高温、高压釜体中养护，釜体保持恒温状态，通过水泥石凝结过程中的水化放热判断水泥石的凝结过程，同时根据釜体内压力变化来判断水泥石的体积收缩率。测定原理是根据油井水泥水化放热温度变化的特殊现象，采用间接接触式连续测量温度变化，确定水泥浆开始塑化的初凝时间和具有固化强度的终凝时间。高温高压油井水泥浆凝结仪实验温度为 $0\sim150℃$，试验压力为 $0\sim90MPa$，其装置图如图 7-26 所示。

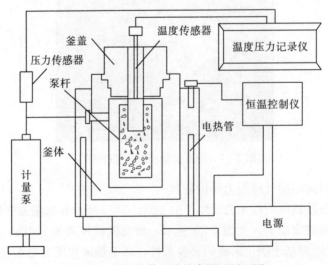

图 7-26　水泥浆体积收缩率测试原理图

4)气窜潜力系数法(GFP)

该方法是由哈里伯顿公司于 1984 年提出的。它应用了水泥浆过渡时间概念,当水泥浆静胶凝强度达到 240Pa 时,水泥浆有足够的强度来阻止气窜,这可能引起水泥浆柱压力的最大压力损失 ΔP_{max}(表 7-6)。因此,采用 ΔP_{max} 与水泥浆顶替到位后井内浆柱的初始过平衡压力(POBP)来描述气窜的危险性,具体的计算见式(7-1)。

$$\begin{cases} \mathrm{GFP} = \dfrac{\Delta P_{max}}{P_{OBP}} \\ \Delta P_{max} = \dfrac{4 \times 10^{-2} \tau_{cgs} L_c}{D_H - D_P} \\ P_{OBP} = P_c - P_p = 0.00981 \times (\rho_c L_c + \rho_s L_s + \rho_m L_m - \rho_p L) \end{cases} \tag{7-1}$$

式中,P_c——初始水泥浆柱压力,MPa;

P_p——地层压力,MPa;

ρ_m——钻井液密度,g/cm^3;

ρ_p——地层压力的当量密度,g/cm^3;

L——井深,m;

L_m——环空中钻井液长度,m;

L_s——环空中隔离液长度,m。

表 7-6 气窜潜力系数评价准则

参数值	气窜评价
1≤GFP≤4	气窜可能性小
5≤GFP≤8	气窜可能性中等
GFP>8	气窜可能性大

5)压稳系数法(PSF)

压稳系数法(PSF)是指:水泥浆在临界点失重时的浆柱压力与地层压力的比值。当 PSF≥1 时,防窜效果好;当 PSF<1 时,防窜效果差。

6)水泥浆性能系数法(SPN)

水泥浆防气窜性能如何主要取决于水泥浆在顶替到位后,由液态转化为固态过渡时间的长短以及水泥浆孔隙压力下降速率的大小。其中,水泥浆由液态转化为固态的过程一方面可以用水泥浆静胶凝强度发展速率来描述,另一方面可以用稠化过渡时间(稠度变化速率)来描述。水泥浆孔隙压力下降的主要原因是水泥浆向地层失水,水泥浆孔隙压力下降速率的大小可用水泥浆滤失速率来描述。因此,将水泥浆稠化过渡时间与水泥浆滤失速率综合考虑为水泥浆性能系数(SPN),具体表达式为

$$\begin{cases} \mathrm{SPN} = q_{API} A \\ A = 0.1826 \left[\sqrt{t_{100BC}} - \sqrt{t_{30BC}} \right] \end{cases} \tag{7-2}$$

水泥浆 API 失水量越低,稠化时间 t_{100BC} 与 t_{30BC} 的差值越小,即在此稠化时间内阻力变化越大,A 值越小,SPN 也越小,防气窜能力越强。具体的评价准则见表 7-7。

表 7-7　水泥浆性能系数评价准则

SPN 参数值	气窜评价
$0 \leqslant SPN \leqslant 3$	防窜效果好
$3 < SPN \leqslant 6$	防窜效果中等
$SPN > 6$	防窜效果差

7)综合因子法(CCGM)

CCGM 是道威尔公司(DS)Rae 等于 1989 年提出的。它通过分析美国、欧洲、非洲、中东和远东地区 64 口气井资料，统计出影响气窜的 4 个因素，并编成计算尺使用。4 个因素包括动态和静态条件的影响，分别为地层因素 FF、液体静压系数 HF、水泥浆性能系数 SPN 和动态的泥浆清除系数 MF。

(1)地层因素(FF)。

地层因素(FF)为地层流通能力 kh 与气层顶部过平衡压力换算成水泥浆体积之比。由于水泥石是孔隙传压，水泥环体积应以 0.02 的孔隙率考虑。具体表达式为

$$FF = \frac{kh}{V_{CS}} = \frac{6.37 \times 10^{-9} \times kh\rho_c}{OBP(D_h^2 - d_p^2)}$$

$$V_{cs} = \frac{\pi}{2000000}(D_h^2 - d_p^2)L_{cs}$$

$$L_{cs} = \frac{10^2 OBP}{\rho_c} \tag{7-3}$$

评价准则为：①FF$\geqslant$1，注水泥后气窜危险性大；②FF$=0.57\sim1$，注水泥后气窜危险性中等；③FF<0.57，注水泥后气窜可能性小。

(2)液体静压系数(HF)。

液体静压系数(HF)为水泥浆降至水柱压力时，气层压力与环空浆柱压力之比，具体表达式为

$$HF = \frac{100P_g}{\rho_m L_m + \rho_s L_s + L_c} \tag{7-4}$$

评价准则为：①HF$\geqslant$1，注水泥后气窜危险性大；②HF<1，注水泥后气窜危险性小。

由于仅考虑水泥浆凝固过程的危险状态，即水泥浆密度降为水的密度，而未考虑水泥浆的凝结阻力，计算的 HF 值偏高，即使计算值稍大于 1，也不会发生气窜。考虑到液柱压力与地层压力的平衡关系，取 HF$=0.87\sim1$，水泥浆凝固过程不会出现气窜情况。

(3)水泥浆性能系数(SPN)。

SPN 反映了水泥浆失水量及水泥浆凝固过程胶凝结构阻力变化对气窜的影响。具体表达式为

$$SPN = API \frac{(t_{100BC})^{1/2} - (t_{30BC})^{1/2}}{30^{1/2}} \tag{7-5}$$

水泥浆 API 失水量越低，稠化时间 t_{100BC} 与 t_{30BC} 的差值越小，即在此稠化时间内阻力变化越大，SPN 越小，防气窜能力越强。

(4)动态的泥浆清除系数(MF)。

动态的泥浆清除系数 MF 很难确定，但可综合考虑以下因素，评定水泥浆的顶替质量。

第一，套管居中度大于 67%；

第二，循环钻井液一周以上，无气侵显示；

第三，使用隔离液及冲洗液；

第四，液体在主要封隔段的紊流接触时间在 5min 以上；

第五，调整水泥浆及钻井液性能，使 $n_c \leqslant n_m$ 或 $(\tau_0/\eta_s)c \geqslant (\tau_0/\eta_s)m$；

第六，进行注水泥流变学设计；

第七，减小 U 形管效应；

第八，使用双胶塞注替钻井液和水泥浆；

第九，活动套管。

这 9 项措施，如能全部使用，水泥浆顶替效率将达到优良水平；如采用前 5 项措施和后面任意两项措施，顶替效率将达到良好水平，MF 为 2 级。

(5)CCGM 的解析法。

剖析计算尺结果，得出气窜控制能力的计算式：

$$CCGM = 15 + \frac{1}{5.2}[-7FF - 3HF + 7MF - 6SPN]$$

$$+ \frac{1}{5.2}\left[\frac{3}{4}(FF-5) + \frac{3}{4}(HF-6) + \frac{3}{4}(MF-5) + 3(SPN-6)\right] \quad (7-6)$$

式中，FF≥5；HF≥6；MF≥5；SPN≥6 才有效，否则用零计算。

CCGM 的评价标准见表 7-8。

表 7-8　CCGM 的评价准则

CCGM 参数值	气窜评价
0≤CCGM≤10	防窜效果好
10<CCGM<15	防窜效果中等
CCGM≥15	防窜效果差

应用 4 个因素和现场统计编制的计算尺，使用起来有一定的困难，有些因素也很难量化，如水泥浆的顶替效率、油气层的渗透率及厚度，事先都很难确定。根据使用的计算尺，可得出解析式，解析式虽然能定量计算 CCGM，但同样存在上述问题。

8)简化综合因子法(CCGM)

式(7-6)使用起来不方便，根据防气窜基本条件，FF、HF、MF 取值满足压力平衡关系，即 FF 计算值为 0.57 时，级别为 8.5；HF 计算值为 0.87 时，级别为 4；钻井液清楚系数选用良好级别 MF=2，将有关级别代入式(7-6)，则有

$$CCGM = 3.99 + 1.731 \times SPN \quad (7-7)$$

对于简化 CCGM 法的评价准则如下：

(1)0<SPN(级别)<4，0<SPN(数值)<10　　　　　防气窜效果极好；

(2)4<SPN(级别)<6.5，10<SPN(数值)<21　　　　防气窜效果中等；

(3)SPN(级别)>6.5，SPN(数值)>21　　　　　　　防气窜效果差；

该式虽然简单很多，但仍要考虑水泥浆的失水量与阻力变化值的影响。

9)阻力系数法

水泥浆在凝结过程的阻力发展的快慢对防气窜有直接作用,可采用下式描述:

$$A = 0.182\left[(t_{100BC})^{1/2} - (t_{30BC})^{1/2}\right] \tag{7-8}$$

阻力系数法的评价准则如下:

(1)$A<0.110$ 为极好防窜能力;

(2)$A=0.110\sim0.125$ 为较好防窜能力;

(3)$A=0.125\sim0.150$ 为中等防窜能力;

(4)同时要求自由水$<0.5\%$,API 滤失量$<100ml/30min$。

综上所述,水泥浆防窜性能的评价方法和设备较多。目前,室内研究和施工现场比较公认和流行的方法如下:

(1)水泥浆静胶凝强度发展性能和稠化过渡时间:水泥浆静胶凝强度由 48Pa 发展至 240Pa 的时间足够短,理想的过渡时间小于 30min,才能够有效预防气窜的产生;

(2)水泥浆性能系数法(SPN)。

4. 防气窜水泥浆组成选择

根据水泥浆失重和气窜原因,控制气窜的基本方法可归纳为以下几种:①增加孔隙压力,弥补水泥浆失重造成的压力降低现象;②增加孔隙阻力,降低水泥石的渗透率,阻止气体的窜流;③缩短过渡时间,使水泥浆孔隙压力降到地层压力之前胶凝强度增加到 240Pa。为解决高温高压气井气窜问题,从水泥浆的角度,需要采用防气窜水泥浆体系。长期以来国内外固井作业者和相关的研究院通过大量的研究,开发出了一些具有较小的窜流趋势的防窜添加剂和具有良好防窜能力的水泥浆体系,如 Halliburton 公司的 Gas-chek、Gastop、Latex2000,以及 Dowell 公司的 Gasblock、D600 等,国内的产品包括油服的 PCR168 及石油工程院的胶乳体系,以及 KQ 系列、G69 等。

1)可压缩水泥

可压缩水泥浆是一种增加孔隙压力的水泥浆,由发气剂和水泥浆混配而成,前面提到的 KQ 即为一种发气剂。当水泥浆发生水化收缩时,该类水泥浆在一定时候产生气体来补偿水泥浆体积收缩,弥补水泥浆由此造成的压力损失,保持水泥浆液柱压力大于环空中气层压力,达到防气窜目的。对可压缩水泥浆而言,需要根据水泥浆的初凝时间或稠化时间,合理确定发气剂的发气时间。

2)不渗透水泥

不渗透水泥主要是通过增加孔隙阻力、降低水泥石渗透率,达到防窜目的。根据降低渗透率方法的不同,不渗透水泥浆有以下几种类型:

(1)胶乳水泥浆体系。

20 世纪 90 年代以来,胶乳水泥浆体系得到了较好的应用,胶乳水泥浆中所采用的胶乳是由粒径为 $0.05\sim0.5\mu m$ 的微小聚合物粒子在乳液中形成的悬浮体系,具有初期堵塞水泥孔隙和形成薄膜的能力。当气体与水泥浆中的胶膜相接触时,胶乳微粒将聚集在孔隙中,形成一种黏性的低渗透聚合体和塑性膜,从而阻止了气体继续窜入环空。

胶乳水泥浆的作用与常规的水泥浆体系不同,具有如下优异特性:①良好的防气窜性能:胶乳水泥浆通过胶粒挤塞,在水泥颗粒间充填,使滤饼渗透率降低。另一部分胶粒由于压差作用在水泥颗粒间聚集成膜，进一步降低滤饼的渗透率；②可降低水泥浆滤失量和施工性能，流变性能良好：胶乳黏度较低，可以有效保证水泥浆的泵注流动性，提高顶替效率；③可减小水泥石的收缩量，改善水泥环与套管和地层胶结特性：胶乳可改善水泥环与套管、地层之间的胶结性能，并通过胶乳优越的胶结性能，最大限度地降低水泥与地层、套管之间的环隙，并减少水泥环水化收缩产生的微裂纹和砂孔，降低和避免流体窜现象的发生；④增加水泥石弹性和抗冲击性能：胶乳水泥中由于胶乳的存在，能够有效地赋予水泥环以韧性，使水泥石的动态力学性能得到明显改善，提高了水泥环抗射孔、压裂等动态冲击能力，减少射孔或钻井过程中水泥环的破坏概率，研究表明采用胶乳水泥浆固井后，其胶乳水泥石的动态弹性模量得到改善，动态断裂韧性可提高300%，破碎吸收能可提高 90%；⑤胶乳水泥具有更好的致密性及不渗透性，具有较强的抗腐蚀能力，可以有效延长生产井的寿命，是一类具有优良性能的水泥浆体系，因而在固井作业中得到较为广泛的应用。

　　虽然胶乳具有抗高温、防气窜、保护油气层的特点，但是，胶乳水泥浆本身具有乳液稳定性差、易起泡、加量大、成本高、对环境敏感、室内试验与现场实际差距大等问题。应用时应对体系进行全面的大量的失水、稠化时间、抗压强度、初终凝时间、析水、流变性等适应性基础评价。

　　目前，丁苯胶乳是油井水泥中常用的一种胶乳，它的生产工艺成熟、原料丰富、成本低、综合性能优异。但由于新鲜水泥浆体呈高碱性，水合初期会有大量的 Ca^{2+}、Mg^{2+}、SO_4^{2-} 等，而丁苯胶乳的乳化剂多为阴离子型的，造成丁苯胶乳加入时因破乳而产生凝聚现象。

　　中海油服已有体系高温下配方：嘉华"G"级水泥+35%硅粉+0.3%消泡剂+2.5%稳定剂 AD-AIR3000L+1.2%分散剂 CF342S+0.8%发气剂 A+1.6%稳定剂 B+16%胶乳 PCR1002L+1.4%缓凝剂 CH312S+钻井水+0.4%缓凝剂 H25L+50%加重剂 CD20。其性能为：水泥浆密度=2.3g/cm³；API 失水=40ml；自由水=0；稠化时间 6 小时 18分；24h 抗压强度=2500psi；PV=0.045Pa·s；YP=6.132Pa；8 桶/min 泵速可紊流；与隔离液、泥浆相容；其防气窜能力如图 7-27 所示。

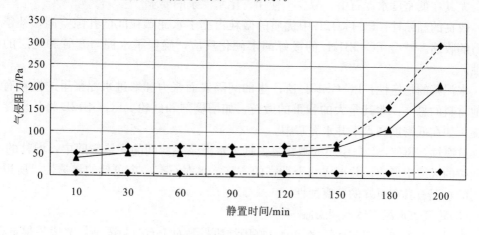

图 7-27　胶乳水泥浆的静置时间与气侵阻力的关系

从实测水泥浆的气侵阻力可知，不加胶乳的水泥浆气侵阻力很低，在接近初凝时（200min），其气侵阻力当量密度也仅 $0.0085g/cm^3$。而分别加入 8％和 15％胶乳的水泥浆，不仅水泥浆静置后其气窜阻力较高（当量密度分别为 $0.02g/cm^3$ 和 $0.025g/cm^3$），且在接近初凝时（200min），阻力迅速增加（当量密度分别为 $0.105g/cm^3$ 和 $0.15g/cm^3$），即在水泥浆易发生气侵的危险时刻浆体抗气窜能力迅速增加，而有利于防止气窜的发生。

（2）微粒硅水泥浆体系。

微硅是 20 世纪 80 年代中期由 Statoil 公司研究的低密度不渗透水泥浆体系。微硅的主要成分为 85％～98％的非晶质二氧化硅。其直径为 $0.02～0.5\mu m$，平均为 $0.15\mu m$，为水泥颗粒直径的 1％，比表面积为 $15～25m^2/g$，为水泥的 50～80 倍。微硅中比表面积大和高含量的非结晶二氧化硅使其具有良好的凝固硬化特性。微硅与水泥水化作用产生的氢氧化钙反应，形成更多的 C—S—H 结晶体结构，从而捆绑水泥，增加了水泥石强度。微硅中的二氧化硅是以无固定形状的非结晶体状态存在，其对人体并无伤害。目前，中海油服所使用的 PC-GS12L 即是一种由专门选择和特殊处理过的微硅组成。虽然 PC-GS12L 是作为一种防气窜剂研制使用，但是使用这个产品的公司认识到它不仅是一种防气窜剂，更是一种适用于油井水泥使用的多作用添加剂。PC-GS12L 的主要特性如下。

零自由液：PC-GS12L 比表面积大于 $21m^2/g$，具有较强的亲水趋势，保证了水泥浆的稳定性和零自由液。

低失水：PC-GS12L 中极度优质的微粒通过填充水泥浆孔隙空间，很好地加强了失水的控制性，因此减少了水泥滤饼的渗透性。

低黏度：PC-GS12L 中十分细小的球状微粒使水泥浆具有润滑性能，这导致可以设计出低黏度及良好稳定性的水泥浆。这种十分重要的性能使当量循环密度最小化，尤其是在大斜度井和小井眼井的应用。

早期强度发展快：加入 PC-GS12L 后，水泥浆水化反应增快、凝固硬化反应高，有利于提高水泥石的早期强度发展。

高抗压强度：PC-GS12L 能提高水泥石的抗压强度 API 标准值的 30％以上，与二氧化硅微粒（含量为 90％）的高凝固硬化反应的高吸水性能提高了抗压强度，更高的抗压强度，尤其在低密度水泥石中，减少了使用首尾水泥浆的要求。

改良的黏结性：PC-GS12L 中优质的微粒占据了水泥颗粒间的孔隙空间，补偿了水泥石的收缩。结合 PC-GS12L 的极好的水硬化反应，确保了水泥与套管和地层的高黏结性。

水泥浆的稳定性：PC-GS12L 所产生的间隔表面张力和塞进水泥浆里的微粒有助于其他材料的悬浮，尤其是大的和重的微粒，如增稠剂和硅粉。PC-GS12L 将让沉淀物不沉淀，如在低密度和水平井水泥浆中。

抗腐蚀：PC-GS12L 中小的微粒将占据大水泥浆颗粒间的交错空间中，增补的 CSH 在间隙的区域中形成，并形成一个稠密的方阵，水泥石有一个更低的渗透性，所以会比常用的水泥石具有更好的抗腐蚀性。

（3）防气窜水泥浆体系用膨胀剂。

水泥与套管和水泥与地层之间的良好固结质量，对于有效封隔地层来说是很重要的。固结不好会影响采油和注水（气）的效果。泥浆顶替不良，由于过多的滤饼造成的水泥与地层固结质量差，由于内部压力或热应力导致的套管伸缩和钻井液或地层流体引起的水泥污染等因素，都可能导致地层间的串通。在这些情况下，在水泥与套管或水泥与地层之间的界面上常常出现较小的间隙，或称"微环隙"。凝固后能够轻度膨胀的水泥体系，可作为一种封闭微环隙和提高固井质量的有效措施。这种固结质量的提高是由于机械阻力或水泥在套管与地层之间胀紧的结果。即使在套管或地层的表面留有泥浆，采用这种水泥也会同样获得良好的固结质量。

大多数可膨胀的油井水泥体系要依赖于钙铝矾的形成。钙铝矾的膨胀体积要大于水泥内部所形成的其他成分的体积。因此，水泥浆凝固后出现的膨胀是由施加在结晶体上的内压所引起的。工业上有 4 种钙铝矾类的膨胀水泥体系：

第一，K 型水泥是一种波特兰水泥、硫酸钙、石灰和无水的硫代铝酸钙的混合物。这种水泥是由两种单独烧结的水泥经相互研磨而制得的。K 型水泥体系通常可膨胀 0.05%～0.2%。

第二，M 型水泥可由波特兰水泥、铝酸钙耐火水泥和硫酸钙混合配制，或由波特兰水泥相互研磨的产品——铝酸钙水泥和硫酸钙混合配制。

第三，S 型水泥是一种大批量配制的水泥体系，它是由 C3A 含量较高的波特兰水泥与 10.5%～15% 的石膏混配的。

第四，钙铝矾基膨胀水泥的第四种方法是在含有 5% 的 C3A 的波特兰水泥中加入硫酸钙半水化合物。其配方与 S 型水泥相似；这类体系是触变性的，如果不需要体系具有太大的触变性，可通过加入水泥分散剂的方法将触变性消除。

3)缩短过渡时间的水泥浆体系

(1)触变水泥。

触变水泥即所谓的具有剪切稀释特性的水泥。触变剂采用交联二氧化锆及纤维素等合成，或者由钛合物与纤维素交联构成。触变水泥浆顶替到位后，能够迅速形成大于 240Pa 的静胶凝强度，有效缩短水泥浆由液态转化为固态的过渡时间，减少发生环空气窜的概率。

(2)直角稠化水泥浆体系。

水泥浆在初凝前保持较小的稠度，作用在地层上的压力全部为浆柱压力。胶凝强度的增加，无平缓的变化阶段，20Pa 突然增加到 240Pa，过渡时间极短，一般在几十秒到 1～2min 内。

(3)延缓胶凝水泥浆。

延缓胶凝水泥浆是指在水泥浆顶替到环空初期能够较长时间保持零胶凝状态，维持静液柱压力。当水泥浆水化后又能够迅速形成较高的胶凝强度，尽可能减少水泥浆由液态转化为固态的过渡时间，从而大大降低发生环空气窜或气侵的概率。

5. 防气窜水泥浆的设计

气窜必须具备两个基本条件：一是要有通道；二是地层压力要大于环空有效液柱压力与通道流动阻力之和。因此，防气窜的关键是当有效静液柱压力下降到地层压力时，建立起足够的通道流动阻力并快速关闭通道。

1）防气窜控制与失水设计

从现有的添加剂使用情况来看，胶乳在高温下的降失水性能最为稳定，且具有颗粒堵塞孔隙通道和化学收缩小的防气窜功能，冷浆与热浆稠度变化不大等优点，因此，它通常作为高温高密度防气窜水泥浆的主剂。由于胶乳的悬浮能力偏弱，因此它常常还要和某些增稠的降失水剂配合使用。

由于深气井固井施工安全系数要求大、水泥浆密度控制要求严格等特点，一般不推荐使用触变水泥和泡沫水泥，而建议使用胶乳水泥浆。设计胶乳水泥浆配方时，要调整好胶乳与胶乳稳定剂之间的比例，并选用与之匹配的缓凝剂，使得水泥浆的过渡时间小于 30min，以增强防气窜能力。如果 GFP 接近 8，则在胶乳水泥中添加高温膨胀剂，既补偿因胶凝强度发展造成的孔隙压力损失，又减少包括泥浆通道和水泥孔隙通道在内的通道截面面积，达到防气窜的目的。此外，所有的外掺料都粗细搭配，有利于水泥颗粒堆积得更加致密，因而也有利于防气窜。

2）稠化时间控制

温度是影响水泥浆稠化时间的关键因素，因此所选的缓凝剂既要耐井底高温，又要防止长封固段水泥浆顶部因温度低出现超缓凝现象，还要避免使用对温度和加量变化太敏感的缓凝剂。通常的做法是：同时使用两种不同类型的缓凝剂，达到提高抗高温性能，减少缓凝剂用量的目的。据 HALLIBURTON 公司介绍，非木质素磺酸盐缓凝剂 SCR-100L 对长封固段大温差条件下水泥浆的凝固特性影响较小。

3）水泥浆密度与混浆稠度控制

用于高压气层固井的水泥浆密度通常在 $2.3g/cm^3$ 以上。要获得好的水泥浆混浆稠度，常用的加重剂有 325 目（45μm）左右、密度为 $5.0\sim5.2g/cm^3$ 的 5μm 左右的赤铁矿粉、密度为 $4.9g/cm^3$ 的超细锰矿粉。两者按一定配比使用，调整它们的比例及加重剂总量与水泥的比例，使得水泥浆既有较高的密度，又有较低的配浆稠度。为降低加重剂与水泥的比例，达到在相同配浆稠度下提高水泥石抗压强度的目的，通常在水泥浆中需加入适量的分散剂。

4）沉降稳定性控制

水泥浆中的加重材料容易引起水泥浆沉淀。要想水泥浆在井底循环温度下有足够的悬浮加重材料颗粒的能力，就必须在配浆稠度允许的情况下尽量提高颗粒较细的外掺料的比例，同时尽量避免使用冷浆稠度高、热浆稠度低的添加剂。

5）防强度衰退控制

常规水泥石在温度超过 110℃时会发生强度衰退。防强度衰退的最简单方法是在水泥中掺入 30%～40%（BWOC）的硅粉。据有关资料介绍，如果硅粉的有效掺量小于30%，水泥石的强度比不加硅粉的更差。高温高密度水泥浆通常掺入总量为 35%～40%的硅粉，100 目的粗硅粉和 200 目的细硅粉按适当比例使用。

7.2.4　水泥浆防腐技术

随着海上勘探开发规模扩大，在南海西部海域莺琼盆地的气田开发中遇到含 CO_2 和 H_2S 的问题。其中，东方某气田 CO_2 含量为 14.3%～72%，它们与水泥石中的组分反应，造成水泥环破坏，导致水泥环封隔失效，缩短油气井寿命。因此，需要针对 CO_2 或 H_2S 对油井水泥石的腐蚀情况，研究新型防腐材料，提高硅酸盐水泥浆体系的防腐能力。

1. 腐蚀机理及抑制方法

水泥石的腐蚀总是与它的孔隙结构和孔隙率密切相关的。孔隙结构决定腐蚀介质向水泥硬化体内部渗透的速度。水泥石孔隙特别是贯通孔道，构成了腐蚀介质的通道。因此，孔隙大小和结构会影响腐蚀介质进入水泥石内部的速度和能力。

H_2S 和 CO_2 的含量达到 40% 的油气田最危险。H_2S 和 CO_2 能以气态的方式存在，也可以溶解于石油。由于相互间能进行氧化还原反应，故同 CO_2 相比，H_2S 对硅酸盐水泥石的腐蚀性更强。

1）CO_2 腐蚀水泥石的机理

常温下，水泥环中的 CO_2 与水发生作用，生成碳酸盐类，继而与水泥石中的氢氧化钙和 CSH 作用，生产碳酸钙，降低水泥石的强度。

$$CO_2 + H_2O \longrightarrow H_2CO_3 \longrightarrow H^+ + HCO_3^-$$

$$Ca(OH)_2 + H^+ + HCO_3^- \longrightarrow CaCO_3$$

$$CSH + H^+ + HCO_3^- \longrightarrow CaCO_3 + 无定型硅胶$$

若更多的充满 CO_2 的水浸入水泥石基体中，则

$$CO_2 + H_2O + Ca(OH)_2 \longrightarrow Ca(HCO_3)_2$$

$$Ca(HCO_3)_2 + Ca(OH)_2 \longrightarrow 2CaCO_3 + H_2O$$

高温条件下 CO_2 对水泥石的侵蚀效应：

$$CSH(120℃) \xrightarrow{\text{Ca(OH)}_2 \text{ 过量}} \alpha\text{-}C_2SH$$

$$CSH(120℃) \xrightarrow{>35\% \text{ 硅粉}} C_5S_6H_5(\text{雪硅钙石}) \xrightarrow{150℃} C_6S_6H_5(\text{硬硅钙石})$$

$$C_7S_{12}H_3(\text{特鲁白钙沸石}) \xrightarrow[\text{活性 SiO}_2]{216 \sim 316℃}$$

$$\xrightarrow[\text{CO}_3^{2-}]{140 \sim 300℃} C_7S_6H(\text{碳酸钙石})$$

在高温情况下，水泥石中的 $Ca(OH)_2$ 和水化硅酸钙反应，使 C_xSH_y 变成 $CaCO_3$。$Ca(OH)_2$ 碳化时，摩尔体积由 $33.6cm^3$ 增至 $36.9cm^3$，体积膨胀，使水泥石渗透率降低；反之，C_xSH_y 与 CO_2 反应生成高聚合硅胶，使水泥石渗透率增加。$CaCO_3$ 是多晶型的，一般以两种晶型存在，即方解石和纹石（或霞石）。纹石在低压下是亚稳定的，多晶型 $CaCO_3$ 的转变如下：

$$C_xSH_y \xrightarrow{CO_2} 霞石 \xrightarrow{<26.7℃} 纹石 \xrightarrow{<30.0℃} 方解石$$

这一转化过程受缓慢的动力学控制，$CaCO_3$ 的生成降低了水泥石的强度。

一般而言，地层漏失压力低，限制了固井水泥浆的密度（或常规密度水泥浆的返高），套管直接裸露于富含腐蚀性离子的地层水中；可能导致套管外壁被严重腐蚀破坏，另外，所用固井水泥浆组分不耐地层水中 SO_4^{2-}、Cl^-、HCO_3^-、Mg^{2+} 等离子的腐蚀，水泥石致密性差，低温条件下早期强度低，地层水腐蚀水泥环后与套管外壁直接接触。符合 API 推荐强度和渗透率的水泥，几个月内就会受到富含 CO_2 流体的严重侵蚀，严重地影响油田生产作业的正常进行。

2)CO_2 腐蚀抑制方法

CO_2 对固井水泥石的碳化作用，将不断降低水泥石强度和增大水泥石的渗透率等，导致水泥环封隔地层和保护套管的作用逐渐失效。为提高东方某气田井下 CO_2 环境条件下水泥环的长期封固质量，用具有非渗透且抗 CO_2 碳化腐蚀的水泥体系封固该层位是提高其耐久性的有效方法，这种处理方法具有防腐蚀和抗气窜的双重效果。

水泥石腐蚀机理研究表明，在腐蚀性溶液中，影响水泥石耐久性的主要因素是水泥浆凝结硬化形成的水泥石物相组成中 $Ca(OH)_2$ 晶体的相对含量和水泥石的致密性，所以在防腐方面大体有以下思路：

(1)在水泥组成中加入针对性的外加剂可提高抗 CO_2 腐蚀性能，如道威尔的 XP1 体系以及水泥浆中 $MgCl_2$ 的加入可以改善水泥石早期抗 CO_2 腐蚀的效果。

(2)注水泥结束后，向井内注入环氟树脂溶液，在射孔孔眼及水泥通道的水泥石表面形成薄而强度高的环氟树脂封闭剂层，防止 CO_2 对水泥石的腐蚀。

(3)水泥浆中的分散剂、聚合物降滤失剂及胶乳等可以改善水泥石的颗粒连接和胶结方式，改善孔隙性能和孔隙中填充物的性质，特别是提高填充液体的黏度，改善水泥石的密封性能，形成非渗透水泥石防止 CO_2 向水泥石深部渗透、扩散、移动进而提高水泥石抵抗 CO_2 腐蚀的能力。

(4)掺入由褐煤或低沥青质制造的 C 级粉煤灰，可提高水泥抗 CO_2 腐蚀能力，C 级粉煤灰具有粉煤灰所具有的火山灰性质及黏结性，可能含高达 10% 石灰。

(5)减少水灰比(加减阻剂)及加入酸式膨胀剂能提高水泥石抗 CO_2 腐蚀性能。

(6)采用抗腐蚀性水泥浆添加剂可以有效地防止 CO_2 产生的腐蚀。如加入非晶态的具有粒细(平均粒径约为 $0.1\mu m$)、比表面积大、活性高的 SiO_2，加入一些不渗透剂，提高水泥石密实度，降低水泥石渗透率，可以提高水泥石的抗腐蚀性。

2. 腐蚀评价方法

研究 CO_2 对水泥腐蚀的方法通常有两种方式：①先成型后腐蚀，即先让水泥养护一段时间(如 3 天)，然后将水泥石置于酸性气体环境中；②配浆后立即将水泥置于 CO_2 气体环境中进行腐蚀。每种方式所需的腐蚀介质环境有动态和静态两种。动态环境中腐蚀介质受外部搅动，处于活动状态，静态环境中腐蚀介质处于静止状态。然后研究对比腐蚀前后有关性能的变化，包括渗透率、抗压强度的变化、腐蚀侵入深度、腐蚀后水泥石的微观形态等。

1)常用腐蚀程度评价测试方法

(1)水泥石渗透率变化分析：使用岩心流动装置测定水泥石腐蚀后渗透率的变化。该方法的基本原理是达西渗流定律，它主要对比评价腐蚀前后水泥石渗透率的变化值。但实际上水泥石的渗透率很低，大多数水泥石的渗透率都低于 $1\times10^{-5}\mu m^2$，其难以测定。并且渗透率测试过程中对模块的制备要求高，模具与水泥胶结界面有微小的通道、模块腐蚀不完全都可能导致渗透率测试数据的不准确。

(2)强度分析：使用强度测定仪测定水泥石腐蚀前后抗压强度衰退值。

$$K_p = (P_O - P_1)/P_O \times 100\% \qquad (7-9)$$

式中，K_p——水泥石腐蚀前后抗压强度的折损率，无因次；

P_0——未腐蚀的水泥石强度，MPa；

P_1——腐蚀后的水泥石强度，MPa。

(3)微观形态分析：用扫描电子显微镜(SEM)。

(4)晶相及在水泥中的含量分析：用 X 射线衍射技术(XRD)；

(5)CO_2 的侵入深度分析：一般经过 CO_2 腐蚀后，水泥石形貌特征会发生显著的变化。因此，可以考虑将水泥石切割开，通过切割端面水泥石色泽的变化情况来测量水泥石的腐蚀深度。在该过程中要保证端面切割完整，尽量避免端面被污染。

2)高温高压腐蚀养护试验装置

根据高温高压腐蚀实验要求，研制高温高压条件模拟井下水泥石腐蚀养护试验装置。通过在中间容器中反应及从气瓶注入气体等方法，使釜体中 CO_2 和 H_2S 的浓度达到实验要求的条件，在一定温度(160℃)压力(21MPa、15MPa)条件下养护后，取出试样分析其物理化学性能。图 7-28 是高温高压条件下模拟井下水泥石腐蚀实验装置结构示意图。该装置组成主要包括高温高压试验釜、温度控制系统、CO_2 和 H_2S 分压控制装置：①高温高压试验釜用于将养护好的水泥石放置其中，并模拟井下的静态腐蚀环境；②热电偶及温度自动控制系统主要是对高温高压试验釜进行加温及恒温控制，模拟井下的静止温度；③CO_2 和 H_2S 气瓶及调压阀，这主要是根据实验所需的分压向高温高压试验釜内提供充足的 CO_2 和 H_2S。

在高温高压反应釜中放入养护后的水泥石块，按图 7-28 接好仪表和管线；由①处加入 CO_2，由④处加入 H_2S，加温至 70℃、160℃(温度由②处的温控设备控制)；由①处补充压力至 12MPa(压力可调)，然后进行腐蚀实验。

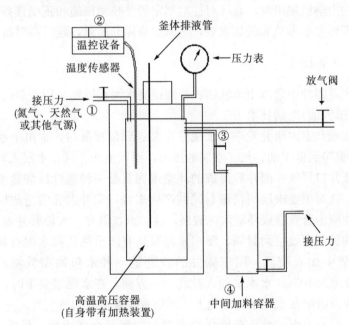

图 7-28　高温高压条件下模拟井下水泥石腐蚀实验装置示意图

CO_2 或 H_2S 腐蚀水泥石实验的具体操作程序如下：

(1)按照美国石油协会(API)相关规范配制水泥浆体系，将配制好的水泥浆装入养护模具并放置于高温高压养护釜中养护 24h。养护结束后脱模制备成圆柱形的水泥石试样，对其编上相应的编号。

（2）将养护好的水泥石试块用抗腐蚀的胶绳按一定的顺序连接好，然后整体放置到高温高压腐蚀釜内，向高温高压腐蚀釜内加入蒸馏水，预留 20cm 的高度。盖上釜盖，待密封后，通入高纯度的 N_2 除氧，目的是消除高温高压腐蚀釜内残留的氧气对后续腐蚀实验的影响。

（3）除氧完成后，根据实验方案加温并向高温高压腐蚀釜内通入 CO_2 或 H_2S，在温度达到实验温度后，将 CO_2 或 H_2S 加入到设定的分压值，然后随时观察高温高压腐蚀釜内的 CO_2 或 H_2S 压力、温度的变化并及时调整。

（4）当腐蚀养护时间达到 30 天或 90 天，甚至更长时间后，关闭加温装置和气源，待高温高压腐蚀釜内温度降到常温后，取出水泥石试样。

（5）将水泥石试样在清水中冲洗、烘干，然后切割开水泥石试样，测定水泥石试样端面的腐蚀深度，取水泥石外端面和其结合部位的样品并对该样品进行电镜扫描和 X 射线衍射分析，根据分析结果来研究腐蚀前后水泥石的结构变化进而评价各水泥浆配方或特定材料的抗腐蚀性能。

7.2.5　水泥石防应变/温变技术

海洋高温高压开发井固井作业面临的技术难题突出，在目前的技术条件下，随着开采周期的延长，部分井下工况复杂的高温高压开发井在后期存在井口环空带压现象。其原因主要是高温高压条件下井底地层条件变化和后期作业引起的套管-水泥环-地层系统的受力状态发生改变，导致环空水泥环应力-应变发生改变，破坏了水泥环完整性。因此，从水泥环失效的力学机理出发，有针对性地制定固井技术措施和正确选择后期作业参数，特别是优化水泥环变形参数和破坏参数，进而提高固井质量，延长高温高压油气井寿命。

1. 水泥石增韧技术

目前，油气井固井中常以丁苯乳液、纤维提高水泥石增韧、膨胀剂提高胶结性。

1）胶乳（丁苯乳液）增韧技术

大量生产实践和室内研究发现：水泥浆在泵送到位候凝时，常由于水泥浆柱压力逐渐下降（称"失重"）到低于油、气、水层的压力，而发生油、气、水浸入环空，形成层间窜漏，甚至造成井口冒气；固井后形成的环空水泥石是一种脆性硅酸盐水泥材质，易遭受外力而破坏，这对于要求层间精细封隔的产层来说，完井射孔常造成层间窜层。修井作业常由于管柱撞击套管造成环空水泥破裂，这一点在斜井、大位移井表现得更为突出。为了获得固井的长期有效层间封隔，要求水泥浆具有防窜性能和水泥石具有韧性，通常的做法是水泥浆中加入胶乳。用于固井的胶乳是一种水包油型乳液，粒度为 200～500nm，固含量约为 40%。水泥浆加入胶乳，一方面，在水泥浆失重时，胶乳颗粒存在水泥浆孔隙溶液及吸附在水泥水化产物上，增加水泥浆空隙的密实性，一定程度阻挡油、气、水的窜入；另一方面，胶乳在硬化的水泥石中相互交联成膜，形成互穿网络结构，提高水泥石的抗拉强度和抗折强度，宏观上表现为增加水泥石的韧性。图 7-29 表示胶乳（或粉）在水泥浆硬化过程。图 7-30 是经胶乳改性（10% 的 well600 乳胶粉）的水泥石，与空白相比，其脆性明显降低。

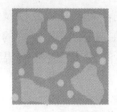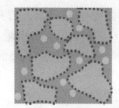

新配水泥浆　　　　　　泵送中　　　　　　候凝过程　　　　　　凝固过程

图 7-29　固井胶乳在水泥浆中硬化过程示意图

图 7-30　用铁锤敲击乳胶粉改性水泥石(左)与伪改性水泥石(右)

丁苯乳液(SBR)是由丁二烯(BD)与苯乙烯(St)通过自由基乳液共聚合而制得的(图 7-31)，是合成橡胶中最为重要的一类。用于固井的丁苯乳液是经过特殊制造而成，特别在聚合时乳化体系的选择上。由于制造丁苯乳液的原料之一是丁二烯，其为气体，具有爆炸性，因而目前固井所用的乳液大多数为具有生产丁二烯的大的石化厂所生产，或靠近大型石化厂的小企业。如国内的兰州石化厂(304 橡胶厂)、齐鲁石化、上海 BASF 的高桥石化等。

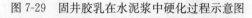

(a)

R=正丁基

丙烯酸酯单元　　　苯乙烯单元

(b)

图 7-31　自由基乳液共聚制备丁苯乳液线路图

(1)水泥浆适用性评价。

①丁苯乳液的红外光谱表征及苯乙烯含量测定。

取上述胶乳—药勺并置于干净玻璃上，室温晾干并成膜。首先，观察其成膜性及成膜后的表面状况，以此判断其玻璃化温度（T_g）；其次，取出少量在带有 ATR 装置的红外光谱仪中获得其红外光谱，结果如图 7-32 所示。关于丁苯乳液的 IR 表征结果见表 7-9。

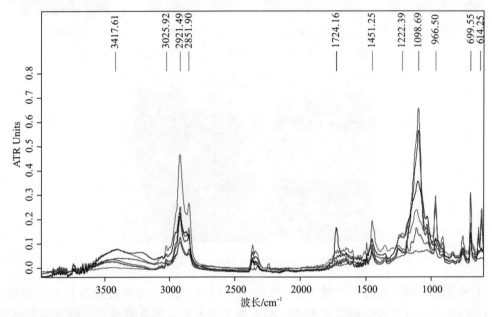

图 7-32　固井胶乳 ATR-IR 谱图分析

表 7-9　固井胶乳 IR 谱图归属单元

特征吸收/cm^{-1}	归属
＞3000	不饱和碳上的 υ-CH，如苯乙烯单元、丁二烯单元
2800～3000	饱和碳上的 υ-CH
2237	苯乙烯分子中少量聚丙烯腈单元中 υ-CN
1650	顺式、反式 1，4 丁二烯单元 υ-C=C
1638	1，2 丁二烯单元 υ-C=C
1583	苯乙烯单元苯环骨架振动
1351，1451	顺式与反式 1，4 丁二烯单元 CH$_2$ 变形振动及 1，2 丁二烯单元 CH 面外弯曲振动
968	反式 1，4 丁二烯单元 CH 摇摆吸收
994	1，2 丁二烯单元 CH 面外弯曲振动
913	1，2 丁二烯单元 CH$_2$ 振动吸收
838	可能为顺式或反式 1，4 丁二烯单元 CH 振动吸收
757，699	单取代芳环质子面外变形振动，确定为苯乙烯单元=CH 的面外变形振动

由表 7-9，699cm^{-1} 处的吸收峰是单取代芳环的标志，且不受丁苯乳液或苯丙乳液中其他单元的影响，可作为苯乙烯单元的特征峰。757cm^{-1} 处的吸收峰虽也是苯乙烯单元的特征峰，但其相比 699cm^{-1} 处的峰要小。对于丁苯乳液中丁二烯单元的吸收峰多，其中反式 1，4 丁二烯单元中＝CH 面外弯曲振动在 968cm^{-1} 所产生的吸附峰最强，且不受苯乙烯单元的影响，因此以 968cm^{-1} 处的吸附峰作为丁二烯单元的特征峰。

根据 Lambert-Beer 定律，特征峰处的吸收是与组分含量成正比，则有

$$A_{699} = K_{699} C_{ST} \times L \tag{7-10}$$

$$A_{968} = K_{968} C_{BA} \times L \tag{7-11}$$

式中，A_{699} 和 A_{968}——苯乙烯单元与丁二烯单元的特征峰的吸收（峰面积或峰高），其百
　　　　　分含量比分别为 C_{ST} 和 C_{BA}；

　　L——膜厚度。

由式（7-10）和式（7-11）可得：

$$\frac{A_{699}}{A_{968}} = \frac{A_{699} C_{ST}}{A_{968} C_{BA}} = K \frac{C_{ST}}{C_{BA}} \tag{7-12}$$

假设丁苯乳液中苯乙烯单元含量为 x，在成膜后的丁苯乳液中加入已知量的聚苯乙烯，那么此时，丁苯乳液中苯乙烯单元与丁二烯单元的含量可表示为

$$C_{ST} = \frac{W_{PST} + x W_{SBR}}{W_{PST} + W_{SBR}} \tag{7-13}$$

$$C_{BA} = \frac{(1-x) W_{SBR}}{W_{PST} + W_{SBR}} \tag{7-14}$$

式中，W_{SBR} 和 W_{PST}——成膜后的丁苯乳液的量和所加入的聚苯乙烯量。联合式（7-12）～式（7-14），可得：

$$\frac{A_{699}}{A_{968}} = \frac{K}{1-x} \frac{W_{PST}}{1-x W_{SBR}} + \frac{Kx}{1-x} \tag{7-15}$$

对于指定的丁苯乳液，其中苯乙烯单元含量 x 是固定的，因此以可通过不同的 W_{PST} 加量，以 $\dfrac{A_{699}}{A_{968}}$ 对 $\dfrac{W_{PST}}{W_{SBR}}$ 作图，进行线性回归，可求出 x。

采用上述所建立的测定方法，测定乳液样品中的苯乙烯含量，结果见表 7-10。

表 7-10　乳液中苯乙烯含量

乳液	苯乙烯含量/%	相对标准偏差(RSD)/%
SBR 乳液 1	39.4	2.01
SBR 乳液 2	36.8	1.27
SBR 乳液 3	47.2	2.43

由表 7-10 的测定结果可知：各产地胶乳苯乙烯含量存在差异，为 39.4％～55.1％。苯乙烯是丁苯乳液中的硬单体，其含量直接影响胶乳的玻璃化温度（T_g），苯乙烯含量高，胶乳 T_g 高，最低成膜温度低。对于建材行业中，胶乳改性水泥，T_g 要求较为严格。对于固井，由于井底温度通常要远高于 T_g，所以在固井应用的胶乳对 T_g 的要求不那么严格。至于 T_g 多少为宜，目前还没深入研究。

②丁苯乳液水泥适用性评价。

在低温(75℃)和高温(120℃)下,对各丁苯乳液分别开展流变、失水、加量、强度等水泥浆适用性评价内容,结果见表7-11和表7-12。

表7-11　75℃时胶乳水泥浆适用性评价

名称	胶乳1(5%)*	胶乳2(5%)	胶乳3(5%)	胶乳4(5%)	胶乳5(5%)
流变					增稠,略破乳
API失水/ml					/
稠化状况	可调	可调	可调	可调	/

注:基本配方为水泥800g+水250g+PC-G80L 20g+PC-F44L 8g+PC-H21L xg+胶乳消泡剂2g+胶乳40g。
"/"表示没有开展。
*加量BWOC。

表7-12　120℃时胶乳水泥浆适用性评价

名称	胶乳1(7%*)	胶乳2(7%)	胶乳3(7%)	胶乳4(7%)	胶乳5(7%)
流变	无稳定剂,破乳	无稳定剂,不破乳	无稳定剂,破乳	无稳定剂,破乳	/
API失水/ml					/
稠化状况	可调	可调	可调	可调	/

注:基本配方为水泥600g+硅粉210g+水250g+PC-G80L 20g+PC-F44L 8g+PC-H21L xg+胶乳消泡剂2g+胶乳40g。
"/"表示没有开展。
*加量BWOC。

由表7-11和表7-12测定结果可知:在75℃,除5号胶乳(羧基改性SBR乳液)外,其余几款胶乳都具有较好的水泥浆适用性,不需额外加入胶乳稳定剂,胶乳不存在破乳问题,且根据缓凝剂的加入量获得稠化时间可调。在120℃,需配套胶乳稳定剂,方可在此温度下获得稠化可调剂。在120℃的试验中,当程序升温到100℃时,水泥浆突然稠度上升,这是由于胶乳破乳的原因。至于2号胶乳不需格外胶乳稳定剂的原因是,在该胶乳中已经加入稳定剂。

③乳液稳定剂的研选。

高温加剧了水泥浆中胶乳颗粒的相互碰撞,以及水泥浆中孔隙溶液中的Ca^{2+}等矿化度离子也促使胶乳破乳的概率。胶乳破乳后,水泥浆迅速增稠,甚至成为"豆腐渣",失去可泵性。为了防止胶乳颗粒的破乳发生,需加入稳定剂,增加胶乳在高温下及高矿化度溶液(如海水配浆及盐水水泥浆)的稳定性。胶乳稳定剂其实为乳化剂。Halliburton公司的专利报道,一种具有如下结构的表面活性剂,可防止胶乳在高温及破乳,其商品牌号为Stablizer 413B和413C。

(2)力学性能评价。

以胶乳为增韧材料,分析其对水泥石的力学性能的影响,结果见表7-13。

表 7-13　胶乳增韧材料力学评价

项目	胶乳加量/%BWOC		
	0	5	10
抗压强度(CS)/MPa	30.1	25.3	22.7
直接拉伸强度(TS)/MPa	3.1	2.4	1.9
间接拉伸强度/MPa	/	/	/
三点弯曲/N	/	/	/
单轴抗压强度/MPa	45.7	33.8	28.6
杨氏模量(YM)/GPa	10.4	8.2	6.8
泊松比	/	/	/

注：(1)基本配方为水泥 800g+水 310g+PC-G80L 20g+PC-F44L 8g+胶乳消泡剂 2g+胶乳 xg。按胶乳固含量为 50%计算，在基本配方中扣除胶乳中的水。
(2)在 35℃、1 天，采用沈阳欧科压力机测定抗压强度；在 35℃、7 天，采用长春 200t 试验机测定单轴抗压强度及求出模量和泊松比；在 35℃、7 天，采用上海倾技万能材料试验机配套"8"字模具，测定直接拉伸强度。
"/"表示没有测定。

从表 7-13 可以看出：空白浆(不加胶乳的配方)、5%、10%胶乳加入量，其 35℃、7 天的单轴抗压强度分别为 45.7MPa、33.8MPa、28.6MPa，模量分别为 10.4GPa、8.2GPa、6.8GPa。这些结果说明，在水泥浆中加入胶乳后能明显降低水泥石模量。在降低水泥石模量的同时，水泥石的抗压强度和直接拉伸强度也得到了降低。

2)纤维材料增韧技术

由于水泥基材料是一种抗压强度远大于其抗拉强度的材料。为了提高水泥基材料的抗拉强度，在其中加入纤维，可提高其抗拉强度、抗弯强度、抗疲劳特性及耐久性，以及减少混凝土塑性裂缝和干缩裂缝。所用的纤维称为"建筑工程纤维"，目前所用的工程纤维见表 7-14。

表 7-14　常见纤维

工程纤维	密度/(g/cm³)	抗拉强度/MPa	弹性模量/GPa	极限伸长率/%
聚丙烯纤维	0.91	350~700	3~5	15~35
聚丙烯腈纶	1.1	360~510	4~10	12~20
聚酯纤维	1.26	550~750	4~6	9~17
聚酰胺纤维	1.14	590~950	2.5~6.6	16~28
对位芳纶	1.43	2740~3320	59~120	1.5~3.3
间位芳纶	1.38	562~662	9.8~17	17~25
高分子量聚乙烯	0.97	1800~3400	60~130	2.5~4.0
PCN 基碳纤维	1.8	4000~5500	250~295	1.6~1.8
纤维素碳纤维	1.6	200~600	25~35	1.5~2.0
玻璃纤维	2.6	2400~4400	55~86	4.0~5.2
钢纤维	8.0	1470~2500	176~196	1.0~2.0

目前，国内外关于工程纤维用于油田固井的文献报道较多。选取文献报道的多种纤维，从水泥浆适用性及参数优化上、对水泥石力学性能的影响两个方面，探讨其在油井水泥浆中的应用。

(1)合成纤维。

合成纤维是将人工合成的、具有适宜分子量并具有可溶(或可熔)性的线型聚合物，经纺丝成形和后处理而制得的化学纤维。用于水泥基的纤维通常为 3~12mm 的短切纱。其品种包括 PP 纤维、聚酯、尼龙、芳纶等。

本节首先探讨其在水泥浆中的适用性，其次探讨其增强作用(增加抗拉强度)。所收集的合成纤维见表 7-15。

表 7-15 合成纤维

编号	类别	规格
KT-PP	聚丙烯	3mm，6mm，9mm，12mm
TA-PP	聚丙烯	6mm，9mm，12mm
MT-PAN	尼龙	6mm
KT-polyester	聚酯	6mm，9mm
TA-polyester	聚酯	6mm，9mm
YJ-FL	芳纶	6mm
YJ-FL-P	芳纶	100 目

①合成纤维的水泥浆适用性评价。

合成纤维的水泥浆适用性评价实验结果见表 7-16。

表 7-16 合成纤维水泥浆适用性定性描述

编号	类别	加量范围	配浆时的描述
KT-PP	聚丙烯纤维，6mm	0.5%~2.0%	由于 PP 纤维柔软，6mm 加量可达 1%，水泥浆增稠不厉害
KT-PP	聚丙烯纤维，9mm	0.5%~2.0%	9mm 加量达 1%时，水泥浆增稠。合适加量在 0.6%为宜
KT-PP	聚丙烯纤维，12mm	0.5%~2.0%	12mm 合适加量在 0.3%为宜
KT-polyester	聚酯，6mm	0.5%~2.0%	由于聚酯纤维相对 PP 纤维细，加入量要相比 PP 少。合适加量为 0.3%

注：(1)纤维加量为依据水泥量，BWOC。
　　(2)配方：水泥 800g＋水 300g＋pc-G80L 32g＋pc-F40L 8g＋纤维。

②合成纤维对水泥石力学性能的影响。

由于合成纤维的耐温性差，故未开展相关力学评价工作。

(2)无机纤维。

无机纤维是以矿物质为原料制成的化学纤维。主要品种有玻璃纤维、石英玻璃纤维、玄武岩纤维和金属纤维等。本节首先探讨各无机纤维在水泥浆中的适用性，其次探讨其增强作用(增加抗拉强度)。所收集的合成纤维见表 7-17。

表 7-17 所筛选的无机纤维

编号	类别	规格
XF-GF	耐碱玻纤	3mm，6mm，9mm，12mm
XF-GF-S	耐碱玻纤水分散型	3mm，6mm，9mm，12mm
SX-Baslte	玄武岩纤维	6mm，9mm，12mm
JL-C	碳纤维	3mm，6mm
YJ-C-P	碳粉	100 目

①合成纤维的水泥浆适用性评价。

配制 1.90g/cm³ 水泥浆，然后加入表 7-17 中各规格一定量纤维，定性描述其对水泥浆流变性的影响，结果见表 7-18。

表 7-18 合成纤维水泥浆适用性定性描述

编号	类别	加量范围	配浆时的描述
XF-GF	耐碱玻纤水分散型，6mm	0.25%～1.0%	对于水分散型玻纤，由于在水泥浆中分散成单丝，水泥浆增稠厉害，6mm 最多加量 0.5%，Schlumberger 采用水分散型进行堵漏
XF-GF	耐碱玻纤，6mm	0.5%～3.0%	集束型玻纤，加入量最大加入量为 2%，若强力搅拌，当纤维分散成单丝时，水泥浆增稠厉害
XF-GF	耐碱玻纤，9mm	0.5%～3.0%	集束型玻纤，加入量最大加入量为 1.5%。配完浆后加入，不能强力搅拌
XF-GF	耐碱玻纤，12mm	0.5%～3.0%	集束型玻纤，加入量最大加入量为 1%。配完浆后加入
SX-Baslte	玄武岩纤维，6mm	0.5%～2.0%	玄武岩纤维，加入水泥浆中成单丝状，最多加入量为 0.8%
SX-Baslte	玄武岩纤维，9mm	0.5%～2.0%	玄武岩纤维，加入水泥浆中成单丝状，最多加入量为 0.5%
JL-C	碳纤维，3mm	0.5%～3.0%	碳纤维由于柔软性好，相比玻纤、玄武岩纤维加量好明显好。在 3% 加入量下，水泥仍具有较好的流动性，由于碳纤维价格高，未再增加加入量
YJ-C-P	碳粉，100 目	0.5%～3.0%	Halliburton 一品牌 Willlife684 为 100 目碳粉。碳粉对水泥浆流变性影响小，加量在 3% 也未增稠水泥浆

注：(1)纤维加量为依据水泥量，BWOC。
(2)配方：水泥 800g＋水 300g＋pc-G80L 32g＋pc-F40L 8g＋纤维。

为了发挥纤维的抗拉强度，需增加加入量和增加纤维长度，但是加入量增加、纤维长度增加，均对水泥浆流变性影响很大。特别对于柔软性差的玻璃纤维、玄武岩纤维，对水泥浆流变性影响很大。玻璃纤维单丝可通过黏结剂（聚合物胶），制成集束性，在很大程度上增加纤维的单位体积加入量。例如，水分散型的玻纤对打加入量为 0.5%（bwoc），而集束性的玻纤，加入量可达到 2.5%（bwoc）。无机纤维，对水泥浆的其他性能影响小，如失水、强度发展等。

②无机纤维对水泥石力学性能的影响。

在不影响水泥石流变性的各无机纤维的加量下，测定水泥浆中加入纤维后对抗压强度、直接拉伸强度的影响，结果见表 7-19。

表 7-19　所考察的无机纤维对抗压强度、直接拉伸强度的影响

编号	类别	规格×加量	抗压强度/MPa	直接拉伸强度/MPa
	空白		45.1	2.7
XF-GF-S	玻纤水分散型	6mm×0.5%	42.3	2.6
XF-GF	玻纤	6mm×1.0%	38.7	3.1
XF-GF	玻纤	6mm×2.0%	32.6	4.7
SX-Basalt	玄武纤	6mm×0.2%	44.4	3.0
SX-Basalt	玄武纤	6mm×0.4%	40.3	2.9
JL-C	碳纤维	3mm×0.5%	38.6	3.8
JL-C	碳纤维	3mm×1.0%	38.7	4.2
YJ-C-P	碳粉100目	100目×0.2%	40.5	2.8
YJ-C-P	碳粉100目	100目×1.0	34.7	3.1

注：(1)加量依据水泥加入量，bwoc。
　　(2)配方：水泥 800g＋水 300g＋pc-G80L 32g＋pc-F40L 8g＋纤维。
　　(3)水泥石 60℃养护 7 天后测定抗压强度、直接拉伸强度(8 字模量拉伸)。

从表 7-19 可以看出：纤维加入后，水泥石抗压强度均不同程度受到影响。这是由于纤维加入后，增加了水泥基体的完整性，增加了破裂时的界面，所以抗压强度在纤维加入时表现出下降的现象，且随着加入量的增加，下降量更明显。进一步发现，在不影响水泥石流变性的前提下，各纤维均表现出加量在 1.0% 以上时，才有明显的增加直接拉伸强度的增加。

另外，采用 YJ-C-P 的 100 目碳粉，并没有明显增加水泥石的抗拉强度。而 Halliburton 公司的 Welllife684 的数据表中，表面碳粉具有明显的增加水泥石的抗拉强度。经进一步分析，很可能 welllife684 为碳纳米管。大量文献表明，碳纳米管具有明显的增加混凝土的抗折、抗弯强度。所以，关于碳粉或碳纳米管增强水泥石韧性的研究，还需后继进一步研究。因为，碳粉或碳纤维，虽价格昂贵，但并不影响水泥石的流变性。

2. 自修复水泥浆技术

1)自修复技术的研究进展及原理

油气响应型自修复技术对于井下常见的油气窜流及套管带压都有很好的修复作用，是较为适合固井特点的一类自修复技术。与常规方法相比，自修复技术不需要特殊的施工方式，且成本较低，效果较优，对水泥环的长期耐久性有很重要的意义。

该技术通过分子设计等手段，在修复剂中嵌入对油气刺激能自发响应的基团，使修复剂具有对外界油气刺激自发响应的功能。当水泥石完好时，修复剂处于休眠状态。当水泥石产生微裂缝且油气窜入微裂缝时，修复剂对油气产生响应，产生膨胀并封闭微裂缝。

国外相关研究比较深入，发表了大量的相关专利和文献，并已转化为可实际应用的固井水泥浆体系，目前自修复水泥浆体系已应用于加拿大、意大利等地区。而国内的研究则刚刚起步。

2)水泥环自修复能力的评价方法

(1)水泥石裂缝模拟。

在室内摸索的基础上，总结水泥石人工造缝过程如下：

第一，根据选定配方配置水泥浆，并将水泥浆按操作标准倒入模块，将模块放入75℃水浴养护箱养护 24h；

第二，将养护过的水泥石块从模块中取出，放在取心机上取心，所取水泥石心尺寸为 $\Phi2.54mm×5mm$ 水泥石圆柱体；

第三，将水泥石心上下两个端面用砂布磨平，避免端面棱角破坏岩芯夹持器；

第四，用锯条分别在水泥石心上下两端面过中心线锯一深 1mm 左右的凹槽，并将直径为 2mm 左右直的钢条放入凹槽中；

第五，然后水泥石心跟两个端面上的两根钢条放在压力机的中心部位，手动控制压力机慢慢加载，待钢条将水泥石柱压开裂缝上下贯通时，立刻停止并复位压力机；

第六，取出水泥石心，拿下钢条，检查水泥石心裂缝的贯通性，测量水泥石心裂缝宽度为 0.1~0.25mm。整个过程示意图如图 7-33 所示。

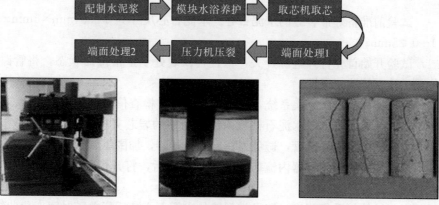

图 7-33　水泥石裂缝模拟示意图

（2）水泥石自修复评价设备。

固井水泥环自修复评价装置是由酸化驱替设备改造获得，所作改造为：①配套管线/阀门更换；②尾气流量测量装置的安装；③尾气处理装置的安装；④试验条件的摸索。

从而使固井水泥环自修复评价设备具有：①水泥石对油/天然气两种流体的自修复能力评价；②最高工作油/气压差≥7MPa；③最高工作温度≥150℃。

通过改造获得的固井水泥环自修复评价装置已经满足试验要求，达到合同要求指标。固井水泥环自修复评价设备如图 7-34 所示。

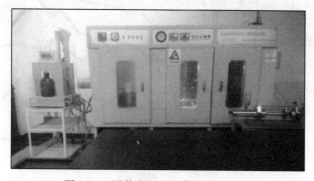

图 7-34　固井水泥环自修复评价装置

(3)水泥石自修复评价试验流程。

水泥石自修复评价试验流程如图 7-35 所示。

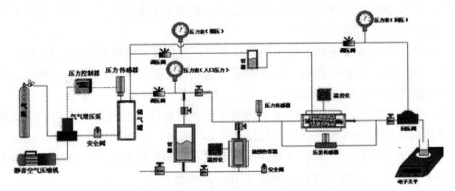

图 7-35　固井水泥石自修复评价流程图

第一，试验前准备好带裂缝的水泥石心。水泥石心尺寸为 $\Phi 2.54mm \times 5mm$，裂缝尺寸为 $0.1 \sim 0.25mm$；

第二，试验开始首先打开电源开关，检查各仪表处于正常待命状态，将管路阀门倒到正确位置，检查管路畅通性；

第三，打开计算机程序采集系统，设定相关参数，检查信号传送是否正常；

第四，将准备好的带裂缝水泥石柱放入流程图中的岩芯夹持器中，注意带裂缝的水泥石心端面要用砂布打磨光滑管，避免划坏岩心夹释器，加围压到指定压力；

第五，待评价装置中间容器内流体升到指定温度后，打开恒流泵使油(煤油)按一定流量从水泥石心裂缝流过；

第六，运行计算机采集程序，记录带裂缝的水泥石心前后压差随时间变化曲线；

工作原理：通油后水泥石中的自修复材料被激活，产生膨胀完成对裂缝的封堵。在此过程中，自修复材料逐渐膨胀会使水泥石心前后压差变得越来越高。本试验通过测量水泥石心前后压差变化，以承压能力衡量自修复能力，当设定压差达到 6MPa 恒流泵停泵，水泥石完成裂缝自修复。本试验选取吸油倍率有代表性 1#、2#、3#、4# 与常规水泥石做对比，评价结果如图 7-36 所示。

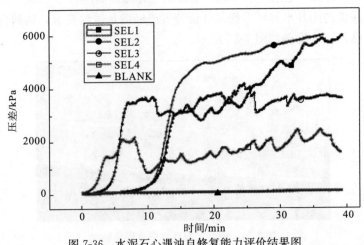

图 7-36　水泥石心遇油自修复能力评价结果图

由图 7-36 可以看出：

(1)未加自修复材料的 BLANK 常规水泥石在通煤油的过程中，前后压差并未出现大的变化，说明常规水泥石出现裂缝后不具备自修复能力。

(2)含自修复材料 SEL3、SEL4 水泥石通煤油后，压差先增高，达到一定数值后出现波动不再继续升高。此现象原因为自修复材料 SEL3、SEL4 遇到煤油后先是吸油膨胀，后来由于吸油倍率不够高、膨胀不足，因而不能完全封堵裂缝。另外压差波动是自修复材料颗吸油后变软，颗粒不断运移造成的。

(3)加自修复材料 SEL1、SEL2 较 SEL3、SEL4 吸油后更能承压，承压能力达到6MPa，封堵性更好。SEL2 曲线后半段较 SEL1 承压更稳定，自修复能力更强，为理想的自修复功能材料。

(4)结合待选材料的吸油倍率可以看出自修复材料吸油倍率越高，其所在的水泥石心自修复能力越强。

3. 水泥环力学评价方法

目前，通常采用三轴抗压强度来评价水泥环的力学性能。结合海洋高温高压井的特点，中海油湛江分公司通过与中海油服、中国石油大学联合攻关，研制了水泥环应变-温变破坏模拟装置。此外，还建立了水泥石三维有限元模型，利用有限元的方法来预测不同类狗腿脚水泥石的韧弹性性能。

1)三轴抗压强度

三轴抗压强度是岩石力学中经常测定的参数，其实质是对处于三向受压环境中的地壳岩体的力学性状的一种模拟。相对于其他一些所谓的常规实验，三轴实验属较复杂的高级实验，它可以获取相应于岩体不同围压(或深度)的抗压强度、抗剪强度、弹性模量、泊松比及准确的凝聚力和内摩擦角等数据。若使用三轴侍服压力机，还能得到应力-应变 (σ-ε)的全程曲线，进而获得岩石的残余应力、永久变形等数据。由于水泥石在井下的实际受力情况与地下岩石极其相似，因此，三轴抗压强度与单轴抗压强度相比，更能够反应水泥石的实际受力情况，具有很好的现实意义。

2)水泥环应变-温变破坏模拟装置

"水泥环应变-温变破坏模拟装置"主要功能是对各种水泥石的韧弹性进行现场模拟评价。研发的装置能够满足井底 160℃温度及 10000psi 井底压力要求，模拟现场尾管固井作业后的试压、温变等作业要求，检验井底水泥环韧弹性及层间封隔性能，为试压作业提供可靠参数。

(1)模拟压力变化。

实施方式一：水泥浆配方 1 在恒定的静止温度 150℃，围压压力 21MPa，套管内压力 40MPa，已经完全水化充分(养护一周时间为佳)的情况下，5~10min 内套管内压力迅速上升到 47MPa(此时，套管内压差为 1000psi)，恒压 15min，5min(缓慢)泄压到套管内压力 40MPa。然后，检验水泥环与套管内表面之间是否产生微环隙，同时检验气窜流量。若配方在套管组件内压力迅速上升到 47MPa 都不窜，则 5~10min 内套管组件内压力从40MPa 迅速上升到 54MPa(套管内压差为 2000psi)，恒压 15min，5min(缓慢)泄压到套管内压力 40MPa，然后检验水泥环与套管内表面之间是否产生微环隙，同时检验气窜流量；若配方在套管组件内压力迅速上升到 54MPa 都不窜，则 5~10min 内套管组件内压力从 40MPa 迅速上升到 61MPa(套管内压差为 3000psi)，恒压 15min，5min(缓慢)泄压到套管内压力 40MPa，然后检验水泥环与套管内表面之间是否产生微环隙，同时检验气窜流量；若发生破坏，则水泥浆配方 1 失败；依次检验水泥浆配方 2、水泥浆配方 3……，选择出未产生微环隙的水泥浆配方，如水泥浆配方 3 和 4 没有发生破坏，使用水泥浆配方 3 和 4 重复上述加压泄压步骤，看哪一个配方在初次发生窜流时重复升降压的次数多谁最优；并以试压 10 次以上为优，5~10 次合格，5 次以下不合格为标准确定水泥浆配方承压等级。

(2)模拟温度变化。

实施方式一：水泥浆配方 1 在恒定围压为 21MPa，套管内压力为 25MPa，起始温度为 60℃，30~40min 内温度迅速上升到 120℃，恒温 3~4h，然后检验水泥环与外套管界面之间是否产生微环隙，同时检验气窜流量；若发现微裂缝，排除配方 1，继续测试配方 2、配方 3……，找出未发生破坏的水泥浆配方认定为初步合适。然后自然或缓慢降温(约 4h)到 60℃，使用认定初步合适的配方重复步骤升温到 120℃，以发生窜流时能承受重复升降温的次数最多的配方为最优。

实施方式二：水泥浆配方 1 在恒定围压为 21MPa，套管内压力为 25MPa，起始温度为 60℃，40~50min 内温度迅速上升到 160℃，恒温 3~4h。然后，检验水泥环与外套管界面之间是否产生微环隙，同时检验气窜流量；若发现微裂缝，排除配方 1，继续测试配方 2、配方 3……，找出未发生破坏的水泥浆配方认定为初步合适。然后自然或缓慢降温(约 4h)到 60℃，使用认定初步合适的配方重复步骤升温到 160℃，以发生窜流时能承受重复升降温的次数最多的配方为最优。

实施方式三：水泥浆配方 1 在恒定围压为 21MPa，套管内压力为 30MPa，起始温度为 140℃，40~50min 内温度迅速降至 60℃，恒温 3~4h。然后，检验水泥环与外套管界面之间是否产生微环隙，同时检验气窜流量；若发现微裂缝，排除配方 1，继续测试配方 2、配方 3……，找出未发生破坏的水泥浆配方认定为初步合适。使用认定初步合适的配方重复步骤上述步骤升温到 140℃然后自然或缓慢降温(约 4h)到 60℃，以发生窜流时能承受重复升降温的次数最多的配方为最优。

3)水泥环有限元分析

由于实验装置仅能够模拟直井下的应力-应变状态，而有限元模拟能够很好模拟斜井的应力应变状态。另外，有限元模拟能够结合真实的地应力状态，更充分的模拟水泥石的应力应变。但是，有限元模拟又有一定的局限性，表现在只能模拟出破坏水泥石的极限温变和压变值，不能模拟周期性变化的破坏，并且模拟结果的真实性没有设备实验来的直观和可靠，可能存在一定的误差。故需要将两者很好地结合在一起。利用研制的水泥环应变-温变破坏模拟实验装置，对空白体系、树脂体系和胶乳体系 3 种水泥浆进行压变和温变实验，研究水泥环的破坏条件，并利用有限元程序模拟实验条件，对实验过程进行有限元模拟，研究水泥环的破坏机理。

为完善水泥石韧弹性评价方法，采用国外广泛采用的三维平面应变模型，建立了水泥石三维有限元模型。

7.2.6 高温高压固井降失水剂技术

1. 降失水剂的国内外研究现状

降失水剂是固井中最重要的一种外加剂。国外早在 20 世纪 40 年代就开始对固井降失水剂进行了研究，经过多年的努力，已开发出从低温到高温的许多系列的成熟产品。我国降失水剂开发起步较晚，起初只是出于仿制阶段，后来投入很大力量进行了产品的自主研发和自主创新，不断有新的降失水剂产品在油田得到应用，现在已开发出多个品牌的产品。低温系列产品逐步取代了国外产品，但是高温产品与国外还存在差距，为了保证固井施工安全和固井质量，一些超高温固井仍采用国外产品。

1)降失水剂的种类与研究概况

随着科技的进步，降失水剂的种类越来越多，性能也越来越优异。总的来说，目前国内外固井用降失水剂主要有两种类型：颗粒材料和天然高分子材料及其改性物。下面对这两种类型降失水剂的研究概况分别进行了详细介绍。

(1)颗粒材料。

颗粒材料的降失水剂主要有无机和有机两种。这种类型的降失水剂主要是通过进入水泥滤饼空隙形成致密滤饼的方式达到控制失水目的的。许多颗粒材料如膨润土、花生壳粉、微硅、沥青、硫酸钡细粉、热塑性树脂、胶乳等，都有一定控制失水的能力。

最早用作水泥浆降失水剂的颗粒材料是膨润土。膨润土又叫黏土，是单斜晶系的硅酸盐矿物。研究表明膨润土有较强的控失水的能力，其与禾木胶等复配配制的水泥浆可耐 135℃高温，水泥浆稳定性好，形成的水泥石抗各种盐类的侵蚀能力强。经聚合物改性后能够制得降失水效果较好的降失水剂。此外，Burkhalter、Juppe、Olaussen 等也制备了各种改性黏土类复配降失水剂，有优良的降失水效果。

花生壳粉用于固井降失水剂早已有专利及期刊报道。Forrest 在发表的专利中表明粒度在 20~500 目的花生壳粉加量为 0.2%~5%时能够起到良好的控制失水的作用，并且加入花生壳粉基本对水泥浆的流变性能没影响，以其为主剂的水泥浆在高渗透地层中也不会发生漏失，水泥石抗压强度也有所提高。花生壳粉与其他降失水剂复配会有更好的效果。

微硅也是常用的微粒类固井材料，具有一定降失水功能。微硅粒径小，活性高，加入水泥浆后可降低体系游离液的含量，提高浆体稳定性，具有一定的高温防沉降作用，还可提高水泥石的抗压强度。但微硅控失水能力较弱，常配合其他种类的降失水剂使用，且加量大很容易使浆体增稠不利于混拌和泵送，因此，应适具体情况合理使用。

在这些微粒类的降失水剂中，胶乳很值得注意。在颗粒材料中，胶乳的控失水能力是比较强的，国外已开发相对成熟并得到了广泛应用。胶乳是一种乳液，乳液中聚合物粒子的粒径一般为 0.05~0.50μm。应用在固井水泥浆中的多数胶乳的固相含量在 50%左右。胶乳除了有降失水的作用外，还可以起到防气窜、抗腐蚀、改善水泥浆流变性能、改善水泥石力学性能、提高水泥环的黏结性能。胶乳的降失水机理为：一部分胶粒堵塞在水泥颗粒间起到降低滤饼渗透率的作用，另一部分胶粒在压差作用下会聚集成膜，进一步降低滤饼渗透率，从而起到降失水的作用。

苯乙烯/丁二烯及其衍生物的共聚物是胶乳的最新产品，此类胶乳一般加量为15％～30％，加量小往往很难达到效果，其使用温度可达到176℃。在此胶乳的共聚物中，丁二烯与苯乙烯的质量比在1：2左右，为了提高胶乳的稳定性和使用性能，常在其中加入各种表面活性剂。

国外开发的胶乳产品已经比较成熟，其中包括BJ公司开发的胶乳BA-86L、哈里伯顿公司开发的胶乳Latex2000、斯伦贝谢公司开发的D500、D600、D700系列胶乳等。其中，据斯伦贝谢公司介绍，其开发的胶乳有很好的控制失水和防止气窜的性能，使用温度分别为27～71℃（D500）、66～121℃（D600）、121～191℃（D700）。由于胶乳掺量大，成本高，研究尚不够成熟，国内自主开发应用的产品还较少，有待进一步的研究。

总的来说，微粒材料主要是利用级配关系部分堵塞水泥大颗粒之间的空隙来降低失水，单独使用其降失水能力是有限的；因此，它们一般用作辅助材料与其他降失水剂复合使用从而达到优良的效果。

水溶性高分子水溶性高分子材料类型的降失水剂包括天然高分子及其改性物和水溶性合成高分子两种。

2）天然高分子材料及其改性物

天然高分子材料来源丰富、价格低廉，且容易进行各种化学改性，如接枝改性、基团反应等。常用作降失水剂的有纤维素、木质素、淀粉、褐煤、单宁及其改性物等。这里对常用的几种天然高分子及其改性物的研究情况做一下简单介绍。

纤维素资源很丰富，且其具有可降解、价格低廉和不污染环境等特点。纤维素及其改性物是天然高分子及其改性物类降失水剂中用的较多的一类，此类降失水剂存在一个共同的缺点，即有较强的缓凝作用，容易使水泥浆增稠，且耐温和抗高价离子性能差。常用作降失水剂的纤维素衍生物有CMHEC（甲基-乙基纤维素）、CMC（羟甲纤维素）和HEC（羧乙基纤维素）等。其中CMC来源广，价格低廉，但缓凝作用强，且容易引起水泥浆的絮凝，现已用的很少。而HEC、CMHEC等生产工艺复杂，成本较高，使其应用受到了限制，此类降失水剂国外使用较多，国内生产很少，未见应用报道。为了提高纤维素衍生物类降失水剂的综合性能，可以对纤维素进行改性，如将一些乙烯类单体接枝到纤维素大分子链上。如胡俊明等采用铈盐或其他变价金属离子作为引发剂，使乙烯类单体与纤维素共聚，制得纤维素接枝的共聚反应产物，此产物有良好的控失水性能和分散性能，不会使水泥浆过分增稠，且与其他外加剂配伍性良好；但是由于纤维素中醚键高温易分解，其使用用温度一般在110℃以下。

天然高分子材料木质素是一种来源广泛、价格低廉的降失水剂原材料。木质素通过化学改性可明显提高其降失水性能，如磺化或磺甲基化木质素是良好的降失水剂。淀粉价格低、来源丰富，具有成膜、增稠、黏结等性能，被广泛应用于各个领域。在降失水剂方面也有应用但应用不多，这主要是因为其存在热稳定性差、容易增稠等缺点。

天然高分子材料及其改性物类型的降失水剂主要存在以下缺点：一是此类降失水剂增稠现象严重，常会导致水泥浆稠度太大流变性很差；二是此类降失水剂缓凝作用较强，低温下常会出现超缓凝；三是此类降失水剂的耐温抗盐能力不够强，高温下会发生降解使降失水能力明显降低。

3) 水溶性合成高分子

水溶性合成高分子降失水剂一般为线型或支链型水溶性大分子，通过单体的选择、合成条件的合理控制，使大分子链上的官能团种类、数量及比例达到一定要求，即可设计出具有合适相对分子质量和相对分子质量分布的优良性能的降失水剂产品。水溶性合成高分子类降失水剂品种很多，许多性能明显优于其他类型降失水剂，可通过选用各种类型的单体合成各种性能优良的产品，因此此类降失水剂也是目前国内外研究开发的重点。

水溶性合成高分子降失水剂在固井外加剂中发展最快，不断有新的产品出现。这些产品通常都是由水溶性的含双键的乙烯基单体在适当的条件下均聚或者共聚而成的，其中共聚得到的产品占绝大部分。

用于合成高分子类的降失水剂单体可以是离子型的，也可以是中性的。在这些常用聚合单体中，阴离子单体有：2-丙烯酰胺基-2-甲基丙磺酸（AMPS）、丙烯酸（AA）、甲基丙烯酸（MAA）、羟乙基丙烯酸（HEA）、富马酸（FA）、马来酸酐（MA）、衣康酸（IA）等；阳离子单体有：二甲基二烯丙基氯化铵（DMDAAC）、十八烷基二甲基烯丙基氯化铵（C18DMAAC）、甲基-丙烯酰氧乙基三甲基氯化铵（DMC）等；中性单体有：丙烯酰胺（AM）、N，N-二甲基丙烯酰胺（DMAA）、N-乙烯基吡咯烷酮（NVP）、N，N-二乙基丙烯酰胺、N-甲基-N-乙烯基乙酰胺（VMAA）、丁二烯、甲基丙烯酸酯、甲基乙烯基醚、苯乙烯（St）等。2-丙烯酰胺基-2-甲基丙磺酸（AMPS）、丙烯酰胺（AM）及其衍生物等以其优异的抗高温、耐盐、水化性能而成为国内外合成水溶性高分子降失水剂的首选单体。目前，以 AMPS 为主体的聚合物体系是降失水剂主要的研究方向。

4) 降失水剂的发展趋势及研究方向

根据降失水剂的作用及其具体的应用环境，一种优良的降失水剂应该具有的性能可概括为以下几点：

(1) 具有优良的降失水能力，在适宜加量下能满足固井施工的要求；

(2) 副作用小，如对水泥浆的稠化性能、强度发展、抗压强度等影响小；

(3) 常温下不过分增稠，高温下不过分稀释，既可使水泥浆具有良好的可泵性，又能避免水泥浆高温的严重沉降；

(4) 具有较强的抗盐能力，在高含盐水泥浆仍能有效控制失水，可以满足盐层、盐膏层、高压盐水层的固井需求；

(5) 具有较强的抗温能力，受温度影响小，在高温环境下仍能有效控制失水，可满足高温深井固井的需求；

(6) 具有良好的与其他外加剂配伍的性能；

(7) 应用范围广，能适应较宽的温度、pH 范围和不同类型的油井水泥；

(8) 所需原料易得，成本低廉、对环境无污染。

考虑优良降失水剂应该满足的性能，结合目前固井所面临的问题和降失水剂的研究现状，固井降失水剂的发展趋势和研究方向总结如下：

(1) 随着深井、超深井及各种复杂井的不断出现，研究人员会加强对抗高温抗盐降失水剂的开发，不断提高降失水剂的耐温、耐盐等性能。

(2) 固井降失水剂向着多功能方向发展，如研发不仅能降低失水，而且兼有分散、促凝、防沉降等作用的降失水剂。尤其目前高温沉降是一个普遍存在的问题，因此开发具有防沉降作用的降失水剂是很有意义的一个方向。

(3)颗粒材料则主要是开发胶乳体系，其不仅控失水能力强，而且还具有防气窜、改善水泥石力学性能、提高水泥环的黏结性能等优良性能。目前国内此类产品较少，可加大研究力度，降低生产成本，提高产品的综合性能。

(4)天然高分子材料来源广泛，价格低廉，可利用此优点对其进行合理复配或改性使用，提高其综合性能。

(5)合成高分子型降失水剂有很多优良的性能，还将继续成为研究的热点。可引入含有特殊基团的新型单体，改进合成工艺，开发新型的综合性能良好的降失水剂；比如引进 AHPS、十六烷基二甲氨基丙基甲基丙烯酰胺(C16DMAPMA)等单体，采用乳液聚合方法合成有效含量高的液体降失水剂等；另外，寻找价格低廉单体降低生产成本也是很有研究意义的。

(6)几种不同类型的降失水剂复配或降失水剂与无机盐按一定比例复配得到综合性能良好的降失水剂。

(7)针对不同的地质条件，研发可应用于相应情况下的不同类的降失水剂。

(8)将钻井液处理剂改进的方法应用于固井降失水剂的研究。

2. 降失水剂的作用

降失水剂是用在水泥浆中可以控制水泥浆失水的一种固井外加剂。水泥遇到水后发生充分的水化作用后才会形成具有一定强度可起到支撑作用的水泥石。在固井用的水泥浆中，实际需要水灰比在 0.22~0.30 就可以完全满足水泥水化要求。但是为了保证水泥浆在固井施工中有良好的流变性能，常使用的水灰比要远大于此比例，因此实际固井水泥浆中存在大量的自由水。固井施工时，水泥浆中这些自由水在压力作用下遇到渗透性地层时就会很容易失去，从而对水泥浆本身性能和储层都会造成一定的影响和危害。因此，为了降低失水造成的不利的影响和危害，在固井过程中，常在水泥浆中加入降失水剂来达到控失水的目的。

3. 降失水剂的作用机理分析

对于降失水剂的机理，还没有明确的认识，国内外学者有很多种不同的看法。目前学术界普遍认为降失水剂主要通过改善滤饼的质量和增加水泥浆滤液黏度来降低失水量的，而起主导作用的滤饼的致密程度主要取决于水泥浆体系中粒子的分散度及级配。若水泥浆中加入性能优良的降失水剂，则当水泥滤饼形成以后，水泥浆将以很小的速率滤失。反之，如果滤饼的结构不良，则失水速率就大。

失水的过程可由多孔介质流体力学中的达西定律和 Kozeny 方程来进行分析，从而指导降失水剂的合成。

孔介质流体力学中的达西定律为

$$Q = \frac{k\rho}{\mu} \cdot \frac{A\Delta P}{L} \tag{7-16}$$

式中，Q——失水速率，m^3/s；

　　k——水泥滤饼渗透率，mD；

　　ρ——滤液的密度，g/cm^3；

　　μ——滤液的黏度，$Pa \cdot s$；

　　A——滤网的过滤面积，m^2；

　　ΔP——压差，Pa；

　　L——水泥滤饼的厚度，mm。

　　该失水方程是在假定滤饼是均质的，即滤饼的渗透率不随失水速率、压力、滤饼厚度变化时才成立。显然，影响水泥浆失水量的主要因素在于水泥滤饼渗透率 k、滤液的黏度 μ、水泥滤饼的厚度 L。

　　Kozeny 方程为

$$k = C_0 \frac{n^3}{M_n^2(1-n^2)} \tag{7-17}$$

式中，C_0——Kozeny 常数，它与孔隙的断面形状有关；

　　　n——滤饼的孔隙率；

　　　M_n——单位固体体积水泥中所有的颗粒的总表面积。

　　由达西定律知，影响失水量的主要因素有滤饼的渗透率、滤液的黏度。由 Kozeny 方程知，滤饼的渗透率主要由滤饼的孔隙率决定。

　　对聚合物来说，其溶液的黏度取决于溶液的浓度和聚合物的相对分子质量，因此可通过适当增加聚合物分子量来改善聚合物控制失水的能力。需要注意的是，虽然提高滤液黏度可以降低滤失，但是单靠提高黏度的办法显然是不现实的，因为过高的黏度会使水泥浆搅拌困难甚至不可能。

　　降低滤饼渗透率是控制滤失的重要手段，比增加黏度效果要明显，可以通过合理设计聚合物结构，引入优秀功能基降低滤饼渗透率，改善滤饼，降低失水量。因此进行聚合物降失水剂大分子设计时，除要求适当的相对分子质量和分子量分布外，还要求对大分子链上的官能团性质、数量及分布作全面考虑。

　　目前，国内外对于降失水剂的作用机理还没有彻底的研究清楚。多孔介质流体力学中的达西定律和 Kozeny 方程在一定程度上证明了降失水剂通过减小滤饼渗透率和提高液相的黏度来达到降失水目的。另据 Desbrieres 的研究结果，降失水剂能够使滤饼的渗透率降到 1/1000，而水溶液的黏度才增加 4 倍。由此可见，影响水泥浆失水的关键因素是水泥滤饼的渗透率。

　　关于降失水剂具体的作用机理，主要观点总结如下：

　　(1)堵塞作用。

　　无机、有机等颗粒材料，其粒径一般比水泥颗粒要小，并具有一定范围的粒径分布。在压差作用下，这些颗粒材料分散在滤饼的水泥颗粒之间，可以堵塞滤饼的孔隙，使水泥滤饼变得更加致密，在一定程度上阻止了液相向地层的滤失，从而可以达到降低失水量的目的。

　　对于水溶性高分子降失水剂，聚合物分子的不同链节可以吸附在不同的水泥颗粒上，可形成具有高弹性和黏弹性的胶凝聚集态，楔入滤饼中有堵孔作用，且使滤饼具有较好的可压缩性。另外，高分子可在水泥浆中形成空间网状结构，可以更好地在滤饼中起到物理堵塞的作用。这些都有利于降低滤饼的渗透率，从而起到降失水的作用。

（2）吸附-水化作用。

水溶性高分子降失水剂链上的极性基团能吸附在水泥颗粒的表面，构成结构致密的水泥滤饼，达到使滤饼渗透率降低的目的，从而降低失水。水化基团有利于聚合物的分散溶解，形成水化膜可降低失水。

水溶性高分子降失水剂一般都含有吸附和水化基团，当水泥浆中加入高分子降失水剂后，这些吸附水化基团会在水泥颗粒表面形成吸附水化层，同时常会引起水泥浆双电层结构发生变化，改变水泥胶粒表面的 δ 电位，使水泥颗粒间的作用力发生改变，从而起到改善水泥浆粒度分布和级配的作用，使滤饼中的粒子更加紧密地结合在一起，形成致密的渗透率低的滤饼，从而达到降低水泥浆失水量的目的。

吸附-水化作用在水溶性高分子降失水剂降低失水方面起着至关重要的作用。根据吸附-水化作用的结论，合格的聚合物降失水剂对其单体有三点要求：一是在不同温度下对水泥颗粒都具有较强的吸附能力；二是有较强亲水能力的阴离子基团或亲核基团；三是单体的化学键应具有很好的稳定性。

（3）提高浆液黏度。

水溶性高分子降失水剂是一种长链结构，常具有很高的相对分子质量，其溶解于水中后，会明显增加流动力学体积，使体系黏度明显增加。水溶性高分子降失水剂加入水泥浆后，溶于水中，吸附在水泥颗粒表面，形成缠绕的网状结构，使体系稠度明显增加，给水泥浆的失水造成一定的阻力，降低了失水的速率，从而有利于失水量的控制。

4. 固井水泥浆失水的危害及控制失水的意义

固井施工时，水泥浆在压力作用下经过高渗透地层时将会发生"渗透"而失水。失水的后果可分为两方面：一是影响水泥浆本身的性能；二是滤液进入储层会对储层造成不同程度的伤害。

为了达到良好的固井效果，美国石油学会（API）对不同固井目的下的水泥浆失水量作了具体要求，要求如下：

防气窜：水泥浆失水量≤20ml/30min；

固尾管：水泥浆失水量≤50ml/30min；

挤水泥：水泥浆失水量=50～200ml/30min；

固套管：水泥浆失水量≤250ml/30min；

原浆的 API 失水量通常超过 1500ml/30min。显然，水泥浆的净失水量远远大于固井要求的失水量。为了达到此要求，通常在固井的水泥浆中加入降失水剂。如果不加入降失水剂对水泥浆失水量加以控制，可能会造成很多危害。水泥浆失水的危害具体表现如下：

（1）水泥浆性能会变差，影响固井的质量。由于水泥浆失水，使水灰比降低，水泥浆密度增大，流变性能变差，使水泥浆顶替困难，顶替效率下降，影响固井质量，还可能会造成憋泵等后果，导致固井施工失败。另外，由于失水水泥浆稠化时间缩短，稳定性变差，还没顶替到位水泥浆可能已变稠丧失流动性，无法再继续顶替，水泥浆返高不能达到设计时的要求。

（2）水泥浆大量失水会对油气层造成一定的损害。首先，从水泥浆滤出液体具有较强的碱性，这种碱性液体进入地层会使黏土矿物的解离加速，造成毛细管阻力作用的出现，释放出的颗粒会堵塞油气井环孔，油气层渗透率会因滤液的这些副作用降低。其次，水泥浆滤出液体中含有各种阴阳离子，如 Ca^{2+}、Mg^{2+}、Fe^{2+}、OH^- 和 CO_3^{2-} 等，这些离子进入地层后，在一定的条件下，会形成 $Ca(OH)_2$、$Mg(OH)_2$、$CaSO_4$、$CaCO_3$ 等各种沉淀物和结晶物。这些物质会堵塞油气层孔道，使油气层渗透率降低，原油渗透阻力增加，给油气的开采带来困难。水泥浆污染油层的许多途径都与水泥浆的失水有关。

（3）水泥浆大量失水可能会引发一些固井事故的发生。水泥浆大量失水会使水灰比降低，造成水泥浆流变形和其他性能发生变化，大量的失水也会使水泥浆滤饼增厚，这些会导致水泥浆的液柱对地层产生的压力迅速下降，当此压力很低时可能会发生井喷。另外，对水敏感的地层会因为大量的失水而造成油气井的井径扩大坍塌，严重情况下会导致固井作业的失败。

水泥浆的大量失水会给注水泥工作带来很大困难，还会严重影响固井质量，损害油气层，因此在固井过程中控制水泥浆失水是很有意义的。控制水泥浆低的失水量，既可以保证水泥浆的优良的综合性能，保证施工安全顺利进行，提高固井质量，又可以防止对油气层的污染，提高油气的采收率，延长油气井的使用寿命。

7.2.7　海洋高温高压水泥浆体系

1. 高温高密度水泥浆体系

以莺琼盆地东方某气田为例，采用前面所述的水泥浆技术分析方法，确立了两套"防漏、防窜、防腐蚀、防应变、防温变"的高密度水泥浆体系基本框架：铁矿粉颗粒级配+胶乳（或树脂）+防窜剂+膨胀剂+耐碱纤维，具体功能材料见表 7-20 和表 7-21。

表 7-20　胶乳高密度"五防"体系材料组成

	胶乳高密度"五防"体系
油井水泥	山东"G"级水泥
加重剂	PC-D20（250 目）及 PC-D20（1200 目）铁矿粉
硅粉	PC-C81（120 目）及 PC-C82（300 目）
混浆水	淡水
降失水剂	PC-G80L(S)
缓凝剂	PC-H40L
分散剂	PC-F44S/F41L
防窜增强剂	PC-GS12L
增韧、防窜、防腐蚀剂	胶乳 PC-GR1
堵漏、增韧剂	玻璃纤维 PC-B62
膨胀剂	PC-B20/B10
胶乳抑泡剂	PC-X66L
常规消泡剂	PC-X60L

表 7-21　树脂高密度"五防"体系材料组成

	树脂高密度"五防"体系
油井水泥	山东"G"级水泥
加重剂	PC-D20(250 目)及 PC-D20(1200 目)铁矿粉
硅粉	PC-C81(120 目)及 PC-C82(300 目)
混浆水	淡水
降失水剂	PC-G80L(S)
缓凝剂	PC-H40L
分散剂	PC-F44S/F41L
防窜增强剂	PC-GS12L
防腐蚀剂	树脂乳液 PC-B83L
堵漏、增韧剂	玻璃纤维 PC-B62
膨胀剂	PC-B20/B10
树脂抑泡剂	PC-X66L
常规消泡剂	PC-X60L

以上两套"五防"高密度水泥浆体系适用温度达到 160℃，水泥浆密度可达 2.3g/cm³，且易于调控。

胶乳高密度"五防"水泥浆体系基本配方：山东"G"级水泥 400g＋硅粉(120 目)140g＋F44S 4g＋PC-GR 72g＋胶乳消泡剂 2g＋PC-GS12L 32g＋PC-G80L 8g＋H41L 4g＋PC-X60L 2g＋PC-B20 4g＋纤维 2g＋淡水 215g＋D20(250 目)100g＋D20(1200 目)400g。

树脂高密度"五防"水泥浆体系基本配方：山东"G"级水泥 400g＋硅粉(120 目)140g＋F44S 4g＋PC-B83L24g＋树脂消泡剂 2g＋PC-GS12L32g＋PC-G80L 28g＋H40L 8g＋PC-X60L 0.8g＋PC-B20 4g＋淡水 295g＋D20(250 目)100g＋D20(1200 目)420g＋纤维。

新开发的胶乳高密度"五防"水泥浆体系和树脂高密度"五防"水泥浆体系具有以下特点：

(1)体系的常规性能优良，依据实际井况，密度、流变、失水、稠化时间、抗压强度、自由液满足现场作业要求；

(2)体系防窜性能优良，SPN 值<3，见表 7-22 和表 7-23。

表 7-22　2.30g/cm³ 防窜性能评价(18%胶乳)

温度/℃	稠化时间/h	30BC-100BC 过渡时间/min (160℃×65MPa)	游离/ml (90℃养护后静置 20min)	FL 失水/ml (90℃×30min ×1000psi)	抗压强度/MPa (160℃×21MPa×24h)	SPN	备注
160	5.78	6	0	22	13.1	0.65	防窜极好

表 7-23　2.30g/cm³ 防窜性能评价(4%树脂)

温度/℃	稠化时间/h	30BC-100BC 过渡时间/min (160℃×65MPa)	游离/ml (90℃养护后静置 20min)	FL 失水/ml (90℃×30min ×1000psi)	抗压强度/MPa (160℃×21MPa×24h)	SPN	备注
160	4.9	10	0	19	24.5	1.19	防窜极好

（3）体系加有 0.5％纤维可堵住 0.5mm 渗透性裂缝，承压达到 5MPa，纤维加入后且对浆体其他性能影响不大。体系的堵漏实验结果见表 7-24。

表 7-24　堵漏实验结果

裂缝大小/mm	B62 加量/g	B66 加量/g	承压压差 ΔP/MPa	漏失量/%（1L 原浆）	备注
0.5	0	0	0.3	100	堵漏失败
	1.8	5.4	5	2.7	堵漏成功
	2.4	7.2	5	0	堵漏成功
	2.4	7.2	7	7	堵漏成功
1.0	2.4	7.2	3.5	0	堵漏成功
	2.4	7.2	5	34	堵漏成功

（4）加有 18％胶乳及 6％树脂时，水泥石防腐性能大幅提高，满足 2000h 腐蚀深度为普通水泥的 1/8，水泥环耦合结果满足 20 年的腐蚀要求。

（5）体系 2.10～2.30g/cm³ 具有一定弹塑性，胶乳"五防"杨氏模量降为 3.7～4.8GPa，泊松比为 0.126～0.144，抗压强度为 16～28MPa；树脂"五防"杨氏模量为 4～7GPa，较纯水泥的 10.6GPa 及空白水泥石的 7.27GPa 有较大改善。

（6）胶乳"五防"及树脂"五防"水泥环抗应力破坏、温变破坏能力提高 50％以上（相对非弹性 2.30 g/cm³ 水泥石）。

2. 自修复水泥浆体系

自修复水泥浆基本配方：山东"G"级水泥 460g+超细水泥 100g+硅粉 180g+铁矿粉 150g+自修复材料 SEl 45g+抗拉剂 mirofiber 20g+膨胀剂 B20 6g+淡水 F"W"300g+降失水剂 G80 30g+分散剂 F45 6g+缓凝剂 H40 3g+消泡剂 X60 4g。自修复水泥浆的密度可达 1.9g/cm³，在 120℃条件下具备自修复能力，其基本性能见表 7-25。

表 7-25　自修复水泥浆基本性能（BHST 120℃）

密度/(g/cm³)	温度/℃	稠化时间/h	流变仪读数 600/300/200/100/6/3	游离/ml	FL 失水/ml（90℃×30min）	抗压强度/MPa（120℃×21MPa×24h）
1.9	120	3.7	—/245/221/142/28/16	0	22.4	14.7

1）遇油自修复能力评价结果

按照前述的固井水泥环自修复能力评价方法，测量通油后带裂缝水泥石前后压差变化，以承压能力衡量自修复能力。当压差达到自修复评价系统的保护压力 7MPa 时，系统自动停泵，裂缝自修复完成，试验结果如图 7-37 所示。

图 7-37 中所示红线为带裂缝的普通水泥石通油前后压差变化；黑线为带裂缝加自修复材料水泥石通油后压差变化。由图 7-37 可以看出，常规水泥石在通煤油后随着时间的推移，带裂缝的水泥石心前后压差变化不大，说明常规水泥石不具备裂缝自我修复能力；自修复水泥石在通煤油后随着时间的推移，带裂缝的水泥石心前后压差越来越大，说明自修复水泥石具有裂缝自我封堵，自我修复的能力。

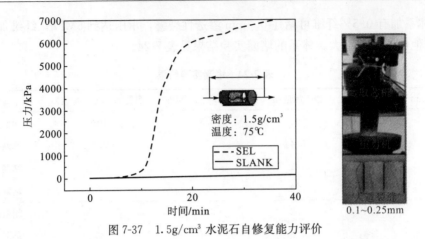

图 7-37　1.5g/cm³ 水泥石自修复能力评价

2)遇气自修能力评价结果

按照如前所述的固井水泥环自修复能力评价方法,对带裂缝的水泥石心驱煤气,气源压力恒定为 0.5MPa。测定通过裂缝的煤气量来判别水泥石心的自修复能力,尾气采用点燃的方法解决,试验结果如图 7-38 所示。由图 7-38 可以看出:通过的气体为氮气时,随时间推移气体流量不变;通过的是带压有机气体(煤气),随着时间的推移,流量越来越小,40min 后有机气体基本被封堵,带有裂缝的水泥石心完成自修复。

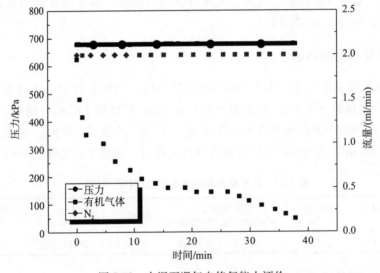

图 7-38　水泥石遇气自修复能力评价

3. 水泥浆体系添加剂优选与性能评价

结合莺歌海盆地的地质特点,总结先前该地区高温高压固井的失败案例,作业者认为要解决本地区高温高压气井固井的难题,必须解决该盆地高压导致的气窜和井漏的问题,为了改进原水泥浆体系的防窜和防漏性能,经过大量实验,成功引入一种新型液硅材料和一种水溶性的聚合物降失水剂,最终建立新的水泥浆体系,新水泥浆体系在高温条件下有良好的稳定性和防窜能力。另外一种高强有机聚合物单丝短纤维的引入,有效增加了水泥浆防漏性能,同时还可提高水泥浆径向剪切应力,改善水泥环抗冲击韧性,显著提高固井质量。

1)液硅和 G80L 在水泥浆体系中的选用

液硅主要由精选和处理的微硅(SiO_2)组成的液态多功能添加剂。其中微硅是超细非晶型二氧化硅微球，最大比表面积为 $21m^2/g$，高含量无定形二氧化硅(89%~90%)使微硅具有火山灰的性能，具有极强的表面活性，能束缚水泥浆中的间隙水，同时微硅可以与水泥水化产生的二氧化钙反应，形成更多的具有胶结作用的 C—S—H 硅钙胶凝体，提高凝固水泥的最终抗压强度。

G80L 是一种水溶性聚合物降失水剂，形成的稳定网架结构能够有效圈闭自由水；液硅结合 G80L 聚合物可控制水泥浆体系的失水在 $40ml/(30min\times7MPa)$ 以内。液硅超细颗粒的填充作用能够迅速提高水泥浆的胶凝速度，增加气窜阻力，限制了气体侵入水泥浆体，有效阻止气体环空上窜。而且液硅和 G80L 的填充作用，能有效降低水泥石的渗透率，从而使水泥石也具有很好地防止气侵的能力。

2)SW-Ⅱ纤维材料增强水泥浆的堵漏性能

通过材料优选确定以 GQJ-Ⅲ 为主要架桥材料，SW-Ⅱ 为纤维材料，加入高密度水泥浆中，有很好的防漏失作用，同时对水泥浆的流变性影响不大，SW-Ⅱ堵漏纤维在"架桥"作用下，形成了漏失通道的基本骨架，水泥浆在压差的作用下失水形成滤饼，并被挤入漏失通道，而纤维状材料被夹在滤饼中，起到强有力的拉筋作用。这种含有拉筋的滤饼与基本骨架和充填嵌入材料共同在漏失通道中形成塞状封堵垫层，增强了堵塞效果，有效提高地层承载能力。

3)聚合物水泥浆体系的配方

莺歌海盆地某高温高压井 11% 尾管固井作业时尾浆的配方及其性能，见表 7-26。

表 7-26　水泥浆配方及 API 性能

水泥浆类型	硅粉聚合物气窜水泥浆体系
水泥浆配方(各材料加量为相对于水泥重量的百分比)	嘉华"G"级水泥+33%硅粉+0.5%消泡剂+2.0%分散剂+6.0%PC-G80L+6.0%液硅+0.55%缓凝剂+1.5%纤维材料+35%粗铁矿粉+45%细铁矿粉+57.5%F/M
试验温度/℃　井底静止温度	132
井底循环温度	95
密度/(kg/m³)	2100
造浆率/(1/100kg)	128.1
混合水率/(1/100kg)	84.65
失水量/[ml/(7MPa·30min)]	37
自由水/%	0
抗压强度/MPa	22
稠化时间/h	2.88
可泵时间/h	2.67

4)水泥浆体系的实验室评价

为了检验该聚合物体系的防气窜效果，研究人员进行了大量的室内实验，限于篇幅，这里只列出热稳定性试验评价、防窜性能和封堵能力的检测。

（1）热稳定性试验评价。

水泥浆的热稳定性，主要表现在流变性上。为了研究该水泥浆体系的热稳定性，将不同密度的聚合物配置成前置液，在180℃下热滚4h，然后测试热滚前后的流变性，包括：P_v（塑性黏度），Y_p（屈服值），n（流性指数）值和K（稠度系数）值，测试结果见表7-27。

表 7-27　聚合物水泥浆高温作用前后数据表

密度/(g/cm³)	状态	P_v/(Pa·s)	Y_p/Pa	n	K/(Pa·s^n)
1.8	滚前	0.016	0.256	1.057	0.011
	滚后	0.017	0.256	0.946	0.024
2.0	滚前	0.018	0.511	0.907	0.033
	滚后	0.021	0.256	0.998	0.021
2.1	滚前	0.022	0.256	0.959	0.030
	滚后	0.024	0.511	0.928	0.039
2.2	滚前	0.026	0.256	0.964	0.033
	滚后	0.026	1.022	0.868	0.059
2.3	滚前	0.026	1.278	0.849	0.072
	滚后	0.028	0.256	0.967	0.036

从表7-27可以看出，不同密度的聚合物前置液在180℃下热滚前后流变性能变化不大，说明该水泥浆体系具有良好的热稳定性。

（2）防窜性能实验研究。

当水泥浆注入环空后，环空水泥浆液柱的静压力开始下降。当水泥浆液柱的静压力与其传递的压力低于地层气体压力时，气体极容易进入水泥浆体内水泥浆产生和传递压力的能力，取决于水泥水化作用期间发生的结构变化和体积变化。也就是说，水泥浆柱的压力损失，是体积损失和胶凝强度增强的综合影响的结果。

通过超声波水泥强度分析仪可测定静胶凝强度发展情况，如图7-39所示。

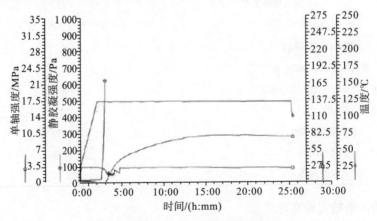

图 7-39　聚合物水泥浆静胶凝强度实验

根据经验总结，水泥浆顶替到环空后，环空气窜多发生在静胶凝强度为 48～240Pa，在该区间内，静胶凝强度发展所用时间越短，气窜发生的可能性就越少。图 7-39 所示的静胶凝曲线发展趋势为：在 2:00～2:31 时间段，胶凝强度发展得慢，2:29 胶凝强度发展 48Pa，2:31 胶凝强度发展 50Pa；在 2:31 以后，胶凝强度很快发展，2:41 胶凝强度就发展至 240Pa 区间的发展时间只有 12min，比以往水泥浆体系的发展时间降低很多。

聚合物水泥浆在水化时形成网状结构，静胶凝强度快速发展，过渡时间短，所以它可以有效地防气窜，有利于提高高温高压井固井质量。

（3）封堵能力评价。

利用固井液中的固相颗粒架桥，变地层裂缝为孔隙，大小颗粒逐级填充，最后把孔隙填实。当水泥浆中加入纤维，纤维将旋绕在大小颗粒间，这更加有利于裂缝、孔隙的封堵。实验步骤如下：

第一，配制 1L 堵漏水泥浆；

第二，井底循环温度条件下搅拌 20min；

第三，关上球阀，将固井液全部倒入堵漏评价设备钢筒；

第四，打开球阀，观察不加压情况下固井液漏失情况；

第五，逐步加压，观察固井液漏失情况，确定其最大承压值。

7.3　高温高压固井工艺

海洋高温高压井况特殊、油气水活跃，对固井工艺要求高，除采用常规井的工艺措施外，还需采取针对性的工艺技术。

7.3.1　井眼准备

井眼准备是保证固井质量的关键环节，一般应从下套管前和注水泥前两个阶段进行准备。

1. 下套管前井眼准备要求

（1）高压油气井，下套管前应压稳，控制油气上窜速度小于 10m/h；

（2）对漏失井，应先堵漏后下套管；

（3）存在缩径、井斜变化率或全角变化率超过设计规定，以及起下钻遇阻、遇卡时，应采用标准钻头原钻具对不规则井段划眼通井；

（4）常规井钻井液 API 滤失量应小于 5ml，滤饼厚度应小于 0.5mm；

（5）通井循环排量应满足环空上返速度不低于 1.2m/s。

2. 注水泥前井眼准备要求

（1）应按通井时返速循环两周以上；

（2）进出口钻井液密度差：气井密度小于 $0.02g/cm^3$，其他井保持一致；

（3）混油钻井液，应按设计配制与水泥浆相容的新浆；

（4）如果发生井漏，应先堵漏后固井；

(5)改善钻井液流变性能，满足固井设计要求：一般钻井液密度小于 $1.3g/cm^3$ 时，屈服值应小于 5Pa；钻井液密度为 $1.3\sim1.8g/cm^3$ 时，屈服值应小于 8Pa；钻井液密度大于 $1.8g/cm^3$ 时，屈服值应小于 15Pa。

7.3.2　防窜工艺技术

高温高压气井中的防窜必须要配合采用多项措施才能起到好的效果，研究建议固井施工中应考虑如下几方面措施的协同应用。

(1)压稳气层。

优化钻井液性能，其液柱压力不低于地层压力加附加压力。下完套管循环泥浆时，要求槽面无气侵显示，参与循环的泥浆须脱气，循环时进出口密度差小于 $0.02g/m^3$。

(2)清洁井眼。

要求循环钻井液时尽可能将残留在井内的泥沙携带出井口。一般要求循环在一周半到两周为宜，过长则会在套管外表形成泥皮而造成套管表面封固较差。

(3)优选前置液，提高顶替效率。

前置液包括冲洗液、隔离液或具有双作用的隔离液，可加重，能有效冲洗、稀释、隔离、缓冲钻井液，不影响水泥环的胶结强度。使用量和密度应结合环空液柱压力进行综合考虑，满足裸眼环空高度 $300\sim500m$，密度差一般达到 $0.2g/cm^3$。

(4)保证替速均匀，提高顶替效率。

水泥浆在顶替钻井液的全过程中，保证替速均匀，是提高顶替效率的重要因素。在现场施工中，只要施工正常，顶替排量是相对不变且随压力增高而有所下降的，因此井径变化就成为导致钻井液、水泥浆在井内流动顶替速度变化不均的主要因素。井眼变化越大，顶替速度的变化越大。由于井眼井径变化引起速度的突变而导致水泥浆在顶替钻井液过程中流动状态的改变，当水泥浆由一种流态变为另一种流态时，就会由于水泥浆在井内流动状态的改变产生窜槽，有可能使封固井段产生滞留钻井液，而造成该段的封固质量不好。

(5)采用合理浆柱结构弥补环空压力过快下降。

使用双作用防窜水泥浆体系可直接控制水泥浆的失重，降低气窜压差，从而达到防窜的目的。但如果水泥浆体系不能达到这一效果，就必须考虑采用尽可能的方法来降低气窜压差。具体方法如下：

第一，控制水泥浆的封固段长度。

控制水泥浆的封固段长度对降低气窜压差有直接作用，封固段长度短一半，则气窜压差降低一半。因此，在工程与地质允许的条件下，应尽量降低水泥浆封固段长度，或使用双级固井方法。

第二，采用防气窜多凝水泥浆体系。

使用双凝水泥浆结构可有效减低水泥浆失重的速度，当下部速凝段处于危险状态时，上部缓凝段仍保持较高的静液柱压力。当缓凝段降低至水柱压力时，下部速凝段早已凝固，从而实现防窜。通常，尾浆为快凝水泥，封固高压气层及以上 $150\sim200m$，应加入防气窜剂，并控制 API 失水在 30ml 以下，零游离液，缓凝段用凝浆封固。

根据大量的实验研究分析可知，水泥浆一般失重至水柱压力的时间为水泥浆初凝时间的 0.7 倍，如果在设计前能测到具体水泥浆体系的失重性能，则设计将更为合理。

使用双凝水泥结构后，其水泥失重后的气窜压力表达式为

$$\Delta P = 0.00981 \times \left[(\rho_s - 1) \times h_2 + \frac{\rho_s - 1}{t_1} \times (t_1 - t_2) \times h_1 \right] \quad (7\text{-}18)$$

式中，ΔP——地层与环空压力差，MPa；

$\quad \rho_s$——水泥浆密度，g/cm^3；

$\quad h_1$——缓凝水泥浆长度，m；

$\quad h_2$——速凝水泥浆长度，m；

$\quad t_1$——缓凝水泥浆初凝时间，min；

$\quad t_2$——速凝水泥浆初凝时间，min。

通过式(7-18)可以看出：要降低水泥浆失重后造成的气窜压差，可以增大缓凝水泥浆与速凝水泥浆的初凝时间差和增大缓凝水泥浆与速凝水泥浆的长度差。

(6)使用管外封隔器或双级固井。

一般用于油、气特别活跃又不能实施井口憋回压的井，封隔器应选择在高压层以上 20～50m 的规则井段。

(7)环空加压候凝。

固井顶替结束后，环空及时关井，憋压候凝。该措施的应用非常关键，是保障前面水泥浆体系防失重效果的配合措施，同时，固井完成后的迅速关井憋压，也可弥补由于环空液柱压力不足以平衡地层压力造成的气窜压力，关井后，还有利于做到防止开始发生的气窜继续窜通。

关井憋压应注意如下技术要求：

第一，关井一定要迅速，顶替完成后应马上进行，因水泥浆的失重是从一静止很快就开始的，这段时间水泥浆形成结构强度小，气窜最容易在这段发生。

第二，环空憋压不能一开始就加最高的压力，这样可能造成地层破裂，而是应该在 1h 内逐渐把压力加到 3～5MPa，甚至更高。

根据以往的现场经验，环空憋压一般选择在水泥浆候凝 60min 内进行，具体加压方法如下：作近似的水泥浆失重曲线，如图 7-40 所示。

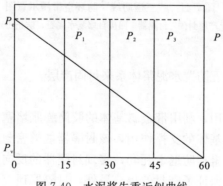

图 7-40　水泥浆失重近似曲线

计算水泥浆从原始压力降至水柱压力的失重速率(G_p)：

$$G_p = \frac{P_c - P_w}{60} = \frac{\rho_c - 1}{6000} H \tag{7-19}$$

计算环空加压在 15min、30min、45min、60min 时的加压值。即每 15min 将井口压力增加 $15 \times G_p$(MPa)。

第三，关井候凝时间一定要保证足够，让水泥石能够形成足够的强度，能够阻止气体窜入时才可开井作业。

（8）"三道防线"防环空带压工艺技术。

随着高温高压水泥浆新技术的发展，南海西部油田在多年的高温高压井作业逐渐尝试新的工艺技术（如自修复水泥浆），并将其与以往传统的工艺措施相结合，摸索出一套有效的防环空带压的工艺技术——"三道防线"防环空带压。目前，该技术已在中海油首个高温高压气田（东方某气田）的固井作业中得到应用，效果显著。

"三道防线"防环空带压技术（图 7-41）是新研制的"五防"水泥浆体系、自修复水泥浆体系以及传统的工艺的协同配合。具体如下：

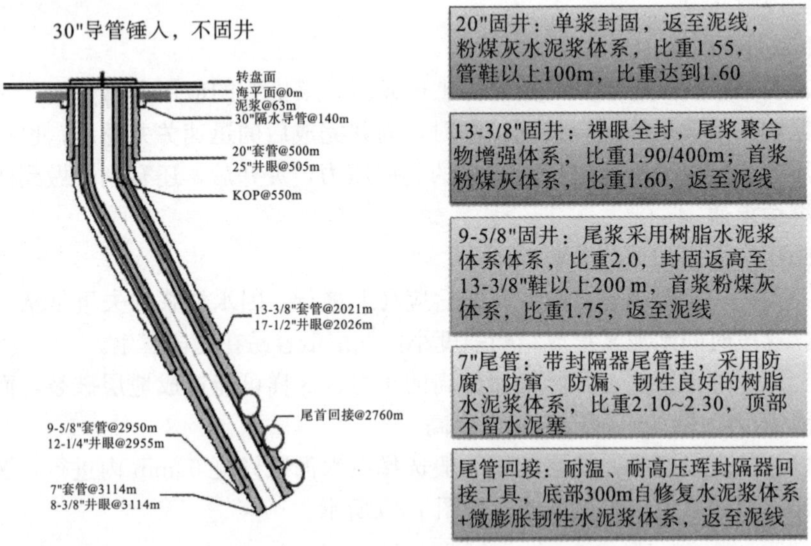

图 7-41　"三道防线"防环空带压示意图

形成"三道防线"：产层封固＋封隔器＋回接自修复水泥石；防止出现环空带压问题

第一，第一道防线。

利用如章节所述的"五防"水泥浆体系来封固产层。

第二，第二道防线。

尾管回接封隔器的使用，利用带金属基体的胶筒膨胀堵塞封隔器与套管之间的环空从而形成密封，由于金属基体的支撑作用，该封隔器能够密封更高的压力。封隔器坐封后，继续下压轴向载荷，坐挂防退卡瓦套，实现封隔器的反向锁定。在坐封防退卡瓦套时，胶筒位置保持不变，保证了密封效果。另外，封隔器顶部设计了防止提前坐封的挡块，只有在提出送入工具后才能进行座封，保证了现场施工的安全。

第三，第三道防线。

上述的自修复水泥浆在东方某气田的尾管回接固井部分加以使用。即使水泥石在后期生产期间发生微裂缝，一旦油气窜到上部，遇到自修复水泥石后，一样能够进行有效封隔。

7.3.3　环空防气窜工艺技术

环空防气窜的主要工艺技术措施有：环空加压技术，管外封隔器技术，脉冲注水泥技术等。

(1)环空加压技术是指在注水泥作业结束后，通过在环空加一定的压力(现场加压的值一般为 2~3MPa)保证环空中的液柱压力大于气层压力，达到防气窜的目的。环空加压技术是应用最早、最为广泛且最经济实惠的防气窜工艺技术措施，取得了一定的防气窜效果。但因其存在着较大的局限性，越来越多地作为防气窜辅助技术。

(2)管外封隔器技术是指在相邻的气层之间加套管外封隔器，在注水泥结束后膨胀套管封隔器，强制各气层分隔开。McMoRan 公司在墨西哥湾 Louisiana 海滨的 Mississippi Canyon321 区的许多井发生了气窜，在采取了一些防气窜技术措施后，均不成功。为此使用了套管外封隔器进行机械式密封，当水泥被注入井内，静态凝胶强度还未形成时，马上将封隔器坐封，自从 1991 年 6 月以来，解决了 8 口井的气窜问题。管外封隔器技术一般是在常规的化学方法无法奏效的情况下才使用，且只适合于气层数量较少的井。

(3)Haberman 等借鉴建筑业通常使混凝土浆液振动来提高混凝土凝固质量这一原理，将这种技术用于油气井注水泥作业，并进行了多次室内实验和工业试验。室内实验结果表明：①这是一种既简单、费用又低的技术；②有利于水泥浆保持在液态状态，从而保持静压和防止气窜；③提高了水泥和套管之间的胶结质量；④消除了微环空，防止了微环空气体，从而提高了固井质量。在得克萨斯的 Queen 油田 7 口井进行了现场试验，环空气窜大大减少或完全消除。

自 20 世纪 70 年代以来，人们根据固井后环空气窜机理及原因，国内外研究开发了许多水泥浆体系来防止环空气窜的发生。主要存在以下几种水泥浆体系：触变水泥，充气水泥，延缓胶凝水泥浆，非渗透水泥浆体系，以及应用 MTC 技术防止高压气井固井后的气窜和高密度防气窜水泥浆体系等。

7.3.4　抗高温工艺技术

(1)优选水泥外加剂，外加剂应具有抗高温性能；

(2)井底静止温度超过 110℃时，应在水泥中加入 35%~40%硅粉，避免水泥强度衰退，使其 24h 的抗压强度不低于 14MPa；

(3)温度是影响高温高压井水泥浆稠化时间的关键因素，因此准确把握井下的温度变化趋势很重要。

南海西部海域莺琼盆地高温高压井的固井作业前，都会准确测量井下温度，保证固井配方试验温度与实际井温误差不超过 5℃，并采用如下手段来控制稠化时间：

(1)结合温度变化规律，将稠化时间设计为安全注替施工时间再加上 1hr 左右；

(2)对顶底关键油气层的温差超过 20℃的首浆封固段稠化时间设计采取升温至井底循环温度-恒温-降温试验法复查，尽可能地缩短水泥浆由液态向固态转化的时间；

(3)固井中所选的缓凝剂既要耐井底高温，又要防止长封固段水泥浆因顶部温度低出现超缓凝或强度发展缓慢现象。莺琼盆地高温高压固井中常选用非木质素磺酸盐缓凝剂，它对长封固段大温差条件下水泥浆的凝固特性影响较小；

(4)有时使用两种不同类型的缓凝剂，可提高抗高温性能，减少水泥浆的静胶凝过渡时间，有利于防止气窜。

此外，为防止由于温度的较大差异而导致水泥浆性能的突变，南海西部海域从以往的高温高压井作业经验中得出以下认识：

(1)与常规固井相比，高温高压井段的水泥浆除需进行水泥浆常规试验外，还特别要求化验室完成水泥浆温度敏、密度敏、静胶凝强度发展、混合水老化、沉降稳定性、相容性、停泵安全等特殊试验；

(2)要求水泥浆配方按循环温度±5℃复查稠化时间，以确保水泥浆性能的稳定，保证施工安全；

(3)要求现场化验工程师根据随钻测温，复查水泥浆配方，保证施工安全。

7.3.5 高密度水泥浆现场混配工艺技术

目前，国内进行超高密度水泥浆施工，大都使用二次混配技术，即使用过渡罐，先将配出密度为 $1.9\sim2.0\text{g/cm}^3$ 的水泥浆，然后再直接加重到 2.3g/cm^3 左右，这样既可保证配浆密度的均匀，又可解决高密度水泥浆一次不能混到要求密度的难点，后者是最主要的。

研究显示，就目前 2.3g/cm^3 密度的超高密度水泥浆，使用现场常规的混配工艺，完全可以直接一次配浆并进行泵注。

但是，考虑现场进行高密度水泥浆配制时，对其供灰系统，混灰系统等装置的使用均比常规密度水泥浆混配时要求高，同时，如果进行一次混灰后直接进行泵注，也可能造成密度有可能波动，因此，针对高密度水泥浆的现场混制，建议使用过渡罐或批量混配工艺进行，以确保水泥浆密度达到要求。应用于高密度水泥浆混配的过渡罐或批量罐，应具备如下要求：

(1)具有较大的容积，能一次满足大部分配浆的需求；

(2)能进行充分的搅拌，且搅拌能量很大；

(3)能进行再次加重的功能，满足更高密度水泥浆混配时，进行二次加重的需要。

7.3.6 防漏和堵漏工艺技术

针对南海西部海域东方某气田的高温高压开发井作业，在采用如前所述的堵漏水泥浆的基础上，形成了相应的配套防漏和堵漏工艺技术。

1. 下套管前隔离液堵漏措施

堵漏隔离液使用方法：固井前循环浆过程中出现漏失情况下，首先使用堵漏泥浆进行堵漏，若不成，需要挤注堵漏隔离液50~60bbl，顶替至漏失层井段，憋压挤注，使带"软"+"硬"堵漏材料的隔离液封堵井下"动态裂缝"，提高注水泥施工安全压力窗口(图7-42~图7-44)。

堵漏材料加量推荐：①小漏（≤0.5mm），每方浆 8kgB68＋16kg B69；②中漏（≤1mm），每方浆 12kgB68＋24kg B69。

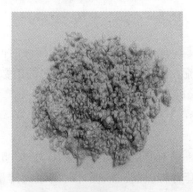

图 7-42　堵漏剂 PC-B68（软）

图 7-43　堵漏剂 PC-B69（硬）

加酸前

加酸 1min

加酸 10min 溶解

图 7-44　堵漏剂 PC-B68 被酸溶实验

实验结果表明：可酸溶的堵漏剂 PC-B68，更有利于储层保护。

2. 下套管后水泥浆堵漏措施

采用堵漏水泥浆：使用耐碱矿纤堵漏材料＋30 目石英砂，直接加入水泥浆中，起到堵漏＋增韧作用。

主要特点如下：

(1)较以前使用的植物纤维易于溶解入水泥浆中；

(2)对稠化时间影响不大；

(3)不影响水泥浆流变性能；

(4)对 0.5～1.0mm 动态裂缝能提高承压 3.5～5MPa。

防漏水泥浆中使用方法：每方浆中 3～4kgB62＋12～15kgB66（图 7-45，图 7-46）。

图 7-45　堵漏剂 PC-B62

图 7-46　堵漏剂 PC-B66

7.3.7　提高顶替效率技术

1．顶替排量的控制

（1）设计和调整前置液与水泥浆的性能，使其具有合理的顶替流态和接触时间，以提高顶替效率；前置液在裸眼环空返速 1m/s 能紊流，至少 7min 紊流接触时间的数量；

（2）高速层流的设计要求：Rec-600＜Re＜Rec；

（3）调整泥浆 20～30m³，P_v＜30mPa・s，Y_p＜10Pa，滤饼厚度＜0.5mm，触变＜5Pa；

（4）对高密度水泥浆应采用大排量进行顶替，液柱压力小于（漏失压力－3.5MPa）前高速替浆＞1m/s，以后＜0.3m/s；（水泥浆未出套管鞋以前，以循环时的最大排量进行顶替；水泥浆出套管鞋以后，降低顶替速度，以 20～30SPM 的速度顶替直至碰压）；

（5）有效提高水泥浆的壁面剪切应力，提高驱替钻井液的能力。

2．合理安放扶正器，提高套管居中度

顶替效率的高低与套管在井内的居中度关系极大，套管偏心，井眼高低两边的间隙均不相等，而水泥浆趋于流向流动阻力小的方向，故在井眼低边上就会残留有大段泥浆。显然，有效的套管扶正有助于泥浆的顶替，从而能使套管周围的水泥浆均匀分布。

南海西部海域东方某气田固井作业前利用 Casingrun 下套管软件、CentraDesign 扶正器设计软件进行模拟分析，优化扶正器的安放位置，尽量保证封固段套管居中度大于 67%。根据作业经验，设计采用树脂扶正器，该扶正器耐磨性能好、摩擦系数低，有利于套管顺利下入。同时，设计在井口加 2～3 个树脂扶正器，保证井口居中，有利于后期弃井割套管作业（图 7-47～图 7-49）。

图 7-47　GFZ-D 型树脂扶正器

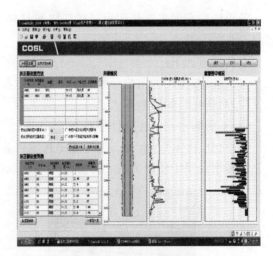

图 7-48　软件计算模拟

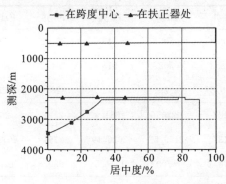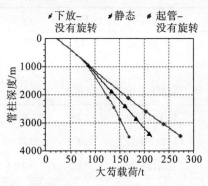

图 7-49 F4 井为例(井斜 42.59°)

7.3.8 其他辅助工艺措施

(1)作业前应全面检查固井设备和钻井泵,保证固井过程的连续性。

(2)严格按照要求配制混合水。

(3)水泥浆密度配制均匀,误差小于 $0.02g/cm^3$,同时水泥浆应连续取样。

(4)防止混浆。

高温高压泥浆密度高,稠度大,固井水泥浆与泥浆的密度差又小,当水泥浆与泥浆接触时,很容易产生混浆,导致水泥胶结程度降低而影响固井质量。南海西部地区的高温高压固井中,采用如下手段来防止混浆:

(1)使用清洗隔离能力好、流变性好、低失水、较低的环空紊流临界流速和高温稳定性、与钻井液有良好的相容性和隔离效果的隔离液,可以减少混浆的程度。

(2)坚持使用双塞,避免水泥浆在出套管前被混浆和污染。

(3)在条件允许时,使用 3 个固井胶塞。高温高压生产井钻井作业常采用全井段水泥首尾浆封固的方式,而且首尾浆中采用不同的水泥浆体系,以达到增强水泥环质量。常规的双塞法固井时水泥首浆与尾浆直接接触,容易导致首尾浆相互污染,最终影响水泥浆性能。针对上述问题,优化固井方案后采用在注入冲洗液及隔离液之后,首先拆卸掉简易循环头,手工投入第一个底塞,再安装上固井水泥头,注入首浆,然后打开第一个挡销,投入第二个底塞,注入尾浆,最后再打开第二个挡销,投入顶塞,并进行顶替作业直至碰压。该方法采用第二个底塞有效地隔开了首尾浆,避免了两者之间的相互污染问题,有利于提高水泥环封固质量。

7.4 现场应用实例

本节主要以东方某气田的 9-5/8″套管、7″尾管、7″尾管回接固井为例进行说明。

7.4.1 井身结构

东方某气田 F 平台井身结构数据见表 7-28。

表 7-28　东方某气田 F 平台 7 口井的井身结构数据　　　　　　（单位：m）

井段	参数	F1 井	F2 井	F3 井	F4 井	F5 井	F6 井	F7H 井
一开	26″井眼/m	512.5	502.2	528.8	502	515	501.2	501.5
	20″套管/m	512.5	502.2	528.8	502	515	501.2	501.5
	裸眼段长度	339.5	329.2	355.8	329	342	328.2	328.5
二开	17-1/2″井眼	2306	2137	2137	2205	2031.5	2191	2017
	13-3/8″套管	2300.5	2135.89	2137	2199.52	2026.19	2191	2011.85
	裸眼段长度	1793.5	1634.8	1608.2	1703	1516.5	1689.8	1515.5
三开	12-1/4″井眼斜深	3320	2960	2835	3091	2797	3034	3019
	9-5/8″套管	3315.22	2960	2835	3086.52	2797	3029.4	3014.9
	裸眼段长度	1019.5	824.11	698	891.48	770.81	843	1007.15
四开	8-1/2″井眼	3588	3138	3013	3254.5	2972	3239	3410
	7″尾管	3517.7	未下	3012	3254	2970.5	3197	3408.5
	裸眼段长度	272.78	178	178	167.98	175	209.6	395.1
五开	5-7/8″井眼				无			3800
	裸眼段长度							391.5

7.4.2　钻井液情况

东方某气田 F 平台钻井液情况见表 7-29。

表 7-29　东方某气田 F 平台 7 口井钻井液情况统计

井眼尺寸	井名	钻井液体系	密度/(g/cm³)	黏度/mPa·s	P_v/(mPa·s)	Y_p/pa
26″	F1～F7H	海水般土浆	1.03～1.08	>100		
17-1/2″	F1/F2/F4/F5/F6/F7H	海水般土浆/PLUS/KCL	1.06～1.25	30～120	4～25	1～16
	F3 井	PLUS/KCL	1.08～1.27	35～46	4～20	5～11.5
12-1/4″	F1～F6	PLUS/KCL	1.37～1.65	43～59	27～43	8.5～14.5
	F7H	MegaDril	1.40～1.58	50～58	17～26	5～8
8-1/2″	F1～F6	Duratherm	1.70～1.96	39～51	20～28	8～11.5
	F7H	MegaDril	1.70～1.96	53～68	24～38	3.5～5
5-7/8″	F7H	MegaDril	1.96	69～87	37～40	4～5

7.4.3　地层承压情况

东方某气田 F 平台地层承压见表 7-30。

表 7-30　东方某气田 F 平台 7 口井地层承压情况

参数\井段	F1 深度/m	F1 破裂当量/(g/cm³)	F2 深度/m	F2 破裂当量/(g/cm³)	F3 深度/m	F3 破裂当量/(g/cm³)	F4 深度/m	F4 破裂当量/(g/cm³)	F5 深度/m	F5 破裂当量/(g/cm³)	F6 深度/m	F6 破裂当量/(g/cm³)	F7H 深度/m	F7H 破裂当量/(g/cm³)
20″套管鞋					528.8	1.36（未破）								
13-3/8″套管鞋					2137	1.85（未破）	2200	1.8（未破）						1.65（未破）
9-5/8″套管鞋	3315.2	2.16（未破）	2960	2.15（未破）	2835	2.03（破裂）/2.20（挤水泥后）	3087	2.15（未破）	2797	2.03（破裂）/2.15（挤水泥后）	3029	2.15（未破）		2.12（破裂）/2.15（挤水泥后）

7.4.4　9-5/8″套管固井

1.　固井难点

(1)本井段封固压力过渡带，压力系数变化较大，孔隙压力系数从 1.05 上升至 1.8~1.81；上层套管鞋处承压当量大于 1.85g/cm³，东方某气田 F3 井上层套管鞋处承压当量 1.85g/cm³（未破）。

(2)12-1/4″井段含泥质粉砂岩，泥质分布不均，较疏松，存在漏失风险（该区块在探井作业时曾出现过井漏）。

(3)长封固段，固井顶底温差大。

(4)定向井，套管居中困难。

(5)“U”形管效应严重。

(6)高密度滤饼较难清洗。

(7)高密度泥浆顶替效率差，易出现混浆，影响固井质量。

2.　主要固井技术措施

(1)固井方式：单级首尾浆封固，尾浆双凝。首浆采用粉煤灰水泥浆体系，水泥浆密度为 1.70~1.75g/cm³，返至井口；尾浆采用树脂双凝水泥浆体系和聚合物增强水泥浆体系，水泥浆密度为 2.00g/cm³；返至 13-3/8″套管鞋以上 200~400m。

(2)在水泥浆常规试验的基础上，要求化验室完成水泥浆和泥浆的相容性试验、滤饼清洗实验等。

(3)固井设计时，采用顶替流体密度大于被顶替流体密度的正密度差顶替方法，提高顶替效率。推荐密度设计为：钻井液密度＜前置液密度＜水泥浆密度。

(4)为了提高顶替效率，调配 20 方优质泥浆，固井前泵入井内，现场工程师密切关注泥浆性能（期望泥浆性能：屈服值 7~10Pa，漏斗黏度 40~50mPa·s，塑性黏度 20~30mPa·s）。

(5)为了提高顶替效率，使顶替流体的塑性黏度、动切应力大于被顶替流体的塑性黏度、动切应力。推荐流变参数设计为：①钻井液塑性黏度＜前置液塑性黏度＜水泥浆塑性黏度；②钻井液动切力＜前置液动切力＜水泥浆动切力。

(6)对于紊流冲洗液，密度可按第(2)条要求设计，但流变性能可不按此方法设计。

(7)优化前置液设计：保证固井过程中，前置液完全出管鞋时环空内当量与固井前循环时的当量一致，如果固井过程中水泥浆出管鞋发生漏失，易于判断漏失位置。

(8)增加冲洗液用量(探井作业 30bbls，开发井增加至 120bbls)，利用冲洗液的"化学稀释"和"低速紊流"特性于降低环空钻井液的边壁黏结力，使水泥浆在较小的边界剪切应力下就能够驱替井壁钻井液，提高顶替效率。

(9)采用高黏度高切力的隔离液，提高壁面剪切应力，强力牵引携带钻井液，防止混浆窜槽。

(10)在隔离液中加入 0.5% 堵漏纤维。

(11)优化顶替措施，宜控替浆中途少变速。在满足井底安全循环当量密度 ECD 前提下，尽量采用高速顶替。

(12)12-1/4″裸眼段压力变化较大，按照"压稳、平衡(不漏、不窜)"的设计原则，用固井软件模拟计算固井施工参数，优化固井施工方案，确保施工安全和固井质量。

(13)固井前要求充分循环至气测值小于 3%。

(14)9-5/8″套管内留至少 3 根套管长度的水泥塞，避免混浆顶替至 9-5/8″套管鞋外环空，确保套管鞋段的封固质量。

(15)防止固井漏失，根据实际情况设计隔离液和水泥浆中分别添加纤维堵漏，提高其对渗透性地层的封堵防漏能力。严格控制水泥浆上返速度(原则上不能超过钻井期间钻铤处的环空返速)，录井密切配合监测井下压力变化及井口返出情况，若发现井漏或返出不正常，应立即降低排量顶替。

(16)现场配备高温高压便携式稠化仪，用于复查水泥浆，混合水大、小样，以满足施工安全及质量作业要求。

(17)固井顶替时，要控制好顶替泵速，泵速变化要平缓，切忌泵速提升或下降过快，防止压力激动压漏地层；最高顶替排量不能超过固井前循环泥浆的最大排量。

3.　9-5/8″套管固井情况

9-5/8″套管固井数据见表 7-31。

表 7-31　9-5/8″套管固井数据

参数	F1	F2	F3	F4	F5	F6	F7H
9-5/8″套管鞋深/m	3315.22	2956.05	2830.94	3086.52	2792.46	3029.4	3014.9
9-5/8″套管鞋垂深/m	2794	2781	2721	2754	2737	2724	2081
最大井斜/(°)	39.52	23.83	21.14	32.90	13.82	30.49	68.5
快凝尾浆返高/m	3015.22	2556.05	2530.94	2886.52	2392.46	2729.4	2714.9
快凝尾浆返高垂深/m	2560	2415	2444	2583	2348	2465	2633
13-3/8″套管鞋深/m	2300.5	2132.29	2133.40	2199.37	2026.19	2191.0	2011.9
慢凝尾浆返高/m	2100.5	1932.29	1933.4	1999.37	1826.19	1791.0	1511.9
慢凝尾浆返高垂深/m	1850	1843	1879	1828	1798	1654	1492

参数	F1	F2	F3	F4	F5	F6	F7H
首浆返高	井口	井口	井口	井口	井口	井口	无首浆
首浆附加量/%	10	10	0	10	10	10	
快凝尾浆附加量/%	30	30	10		30	0	0
慢凝尾浆附加量/%	30	30	10	30	30	40	40

7.4.5　7″尾管固井技术

1. 固井难点

7″尾管用于封固高压气层，满足长期生产的需要。固井存在的难点如下：

（1）产层为高压气层，且含 CO_2，（东方某气田 4 井在某气组 MDT 测试天然气组分分析表明：天然气中 CO_2 含量为 14.63%～22.66%），固井易气窜，对水泥浆防窜、防腐性能要求高；

（2）压力窗口窄，井漏风险大；

（3）环空间隙小（套管重叠段间隙最大 19.49mm，最小 5.4mm。裸眼环空间隙为 19.05mm），水泥环薄、量较少，水泥浆易污染；

（4）水平井及大斜度井（F1～F6 定向井最大井斜 38.87°）套管偏心，影响顶替效率；

（5）高密度钻井液，滤饼韧厚，清洗困难，难驱替；

2. 主要固井技术措施

（1）固井方式：尾管单胶塞固井、单尾浆封固，采用带封隔器的液压式可旋转尾管悬挂器，设计尾管重叠段长 200m。

（2）采用胶乳防窜增强水泥浆体系，水泥浆密度 2.2g/cm³，水泥浆返至回接筒以上 100m，固井碰压、放回流后，坐封封隔器（或加压后坐封封隔器），上提送入工具，循环候凝至水泥浆终凝。鉴于尾管封固井段较短，裸眼附加量 100%，以确保裸眼及套管重叠段的水泥封固段质量。

（3）在水泥浆常规试验的基础上，特别要求化验室完成水泥浆温度敏、密度敏、静胶凝强度发展、混合水老化、沉降稳定性、相容性、停泵安全等特殊试验。要求水泥浆配方按循环温度±5℃复查稠化时间，以确保水泥浆性能的稳定，保证施工安全。现场化验工程师根据随钻测温，复查水泥浆配方，保证施工安全。

（4）水泥浆采用批混方式，保证密度均匀。

（5）合理进行扶正器加放，一根套管加一个刚性扶正器，裸眼段使用树脂刚性扶正（最大外径 204mm），双层套管见使用螺旋刚性扶正器（最大外径 208mm），F1 井由于井况特殊，只是在目的层以上各层以及双层套管之间使用了树脂刚性扶正器。

（6）以下套管软件模拟为参考，在保证套管居中度的同时，下套管作业顺利。

（7）采用油水双效 PC-W21L＋粗细铁粉搭配，紊流条件下，PC-W21L"破乳"＋粗铁粉"碰撞、冲刷"＋尾管旋转"搅动"，能够有效清洗高比重泥浆形成的滤饼，同时满足清洗液与地层紊流接触≥7min。

(8)采用高温稳定性隔离液,有效防止在高温情况下,因隔离液变稠而导致电测固井质量工具下不到位。

(9)顶替过程中,保持尾管旋转,有利于提高顶替效率。

(10)根据大小胶塞复合压力,反算泵效,套管内按97%泵效计算,观察泵压顶替至碰压。

(11)采用隔离液中添加纤维堵漏,提高其对渗透性漏失地层的封堵防漏能力。

(12)7″尾管固井按照"压稳、防漏、防窜、保护油气层"的指导思想,用固井软件模拟计算固井施工参数和优化施工方案,确保固井施工安全和质量。

(13)下套管前处理好井眼,保证下套管作业顺利。

(14)固井前,要求充分循环至气测值小于3%。

(15)固井前充分循环钻井液,循环结束后泵入优质钻井液,提高顶替效率。

(16)水泥浆返到目的层以上之前快替。

3. 7″尾管固井情况

7″尾管固井数据见表7-32。

表7-32　7″尾管固井数据

参数	F1	F2	F3	F4	F5	F6	F7H
井深/m	3518	3138	3013	3254.5	2972	3239	3410
套管下深/m	3517.7	未下	3012	3254	2970.5	3197	3408.5
最大井斜角/(°)	38.87		20.53	31.8	38.87	13.62	84.15
固井方法	采用带封隔器的可旋转尾管悬挂器,单胶塞,单浆封固						
水泥浆体系	胶乳防窜水泥浆体系						
水泥浆密度/(g/cm³)	2.2						
扶正器数量	19		22	22	23	22	31
前置液结构	30bbls(F7H井70)清洗液1.95g/cm³+40bbls(F7H井50)隔离液2.05g/cm³+55bbls(F7H井20)清洗液1.95g/cm³+3bbls混合水						
水泥浆返高	水泥浆返高至尾管挂顶部以上100m						
裸眼附加量/%	100%						
气层顶部压稳系数校核	1.017		1.0012	0.9991	1.0118	1.006	1.003
软件模拟最大井底ECD	2.0		1.99	1.98	2.0	1.98	1.98
替浆最大排量/(bbls/min)	4.2		4.8	5.4	4.8	4.8	5
固完循环时井口液体返出情况	见水泥浆混浆出井口		见水泥浆混浆出井口	见水泥浆混浆出井口	见水泥浆混浆出井口	见水泥浆混浆出井口	见水泥浆混浆出井口
候凝方式	循环候凝						

以上6口井的7″尾管固井作业电测固井质量均为优良。

(a)双层套管间电测结果　　　　　　　　(b)裸眼电测结果

图 7-50　7″尾管固井质量

7.4.6　7″尾管回接固井技术总结

1. 固井难点

封固目的是：回接 7″尾管至井口并用水泥浆封固环空，满足生产需要，同时防止气窜、保护产层。7″尾管回接固井的难点如下：

(1)水泥石凝固后体积收缩，造成微间隙。

(2)套管居中困难。

(3)高比重泥浆滤饼清洗困难。

(4)生产后期存在应力破坏和高温破坏，造成井口套管环空带压。

2. 主要固井技术措施

(1)回接顺序：电测完尾管固井质量合格，尾管试压合格后置换尾管挂顶部钻井液密度为 1.70g/cm³，组合磨铣及刮管工具，下钻进行磨回接筒顶部以及刮管作业，保证插入头能够顺利插入。

(2)尾管回接固井，选择耐高温、高压的回接插入头，带封隔器。

(3)采用套管回接固井预应力技术。

(4)底部 300m 采用自修复水泥浆体系，上部采用树脂水泥浆体系，水泥浆密度为 1.92g/cm³，返至井口；现场施工时由固井工程师算好自修复材料的量，提前用小桶装好，打完树脂水泥浆后，分批加入自修复材料进行混配泵入。

(5)多注入清洗液，冲洗干净套管壁，提高水泥环与套管壁之间的胶结质量。

(6)顶替时采用大排量紊流顶替(7bbls)，既保证紊流顶替，又保证紊流接触时间，提高冲洗效果。

(7)憋压候凝，憋压值根据实际替换钻井液比重以及完井液密度(1.35g/cm³)的差值计算。

3. 尾管回接固井情况

7″尾管回接固井见表 7-33。

表 7-33   7″尾管回接固井

参数	F1	F3	F4	F5	F6	F7H
回接筒顶深/m	3118.36	2635.80	2888.72	2598.24	2819.35	2808.63
固井前循环孔深/m	3119.51	2636.55	2892.17	2598.90	2822.12	2809
固井方法	循环头单胶塞,双凝浆封固					
水泥浆体系	树脂水泥浆体系/底部300m采用自修复水泥浆体系					
水泥浆密度/(g/cm³)	1.92					
扶正器数量	94	88	91	88	82	85
前置液结构	60bbls清洗液1.65g/cm³+5bbls混合水					
水泥浆返高	井口					
裸眼附加量/%	0%					
固完井后井口液体返出情况	见水泥浆返出井口					
候凝方式	憋压候凝					

第 8 章　环空保护液

井下油管、套管螺纹渗漏，油管封隔器渗漏几乎不可避免，油套环空保护液的水力屏障作用在油气井实际生产作业中至关重要。从钻开油气层到油气井正式投产，这一过程中所使用的与产层接触的各种外来工作液称为完井液。环空保护液是完井液的一种，是在完井作业过程中留在油井油管与套管或技术套管与油层套管环形间隙内的一种液体。使用环空保护液的主要目的是保持表层或技术套管间的液柱静压力，防止内外产生压力差以危及套管。更重要的是，环空保护液可以在整个油井生产期间，保护表层和中间套管内壁与油层套管外壁不受腐蚀。

8.1　环空保护液的功能及要求

当一口井完井时，在油管和油层套管之间安放封隔器，并用环空保护液填满环空。环空保护液会降低油管内壁与外壁环空之间，以及套管外壁与内壁环空之间的压差。环空保护液的密度可以大到足以使液柱平衡油管底部的油管压力。

环空保护液一般有两个方面的作用：首先，环空保护液应具有防腐性，能防止油套管和井下工具(如封隔器、井下安全阀)免受腐蚀；其次，平衡地层压力、油管压力和套管压力，从而保护油套管及封隔器。实际上，在海上油气井隔水管与油管之间环空，以及内隔水管与外隔水管之间环空注入的流体也称为封隔液，它主要起隔热作用。

环空保护液要实现防腐、平衡压力的作用，必须具有长期稳定性、防腐性及保护储层性。对于隔热性封隔液，它还需具有隔热性能。

1)长期稳定性

环空保护液在环空中存留时间很长，一般以"年"来计算，有时候长达数十年。因此在井下一定的温度和压力下，环空保护液必须保持长期稳定。由于大量固相在封隔器顶部沉积会影响封隔器的稳定性，因此要求环空保护液不产生固相沉淀。并且，环空保护液中的各种成分不发生降解。

2)防腐性

环空保护液对于生产井来说，如果不修井就不会流动；对于非投产井来说，不投产也不会流动。油套环空长时间处于封闭状态，这一密闭空间能提供金属发生腐蚀和滋生硫酸盐还原菌的最佳条件，会发生氧腐蚀、CO_2 腐蚀、H_2S 腐蚀、Cl^- 腐蚀及细菌腐蚀等。环空保护液的一个重要作用即防腐，不仅要求环空保护液本身无腐蚀性，并且必须具有防腐性。因此，一般在环空保护液配方中加入除氧剂、缓蚀剂、杀菌剂等处理剂，以达到必要的防腐性能。

3)保护储层性

正常情况下，环空保护液处在"封隔器-油套环空"的密闭空间中，不会与储层接触。但是，当封隔器发生泄漏，甚至完全失效，或者修井作业必须取出封隔器时，环空保护液不可避免地与储层相接触。因此，环空保护液必须具有保护储层的特性。要求环空保护液必须与储层流体配伍，一旦与地层流体接触后，不产生损害储层的沉淀。

4)隔热性

在热采井、地热井、深水油气井以及永久冻土区油气井中，井筒热流体中的热量向外界散失是一个棘手的问题。在井下"油管-环空-油层套管(或隔水管)"系统中，油管中流动的热流体(油、气、高温蒸汽等)会通过油管壁、环空和套管壁向外传热，可能导致以下后果：

(1)对于深水生产井，由于近海底温度很低，大量热量会向低温海水中散失，油管中可能发生析蜡、生成天然气水合物、出现环空带压等现象，影响流量稳定性，最终降低油气井产量；另外还会限制修井的时间，给修井带来麻烦。

(2)对于热采井，高温蒸汽中的热量会向套管及水泥环大量散失掉。一方面，会降低蒸汽干度，影响注蒸汽效果；另一方面，会造成油气井的不完整性问题，如套损、水泥环破坏。

(3)对于永久冻土区油气井，关井期间井筒热量的大量损失会导致严重的油管结蜡现象。防止热量散失的方法主要是使用隔热油管和应用隔热性封隔液。充当隔热作用的封隔液必须具有良好的隔热性能。油管-环空-油层套管(或隔水管)系统中的传热方式主要有导热和对流传热(包括自然对流和强制对流)两种，并且自然对流传热是最主要的。为了保证封隔液具有良好的隔热性能，要求封隔液具有很低的对流传热系数，能有效减小热量损失。

通常环空保护液所处位置始终保持不变，直到有必要修井为止，因而在油气井作业中对保护液有如下特殊要求：

第一，保护液必须是机械稳定的，这样固相就不会沉积到封隔器上；

第二，在井底温度与压力下，环空保护液必须具有化学稳定性；

第三，环空保护液本身必须不具腐蚀性，它必须保护金属表面免受可能漏失到环空的地层流体的腐蚀。

为了解决油田油套管环形空间存在的腐蚀问题，各个油气田采用了不同的保护技术，其中最为广泛的是在套管环形空间加注环空保护液。环空保护液是一种具有缓蚀、杀菌、防垢等综合作用的化学保护液，其防护机理主要包括：

第一，前期预膜。其目的就是在管材表面产生保护膜，阻隔环空介质、腐蚀性气体与油套管接触，减缓腐蚀。

第二，改善环形空间的介质环境。主要是指使细菌无法适应环空保护液环境，抑制SRB细菌的生长。加注环空保护液不仅能够减少套管内表面和油管外表面的腐蚀问题，而且能够减轻套管头或封隔器承受的井筒压力，降低油管与环形空间的压差。

8.2　缓蚀剂研究进展

8.2.1　缓蚀剂基本概念及分类

在美国材料与试验协会《关于腐蚀与腐蚀试验的术语的标准定义》中，将缓蚀剂定义为一种以适当的浓度和形式存在于环境(介质)中时，可以防止或减缓腐蚀的化学物质或几种化学物质的混合物。缓蚀剂的加入可以显著降低金属腐蚀的速率，并且具有用量少、成本低等特点。

油田现场使用的环空保护液基本配方主要包括：水、加重剂、除氧剂、缓蚀剂、阻垢剂、杀菌剂、防膨剂。其中缓蚀剂是对减缓套管材质和油管材质的主要添加剂。缓蚀剂可以在金属表面形成一层薄膜，从而改变钢铁表面微结构、荷电状态和隔离介质与基材的作用，使基材的腐蚀减缓。

缓蚀剂种类繁多且应用广泛，缓蚀机理也不尽相同，因此对缓蚀剂的分类方法目前还没有一个统一的标准。常见的分类方法有以下几种：

(1) 按缓蚀剂的化学组分可以将缓蚀剂分为无机缓蚀剂和有机缓蚀剂。无机缓蚀剂主要包括硝酸盐、亚硝酸盐、磷酸盐、多磷酸盐、铬酸盐、重铬酸盐，以及钼酸盐、砷酸盐、硅酸盐、硫化物等，无机缓蚀剂往往具有较大的毒性，因而限制了其应用。有机缓蚀剂以含 N、O、S、P 等非极性基团的有机物为主，包括胺和酰胺类、咪唑啉及季铵盐类、炔醇类，以及其他杂环化合物等。

(2) 按照缓蚀剂对电极过程的影响可将缓蚀剂划分为阳极型缓蚀剂、阴极型缓蚀剂及混合型缓蚀剂。

(3) 按缓蚀剂在金属表面形成保护膜特征可以把缓蚀剂分为氧化膜型、沉淀膜型、吸附膜型缓蚀剂，如图 8-1 所示。氧化型缓蚀剂是利用缓蚀剂与钢铁表面发生化学反应生成致密钝化膜，减缓腐蚀速率。沉淀型缓蚀剂可以与溶液中的物质反应生成沉淀膜聚集在钢铁表面或者它本身可以直接沉积在钢铁表面，起到物理隔绝作用。因为氧化膜和沉淀膜都易溶于酸性溶液中，而油气田环境一般为酸性，故它们可能被部分溶解，导致疏松膜层出现，从而使基材发生严重的局部腐蚀。同时可以看出这些膜层的覆盖度必须为百分之百，才能起到较好的防护作用。吸附型缓蚀剂一般为有机物，特别是含 N、O、S 等杂原子的环状化合物或者是含不饱和键的物质，如咪唑啉、噻唑和炔醇等。吸附型缓蚀剂通过物理吸附或化学吸附作用在钢铁表面形成吸附膜，膜层一般较薄，而且不一定要全部覆盖于金属表面，只需要在表面活性点位置发生吸附就可以起到保护效果。因此，油气井中大多使用吸附型缓蚀剂，因为即使加入量不足也不会加速基材的腐蚀，是一种较安全的防护方法。

氧化膜型　　　　　　　沉淀膜型　　　　　　　吸附膜型

图 8-1　三种类型缓蚀剂形成的保护膜

8.2.2　缓蚀剂的作用机理

从改变腐蚀金属表面状态情况看，可将缓蚀剂分为两类，在金属表面生成三维新相的成膜型缓蚀剂，在金属表面形成吸附膜的吸附型缓蚀剂。成膜型缓蚀剂主要用于中性溶液，而油田介质是酸性，主要使用吸附型缓蚀剂。吸附型缓蚀剂的电化学缓蚀机理，普遍认为是通过物理吸附和化学吸附，缓蚀剂在钢铁表面形成一层连续或不连续的吸附膜，利用缓蚀剂分子或缓蚀剂与溶液中某些氧化剂反应形成的空间位阻，减少酸性介质中的 H 接近金属表面，或减少电极反应活性位置，或改变双电层结构而影响电化学反应的动力学，使腐蚀速率降低。缓蚀剂吸附取决于缓蚀剂的结构和化学性质、腐蚀金属的性质、腐蚀介质的成分等。缓蚀剂分子在金属不同的地方发生不同程度的吸附，使阴阳极反应程度不同，但吸附结果基本上服从 Langrnuir、Frumkin 和 Temkin 吸附规律，可根据活化能、自由能、吸附量与浓度的关系判断缓蚀剂的吸附规律。其缓蚀能力并不一定强。缓蚀剂在界面上的吸附是一动态过程，其在界面吸附后是否会因体系能量的波动而发生大规模脱附以致造成缓蚀效率的显著降低，还有待研究。

除电化学机理外，也有学者运用结构化学和量子化学解释缓蚀机理。缓蚀剂的量子化学研究主要通过计算吸附能量、分子轨道能量、分子的电子云密度等参数，借助计算方法得出缓蚀机理模型或关系式。尽管在缓蚀剂机理研究上做了许多工作，大体模式都已清楚，但是很多细节不太明确，要研发更有效的缓蚀剂，必须进一步研究缓蚀机理，特别是高温高压下的缓蚀机理。

目前，国内外学者在研究缓蚀机理时主要采用电化学方法和表面分析方法。电化学方法主要是在模拟现场的条件下采用稳态极化曲线、线性极化电阻、电化学阻抗谱技术、电化学噪声测量及恒电位—恒电流响应分析，测定各种电化学参数，分析缓蚀剂缓蚀的电化学行为，揭示其电化学机理。采用电化学噪声法研究缓蚀剂机理是一种较新的方法，目前尚未见国内研究报道。20 世纪 80 年代，Eden 等提出噪声阻抗(R_n)，Kelly 证实 R_n 随极化阻抗(R_p)变化，可用 R_n 反映极化状况，揭示缓蚀剂在材料表面的行为。另外，可利用扫描电子显微镜、能谱仪和衍射仪等表面分析技术，分别在加入缓蚀剂和未加缓蚀剂两种情况下，对材料表面腐蚀形貌和表面膜层的成分及结构进行分析，研究缓蚀剂在材料表面的缓蚀行为和作用机制。用量子化学方法解释缓蚀机理也引起一些研究人员的重视。

8.2.3　缓蚀剂在油田中的研究现状

由于油气田中的腐蚀介质包括气、水、烃、固等多相流腐蚀介质，以及 CO_2/H_2S 多种酸性气体，因此油气田工业中的腐蚀以酸性气体腐蚀为主。此外由于高温高压腐蚀环境、设备负荷造成的应力腐蚀等，复杂的腐蚀环境导致油气田设备产生严重的全面腐蚀和局部腐蚀，采用缓蚀剂无疑是油气田设备的最佳防护措施之一。

目前，油气田中常用缓蚀剂主要以有机缓蚀剂为主，并且尤以针对 CO_2 及 H_2S 这两种酸性气体腐蚀的缓蚀剂研究较多。油气田中常用缓蚀剂类型有含氮类化合物包括有机胺类、酰胺类、咪唑啉及其衍生物类及其他含氮杂环化合物、曼尼希碱类；含硫类化合物如硫脲及其衍生物、含氧含磷类、绿色缓蚀剂及高分子缓蚀剂等。

酰胺类缓蚀剂由于分子中存在的酰胺键使其在较宽的 pH 范围内具有耐水解性、稳定性，非常适用于酸洗、油井酸化及油气田中抗 CO_2、H_2S 腐蚀。目前国内油气田使用的酰胺类缓蚀剂有 CT2-4 油气井缓蚀剂、GP-1 缓蚀剂、KW-204 缓蚀剂。李谦定等以混合脂肪酸和二乙醇胺为原料合成混合脂肪酸二乙醇酰胺缓蚀剂，研究结果表明该类缓蚀剂由于膜保护性较好且对钢材的 H_2S 腐蚀具有很好的缓蚀作用，在 5% NaCl/H_2S 体系中缓释效率高达 80%。

咪唑啉及其衍生物类缓蚀剂是油气田中研究最早并且应用最广的一类缓蚀剂。目前，国内已经将咪唑啉类缓蚀剂成功应用于工业酸洗、套管、油管的防腐中，相应地也开发出了一系列产品，如 WSI-02 型、IMC-871 型缓蚀剂。咪唑啉类缓蚀剂具有制备方法简单、原料成本低廉的优点，因而广泛应用于石油、天然气工业中，对含有 CO_2 或 H_2S 的体系有明显的缓蚀效果。张学元等利用电化学手段和相关热力学理论研究了咪唑啉酰胺在饱和 CO_2 的高矿化度溶液中对碳钢的缓蚀行为，研究表明，该类化合物属吸附型缓蚀剂，对于钢铁有良好缓蚀作用，其缓蚀机理为负催化效应。

曼尼希碱主要是将含有活泼氢的化合物与甲醛或其他醛和二级胺或氨，通过 Mannich 反应（也称作胺甲基化反应）缩合制得，生成的 β-羰基（氨基）化合物称为曼尼希碱。曼尼希碱由于酸溶解性强，且耐高温耐酸性能好，因而广泛用于油井酸化，是一类新型的酸化缓蚀剂。金明皇等以苯乙酮、醛、硫脲等为原料合成曼尼希碱，利用氯化苄季铵化得到了曼尼希碱季铵盐缓蚀剂，并评价了其缓蚀性能。研究结果表明，在 15% 盐酸腐蚀介质中，恒温 40℃ 腐蚀 4h，N80 钢片的腐蚀速率仅为 $0.9904g/(m^2 \cdot h)$。

硫脲及其衍生物是研究较多且应用较广的一类有机含硫缓蚀剂，硫脲中的硫原子可以与碳钢表面的 Fe 形成共电子吸附，从而起到抑制腐蚀的效果。吕战鹏和华中理工大学的郑家燊等研究表明硫脲衍生物在低浓度时对 CO_2 饱和水溶液中碳钢的腐蚀具明显的缓蚀效果，缓蚀性能随浓度的变化会出现浓度极值现象。电化学研究表明硫脲衍生物对体系的阴、阳极过程都有抑制作用，属于混合型缓蚀剂。不同硫脲衍生物对电极反应过程的抑制程度以及缓蚀效率与浓度关系不同，缓蚀效率随浓度变化会出现缓蚀率极值现象。

有机磷化合物缓蚀剂的研究起步较晚，是一类新兴的缓蚀剂，由于无机磷毒性大且容易导致水体富营养化，国外学者转向对有机磷化合物的研究。目前，用作缓蚀剂的有机磷化合物主要有有机磷酸及其盐、磷酸酯和磷杂环化合物等。最常用的磷系缓蚀剂以有机磷酸和磷酸酯为主，由于它们具有螯合金属离子的作用，可以有效阻止无机盐在金属表面的沉积，因此兼具阻垢剂的效果，常被用作水处理用缓蚀剂，如 ATMP（氨基三甲叉磷酸）、HEDP（羟基乙叉二膦酸）及 PBTCA（有机膦羧酸）等。

随着人们对环保的要求日趋提高，绿色缓蚀剂的研究也是一大热点，咪唑啉类缓蚀剂由于易水解及低生物毒性而被视作一种环保缓蚀剂。此外，由于植物型缓蚀剂具有来源广、成本低的特点，因此诸多学者对从天然产物当中提取具有缓蚀效果的植物型绿色缓蚀剂也进行了大量研究。郑兴文等采用浸泡法从天然竹叶中提取缓蚀成分并采用电化学方法研究了其缓蚀性能，研究表明竹叶提取液具有良好的缓蚀性能并且在与碘化钾复配后，缓蚀效果更佳。随着天然产物提取技术的不断发展，新型提取技术如微波提取、超声提取及超临界萃取等技术的使用，也势必将推进绿色植物型缓蚀剂的发展。

聚合物缓蚀剂的应用由来已久，含磷聚合物就是比较常用的水处理剂，同时对碳钢也兼具良好的阻垢效果，如有机磷酸（PBTCA）、膦酸化水解马来酸酐（PHPMA）等。此外，常见的聚合物缓蚀剂还有含氮聚合物如聚苯胺、聚乙烯亚胺等，乙烯基聚合物缓蚀剂如聚丙烯酸（PPA）、聚丙烯酰胺等（PAM）。聚合物缓蚀剂的最大特点是缓蚀作用持久，这是由于其可以在金属表面形成单层或者多层致密的保护膜，并且分解后的单体会产生次生缓蚀作用。

由于油气田腐蚀环境复杂，单一缓蚀剂很难达到预期的缓蚀效果，因此通过研究缓蚀剂的复配进而为开发高效并且现场适应性强的缓蚀剂配方也是研究的热点之一。缓蚀剂的复配主要是利用缓蚀剂不同组分之间的正协同作用，从而实现复配缓蚀剂缓蚀效果优于单一缓蚀剂。

8.2.4 缓蚀剂在油田中的发展趋势

目前，国内外对于缓蚀剂的研究主要集中在缓蚀剂的合成、性能评价及现场应用，并开发了种类繁多且应用广泛的缓蚀剂产品，且已经实现了大规模的工业化生产。然而，目前缓蚀剂的研究还存在很多不足之处，如对缓蚀剂的全面腐蚀研究较多，而对金属的点蚀及局部腐蚀研究较少。此外，对于缓蚀剂的合成、缓蚀性能评价及具体应用研究较多，而对于缓蚀剂的缓蚀机理研究则相对较少，并且没有形成相对完善的理论体系，其机理研究多数停留在理论猜测阶段。另外，由于传统缓蚀剂带来的毒性及副作用，推动了环境友好缓蚀剂的研究，并且随着人们环保意识及可持续发展观念的增强，研究和开发高效环保型缓蚀剂及天然植物型缓蚀剂也是未来缓蚀剂的一个研究方向。

8.2.5 新型高效环保缓蚀剂的开发利用

化学品的广泛使用一方面给人类创造美好的生活提供了有效的手段，另一方面也给人类和环境造成极大的危害。缓蚀剂作为一类广泛使用的防腐蚀化学品，为降低缓蚀剂在使用过程中对环境和人类造成的危害，研究开发高效低毒的绿色缓蚀剂新品种，一直是缓蚀剂研究的重要内容。涂层用缓蚀剂方面，通常使用的无机缓蚀剂，如铬酸锌、铬酸钙和红铅毒性较大。常用的替代品有钸盐、钼酸盐和磷酸盐等。有机缓蚀剂也可以作为铬酸盐替代品用于涂层体系中，文献报道的有葵二酸盐（$NaOOC(CH_2)_8—COONa$）、硫代乙二醇（$HSCH_2COOH$）等。

在循环冷却水处理中有机多元膦酸具有良好的化学稳定性、不易水解、能耐较高的温度，药剂量较小，同时具有缓蚀和阻垢性能的特点。为进一步降低磷的排放量，又开发了膦羧酸缓蚀剂，如2-羟基膦基乙酸，其缓蚀性能优异，尤其适用于低硬度、低碱度、强腐蚀性介质。聚环氧琥珀酸是近年来为满足环保要求而出现的新型非磷缓蚀剂，溶于水、生物降解性好、低毒、在宽pH范围内均具有缓蚀和阻垢性能，已由日本MTS公司投产，应用前景良好。美国Donlar公司于20世纪90年代初期开发了聚天冬氨酸（pdyaspartic acid，PASP），分子中不含磷，可生物降解，具有优异的阻垢分散性能，已被证明有良好的缓蚀阻垢性能，是目前公认的绿色聚合物和水处理剂的更新换代产品。为了提高PASP的性价比，满足水处理中缓蚀阻垢的应用要求，人们对聚天冬氨酸进行结构优化，并研究开发其他类的可生物降解的氨基酸类聚合物。高利军等在PASP中引入羟基和磺酸基，发现它们的性能都比单一PASP好，其中磺酸基最有利于缓蚀剂综合性能的提高。氨基酸类化合物具有无毒、易降解的特点，已成为缓蚀剂研究中逐步受到关注的领域。Shafei等研究了6种氨基酸在0.1mol/L的NaCl溶液中对铝点蚀的抑制作用，结果表明：缓蚀性能按精氨酸、组胺酸、谷氨酸、天冬酰胺、丙氨酸、氨基乙酸的顺序递减，这主要是由氨基酸分子中的吸附中心数目、吸附的分子体积及吸附的方式决定的。Morad研究了4种含硫的氨基酸（半胱氨酸、蛋氨酸、胱氨酸和乙酰半胱氨酸）在磷酸介质中对碳钢的缓蚀作用，结果表明4种氨基酸均是阳极型缓蚀剂，其中半胱氨酸和蛋氨酸具有较好的缓蚀作用。Moretti等报道了色胺酸作为硫酸介质中铁金属的绿色缓蚀剂。

从天然动植物、农副产品中提取环保型缓蚀剂，是近年来缓蚀剂研究开发的又一个热点。目前关于天然植物萃取液用作缓蚀剂的研究工作十分活跃，报道的植物有罂粟、大蒜、山茶、芒果、甜菜、茄子、花椒、茶叶、黄檗、橘皮、黄芩、蒲公英、豚草、黄连、薄荷、大茴香、竹叶等。但是，基于植物化学的研究，对于各种植物萃取液的缓蚀有效成分进行分析、分离、提纯等技术还有待进一步的深入研究，围绕工程应用实践寻找天然产物中缓蚀活性成分，通过天然产物中有效成分分析，研究指导绿色缓蚀剂人工合成和化学改性，这方面工作急需加强。

8.3 环空保护液类型

8.3.1 水基钻井液

水基钻井液作为环空保护液，实际工程中，常常将钻井用的水基钻井液留在井内作为环空保护液，优点是方便而经济，缺点是腐蚀性大。因此把水基钻井液留在井内作为环空保护液，结果可能是在长时间以后会引起套管或油管的严重腐蚀而导致漏失。所以这种方法除了在井内条件温和的情况下以外不值得推荐。同时，钻井液会随着温度的增加逐渐固化，从而会大大增加修井费用。

8.3.2 低固相环空保护液

低固相环空保护液通常由聚合物、提黏剂、腐蚀抑制剂及控制密度的可溶性盐组成，如果需要，还会加入桥塞颗粒、滤失控制剂及密封材料(如石棉纤维)。这种环空保护液体系要比固相钻井液易于控制。但聚合物存在假塑性，固相粒子会慢慢沉积，不过沉积的固相中不含重晶石，使得沉淀不太容易进行，因此固相沉积数量很小。低固相保护液还存在一个问题，就是聚合物在高温下的不稳定性，因此，在将聚合物用于井上之前，应当对这种环空保护液做预期井底温度下的长期稳定试验。

8.3.3 无机盐环空保护液

清洁盐水亦可用作环空保护液，但不能用作套管环空保护液，因为它们缺乏控制滤失的能力。从海水到溴化锌，各种盐水都可以用作环空保护液，但选用类型及密度要根据压力控制、腐蚀性能及成本等要求来确定。

在环空保护液选择时的一个重要问题是环空保护液对油套管的腐蚀。通常，盐水对油套管具有低腐蚀性，除了密度在 $2.1g/cm^3$ 以上的溴化锌盐以外，各种金属在大多数盐水里的腐蚀速率低于 $10mm/a$。由各盐水供应商未发表的数据(包括 Dow 化学公司)证实当腐蚀时间长达 300 天，温度高达 204.4℃时，所有类型盐水均具有较低的腐蚀速度(低于 $5\sim10mm/a$)；而在含锌的高密度盐水中金属具有较高的腐蚀速率($20\sim30mm/a$)。这些腐蚀速度作为非抑制性的盐水，添加腐蚀抑制剂可以得到更低的腐蚀速率。抑制剂一般是根据使用温度进行选择的：在较低温度下，如低于 148.9℃，通常使用的抑制剂是有机化合物胺类；较高温度下使用无机化合物硫氰酸盐。

与其他流体一样，盐水的井下密度随压力的增加而增加，随温度的增加而降低。由于压力的影响较小，井下密度的近似值可以由温度变化而得到，但对于要求严格及高密度、昂贵的盐水，最好在校正密度的计算时考虑压力的影响。

盐水处理中还存在的问题就是盐分的结晶。当盐水的密度接近饱和盐水的密度时，在温度下降到某一个临界值以下（这个临界值取决于盐水的组分）盐会产生结晶。例如，当温度降至 17.2℃以下时，密度 1.77g/cm³ 的 $CaCl_2/CaBr_2$ 盐水中盐分会产生结晶，轻度的结晶会在管线内产生沉积，而使较轻的盐水流向井下，严重的结晶会造成盐水完全变成淤浆或固化。

8.3.4 有机盐环空保护液

由于无机盐环空保护液存在着腐蚀性大、容易结垢等缺点，人们一直寻求更好的体系，有机盐型保护液应运而生。有机盐钻井液完井液是后来发展起来的新型油气井工作液，用作环空保护液时，也显示出了其优良的特性。所使用的有机盐包括甲酸盐和乙酸盐，其中乙酸盐应用较少。水基有机酸盐环空保护液则是环空保护液技术发展方向，具有如下优点：

(1)密度可调，甲酸钾最大密度为 1.59g/cm³，通过使用甲酸钠和甲酸钾的复配可有效降低成本；

(2)腐蚀性较低，不但对金属腐蚀率较低，而且对多数橡胶无明显腐蚀作用；

(3)生物毒性小、富集性低；

(4)具有低黏、低结晶点的特性；

(5)能抑制微生物生长；

(6)具有一定的溶垢、除垢能力；

(7)抑制性强，有利于保护储层；

(8)可重复利用。

甲酸盐一般包括甲酸钠、甲酸钾和甲酸铯。由于甲酸铯极其昂贵，目前用作保护液的情况极其少见。甲酸盐保护液与无机盐保护液相比，具有很多独特的性质：

(1)腐蚀性极小。由于甲酸盐盐水呈弱碱性，pH 较易调节，并且不含 Cl^-、Br^- 等侵蚀性离子，故对油套管及井下工具的腐蚀很小。

(2)密度范围宽。甲酸钠体系最大密度可达 1.30g/cm³，甲酸钾体系最大为 1.60g/cm³，甲酸铯体系最大为 2.30g/cm³。

(3)遇 Ca^{2+} 和 Mg^{2+} 等不生成沉淀。即使甲酸盐保护液与地层水接触，也不会产生伤害储层的钙、镁沉淀。

(4)不易分解。甲酸盐保护液在井下长期的高温高压环境下稳定性强，不易发生分解，即使在油套管钢所含杂质金属的催化作用下可能发生分解，但也可以通过加入特定的 pH 缓冲剂(如 $K_2CO_3/KHCO_3$)来有效抑制。

(5)能够抵御酸性气体侵入带来的风险。在酸性气田的生产井中，含 CO_2 和 H_2S 的天然气从密封不佳的封隔器缝隙侵入保护液中是无法避免的。含有 pH 缓冲剂(如 $K_2CO_3/KHCO_3$)的甲酸盐保护液能够维持体系 pH 的稳定，起到原有的防腐效果。

(6)体系生物毒性很小，环保性强。

相对无机盐体系，甲酸盐环空保护液体系生物毒性很小，环保性强。基于以上优点和特性，甲酸盐保护液得到了越来越多的应用。但由于甲酸盐成本高，因此只有在密度需求较高、井下高温高压或高酸性气田才会使用。

无机盐环空保护液的高腐蚀性和甲酸盐环空保护液的高成本分别制约了两者的广泛应用。近年来，在开发高温高压复杂油气田的过程中，人们研究并现场应用了一些新型保护液体系，如碳酸钾、磷酸盐体系。

碳酸钾盐水在中东和北海地区的一些作业中用作环空保护液。K_2CO_3 盐水主要具有以下适合用作保护液的优点：

(1)K_2CO_3 是强碱弱酸盐，其盐水具有天然的弱碱性，本身腐蚀性小。

(2)K_2CO_3 在水中的溶解度大，其盐水密度范围宽，最大能够达到 $1.52g/cm^3$，能够满足较宽范围压力系数油气井的需要。

(3)K_2CO_3 盐水本身的黏度低。

(4)盐水中不含 Cl^-，消除了油套管钢发生氯化物应力开裂的风险。

(5)K_2CO_3 盐水结晶温度低，一般情况下不会有晶体析出。然而，如果碳酸钾保护液与储层接触，会与地层水中含有的大量 Ca^{2+}、Mg^{2+} 等二价阳离子生成沉淀，在高温下还会与砂岩储层中的硅酸盐矿物作用，造成严重的储层损害，两者制约了该体系的广泛应用。

8.3.5 油基环空保护液

油基环空保护液是非腐蚀性的，并且比水基钻井液的热稳定性好。这些特点使油基钻井液特别适于作为环空保护液使用，从而可以抵消高成本与潜在污染的缺陷。在深的热采井中，盐水和其他的固相沉积可能成为一种不良因素，但添加一种油分散膨润土可避免这一问题。

在油气井中，当温度太高而不适于使用水基钻井液，或油套管的腐蚀比预期的严重时，如地层含有 H_2S 时，应当考虑使用油基环空保护液。油基环空保护液具有良好的抗腐蚀性能、极好的滤失性能以及使套管回收变得容易等优点，可以作为理想的套管保护液。

8.3.6 新型环空保护液

目前，油井环空保护液大都采用盐水加缓蚀剂的方法，这样既可控制无固相颗粒对地层的伤害，又延缓了腐蚀进程，但这些方法仍存在着一些问题。

尽管使用某些无机盐($CaCl_2$、$CaBr_2$、$ZnBr_2$ 等)可配制出环空保护液，但是，由于无机盐水溶液具有对温度敏感、腐蚀性强、与处理剂配伍性差，以及有些无机盐对生物有毒害等的缺点，使其应用受到很大限制。无固相、自身不腐蚀的有机盐类是新型环空保护液的研究方向之一，如 HCOONa、HCOOK、Weigh2、Weigh3 上。

1)有机盐水溶液特点

(1)无固相密度范围宽，为 $1.0 \sim 1.6g/cm^3$；

(2)盐水溶液与地层水接触时不会形成任何沉淀物，对储层损害程度低；

(3)盐水溶液的 pH 易于调节，不易引起金属腐蚀；

(4)盐水溶液凝固点与结晶温度均较低；

(5)水溶液黏度低，循环压降小，性能稳定，能抗高温，维护成本低；

(6)能抑制水合物形成和微生物生长；

(7)与油田常用聚合物配伍性好，且能减缓许多调黏剂和降失水剂在高温高压下的水解和氧化速度，从而增强其高温稳定性；

(8)能溶解几种硫酸盐垢；

(9)有机盐溶液可生物降解，不污染环境；

(10)容易处理、运输、回收和再利用。

2)新型有机盐

HCOONa、Weigh2 的水溶液密度基本相当，HCOONa 是一种白色结晶粉末，有轻微的甲酸气味，在空气中易潮解；Weigh2 是白色或浅黄色粉末或颗粒，无味。同样，HCOOK 和 Weigh3 的水溶液密度相当，但 HCOOK 的加量远高于 Weigh3。HCOOK 是一种白色块状固体，工业产品中含有杂质而呈泥灰色，在空气中极易潮解，且有甲酸气味；Weigh3 是白色或浅黄色粉末或颗粒，无味。

新型有机盐 Weigh2 和 Weigh3 是在甲酸盐的基础上发展起来的，是碱金属低碳有机酸盐和有机酸铵盐的复合物。在不同生产工艺下，用不同原料合成了两种有机盐 Weigh2 和 Weigh3，其分子通式是 $X_m R_n (COO)_1 M$。式中，$XmRn(COO)_1^-$ 为有机酸根；X 为杂原子或基团；R 为烃基；COO^- 为羧基；M 为单价金属阳离子或铵离子、季铵离子（如 K^+、Na^+、NH_4^+、$NHxR_{4-x}^+$ 等）。

3)有机盐水溶液稳定性研究

室内试验测得，有机盐 Weigh2、Weigh3 水溶液在不同密度下的结晶温度如图 8-2 所示。从图 8-2 可见，有机盐 Weigh2 和 Weigh3 随着密度的升高，结晶温度先降低后升高。将在地面配制的饱和有机盐溶液注入井筒中后，由于井筒温度高于地面温度且大于其结晶温度，有机盐溶液将变为不饱和溶液，不会析出盐粒。有机盐水溶液的结晶温度最低可达−25℃和−42℃，可以在低温环境中使用。此外，在室内将有机盐水溶液置于150℃和200℃高温下 16h，均没有发现降解现象或沉淀产生，说明其抗高温能力强，性能稳定。因此能够满足环空保护液的稳定性要求。

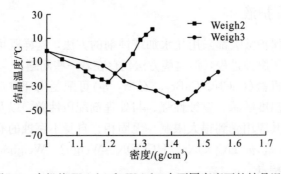

图 8-2　有机盐 Weigh2 和 Weigh3 在不同密度下的结晶温度

4)有机盐水溶液腐蚀性研究

氧腐蚀是最普遍也是最重要的一种腐蚀现象。水或溶液中即使氧含量低于 1mg/L，也可能造成极其严重的腐蚀发生。如果介质中同时含有 H_2S 和 CO_2，腐蚀速度会急剧升高。而有机盐水溶液在此方面有其独特的优点，两种有机盐水溶液皆含有大量的有机酸根阴离子，该阴离子含有较多的还原性基团，可除掉水溶液中的溶解氧，使得氧腐蚀电池难以形成，从而抑制氧对金属的腐蚀。同时，有机盐电离后产物对介质中的 H_2S 和 CO_2 有中和作用，也抑制了 H_2S 和 CO_2 的腐蚀。此外，有机盐对硫酸盐还原菌等生物细菌的生长还具有抑制作用，其防腐能力更强。而有机盐即使被氧化，其氧化产物还是有机盐，只不过是从高碳有机盐分解成低碳有机盐，其基本性质变化不大。而且由于溶解氧、H_2S 和 CO_2 的量远远小于有机盐含量，故对有机盐水溶液的性质几乎没有影响。

8.3.7 复合盐环空保护液

磷酸盐环空保护液是近几年开始应用的一种新型盐水环空保护液，所用磷酸盐是磷酸的碱金属盐，主要指钠盐和钾盐。自 2008 年起，已经在印度尼西亚 Pertamina EP 公司所属的 5 口高温高压酸性气井(探井)中应用。

但是采用单一焦磷酸钾盐水作为封隔液加重基液，与 Ca^{2+}、Mg^{2+} 含量高的海水或地层采出水会形成沉淀。因此选用有机磷酸盐与无机磷酸盐进行复配，以抑制沉淀形成。室内经过大量实验研究，研制出一种复合盐盐水 HLTC，能够解决封隔液与海水、采出水的配伍性差的问题，在南海西部的东方某 1 高温高压气田使用。

在东方某气田环境下对此环空保护液配方进行了评价。

1)缓蚀剂热稳定性评价

将 JLB 缓蚀剂与 HLN 缓蚀剂进行热失重分析，结果如图 8-3 和图 8-4 所示。

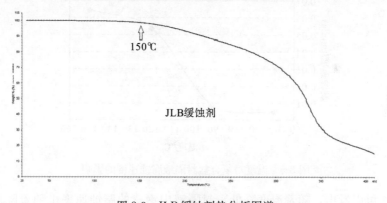

图 8-3 JLB 缓蚀剂热分析图谱

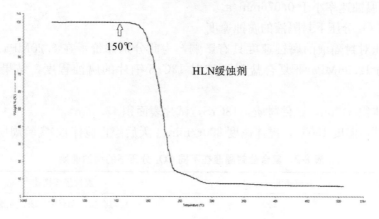

图 8-4 HLN 缓蚀剂热分析图谱

从图 8-3 和图 8-4 热分析图谱可看出，JLB 缓蚀剂与 HLN 缓蚀剂在 150℃的失重率不到 5%，具有较好的抗高温能力，表明 JLB 缓蚀剂与 HLN 缓蚀剂热稳定性好，可抗 150℃以上温度。

2)不同温度下封隔液的腐蚀速度

一般来说，温度升高加速电化学反应和化学反应速率，从而加速腐蚀。为此，分别评价了在 60℃、90℃、120℃与 150℃下复合盐封隔液对 13CrS 钢片的腐蚀程度，结果见表 8-1 和图 8-5。

封隔液体积 840ml，试件材质：13CrS，试片表面积 13.0cm²。

实验条件：CO_2 分压 12.36MPa，搅拌速度 200r/min（1 天后停止搅拌），实验周期 96h。

表 8-1　复合盐封隔液在不同温度下的腐蚀速度

温度/℃	腐蚀速度/(mm/a)	腐蚀形貌描述
60	0.005	均匀腐蚀，无点蚀，表面光滑
90	0.009	均匀腐蚀，无点蚀，表面光滑
120	0.054	均匀腐蚀，无点蚀
150	0.065	均匀腐蚀，无点蚀

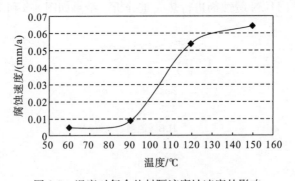

图 8-5　温度对复合盐封隔液腐蚀速度的影响

由图 8-5 可以看出，随着温度降低，封隔液中钢材的腐蚀速率也随着降低，在 60～150℃，其值腐蚀速率小于 0.076mm/a。

3)不同 CO_2 分压下封隔液的腐蚀速度

CO_2 分压对封隔液的腐蚀速度具有影响，为此分别评价了在 6.20MPa、8.20MPa、10.20MPa 与 12.36MPa 下复合盐封隔液对 13CrS 钢片的腐蚀程度，结果见表 8-2 和图 8-6。

封隔液体积 840ml，试件材质：13CrS，试片表面积 13.0cm²。

实验条件：温度 150℃，搅拌速度 200r/min（1 天后停止搅拌），实验周期 96h。

表 8-2　复合盐封隔液在不同 CO_2 分压下的腐蚀速度

CO_2 分压/MPa	腐蚀速度/(mm/a)	腐蚀形貌描述
6.20	0.023	均匀腐蚀，无点蚀，表面光滑
8.20	0.035	均匀腐蚀，无点蚀，表面光滑

CO₂ 分压/MPa	腐蚀速度/(mm/a)	腐蚀形貌描述
10.20	0.058	均匀腐蚀，无点蚀
12.36	0.065	均匀腐蚀，无点蚀

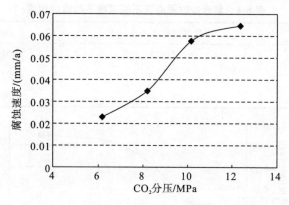

图 8-6　CO₂ 分压对复合盐封隔液腐蚀速度的影响

从图 8-6 可以看出，随着钢材的腐蚀速度随 CO_2 分压的增加而增大，仅在 6.20～12.36MPa，其腐蚀速率小于 0.076mm/a。

CO_2 分压腐蚀影响较大，CO_2 分压小，腐蚀速度也小，因此，所需要缓蚀剂的加量也应该小。在不同 CO_2 分压下，评价复合盐封隔液对 13CrS 和 13CrM 钢片的腐蚀程度，结果见表 8-3。

封隔液体积 840ml，试件材质：13CrS、13CrM，试片表面积 13.0cm²。

实验条件：温度 150℃，搅拌速度 200r/min(1 天后停止搅拌)，实验周期 96h。

表 8-3　不同 CO₂ 分压和缓蚀剂加量下封隔液的腐蚀速度

CO₂ 分压/MPa	缓蚀剂加量	钢材	腐蚀速度/(mm/a)	腐蚀形貌描述
12.36	5%JLB+1%HLN	13CrS	0.065	均匀腐蚀，无点蚀
		13CrM	0.073	均匀腐蚀，无点蚀
10.2	3.5%JLB+0.5%HLN	13CrS	0.070	均匀腐蚀，无点蚀
		13CrM	0.097	均匀腐蚀，无点蚀
8.2	2.5%JLB+0.5%HLN	13CrS	0.053	均匀腐蚀，无点蚀
		13CrM	0.072	均匀腐蚀，无点蚀
6.2	1.5%JLB+0.5%HLN	13CrS	0.056	均匀腐蚀，无点蚀
		13CrM	0.064	均匀腐蚀，无点蚀

由表 8-3 可以看出，当 CO_2 分压降低，其缓蚀剂加量可以适当减少，复合盐封隔液在 150℃下对 13CrS 和 13CrM 钢片的腐蚀速度仍较小，可以满足要求。

4)不同密度封隔液的腐蚀速度

封隔液密度不同，表示盐水浓度不同，对封隔液的腐蚀速度具有影响，为此分别评价了密度为 1.46g/cm³、1.35g/cm³、1.25g/cm³ 复合盐封隔液对 13CrS 钢片的腐蚀程度，结果见表 8-4 和图 8-7。

　　封隔液体积 840ml，试件材质：13CrS，试片表面积 13.0cm²。

　　实验条件：CO_2 分压 12.36MPa，温度 150℃，搅拌速度 200r/min（1 天后停止搅拌）。

表 8-4　复合盐封隔液在不同密度下的腐蚀速度

密度/(g/cm³)	平均腐蚀速度/(mm/a)	腐蚀形貌描述
1.46	0.065	均匀腐蚀，无点蚀
1.35	0.059	均匀腐蚀，无点蚀
1.25	0.026	均匀腐蚀，无点蚀

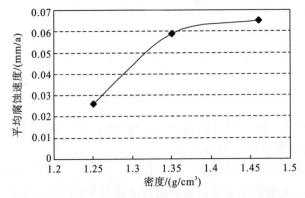

图 8-7　复合盐封隔液密度对 13CrS 钢腐蚀速度的影响

　　由图 8-7 可以看出，复合盐封隔液密度越大，其对试片的腐蚀也越大，这是由于复合盐封隔液密度的增大会增强溶液的电导，腐蚀速率增加，在 1.25～1.45g/cm³，其值腐蚀速度小于 0.076mm/a（表 8-5）。

　　封隔液体积 840ml，试件材质：13CrS，试片表面积 13.0cm²。

　　实验条件：CO_2 分压 12.36MPa，温度 150℃，搅拌速度 200r/min（1 天后停止搅拌）。

表 8-5　不同密度和缓蚀剂加量下封隔液的腐蚀速度

密度/(g/cm³)	缓蚀剂加量	钢材	腐蚀速度/(mm/a)	腐蚀形貌描述
1.45	5%JLB+1%HLN	13CrS	0.062	均匀腐蚀，无点蚀
		13CrM	0.07	均匀腐蚀，无点蚀
1.35	2.5%JLB+0.5%HLN	13CrS	0.069	均匀腐蚀，无点蚀
		13CrM	0.075	均匀腐蚀，无点蚀
1.2	2.5%JLB	13CrS	0.068	均匀腐蚀，无点蚀
		13CrM	0.072	均匀腐蚀，无点蚀

　　由表 8-5 可以看出，当封隔液密度降低，其缓蚀剂加量可以适当减少，复合盐封隔液在 150℃下对 13CrS 和 13CrM 钢片的腐蚀速度仍较小，可以满足要求。

第9章 井筒完整性风险评估

9.1 基于目标井的溢流风险评价及井控策略

根据安全钻井液密度上下限及其分布状态，4 种风险分别如下表示：井涌风险 R_k、井壁坍塌风险 R_c、钻进井漏风险 R_L、压差卡钻风险 R_{sk}。其定义如下：

$$R_{k(h)} = P(\rho_d < \rho_{k(h)}) = 1 - F_{\rho_{k(h)}}(\rho_d) \tag{9-1}$$

$$R_{c(h)} = P(\rho_d < \rho_{c(h)}) = 1 - F_{\rho_{c(h)}}(\rho_d) \tag{9-2}$$

$$R_{sk(h)} = P(\rho_d < \rho_{sk(h)}) = 1 - F_{\rho_{sk(h)}}(\rho_d) \tag{9-3}$$

$$R_{L(h)} = P(\rho_d < \rho_{L(h)}) = 1 - F_{\rho_{L(h)}}(\rho_d) \tag{9-4}$$

式中，$R_{k(h)}$、$R_{c(h)}$、$R_{sk(h)}$、$R_{L(h)}$——深度 h 处的井涌风险、井壁坍塌风险、钻进井漏风险、压差卡钻风险，无量纲；

ρ_d——钻进时的钻井液密度，g/cm^3。

某一深度 h 处的井涌风险值即为钻进时的钻井液密度 ρ_d 小于此深度处防井涌钻井液密度下限值 $\rho_{k(h)}$ 的概率值 $P_{k(h)}(\rho_d < \rho_{k(h)})$，根据概率基础理论，如图 9-1 所示，$P_{k(h)}(\rho)$ 为防井涌钻井液密度下限值的概率密度分布函数，因此钻井液密度小于防井涌钻井液密度下限值的概率 $P(\rho_d < \rho_{k(h)})$ 即为图 9-10 中阴影部分的面积，其值即为 $1 - F_{\rho_{k(h)}}(\rho_d)$，其中 $F_{\rho_{k(h)}}(\rho)$ 为防井涌钻井液密度下限值的累积概率分布函数，$F_{\rho_{k(h)}}(\rho_d)$ 即为防井涌钻井液密度下限值 $\rho_{k(h)}$ 等于钻进时钻井液密度 ρ_d 的累积概率。

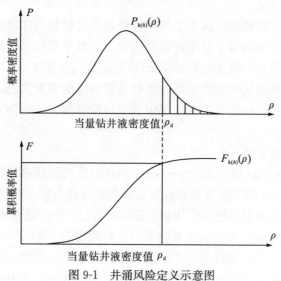

图 9-1 井涌风险定义示意图

与井涌风险的确定方式类似，井壁坍塌的风险为钻井液密度 ρ_d 小于防坍塌钻井液密度下限值 $\rho_{c1(h)}$ 的概率 $P(\rho_d < \rho_{c1(h)})$ 和大于防坍塌钻井液密度上限值 $\rho_{c2(h)}$ 的概率 $P(\rho_d >$

$\rho_{c2(h)}$)中的较大值；压差卡钻风险为钻井液密度 ρ_d 大于防压差卡钻钻井液密度上限值 $\rho_{sk(h)}$ 的概率 $P(\rho_d < \rho_{sk(h)})$；钻进井漏风险即为钻井液密度 ρ_d 大于防井漏钻井液密度上限值 $\rho_{L(h)}$ 的概率 $P(\rho_d > \rho_{L(h)})$。

在实际工程设计中，某些分布（正态分布）无法取无穷值进行计算，因此工程设计人员通常取累积概率接近 0 或接近 1 的变量值近似作为累积概率为 0 和 1 的边界值，这样可以有效的缩小其值范围，减小不确定域，但仍能满足工程应用。分别取累积概率为 j_{min} 和 j_{max} 时 的 各 压 力 值 $\rho_{k(h),j_{min}}$、$\rho_{k(h),j_{max}}$、$\rho_{c1(h),j_{min}}$、$\rho_{c1(h),j_{max}}$、$\rho_{c2(h),j_{min}}$、$\rho_{c2(h),j_{max}}$、$\rho_{sk(h),j_{min}}$、$\rho_{sk(h),j_{max}}$、$\rho_{L(h),j_{min}}$、$\rho_{L(h),j_{max}}$ 作为各钻井液密度上下限值的最大和最小边界值，并定义：

$$\begin{cases} P(\rho < \rho_{m(h),j_{min}}) = 0 \\ P(\rho < \rho_{m(h),j_{max}}) = 0 \end{cases} \tag{9-5}$$

式(9-5)表示钻井液密度 ρ 小于 $\rho_{m(h),j_{min}}$ 和大于 $\rho_{m(h),j_{max}}$ 的概率都为 0，式中 m 可分别为 k、c1、c2、sk 和 L，表示不同种类的钻井液密度上限或下限值。

9.2 高温超压井风险评价

由于高温超压井的压力和温度特点，要针对不同测试条件下对套管强度进行计算和校核，并进行安全性分析。

针对高温高压井的套管设计标准，目前石油行业还没有明确出台，所以借鉴国内其他高温高压井的套管设计做法并进行分析。

9.2.1 井筒完整性评价

1）井筒完整性的含义

根据现代结构完整性概念，认为系统完整性是系统结构与功能的合于使用性。国际焊接学会推出的焊接结构的合于使用评定指南定义：合于使用是指结构在规定的寿命期内具有足够的可以承受预见的载荷和环境条件（包括统计变异性）的功能。

井筒完整性是井筒抵抗结构性破坏、维持井筒功能的重要属性，是钻井工程井下安全的保证。井筒完整性评价的目的在于了解井筒风险状况，以便防止井筒结构产生失效破坏。

2）井筒完整性研究对象

层次分析法（analytical hierarchy process，AHP）是美国匹兹堡大学教授 Saaty 于 20 世纪 70 年代提出的一种用于解决多目标复杂问题的定性与定量相结合的决策分析方法。其基本思想是：首先，根据问题的性质和要达到的目标，将问题分解成不同的组成因素，按照各因素之间的相互影响和隶属关系将其分层聚类组合，形成一个递阶的、有层次结构的模型，该层次结构包括目标层、中间准则层和方案层；然后，对模型中每一层次因素的相对重要性，依据人们对客观现实的判断给予定量表示，再利用数学方法确定每一层次全部因素相对重要性的权重值；最后，通过综合计算各层次的组合权重值，得到方案层相对于总目标的排序权重值，以此作为方案选择的依据。

油气层段钻进过程中的井筒完整性。根据井筒情况，此时的井筒可分为两个部分，即套管段井筒和裸眼段井筒。下面应用层次分析法来分析井筒完整性的层次网络，图 9-2 为钻井工程设计风险评价总体思路图。

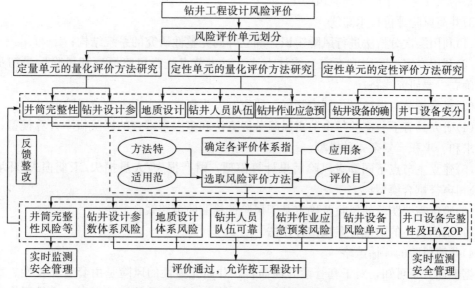

图 9-2　钻井工程设计风险评价总体思路图

井筒完整性的研究对象主要包括套管段井筒和裸眼段井筒，具体构成如图 9-3 所示。一般而言，钻井过程中裸眼段事故风险大于套管段风险。但裸眼段风险主要体现在地质风险上，尤其是地层压力带来的井控风险，适宜在地质风险中加以研究。因此对本节而言，井筒完整性将以套管段井筒为主要研究对象。

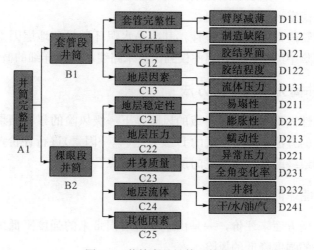

图 9-3　井筒完整性体系构成

图 9-3 表明，对于套管段井筒而言，影响井筒完整性的因素是技术套管完整性、水泥环质量和地层因素 3 个环节构成。其中技术套管完整性是井筒完整性最重要的因素，而较差的水泥环质量及地层条件(如地应力大或塑性地层)会增大井筒失效的风险，因此

也必须加以考虑，整个井筒的失效是 3 个主因共同作用的结果。

对于裸眼段井筒来说，地层稳定性是井筒完整性最重要的因素。其他如地层压力、井身质量、地层流体因素也会影响井筒的完整性，但不是最主要的因素，由这些次要因素带来的风险主要集中在地质风险上。

3)井筒风险评价技术路线

(1)利用层次分析法进行风险辨识，确立井筒完整性研究的系统结构；

(2)利用专家经验法或不完全统计方法，对主节点进行风险概率和风险后果初步估计，确立主要研究线路；

(3)对末梢节点设计量化评定指标，研究其发生概率，实现末节点风险分级；

(4)研究具有下分支的每个节点风险分级方法和多因素耦合的风险概率计算模型：求或、求和、求积、复杂 4 种模型。

(5)建立主节点不同等级风险后果计算模型，财产损失/人员损失/工期损失/环境破坏/公司声誉耦合模型；

(6)确定需要防范的风险及确定基于风险的检测防范路线；

(7)给出具体的防范方案或推荐作法。

4)井筒风险的评估策略

据上述分析可知，对于套管段井筒而言，井筒完整性的风险是由套管完整性、水泥环质量和地层因素 3 方面原因决定。其中，套管完整性是最关键的因素，这是因为如果套管完整性好，井筒抗破坏能力强，很难发生井筒风险；水泥环环绕在套管的外围，在套管完整性情况一样的情况下，其质量好坏可提高或降低井筒完整性的等级；地层条件对井筒完整性的风险后果有重要影响，地层压力越大以及地层含风险流体量越大，发生井筒事故后果越严重。

对于裸眼井段而言，地层稳定性是井筒完整性最关键的因素；地层压力、地层流体和井身质量对地层稳定性有重要影响。

本节重点是套管段井筒套管完整性，其次是水泥环质量和地层因素。对于裸眼段井筒，建议在地质风险中进行评估，因此仅列出技术路线，不做详细的概述。

9.2.2　套管段井筒完整性评价方法

对于井筒完整性体系而言，上一级的风险是下一级风险的累积结果。对体系进行评价时采取由下而上的方法，先对末端的 D 级节点(单一因素)进行评价，再综合起来评价上一级节点，直至最终的井筒完整性的顶端 A 级节点。

1. 套管完整性评价

套管完整性从两方面来评价，一是由于套管磨损带来的强度降低风险；二是由于制造或材料缺陷带来的强度降低的风险。

1)套管磨损风险分析

(1)评价指标及分级。

真正影响井筒完整性的不是套管壁减薄量，而是由此引起的强度降低，因此取套管的剩余强度作为评价指标。造成套管破坏的最主要因素是抗挤强度，这里选取套管剩余强度作为套管壁厚减薄的评价指标。

设套管额定的抗内压强度为 δ_{b0}，原始套管壁厚为 λ_{b0}；剩余抗内压强度为 δ_{bs}，对应的剩余壁厚为 λ_{bs}，取套管剩余抗挤强度 δ_{bs} 与套管额定抗内压强度 δ_{b0} 的比值 μ_{bs}（剩余强度比）作为评价套管减薄风险的评价指标。

如果单独考察套管壁厚减薄风险可按表 9-1。对套管剩余抗挤强度风险进行分级。

表 9-1　壁厚减薄风险级别表

风险级别	I	II	III	IV	V
δ_{bs}/MPa	$\delta_{bs} \geqslant 80\%\delta_{b0}$	$60\%\delta_{b0} \leqslant \delta_{bs} < 80\%\delta_{b0}$	$40\%\delta_{b0} \leqslant \delta_{bs} < 60\%\delta_{b0}$	$20\%\delta_{b0} \leqslant \delta_{bs} < 40\%\delta_{b0}$	$\delta_{bs} < 20\%\delta_{b0}$
μ_{bs}	$\mu_{bs} \geqslant 80\%$	$60\% \leqslant \mu_{bs} < 80\%$	$40\% \leqslant \mu_{bs} < 60\%$	$20\% \leqslant \mu_{bs} < 40\%$	$\mu_{bs} < 20\%$
λ_{bs}(mm)	$\lambda_{bs} \geqslant 80\%\lambda_{b0}$	$60\%\lambda_{b0} \leqslant \lambda_{bs} < 80\%\lambda_{b0}$	$40\%\lambda_{b0} \leqslant \lambda_{bs} < 60\%\lambda_{b0}$	$20\%\lambda_{b0} \leqslant \lambda_{bs} < 40\%\lambda_{b0}$	$\lambda_{bs} < 20\%\lambda_{b0}$

（2）各井深点实际风险计算方法。

对于套管壁厚减薄风险的发生可以通过测井的方法来进行单井检测，根据检测结果建立计算模型；或通过本地区长期钻井套管磨损事故的统计资料来计算风险概率；也可以通过钻井工程设计情况来预测壁厚减薄概率。对于勘探区块来说，首先拟采用预测计算模型，在取得测井资料后可采用测井计算模型。下面着重介绍适合应用于探井的基于预测和测井的风险计算方法。

①基于预测的风险计算。

这种计算模型是通过预测各点套管的剩余壁厚来预测套管壁厚减薄风险。在套管磨损的预测模型中，能量效率磨损模型应用最广泛，已经由 Maurer 公司开发出相应的套管磨损预测软件 CWEAR，应用中通过输入钻井时间、钻井参数，套管参数，钻井液参数及井身质量参数等数据，可计算出各井深处的套管磨损量和剩余壁厚。下面简述一下套管磨损预测的基础理论。

发展比较完善的套管磨损计算方法是 White 和 Dawson 在 Archard 黏着磨损理论基础上提出的磨损效率模型，他们认为旋转工具接头在横向力作用下紧靠在套管中并磨出月牙形沟槽，根据钻杆受力、工作时间及试验取得的经验数据可计算出月牙形沟槽中被磨掉的材料体积，并由此计算磨损沟槽的深度。Archard(1953)根据黏着理论建立的磨损预测模型可用磨损率表示为

$$R_r = \frac{V}{L} = K\frac{N}{H} \tag{9-6}$$

式中，V——磨损量，m^3；

L——滑动行程，m；

N——正压力，N；

H——较软材料的硬度，N/mm^2；

K——磨损系数，无量纲。

1982 年，Archard 等进一步把该模型由黏着磨损机理推广到磨粒磨损、疲劳磨损和腐蚀磨损等多种情况，给出了相同的表达式，而其中的磨损系数具有广义性。White 和 Dawson 则结合套管磨损的具体情况，提出了如下的磨损效率模型：

$$V = \frac{E}{H}\mu FL \tag{9-7}$$

式中，V——金属磨损量，m^3；

    E——磨损效率，无量纲；

    H——布氏硬度，Pa；

    μ——滑动摩擦系数，无量纲；

    L——滑动距离，m；

    F——侧向力，N。

式(9-7)中存在大量试验决定的常数，如 E、μ 和 H，不利于现场应用，Hall 和 Garkasi 从能量传递的观点推出了套管磨损量的计算方法，大大简化了常数的测量。其基本原理是认为工具接头在旋转时间 t 内单位长度套管磨损的体积 V 与钻杆在该处传递给套管的摩擦能量 E 成正比：

$$V = 2.2E/k$$
$$E = \mu FL \tag{9-8}$$

式中，k——常数，磨损掉 $1m^3$ 单位材料所需的摩擦能量，N/m^3；

    μ——套管与工具接头滑动摩擦系数，无量纲；

    F——每米工具接头上的横向载荷，m/Pa；

    L——工具接头与套管之间总的滑动距离，m。

式(9-8)中决定套管磨损体积的常数只有 k 和 μ，Maurer 公司将其合并为磨损因子 WF(wear factor)：

$$WF = \mu/k \tag{9-9}$$

通过试验确定磨损因子 WF 后，就可以结合施工现场的各种参数将总体钻进距离分离为一些分散段计算出总体磨损体积：

$$V = \sum_{i=1}^{n} \Delta Vi \tag{9-10}$$

在此理论模型的基础上，Maurer 公司花费 13 年时间、耗资 300 万美元进行了 300 多次实验，得到的不同材料钻杆/套管材料和不同钻井液条件下的磨损经验磨损效率数据库，大大促进了该模型的应用和推广。

值得注意的是，如果输入的参数是钻井施工的实际参数，也可以应用本模型预测钻井过程中的套管磨损量，计算实时的套管壁厚减薄风险。

②基于测井的风险计算方法。

目前套管剩余壁厚检测最重要的井下工具是声波成像测井(CBIL)，采用旋转式超声换能器，对井周进行扫描，并记录回波信号。声阻抗的变化会引起回波幅度的变化，井径的变化会引起回波传播时间的变化。将测量的反射波幅度和传播时间按井眼内360°方位显示成图像，就可对整个井壁进行高分辨率成像。

目前常规声波成像测井中不包含对套管剩余壁厚的解释，但是声波测井已经包含有传播时间的信息，可以使用这个回波时间来确定套管的剩余壁厚。其解释的基本思想如下：

设定 CBIL 扫描一周可以读取传播时间的 N 个信号，套管未磨损时读取 N 个回波时间值 $T_c(i, d_c)$，测量井段的 N 个回波时间值为 $T_c(i, d)$，定义套管壁厚减薄指数为 $\Delta T(d)$。

$$\overline{T}_c(d_c) = \sum_{i=1}^{N} T_c(i, d_c) \tag{9-11}$$

$$\Delta T(d) = \max(|T_c(i, d) - \overline{T}_c(d)| \times V_s \tag{9-12}$$

式中，$T_c(i, d_c)$——现场标定时第 i 个回波时间值，s；

　　　$\overline{T}_c(d_e)$——现场标定的标准回波时间，s；

　　　$\Delta T(d)$——实测井深 d 处的壁厚减薄指数，mm；

　　　V_s——声波在钢材中的传播速度，mm/s。

全井套管段磨损风险统计分析方法：

若套管段总长 L_c，发生 I 级套管壁厚减薄风险的套管段总长为 L_{c1}；发生 II 级套管壁厚减薄风险的套管段总长为 L_{c2}；发生 III 级套管壁厚减薄风险的套管段总长为 L_{c3}；发生 IV 级套管壁厚减薄风险的套管段总长为 L_{c4}；发生 V 级套管壁厚减薄风险的套管段总长为 L_{c5}，各级风险发生的概率 ζ，见表 9-2。

表 9-2　套管壁厚减薄风险概率统计表

风险级别	I	II	III	IV	V
风险概率(ζ)	L_{c1}/L_c	L_{c2}/L_c	L_{c3}/L_c	L_{c4}/L_c	L_{c5}/L_c

2)制造缺陷风险分析

制造缺陷在钢管生产中在所难免，发生概率不易定量计算。实际钻井生产过程中很少单独因为制造缺陷或施工过程中产生的缺陷而导致井下事故。但如果在下井时确定材料具有一定的缺陷，可参照壁厚减薄导致强度降低的方法来对该段套管进行单独的风险风析。

计算制造缺陷引起的套管壁厚减薄量的公式为

$$\Delta \delta_o = D_{co} + D_{ci} + D_p \tag{9-13}$$

式中，$\Delta \delta_o$——套管壁厚减薄量，mm；

　　　D_{co}——套管外表面锈蚀深度，mm；

　　　D_{ci}——套管内表面锈蚀深度，mm；

　　　D_p——套管表面挤压坑深度，mm；

值得注意的是，因为制造和材料缺陷发生概率较小，不便对其分级进行风险概率统计。但统计分析的结果可对套管完整性的安全裕度提供合理的修正。

3)套管完整性综合评价方法

套管完整性评价包括缺陷风险评价、预测风险评价和测井风险评价三部分，其中缺陷风险评价需在套管下井前完成，预测风险评价利用软件在钻井过程中完成，如果预测风险很高或者套管磨损监测的结果发现有套管磨损事故风险时做出套管测井的措施建议，才能根据测井解释结果评价套管的完整性风险。另外，在已有测井风险评价的情况下，预测的风险评价结果只能作为参考。套管完整性评价流程，具体如图 9-4 所示。

套管完整性综合评价的关键点有两点，一是最大风险点评价；二是确定套管整体的风险状态评价。

根据上述模型，井深 d 处的套管壁厚减薄量 $\Delta T_z(d)$ 为

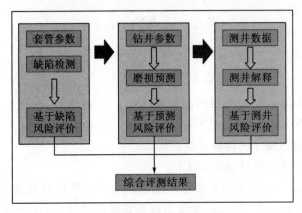

图 9-4　套管完整性评价流程图

$$\Delta T_z(d) = \Delta\delta_0 + \Delta T(d) \tag{9-14}$$

壁厚减薄最大风险点 $K_{c1}(i,d)$ 为

$$K_{c1}(i,d) = \max(\Delta T_z(d)) \tag{9-15}$$

式中，i——第几个风险点；

　　　d——大风险点的具体井深，m。

根据 $\Delta T_z(d)$ 的计算结果，依据表 9-10 的套管壁厚减薄风险分级方法，可以对钻杆整体状态评价。套管整体风险状态可以用 5 个级别的数组来表示。

$$K_{c2} = (\zeta_1, \zeta_2, \zeta_3, \zeta_4, \zeta_5) \tag{9-16}$$

式中，ζ_1——Ⅰ级风险井段统计百分比；

　　　ζ_2——Ⅱ级风险井段统计百分比；

　　　ζ_3——Ⅲ级风险井段统计百分比；

　　　ζ_4——Ⅳ级风险井段统计百分比；

　　　ζ_5——Ⅴ级风险井段统计百分比。

如果对各级风险予以专家打分基础上的不同权重，可以用综合指标 K_{c3} 来评价套管总体风险状态。

$$K_{c3} = \zeta_1 \cdot Q_1 + \zeta_2 \cdot Q_2 + \zeta_3 \cdot Q_3 + \zeta_4 \cdot Q_4 + \zeta_5 \cdot Q_5 \tag{9-17}$$

式中，Q_1——Ⅰ级风险权重，推荐值 10000；

　　　Q_2——Ⅱ级风险权重，推荐值 1000；

　　　Q_3——Ⅲ级风险权重，推荐值 100；

　　　Q_4——Ⅳ级风险权重，推荐值 10；

　　　Q_5——Ⅴ级风险权重，推荐值 1。

2. 水泥环质量评价

水泥环质量好坏会影响地层封固效果及套管抗挤毁变形的能力，从而影响事故发生的风险概率，因此有必要对水泥坏的质量进行评价，以便综合评价相应井段井筒完整性风险。

水泥环质量最关键的因素是水泥胶结质量的好坏，其次是水泥胶结界面状态。鉴于目前对界面评价还存在困难，而且其对井筒完整性的影响较小，不作具体的评价分析。

1）评价指标

每个井段固井完成后均会利用声幅测井仪（CBL）检测评价套管固井质量。水泥胶结程度越好，CBL 曲线值越低。

具体评价时，以测量处声幅值与自由套管标度值之间的比值（声幅比例）作为评价指标。即

$$\mu_{cbl}(d) = E_d/E_{d0} \qquad (9\text{-}18)$$

式中，$\mu_{cbl}(d)$——声幅比例，%；

E_d——井深 d 处的声幅测井值，mV；

E_{d0}——自由套管的声幅测井值，mV。

2）风险分级

根据声幅比例得到的结果，建立了如表 9-3 所示的胶结质量风险评价分析。

表 9-3　套管固井水泥胶结质量风险分级表

风险级别	I	II	III	IV	V
μ_{cbl}	16%~30%	31%~45%	46%~60%	61%~80%	81%~100%
胶结程度	较好	胶结不好	部分胶结	少量胶结	无胶结

3）水泥胶结风险统计分级评价

分级风险概率分为两类，一种是基于单口井某固井段统计的分级风险概率；一种是基于某地区特定地层段固井质量的分级风险概率。

基于单口井某固井段统计的分级风险概率是通过统计固井段内各风险级别的套管固井质量，根据表 9-4 确定各级胶结质量风险发生的概率。

表 9-4　单口井各级胶结质量风险概率统计表

风险级别	I	II	III	IV	V
风险概率（ζ）	L_{cb1}/L_c	L_{cb2}/L_c	L_{cb3}/L_c	L_{cb4}/L_c	L_{cb5}/L_c

注：L_{cb1}——I 级水泥胶结质量风险的固井段总长，m；
L_{cb2}——II 级水泥胶结质量风险的固井段总长，m；
L_{cb3}——III 级水泥胶结质量风险的固井段总长，m；
L_{cb4}——IV 级水泥胶结质量风险的固井段总长，m；
L_{cb5}——V 级水泥胶结质量风险的固井段总长，m；
L_c——单口井某固井段总长，m。

如果在某地区钻进过多口井，则基于地质分析基础上，可对各口井比对准确的特定地层的固井质量进行分级风险概率分析，根据表 9-5 确定各分级胶结质量风险发生的概率。

表 9-5　单统计地层各级胶结质量风险概率统计表

风险级别	I	II	III	IV	V
风险概率（ζ）	L_{c1}/L_c	L_{c2}/L_c	L_{c3}/L_c	L_{c4}/L_c	L_{c5}/L_c

注：L_{cb1}——某层段多口井 I 级水泥胶结质量风险的固井段总长，m；
L_{cb2}——某层段多口井 II 级水泥胶结质量风险的固井段总长，m；
L_{cb3}——某层段多口井 III 级水泥胶结质量风险的固井段总长，m；
L_{cb4}——某层段多口井 IV 级水泥胶结质量风险的固井段总长，m；
L_{cb5}——某层段多口井 V 级水泥胶结质量风险的固井段总长，m；
L_c——某层段多口井统计分析段总长，m。

4) 水泥环风险的综合评价

根据 μ_{cbl} 的计算结果，依据表 9-13 的水泥环胶结风险分级方法，可以对水泥环整体状态评价。水泥环整体风险状态可以用 5 个级别的数组来表示。

$$K_{c4} = (\zeta_1, \zeta_2, \zeta_3, \zeta_4, \zeta_5) \tag{9-19}$$

式中，ζ_1——Ⅰ级风险井段统计百分比；

$\quad\quad\zeta_2$——Ⅱ级风险井段统计百分比；

$\quad\quad\zeta_3$——Ⅲ级风险井段统计百分比；

$\quad\quad\zeta_4$——Ⅳ级风险井段统计百分比；

$\quad\quad\zeta_5$——Ⅴ级风险井段统计百分比。

如果对各级风险予以专家打分基础上的不同权重，可以用综合指标 K_{c4} 来评价套管总体风险状态。

$$K_{c5} = \zeta_1 \cdot Q_1 + \zeta_2 \cdot Q_2 + \zeta_3 \cdot Q_3 + \zeta_4 \cdot Q_4 + \zeta_5 \cdot Q_5 \tag{9-20}$$

式中，Q_1——Ⅰ级风险权重，推荐值 625；

$\quad\quad Q_2$——Ⅱ级风险权重，推荐值 125；

$\quad\quad Q_3$——Ⅲ级风险权重，推荐值 25；

$\quad\quad Q_4$——Ⅳ级风险权重，推荐值 5；

$\quad\quad Q_5$——Ⅴ级风险权重，推荐值 1。

3. 地层风险评价

地层评价对象是地层的流体及其压力，孔隙类型及大小也有很大影响。流体主要考虑的是其成分及相态，压力考虑的是井筒理论压力与孔隙压力、破裂压力的差值。

套管段的地层流体可由测井资料解释得到，可依据解释结果按表 9-6 对其进行风险分级。

表 9-6　地层流体风险分级统计表

风险级别	Ⅰ	Ⅱ	Ⅲ	Ⅳ	Ⅴ
流体特征	液体	腐蚀性液体	一般性气体	腐蚀性或有毒性气体	腐蚀性且有毒性气体

对于地层流体压力，真正导致风险的不是压力的绝对数值，而是井筒压力与井外压力的差值。

设某地层段的孔隙压力为 P_1，地层破裂压力为 P_2，钻井液当量密度 P_3。

$$\Delta P_k = P_3 - P_1$$
$$\Delta P_1 = P_2 - P_3 \tag{9-21}$$

式中，ΔP_k——溢出压力差；

$\quad\quad\Delta P_1$——漏失压力差。

这样，根据上面两个差值，可以建立地层流体溢出和井筒流体漏失的风险分级表表 9-7 和表 9-8。

表 9-7　地层流体溢出风险分级统计表

风险级别	Ⅰ	Ⅱ	Ⅲ	Ⅳ	Ⅴ
溢出压力差值 $\Delta P_k/(g/cm^3)$	<0.2	$0.2\sim0.4$	$0.4\sim0.6$	$0.6\sim0.8$	>0.8

表 9-8　井筒流体漏失风险分级表

风险级别	I	II	III	IV	V
漏失压力差值 $\Delta P_l/(\text{g/cm}^3)$	<0.2	0.2~0.4	0.4~0.6	0.6~0.8	>0.8

特定地层流体导致的风险是由流体性质及压力差值两方面决定的，因此，定义特定井深 d 处的地层综合风险为

$$K_{c6}(d) = f(i,d) \cdot K_f(i,d) \cdot (\Delta P_k \cdot K_y(i,d) + \Delta P_l \cdot K_l(i,d)) \quad (9\text{-}22)$$

式中，$K_{c6}(d)$——井深处 d 地层综合风险指标；

$f(i,d)$——井深处 d 地层流体 i 级风险级别；

$K_f(i,d)$——井深处 d 流体 i 级风险的权重，暂取 1；

$K_y(i,d)$——井深处 d 溢出 i 级风险的权重，暂取 1；

$K_l(i,d)$——井深处 d 漏失 i 级风险的权重，暂取 1。

9.3　井口抬升和预防措施研究

由于在高温高压气井生产过程中，井筒温度压力变化使得各层套管的环空温度压力产生变化，导致井口发生抬升，生产过程中温度压力变化下的套管变形如图 9-5 所示。

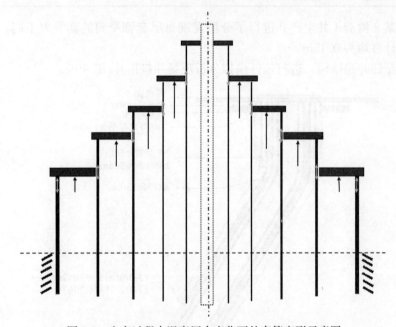

图 9-5　生产过程中温度压力变化下的套管变形示意图

高温高压储层采气开始时，套管温度逐渐升高，热应力逐渐变大，热应力首先要克服固井过程中力的作用，其次要克服泥浆段自身的重力，最后沿井身轴线方向开始变形，同时，变形的过程中管身与泥浆之间存在的摩擦力会阻碍套管的热胀变形。

1）热力变形

$$\Delta Z_\theta = \alpha \times \Delta\theta \times Z \quad (9\text{-}23)$$

式中，α——套管线膨胀系数，m/℃；

$\Delta\theta$——平均套温升,℃。

2)阻尼变形

$$\Delta Z_\tau = -f\pi D_o \gamma Z_3/(6ES) \tag{9-24}$$

式中,D_o——套管外径,mm;

γ——泥浆密度,g/cm³;

f——套管外壁与泥浆之间的摩擦因数,为一经验值,取 1/2。

综合考虑上述两种变形,套管总伸长量为

$$H = \Delta Z_\theta + \Delta Z_\tau = \alpha \times \Delta\theta \times Z - f\pi D_o \gamma Z_3/(6ES) \tag{9-25}$$

3)现场实例计算

根据崖城某 2 构造 1 井产量数据,计算了 100 万 m³ 产量下流动 20h 的井口位移与套管轴向力变化规律。崖城某 2 构造 1 井井口位移与套管轴向力分析见表 9-9。

表 9-9 崖城某 2 构造 1 井井口位移与套管轴向力分析表

套管尺寸	长度/m	自由伸长/m	井口上顶力/kN	井口上移/m	套管力变化/kN	套管最终轴向力/kN
30″	150	0	0	0	0	0
20″	220	0.04	−770	0.15	2762	1992
13-3/8″	2600	1.00	−587	0.15	133	−453
9-5/8″	3300	1.90	−884	0.15	93	−790
7″	4200	3.38	−782	0.15	48	−733

对崖城某 2 构造 1 井生产井进行了分析发现每层套管受到的套管力不同,其井口的上移量经过计算均为 0.15m。

针对典型的井身结构,进行软件模拟分析现场井口抬升(图 9-6)。

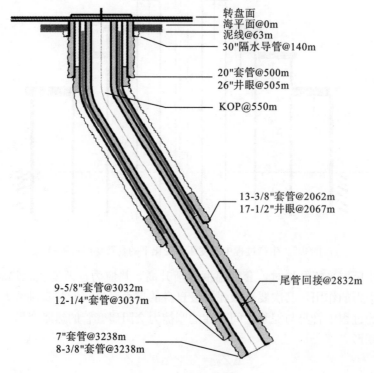

图 9-6 典型井身结构

计算套管参数如下：

20″套管：钢级 K55、磅级 106.5PPF、普通碳钢、BTC 扣；

13-3/8″套管：钢级 N80、磅级 68PPF、普通碳钢、BTC 扣；

9-5/8″套管：钢级 110、磅级 53.5PPF，普通碳钢、气密扣；

7″尾管及回接：钢级 80、磅级 35PPF，13Cr、气密扣。

东方某气田见表 9-10。

表 9-10　东方某气田原始数据表

变量	单位	取值
隔水管长度	m	80
海水深度	m	63.5
海水温度	℃	22
海水密度	g/cm³	1.03
空气温度	℃	30
地温梯度	℃/100m	4.17
目的层压力系数	g/cm³	1.90~1.93

井口悬挂载荷参考数据见表 9-11。

表 9-11　井口悬挂载荷参考数据表

井号	井口拉力/kN			
	20″套管	13-3/8″套管	9-5/8″套管	7″套管
F1		610	1758	1120
F2		610	1765	1028
F3		610	1710	985
F4	此套管无法预提重量，按返至泥线计算 91m 自由段计算	610	1747	1020
F5		610	1721	993
F6		610	1702	989
F7H		610	1713	1010

按常规施加井口坐挂力，常规井口坐挂力计算井口抬升数据见表 9-12。

表 9-12　常规井口坐挂力计算井口抬升数据表

套管尺寸	自由段长度/m	井口处套管轴向力/t		井口抬升/cm
		初始坐挂	升温后	
30″	80		0	
20″	80	0	145	
13-3/8″	400	40	−100	4.8
9-5/8″	1860	60	−33	
7″	2330	50	−12	

将自由段套管重量全坐挂在井口，自由段套管重量全坐挂在井口计算井口抬升见表 9-13。

表 9-13　自由段套管重量全坐挂在井口计算井口抬升表

套管尺寸	自由段长度/m	井口处套管轴向力/t		井口抬升/cm
		初始坐挂	升温后	
30″	80	—	0	
20″	80	0	24	
13-3/8″	400	40	−116	2.4
9-5/8″	1860	130	36	
7″	2330	120	56	

将所有套管水泥浆返到泥线，在 $3 \times 10^5 \, m^3$ 气产量下，平台升高 5.1～7.5cm。通过计算结果可以看出典型的井身结构推荐的套管参数下由于高温高压开采气引起的井口抬升量为 2.4～7.5cm。

9.4　固井及环空带压技术研究

在石油和天然气井所钻地层和套管的环形空间注水泥，其作用主要是防止在所钻各地层之间出现流体窜流而保证长期层间封隔，必须在整个油气井寿命期间及报废之后都能实现有效的层间封隔。有的井特别是天然气井，即使注水泥时钻井液顶替良好并且水泥石在初期也起到了封隔作用，但井内条件变化可产生足够应力而破坏水泥环的完整性，其结果将使得层间封隔失效，导致后期天然气窜流、环空带压或套管挤毁等严重事故的发生。

随着国内外天然气用量的迅速增加，井下的地质环境也越来越复杂，固井后的环空带压(SCP/SAP)问题也越来越突出，使作业商也越来越意识到气井水泥环短期和长期封隔的重要性。

9.4.1　水泥环应力状态的有限元模拟

针对南海东方某气田目标井水泥环完整性评价，以东方某气田 3 井的储层段(Φ114mm 尾管，水泥环厚 20mm)为例进行分析。在计算过程中，东方某气田 3 井基本参数、东方某气田 3 井岩石力学参数以及树脂和胶乳水泥石力学参数分别见表 9-14～表 9-16。

表 9-14　东方某气田 3 井基本参数

参数	数值	单位
井深	3150	m
垂直地应力	70.7	MPa
最大水平地应力	64.3	MPa

续表

参数	数值	单位
最小水平地应力	61.5	MPa
孔隙压力	55.5	MPa
地层温度	143	℃

表 9-15 东方某气田 3 井岩石力学参数

参数	数值	单位
弹性模量	8.48	GPa
泊松比	0.202	—
内聚力	10.55	MPa
内摩擦角	30.32	°
抗拉强度	3.68	MPa

表 9-16 树脂和胶乳水泥石力学参数

参数	水泥石力学参数	
	胶乳(18%)	树脂(6%)
弹性模量/GPa	3.7	6.93
泊松比	0.144	0.126
内聚力/MPa	6	10.55
内摩擦角/(°)	18.3	14
热膨胀系数/(/℃)	7×10^{-6}	7×10^{-6}

根据该井地应力、地层弹性模量和泊松比的计算结果可知：东方某气田 3 井整体属于高地应力、高弹性模量、低泊松比的地层，地层受正断层控制，底部地层有异常高压出现。

图 9-7 为该井建立的三维有限元计算模型，这里做以下规定：

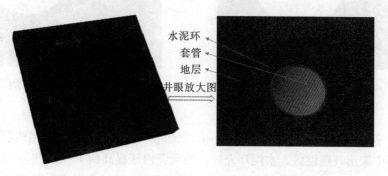

水泥环
套管
地层
井眼放大图

图 9-7 套管-水泥环-地层系统有限元三维模型整体图

（1）井眼尺寸 152.4mm、套管 Φ114.3mm，模型外边界 7m，厚度 0.8m，可消除边界效应的影响；

（2）固定模型上下、左右和前后6个面的法向位移；

（3）对模型施加初始应力和温度场；

（4）套管内壁施加均匀压应力载荷。

分别对 60°井斜角和 90°井斜角的情况进行模拟。图 9-8～图 9-11 分别为树脂五防型水泥体系在 1000psi、2000psi、3000psi 和 4000psi 试压条件下，井斜角为 90°的水泥环有限元数值模拟情况。

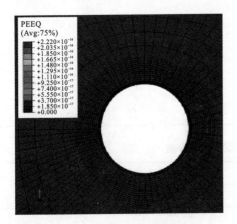

图 9-8　1000psi 试压数值模拟

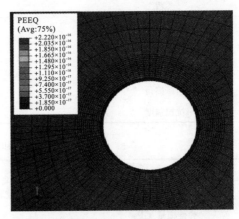

图 9-9　2000psi 试压数值模拟

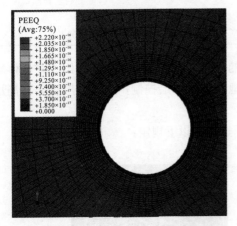

图 9-10　3000psi 试压数值模拟

图 9-11　4000psi 试压数值模拟

对于水平段来说，套管试压至 1000psi、2000psi、3000psi 时，采用树脂型水泥浆形成的水泥环中未出现塑性区，水泥环完好，当套管内压提高到 4000psi 时，水泥环在第一界面附近出现塑性区，最大等效塑性应变为 1.487×10^{-3}，此时水泥环有发生气窜的可能，在整个模拟过程中由于套管水泥环界面始终受压，界面并未脱开。

图 9-12 为树脂五防型水泥体系在 1000psi、2000psi、3000psi 和 4000psi 试压条件下，井斜角为 60°的水泥环有限元数值模拟情况。

(a)试压 1000psi

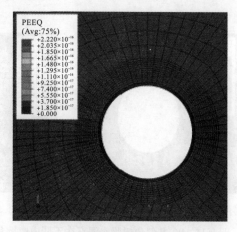
(b)试压 2000psi

(c)试压 3000psi

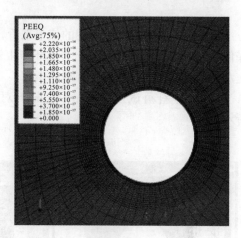
(d)试压 4000psi

图 9-12 井斜角为 60°树脂五防体系分别在 1000psi、2000psi、3000psi、4000psi 试压条件下有限元数值模拟

由图 9-21 可以看出,井斜角为 60°时树脂体系试压达 4000psi 时仍未出现塑性区,水泥环未发生破坏。以树脂体系(6%)为例,试压 4000psi,改变该配方水泥环的弹性模量、泊松比、内摩擦角和内聚力进行重新计算,计算结果分别如图 9-13 和图 9-14 所示。

(a)弹性模量 6.93GPa,泊松比 0.126

(b)弹性模量 5.93GPa,泊松比 0.126

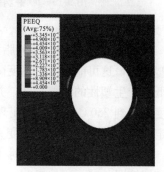
(c)弹性模量 5.93GPa,泊松比 0.146

图 9-13 90°井斜角树脂水泥石在不同弹性模量、泊松比及 4000psi 试压条件下的有限元数值模拟

(a)内聚力 10.55MPa，内摩擦角 14°　　(b)内聚力 11.55MPa，内摩擦角 14°　　(c)内聚力 11.55MPa，内摩擦角 15°

图 9-14　90°井斜角树脂水泥石在不同内摩擦角、内聚力及 4000psi 试压条件下的有限元数值模拟

从塑性区和等效塑性应变的值上来看，在一定的试压条件下，提高水泥环的泊松比，降低水泥环的弹性模量对防止水泥环产生塑性破坏是有利的。而提高水泥环的强度对防止水泥环产生塑性破坏也是有利的。

在 90°井斜角试压 3000psi 情况下对树脂型水泥进行温变数值模拟，如图 9-15 所示。

(a)温度 160℃　　　　　　　(b)温度 60℃　　　　　　　(c)温度 250℃

图 9-15　90°井斜角试压 3000psi 情况下对树脂型水泥进行温变数值模拟

由图 9-15 可知，对树脂型体系来说，温度从 160℃降低到 60℃时，水泥环中未出现塑性区，这可能是由于温度降低的时候由于套管和水泥环收缩，水泥环的应力水平在降低，产生塑性的可能较低，并且套管和水泥环界面始终受压应力，界面并未脱开，而温度升高到 250℃的时候水泥环由于套管膨胀更多，水泥环受挤更严重，可以看出出现一定的塑性区，等效塑性应变大小为 5.017×10^{-4}。

图 9-16 为井斜角 90°时 1000psi、2000psi 和 3000psi 试压条件下的胶乳型水泥环塑性破坏情况。

(a)试压 1000psi   (b)试压 2000psi   (c)试压 3000psi

图 9-16 井斜角 90°时不同试压条件下的胶乳型水泥环数值模拟

由图 9-16 可知，对于水平段而言，试压至 1000psi、2000psi 时，采用胶乳型水泥浆形成的水泥环中未出现塑性区，水泥环完好，当试压达 3000psi 时，水泥环在第一界面附近出现塑性区，最大等效塑性应变为 $2.432×10^{-3}$，比同样试压条件下的树脂体系要略大，也就是说抗压变能力比树脂体系略弱一些。

以胶乳体系(18%)为例，试压 3000psi，改变井斜角为 60°进行重新计算，计算结果如图 9-17 所示。

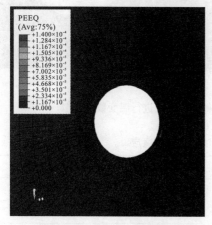 

图 9-17 试压 3000psi 模拟   图 9-18 试压 4000psi 模拟

由图 9-17 可知，井斜角变为 60°时，试压 3000psi 时水泥环等效塑性应变明显降低，大小为 $6.74×10^{-4}$，把内压提高到 4000psi 时(图 9-18)，水泥环塑性区开始扩展，说明对于该区块地应力相对大小的情况下，斜井段水泥环比水平段进入塑性的风险要小。

图 9-19 为井斜角 90°时 2000psi 条件下的胶乳型水泥环的温变塑性破坏情况。

以胶乳体系(18%)为例，试压 2000psi 时，改变井斜角为 60°进行重新计算，具体计算结果如图 9-20 所示。

由图 9-19 和图 9-20 可知，在同样的温度和试压条件下，井斜角由 90°变为 60°时，水泥环等效塑性应变明显降低，而温度降为 60℃时，水泥环还是未进入塑性，说明对于该区块地应力相对大小的情况下，斜井段水泥环抗温变能力比水平段强。不同体系水泥石现场试压及温变适应结果见表 9-17。

(a)温度 160℃　　　　　　　(b)温度 60℃　　　　　　　(c)温度 220℃

图 9-19　90°井斜角试压 2000psi 情况下对树脂型水泥进行温变数值模拟

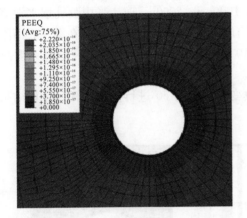 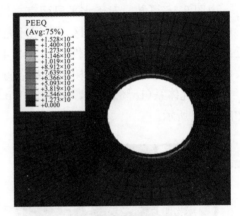

(a)温度 60℃　　　　　　　　　　　　　　(b)温度 220℃

图 9-20　60°井斜角试压 2000psi 情况下对树脂型水泥进行温变数值模拟

表 9-17　弹韧性水泥石现场试压及温变适应

参数	井斜角											
	60°						90°					
	试压值/psi				温度/℃		试压值/psi				温度/℃	
	1000	2000	3000	4000	降 100	升 90	1000	2000	3000	4000	降 100	升 90
胶乳 18%	未坏	未坏	已坏	已坏	未坏	已坏	未坏	未坏	已坏	已坏	未坏	已坏
树脂 6%	未坏	未坏	未坏	未坏	—	—	未坏	未坏	未坏	已坏	未坏	已坏

9.4.2　环空带压的危害及气井固井的特殊性

　　自天然气开发以来，环空带压或井口窜气问题就一直困扰固井技术人员与作业商。环空带压或井下层间窜流会严重影响气井的产量，降低采收率，对气田开发后续作业如酸化压裂和分层开采等造成不利影响。环空带压或层间窜流问题不突出时，会增加压力监测与井口放压的成本；严重时需要关井，有时会导致整口井甚至整个井组报废。从环境保护和安全的角度考虑，作业商需经常通过关井或修井来解决该问题，所造成的关井停产损失或修井费用相当巨大。补救环空带压或层间窜流的方法主要包括：

(1)采用常规高成本的修井作业；

(2)采用苛刻的挤水泥、挤注凝胶作业；

(3)采用其他有效的补救方式。

目前常规的补救方法如修井或挤水泥现场实施难度大、成功率低、成本高。

气井产生环空带压的原因是由于天然气比重明显低于油和水，在水泥浆中其上浮力更大；天然气不像原油那样具有高的黏滞力，因而更加活跃，水泥浆失重时更易发生气窜；天然气分子体积远比水、油分子的体积小，穿透力更强。如果水泥浆的防窜能力差或固井时顶替效率效果差，或由于地层应力、温度和压力变化以及一些随时间推移引起的其他原因等，导致水泥环密封失效，随着开发时间的延长，就会发生环空带压、井口窜气或层间窜流问题。

9.4.3 气井固井后环空带压的规律

(1)确定准确气源位置难度大。尽管在地面很容易发现气井环空压力异常，但是导致环空带压的气源却不容易确定。环空气的气源可能来自产层或非目的层。非目的层气层可能是导管、表层套管、技术套管后的过路气层，由于气源确定难度大，采取有针对性的补救措施难度也大。

(2)环空带压的压力差别大。天然气井环空带压时，根据每口井储层压力与气体窜流通道的不同，环空带压值也有很大差别。带压程度轻时环空压力接近大气压，高的时候接近储层的压力。井口释放气体的体积少的时候基本接近零，多的时候一天接近1000m³。通过对井口压力进行释放，环空压力能降至零，但当重新关闭环空时，随着时间的延长，压力又会升至原来的值。

(3)气井开采时间越长，环空带压的概率也越大。环空带压存在于固井后的任何时期，环空带压与井的寿命紧密相关。据墨西哥湾 OCS 地区的统计，开采 15 年的井地面能测量出环空带压(一层或几层套管带压)的概率占到总井数的大约 50%。

9.4.4 国内外气井固井环空带压典型示例

1)墨西哥湾地区气井环空带压情况

在墨西哥湾的 OCS 地区，大约有 15500 口生产井、关闭井及临时废弃井。美国矿物管理服务机构(MMS)对该地区井进行了统计，有 6692 口井约 43% 至少有一层套管环空带压。在这些环空带压的井中，共有 10153 层套管环空带压，其中 47.1% 属于生产套管带压，16.3% 属于技术套管带压，26.2% 属于表层套管带压，10.4% 属于导管带压。该地区大部分井下入几层套管柱，难以判定环空带压的原因，从而使采取针对性的补救措施困难，每口井补救费用高达 100 万美元。

2)加拿大天然气井或油井环空带压情况

在加拿大，环空带压存在于不同类型的井中。南阿尔伯特的浅层气井、东阿尔伯特的重油井和 ROCKY 山麓的深层气井，都不同程度地存在环空带压问题。在加拿大环空带压问题绝大多数是由于环空封固质量不好，天然气窜至井口造成的，原油有时候也能沿着窜流通道窜出地面。

3)国内天然气井环空带压的情况

气窜是一个世界性难题,近年来国内尽管做了许多工作,但是目前国内深层气井固井质量普遍较差,固井施工中问题突出,固井后环空带压问题突出,给后续安全生产带来了巨大隐患。大庆庆深气田相继出现升深 8 井、徐深 10 井、徐深 901 井、徐深 606 井、达深斜 5 井环空带压;四川龙岗地区龙 1 井、龙 2 井、龙 3 井的 Φ244.5mm 与 Φ177.8mm 技术套管环空带压。龙岗 3 井试油时发现 Φ244.5mm 与 Φ177.8mm 环空间压力达到 18MPa,经接管线出井场,卸压点火燃烧。塔里木的克拉气田有 11 口井环空带压,克拉 2-10 井 Φ250.8mm 技术套管固井施工达到设计要求,但投产后套压达到 53.8MPa(7800psi)。根据国外气井环空带压的一般规律,国内气井随着天然气开采时间的延长,环空带压问题也会越来越突出。

9.4.5　环空带压或井口窜气的原因分析

国外天然气开发时间长,环空带压问题暴露早,通过对不同地区及不同井的综合分析,认为环空带压的原因主要有以下 4 个方面:油管和套管泄露;固井时顶替效率低;水泥浆体系选择或配方设计不合理;固井后由于地层应力、温度和压力变化,以及一些随时间推移引起的其他原因导致水泥环封隔失效。

1)油管和套管泄露

生产油管的泄露会导致严重的环空带压问题。封隔器密封失效或内管柱螺纹螺纹连接差、管体腐蚀、热应力破裂或机械断裂都会产生气体泄露。生产套管是用来防止油管气体泄露的,如果由于泄露气体产生的压力使生产套管密封失效,会造成很大风险。外管柱受压,会导致井口窜气或层间窜流,会对人身安全、井口设备及环境造成很大的危险。

2)顶替效率差

提高顶替效率是保证层间封隔和防止环空带压问题的一项重要措施。固井的主要目的就是要对套管外环空进行永久性封固,为满足这一要求,就必须彻底驱替环空内的钻井液,使环空充满水泥浆。如果驱替钻井液不彻底,就会在封固的产层间形成连续的窜槽,从而使层与层之间窜通,影响封固质量。水泥胶结和密封的持久性也与顶替效率有关,防止环空带压的第一步就是要提高固井时的顶替效率。国外研究表明,一般来说顶替效率达到 90% 时固井质量良好;顶替效率达到 95% 时,固井质量优质。

3)水泥浆设计不合理

水泥浆设计不合理主要表现在以下几个方面:水泥浆失水量高;浆体稳定性差,自由水量高;水泥石体积收缩大;设计水泥浆时只考虑其性能满足施工要求,未考虑水泥石(如杨氏模量、泊松比等)的力学性能由于井下温度、压力、应力变化能否满足长期封隔的需要。一般来说,如果水泥石的杨氏模量大于岩石的杨氏模量,套管内温度及压力发生较大变化时,水泥环很可能会发生拉伸断裂。

4)由于井下条件变化导致水泥环密封失效

环空带压可在固井后较长一段时间内发生,有的时候固井质量很好,可是由于后期钻井作业的影响,或后期增产作业的影响。在没有化学侵蚀的条件下,水泥环本身的机械损坏、套管与水泥之间的胶结失效或水泥与地层之间的胶结失效都可以破坏层间封隔。

水泥环的机械损坏会导致裂缝出现，而胶结失效会导致微环隙形成。水泥环本身的机械破坏可能由井内压力增加（试压、钻井液密度加大、套管射孔、酸化压裂、天然气开采）所引起，还可能由井内温度大幅升高或地层载荷作用（滑移、断层、压实）所造成。出现层间封隔失效的另一种原因是微环隙形成，微环隙既可在套管与水泥之间出现（内微环隙），也可在水泥与地层之间形成（外微环隙）。这可能是因井内温度和（或）压力变化使套管发生径向位移而引起，特别是当水泥凝固后井内压力或温度降低时，水泥体系收缩会引起外微环隙出现。

9.4.6 目前国内外主要预防及解决环空带压问题的措施

1）预防环空带压的技术措施

（1）切实提高固井时水泥浆的顶替效率。

不管水泥浆体系的可靠性怎样强，要想实现可靠的层间封隔，必须提高固井时水泥浆的顶替效率。为提高顶替效率，首先要保证钻井时钻出的井眼条件好；其次钻井液性能优异，尽量实现低黏度、低切力、低失水、低含砂量；完钻后要认真通井、洗井，充分调整钻井液性能；下套管时保证较高的套管居中度，固井施工中尽量活动套管；筛选综合性能好且与钻井液、水泥浆配伍性好的前置液体系；设计合适的固井施工排量，强化配套技术措施。

（2）切实做到"三压稳"。

气井固井施工中必须保证"三压稳"，即固井前、固井过程中和候凝过程中水泥浆失重时的压稳。固井前和固井过程中的压稳比较容易实现，水泥浆凝固失重条件下的压稳一般容易被忽略，这也是影响天然气井固井质量的一个主要原因。

（3）设计满足封固要求的水泥浆体系。

根据封固地层的特性及井下条件，设计出满足封固质量要求的水泥浆体系。水泥浆性能要求防窜性好，能适应注替过程、凝固过程及长期封隔等各方面的需要。水泥浆有较低的失水量（小于 50ml）、较低的基质渗透性、短的过渡时间和快的强度发展，同时浆体稳定性好，水泥石体积不收缩。

（4）设计泥石的评价指标。

在泥石力学性能能承受井下温度、压力、应力的变化以前，水泥石的抗压强度作为评价水泥浆性能的一项标准，但是该指标并不能作为是否成为有效层间封隔的指标，还需要其他的指标准来进行综合评价，如杨氏模量、泊松比、抗拉强度、剪切强度、胶结强度。评价这些性能，有助于水泥浆设计及降低环空带压发生的概率。

根据每口井的具体情况，对水泥环在该井的生产寿命期间（建井、完井、增产和生产作业）承受的外载进行分析、设计与评价，然后对套管、水泥环、地层进行有限元分析，确定出水泥石的力学性能（如杨氏模量、泊松比等），在生产期间水泥石力学性能能承受应力的变化。

若水泥石抗拉强度与杨氏弹性模量比值高且水泥杨氏弹性模量低于岩石的则将是机械耐久性最好的水泥。这方面的要求与特定井下条件有关，如井眼尺寸、套管性能、岩石机械性能及预计载荷的变化等。

2)解决环空带压的技术措施

　　针对套管外环空带压问题，常规的补救方法是采用钻机进行修井作业。采用修井作业需要起出油管，注入或挤入水泥，来封闭水泥环中的裂缝和窜流通道。根据裂缝、通道的位置、孔隙度、渗透率的不同，挤水泥作业有可能封闭不了气窜的通道。作业商通过对修井作业安全及成本方面的综合考虑，一般不愿治理环空带压问题。采用钻机进行修井作业施工危险性大，易造成人身伤害，也易对设备造成损害甚至造成设备的报废。井喷或溢流也会对环境造成危害。采用常规修井作业的成本及风险有的时候超过了环空带压的成本及风险。

第 10 章　井筒完整性作业组织和后期管理

近年来，随着以"高含硫、高压力、高产能"为特点的"三高"气田的大规模开发，井筒完整性越来越受到人们的关注。为保证井筒的完整性，有必要对可能造成井筒完整性失效的因素进行安全评价，以便实施各种针对性的措施，将风险控制在合理、可接受的范围之内，达到安全高效开发油气田的目的。三高气井通常高含 H_2S、CO_2，油套管的腐蚀环境较为恶劣。井筒完整性贯穿设计、钻井、试油、完井、生产到弃置全生命周期的各阶段和节点，其核心是在各阶段都必须建立至少两道有效的保护屏障。因此，井筒完整性的理念起着决定性的作用，规范合理的设计要求和良好的管理方法保证整个生命周期内井筒完整性的基本要求，也是最有效的保证。

井筒完整性是指"应用技术、操作和组织措施以降低深井井筒在整个服役过程中地层流体不受控制地释放的风险"。关于井筒完整性风险评价方面的内容，国外石油天然气行业做了大量的系统的深入研究。目前比较公认及权威的标准为挪威石油工业协会制定的标准，即《钻井和井下作业中的井筒完整性》，该标准对油层套管完整性，套管头、采油树密封完整性，以及地层和水泥环完整性风险评价进行了详细的阐述。目前国际上普遍认为井筒完整性的内涵应包括如下几个方面：①从钻井，完井，生产和封井弃井的全过程，油气井都应维持其完整的实体屏障和功能屏障；②当井筒的某一屏障节点，由于不可控因素所造成其功能退化乃至失效发生泄漏时，井筒及安全装置始终处于受控状态；③创建一体化的技术档案及信息收集、交接或传递管理体制，避免管理不协调导致井筒屏障系统损伤和可能的井喷或地下窜流事故。

井筒完整性管理需要监测井筒中各个部分的实时情况，如环空带压数据、腐蚀数据、流体组分等数据，根据这些基础数据来分析其是如何影响井筒完整性以及油气井的安全状态的。所以需要对油套管的腐蚀、硫化物应力开裂机理，剩余强度进行研究及对环空带压井进行诊断与管理。

10.1　井筒完整性管理的影响因素

在实际的钻井过程中，各种客观因素，如地层非均质性、地层压力、破裂压力、静液压力等，会因地区不同而各有差异，这将会导致裸眼井段的实际深度可能与设计深度不同；又如设计时没有考虑到异常高压地层，固井前由于重晶石沉降会不可避免地引起持续的环空压力，当固井时就不得不将压力控制为过平衡状态。

因此，为了更好地理解和定义井筒完整性，需要深入了解每口井的生命周期中不同阶段、不同负荷对井内外流体、井身结构的作用，研究设计合理的工艺措施，最终将井筒完整性受到的危害降到最低。

为了系统地分析研究井筒完整性，可将一口井的生命周期分为 4 个阶段，即钻井、固井完井、生产作业和生产井废弃。

10.1.1　钻井阶段影响因素

在钻井阶段，最重要的工作就是准确预测地层压力、地层岩石力学特性，并根据预测结果设计钻井液的各种性能。因此，钻井阶段井筒完整性与地层压力、地层岩石特性、钻井液的性能密切相关。

1）地层特性预测对井筒完整性的影响

大多数井，尤其是预探井，在对地层压力、破裂压力、地层温度、岩石力学性质性、地层流体性质等参数进行预测时，都存在或大或小的偏差，这将为井筒完整性埋下隐患。如果地层信息预测不准确，将会带来复杂的井壁稳定问题（如井壁坍塌等），从而导致井筒完整性遭到破坏。

2）钻井液性能对井筒完整性的影响

在钻井过程中，钻井液的性能对井壁稳定性起到举足轻重的作用。钻井液对井筒完整性的影响主要体现在密度和滤失两个方面。钻井液的密度设计太低或钻井液滤失量过大都会引起井壁坍塌问题，影响井筒的完整性。

特别是在含有大量 CO_2 气体的高酸性环境下，钻井液的性能会遭到严重破坏。大量未溶解的 CO_2 气体被钻井液包裹，形成细分散微泡，导致钻井液切力升高，流变性恶化，使得钻井液滤失时在井壁上容易形成松而厚的滤饼。在后续注水泥固井作业中，这种松而厚的滤饼附着在井壁上，不易清理，导致水泥浆顶替效率降低，影响固井质量，为井筒完整性破坏埋下隐患。

10.1.2　固井完井阶段影响因素

该阶段的主要施工作业是下套管、注水泥和完井施工，因而其井筒完整性主要体现在套管柱、完井管柱的强度，水泥浆性能和水泥石强度等方面。

水泥环在注采交变载荷下极易出现微裂缝，产生气窜和环空带压，从而破坏井筒完整性同时受大井眼、易漏失层和储层压力低等因素的影响，固井水泥环完整性更难得以保证。水泥环完整性失效形式主要是由水泥环本体完整性破坏和固井第一和第二界面胶结破坏组成。

常规油气井固井作业中，井筒完整性发生破坏的主要形式是：水泥浆在凝结过程中发生水泥浆失重，油、气、水上窜；由于套管居中不好、井眼不规则等原因造成的水泥浆顶替效率不高，第一和第二胶结面的胶结强度不够，从而出现窜槽等。

在高酸性环境下，井筒不完整性问题则是更多地体现在酸性气体对套管柱、完井管柱和水泥环的腐蚀破坏方面。

1）酸性气体对套管柱、完井管柱的腐蚀

CO_2 对金属材料的腐蚀的形态可分为全面腐蚀（也称均匀腐蚀）和局部腐蚀两大类。其腐蚀过程是一种错综复杂的电化学过程。

H_2S 对井下套管柱腐蚀的主要形式有失重腐蚀和应力腐蚀。失重腐蚀是 H_2S 在有水的条件下，在金属表面发生的一种电化学反应。应力腐蚀是指：在有水的条件下，硫化氢不仅先对金属表面产生失重腐蚀，而且也使金属表面的水中存在大量的氢离子，这些氢离子在一般条件下绝大部分结合成氢分子，但在水中硫化氢和 HS^- 的浓度较大的情况下，就大大阻止了氢原子结合成分子的速度，在金属表面自然存在一定浓度的氢原子，这些氢原子中的一部分渗入金属的内部，这样，在金属有缺陷的部位（如缺口、焊接处等）聚集起来结合成氢分子，使得金属内部形成巨大的内压，即在金属内部形成很大的内应力，造成钢材变脆，延展性下降。通常酸性环境下的腐蚀使钢材产生蚀坑、斑点和大面积脱落，造成井下套管柱和完井管柱变薄、穿孔、强度减弱等现象，甚至发生破裂，最终使得井筒完整性发生破坏。

2）酸性气体对井下水泥环的腐蚀

酸性环境下水泥环的腐蚀与它的孔隙结构、孔隙度密切相关。孔隙结构决定腐蚀介质向水泥石内部渗透的速度；水泥石孔隙，特别是贯通孔道，构成了腐蚀介质的通道。因此，孔隙大小和结构形态会影响腐蚀介质进入水泥石内部的速度和能力。

当地层中含有酸性腐蚀介质时，油气井水泥环密封效果将在酸性介质的影响下大打折扣。这些酸性腐蚀性介质会引起水泥环先导腐蚀，水泥环柱的先导腐蚀又会引起并加快套管的腐蚀和破坏。而当井内的油、气、水封隔体系被破坏时，套管就如同完全处于腐蚀介质中一样。由此，高酸性气体环境对井筒完整性的伤害之深可见一斑。

CO_2 对水泥石的腐蚀作用机理主要体现在：湿相 CO_2 渗入水泥石中与水泥石水化产物发生不同的化学反应，导致水泥石的成分发生变化，破坏了油井水泥石的孔隙度、渗透率、强度，从而会影响油井的正常生产和使用寿命。

H_2S 能破坏水泥石的所有成分，水泥石所有水化产物都呈碱性，H_2S 与水泥石水化产物反应生成 CaS、FeS、Al_2S_3，H_2S 含量大时生成 $Ca(HS)_2$，其中 FeS、Al_2S_3 等是没有胶结性的物质。水泥环受到酸性腐蚀破坏后，将丧失对地层流体的分层、封隔能力，对套管柱和完井管柱也不再具有保护功能，井筒内的压力控制系统崩溃，这是一种非常严重的井筒完整性破坏形式。

10.1.3　生产作业阶段影响因素

油气生产阶段是一口井生命周期中时间最长的一个阶段，也是最容易发生井筒完整性问题的阶段。

首先，由于产量的下降，有些井需要进行水力压裂等增产作业。水力压裂作业是在高压条件下进行，如果在进行压裂作业时，井下套管柱和水泥环因酸性气体腐蚀而没有足够的强度，压裂作业会导致套管柱和水泥环的破坏，从而产生严重的井筒完整性问题。

在油气开采过程中，套管不仅内部受到了高压气体的作用，外部还承受了随注气压力变化的不均匀地应力作用，同时加上后期腐蚀和施工工程的影响，使得套管柱受力变得很复杂，其承载能力减小，安全使用寿命周期大大缩短。

注采管柱与套管不同，其受地质因素的影响不大。但注采管柱却与可能含有腐蚀性气体的天然气直接接触，直接承载了注采过程中的交变载荷。同时管柱内高速流动气体对其可能造成冲蚀磨损。

其次，进行生产井维护时，如清蜡、修井等作业，井下作业工具对套管的刮擦、划痕、磨损等造成的微小伤痕，将会引起和加剧套管柱材料的腐蚀，最终引发严重的井筒完整性问题。

10.1.4 废弃阶段的影响因素

生产井废弃阶段的井筒完整性问题往往是最难进行管理和评估的。在每口井的生命周期中都会产生大量的数据，而这些数据往往不是以集中化、便于查询的方式存储的。由于低质量的数据记录和存储、油气井资料交接不充分等问题，很可能会造成数据资料丢失。如果一口井的生产压力数据保存不完整，在对弃井决策进行评估时，就无法保证采取的工艺措施能将废弃井永久封固、也无法保证对该井的周边环境不会造成后续危害。

10.2 井筒屏障保护部件

对于井筒完整性保护的实际效果是通过单一的井屏障部件组合从而形成多层保护屏障，起到保护井筒随时处于安全可控的状态。有效的井屏障是保证油气井完整性的关键。井屏障指的是一个或几个相互依附的屏障组件的集合，它能够阻止地下流体无控制地从一个地层流入另一个地层或流向地表。井屏障可以分为初次（一级）屏障和二次（二级）屏障。一般情况下，初次井屏障指的是液柱（如钻井液、压井液等），某些情况下可以是关井的机械屏障；二次井屏障主要包括套管水泥环、套管、井口装置、高压隔水管、钻井防喷器组等组件。

10.2.1 油套管本体材质

油套管是直接与地层流体接触的屏障保护部件，属于第一道屏障保护，起到至关重要的作用。特别是高温高压井中，通常都存在 CO_2 或 H_2S 气体。

美国腐蚀工程师协会认为应该使用适用于酸性环境等级的材料，如 T95、L80 或 J55。高等级的材料，如 C110 应该考虑用于生产套管。材料选取依据所开发油田特殊的地质特点，包括温度、压力、CO_2 含量及钻完井技术要求等，所选取的油套管选材评估可采用 Landmark 软件中 Wellcat 模块进行校核。参照的标准有《石油天然气规程》《套管柱设计要求》和《高温高压井钻井指南》，并取最大值作为依据。高温高压井作为特殊井，不仅仅要考虑常规井的要求，还要考虑套管扣型的校核及温度对套管强度的影响。油管材料选取主要参考 6.1 节。

在内外压力及轴向力同时作用下，套管柱内的应力状态为三向应力状态，设其等于套管的屈服强度，则可得到三轴强度椭圆方程，该方程反映复合应力条件下的套管可承受的载荷，并可以反映为图 10-1 的结果。

根据《石油天然气安全规程》（AQ2012—2007）要求，套管柱强度设计安全系数在以下范围内选取（含硫天然气井应取高限）（表 10-1）。

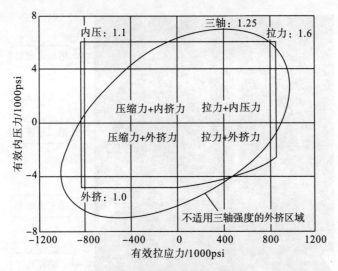

图 10-1　套管双向应力椭圆

表 10-1　套管设计安全系数推荐表（套管本体）

参数	安全系数	备注
抗内压	1.05~1.15	
抗外挤	1.00~1.125	
轴向力	1.6~2.0	
三轴	1.25	

10.2.2　油套管连接螺纹

油管螺纹密封面处于复杂的服役环境，在高温高压井中，通常需要使用优质螺纹来防止泄漏。高温高压井中油管应力和负荷的极限值支配着优质螺纹实际性能检测的评价和选择。定向井、大位移井和水平井的管柱强度设计应考虑弯曲应力。油管螺纹选取参考 6.4 节。

常规的一维和二维轴应力设计通常适用于浅井和低温低压井中。高温高压井中需要三维应力设计软件。完成油管应力分析的目的在于确保油管和螺纹在允许的安全系数范围内。

10.2.3　封隔器

封隔器将地层流体与套管分隔开。通过油管应力模拟预测的油管对封隔器的负荷，和封隔器的操作负荷相叠加，作用在生产厂家提供的封隔器外壳上，来确定封隔器的适用范围。根据预测的温度，降低封隔器工作外壳的额定值是很重要的。

胶筒选择的主要因素包括：工作温度、工作压力、压差和井筒内的流体。所设计的完井程序可能影响封隔器胶筒的选择。

中国南海某高温高压气田为解决环空带压问题，保证井筒完整性，实施了回接尾管和固井，从根本上杜绝出现环空带压问题。具体密封位置如图 10-2 所示，使用 4 道金属密封的回接插头，如图 10-2 所示。

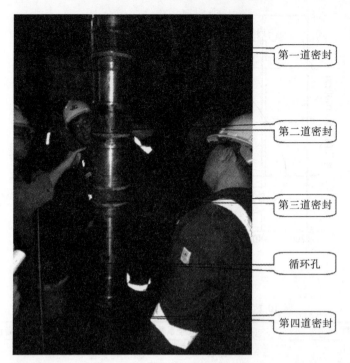

第一道密封

第二道密封

第三道密封

循环孔

第四道密封

图 10-2　回接插头四道密封

设计循环孔在第四道密封和第三道密封之间，该工具能在插入第四道密封后循环固井，防止由于固井回接插头密封总成不能插到位。回接插头上部安装有回接封隔器，坐挂坐封后防止套管抬升。通过中国南海某高温高压 X13-1 气田项目 6 口井现场应用，达到了全井段封固的要求，既保证了固井质量，又达到了降本增效的效果。

10.2.4　套管头

套管头及四通、升高短节、转换法兰，是套管与防喷器组合之间的重要连接部件。其下端用于悬挂套管，并且密封套管环形空间，其上端用于连接井口防喷器等设备。主要包括：①材料选用，参考 NACE MR 0175/ISO 15156、SY6137—2004 标准；②镍基合金的断裂行为设计；③密封方式选择；④防止组件间的电偶腐蚀控制措施，参考 ISO 15156 标准。套管头的选用应采用以下要求。

（1）各开次套管头的额定工作压力应大于最大关井压力，并考虑一定的安全余量。

（2）应根据酸性介质含量选用相应材质的套管头。

（3）每级套管头应带压力表和旁通阀。

（4）套管头应由专业队伍安装、试压，每次安装后应使用防磨套，并制定检查、更换的操作程序。

（5）套管头应满足各开次内控管线能够从钻机底座防喷管线出口平直接出。

套管头需要在厂家按规范要求进行额定压力试压；现场安装后需要进行注塑试压；钻井和生产期间还需要对套管头进行定期的维护和保养。

10.2.5　环空水泥环

对于已经完成的井，水泥环作为井屏障部件，能阻止地层流体流动，并支撑套管，是油气田后期生产期间保护的一道有力屏障，为保证固井质量，需要做到以下几点。

（1）固井作业时需按设计进行施工，水泥浆及水泥石达到质量要求，密度误差不超过 $\pm 0.02 \mathrm{g/cm^3}$；排量达到施工设计要求，施工过程连续。

（2）生产套管和技术套管须及时进行水泥胶结测井。目的层/储层上部井段连续较长井段优质胶结段。

（3）油气水层尾管固井钻塞中发现后效，宜进行验窜，找准泄漏点，并采取补救措施。

10.2.6　套管挂

套管挂主要用来悬挂套管柱，防止套管和环空之间的泄漏。套管挂及其密封总成的主要设计依据参照《套管头使用规范》（SY/T 6789）等标准。

（1）高温高压气井优先选用金属密封的芯轴式悬挂器。

（2）套管挂材质与套管头相匹配，螺纹类型与套管保持一致。

（3）套管挂安装前，应使用防磨套对套管挂密封区进行保护。

（4）套管挂应当采用顶丝锁定，确保在正常作业和井控作业时的密封完整性，坐挂载荷应考虑温度效应。

套管挂安装完成后应注塑试压，试压值为套管抗外挤强度的 80% 与本次套管头下法兰额定强度二者间的较小值；应在井口各层套管头安装压力表，以监测密封状态。

10.2.7　井控内防喷工具

钻具内防喷工具包括方钻杆上/下旋塞、顶驱旋塞、箭形止回阀、浮阀、防喷单根等。主要作用是防止钻井液沿钻柱水眼向上无控制运移。钻具内防喷工具设计需要执行以下要求。

（1）钻井作业应安装方钻杆上/下旋塞或顶驱旋塞。

（2）钻柱中应按井控规定安装止回阀，安装位置宜靠近钻头。

（3）内防喷工具的压力等级一般不低于所使用的闸板防喷器。

（4）钻具止回阀的外径、强度应与相连接的钻具相匹配。

（5）钻台上应配备下旋塞、止回阀、防喷立柱或防喷单根；使用复合钻具时，应配齐与钻杆尺寸相符的内防喷工具。

10.2.8　其他井下工具

海上所有的高温高压井，以及陆上的一些高温高压井，需要配套地面控制的井下安全阀来减少生产作业中的风险。这些阀在预计的恶劣环境中操作，经鉴定应是合格的。无论将地面控制的井下安全阀安装在什么位置，都要进行风险评估，来确定因装配地面控制的井下安全阀所带来的附加风险是否是可以解决的。

10.3　井筒完整性设计管理

10.3.1　油气井井筒完整性管理理念

无论在油气井建设还是在生产运行中，对地层流体的控制都始终是最为重要的，一旦地层流体发生无控制流动，可能导致严重的，甚至灾难性后果。

所谓油气井完整性是指油气井处于地层流体被有效控制的安全运行状态。一旦地层流体发生无控制流动（层间流动或流向地面），油气井在功能上就不具有完整性。确保油气井的完整性是油气公司和工程承包商的首要目标。保证油气井完整性的核心在于利用井的屏障系统实施对地层流体的有效隔挡。

油气井完整性管理的概念主要是可以将油气井完整性管理定义为"应用技术、操作和组织的综合措施，有效地减少地层流体在井眼整个寿命期间无控制地排放的风险，从而将油气井建设与运营的安全风险水平控制在合理的、可接受的范围内，达到减少油气井事故发生、经济合理地保证油气井安全运行的目的"。

油气井完整性管理是一种新的管理理念。油气井完整性管理指对所有影响油气井完整性的因素进行综合的、一体化全过程全方位的管理。油气井完整性管理贯穿在整个油气井生命周期。实施完整性管理的目标是有效防止地层流体无控制流动，以保证油气井、员工、公众和环境安全，基本理念是防患于未然。

1）油气井完整性管理应遵循的原则

（1）在油气井设计、建设和生产中，都应纳入完整性管理的理念和做法；

（2）结合油气井的特点，对油气井实施动态的完整性管理；

（3）建立专门的油气井完整性管理机构，制定管理流程，并辅以必要的手段；

（4）对所有与油气井完整性管理有关的信息进行分析整合；

（5）必须持续不断地对油气井进行完整性风险分析评估和隐患排查；

（6）制订预防、排减方案与治理措施并实施；

（7）在油气井完整性管理过程中不断采用各种新技术。

2）油气井完整性管理与 HSE 管理的关系

完整性管理与 HSE 管理两者都将员工和公众、环境及设施的保护作为管理目标，均采用风险分析评价方法，以期在日常的生产作业中，将对三者的影响和损害降到最低，只是侧重点不同：HSE 管理侧重于人员的安全管理、监护管理、作业中的操作管理；而完整性管理侧重于技术与作业管理，立足于地层流体无控制流动的预防，用保障油气井安全可靠性来保障健康、安全、环境和质量要求，两者之间互相补充。在国外油气公司组织结构中，HSE 管理和完整性管理（IMP）一般分别由两个相互独立的部门经理负责，HSE 管理和完整性管理都是油气公司日常管理的重要内容。

3）油气井完整性管理与井控的关系

井控是油气井完整性管理的重要组成部分。现代井控技术（包括井控工艺和井控装备）与油气井完整性及完整性管理密不可分，是油气井完整性管理的重要组成部分，目标都是控制地层流体溢流。油气井压力控制的一级井控就是油气井完整性管理中的一次屏障，井口井控装备就是油气井完整性管理中的二次屏障的主要组件(二次屏障还包括套管、水泥环及其他井筒井屏障组件)。

油气井完整性管理更强调井屏障系统对地层流体的有效隔挡。现行井控规定与标准的重点是在钻井和完井作业中溢流的发现和处理，井控作业中不确定的人的因素影响很大，难以有效掌控。油气井完整性管理立足防患于未然，其核心是通过强化井屏障系统对地层流体的有效隔挡，保证井筒在物理上的完整性，从而有效防止地层流体失控流动。所以，在保证整个井筒(包括环空)系统隔离屏障完整有效的同时，还要强化井口装置的关井功能(如安装剪切闸板)，以保证在任何情况下发生井口溢流都能快速关井。

油气井完整性管理是贯穿油气井生命周期的全过程管理。现行井控规定与标准只限钻井和完井作业，完整性管理则贯穿于油气井整个寿命周期的全过程管理，包括从钻前工程到弃井的各个作业环节。油气井完整性管理是更全面、更系统的管理理念，，应用完整性管理体系，可有效地减少地层流体在井眼整个寿命期间无控制地排放的风险，实现油气井各项作业与生产安全进行。

10.3.2　设计原则

油气井完整性设计是一个贯穿于整个油气井使用周期内的过程，它以制定、检验并记录所选择的技术处理手段为目标，这些技术处理手段满足油气井完整性要求并且保证其事故风险在容许范围内。

井筒完整性要求在油气田建设、钻完井和生产全周期过程中确保整个井筒存在至少两道屏障，因此，在设计阶段需要明确各个阶段的屏障部件。要求在井身结构图上显示针对防止地层流体外泄的第一井屏障、第二井屏障及其包含的井屏障部件完整性状态和测试要求。第一井屏障是指直接阻止地层流体无控制向外层空间流动的屏障，第二井屏障是指第一井屏障失效后，阻止地层流体无控制向外层空间流动的屏障。

所有井作业和生产都应绘制井屏障示意图，生产井典型井屏障示意图如图 10-3 所示。在绘制井屏障示意图时应遵循以下 7 个方面的要求：

(1)作为井屏障的地层应给出强度信息。

(2)井屏障示意图上应显示油气储层信息。

(3)第一井屏障和第二井屏障中的每个井屏障部件，都应显示在表格中，并注明初始验证测试结果。此外，井屏障部件应该能够链接到测试、监控和验证相关的表格和历史数据。

(4)图中每个井屏障部件都应该显示其正确的深度。井屏障示意图可以不按比例，但必须准确绘制。

(5)所有套管和固井信息，包括表层套管固井信息，应该显示在示意图上，并标明尺寸。

(6)井屏障示意图中应至少包含下列信息：油气田名、井号、井型/井别、井状态、版本、日期、编制人、审核人/批准人，确保井数据和井屏障信息的正确性并能够追踪。

(7)其他重要信息，如井的历史、完整性现状、其他特殊风险均应进行标明和注释。

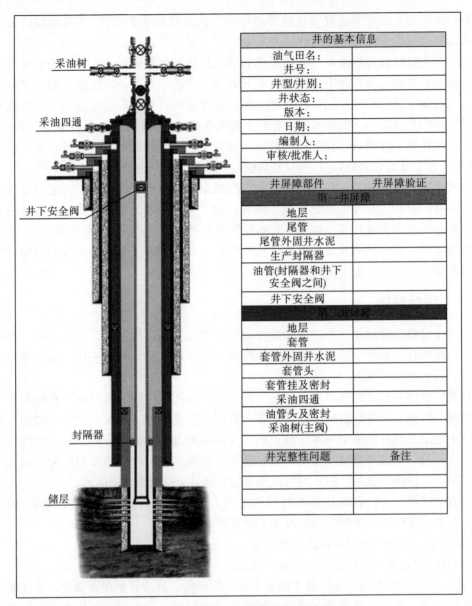

井的基本信息	
油气田名:	
井号:	
井型/井别:	
井状态:	
版本:	
日期:	
编制人:	
审核/批准人:	

井屏障部件	井屏障验证
第一井屏障	
地层	
尾管	
尾管外固井水泥	
生产封隔器	
油管(封隔器和井下安全阀之间)	
井下安全阀	
第二井屏障	
地层	
套管	
套管外固井水泥	
套管头	
套管挂及密封	
采油四通	
油管头及密封	
采油树(主阀)	

井完整性问题	备注

图 10-3　生产井典型井筒完整性屏障保护示意图

在建井设计和作业程序中应明确设计足够的井屏障，确保全生命周期井的完整性。建井设计还应对使用的新技术和新应用的井屏障部件开展技术评估和确认。井屏障在设计选型时应考虑以下因素：

(1)具有较高的可靠性，能够承受其可能会接触到的最大压差、温差和所处的井下环境。

(2)能够进行试压、功能测试或用其他方法进行检验。

(3)确保不会因一个故障事件而导致井内流体无控制地泄漏至外部环境。

(4)能够对已失效的第一井屏障进行恢复或建立另一级替代井屏障。

(5)对可以进行监控的井屏障部件，应能够随时确定井屏障的实际位置和完整性状态。

10.3.3　设计方法

建立了井筒完整性屏障系统评价体系，并提出了井筒完整性设计应该遵循的标准、方法及环空流体的腐蚀管理。应用以下井筒完整性设计步骤：

(1)明确井筒完整性安全屏障数量及具体要求。

(2)明确安全屏障设计选型的具体原则和要求。

(3)量化井筒完整性合格的相关标准要求。

(4)按照实际油田情况进行钻井及试采情况分析。

(5)利用 ISO 15156 标准或选材图版，开展油管、套管材料选择合理性评价。

(6)建立不同工况下井筒温度场和压力场。

(7)评估油管柱的安全性能，包括变形、安全系数分布、防冲蚀产量控制等。

(8)建立腐蚀速率模型，开展腐蚀速度预测。

(9)评估考虑腐蚀的套管柱安全性能。

(10)评价套管柱环空带压安全情况。

(11)套管及钻具螺纹选型。

(12)附加订货技术条件。

中国南海某高含 CO_2 高温高压 X13-1 气田，在井筒完整性设计时充分考虑了以下几道井筒安全屏障：

(1)实体屏障：①优选油管、套管的材质及相应螺纹；②优选井下及井口各种机械装置或工具；③固井水泥环，确保凝固后环空水泥环的固井质量。

(2)水力屏障：通过井内钻井液、完井液、压井液、油套环空保护液、滞留在环空水泥面之上的钻井液或注水泥隔离液、冲洗液等液柱重力压力。

(3)操作屏障：安装油气井钻井、完井或修井及采气井管理的安全设施、监控系统，及规范移出或安装任何实体屏障或水力屏障的操作。

10.3.4　应用实例

油气井完整性设计的关键是建立有效的井屏障，井屏障分为初次屏障和二次屏障。初次屏障指的是液柱(如钻井液、压井液等)，某些情况下可以是关井的机械屏障；二次屏障主要包括套管、套管水泥环、井口装置、钻井防喷器组等。

中国南海莺歌海盆地某高温高压气田 X13-1 气田钻井工程井筒完整性设计与管理借鉴相关标准，创新应用井筒完整性管理理念。该气田 X13-1 气田目的层温度高达 141℃，破裂压力当量密度为 1.90～1.94g/cm³，天然气中 CO_2 含量为 14.63%～50.04%，属高温高压高含 CO_2 天然气藏，实际开发中极易造成固井窜槽、油套管强度下降及腐蚀失效，给井筒安全造成隐患。针对这种情况业内通常只考虑两道防线，即采用尾管段固井水泥浆加尾管封隔器，这种做法容易导致气井出现环空带压问题，据有关调查资料显示，四川普光气田总计有 28 口井存在环空带压问题，约占总井数的 75%；在统计的美国墨西哥湾 15500 口高温高压井中，其中有 45% 左右的井也存在环空带压问题(图 10-4)。

图 10-4　中国南海某高温高压 X13-1 气田井筒完整性设计

　　初次屏障设计是根据地质特征优选合适的钻井液类型，保证井内有适当的液柱压力来平衡地层压力，使地层流体始终处在可控范围，并能够有效预防"喷、漏、塌、卡，H_2S"等钻井复杂情况。

　　二级屏障依据井身结构设计，创新提出了"尾管树脂水泥浆＋尾管顶部封隔器＋回接插入密封＋回接管柱顶部封隔器＋自修复水泥固井＋树脂水泥固井"六级屏障设计技术，形成多级屏障的安全系统，避免了某一屏障单元密封失效或者结构损坏导致环空带压风险。鉴于东方 13-1 气田高温高压及强酸性环境，为有效阻止地层流体泄漏、井喷或地下窜流，解决井筒完整性难题，X13-1 气田设计采用了具有防漏、防窜、防腐蚀、防应变、防温变功能的"五防"树脂水泥浆体系及油气响应型自修复水泥浆体系，实现全井段水泥封固。

　　该案例在国内尚属首次，具有实际性的指导性意义：

　　(1)鉴于油气田复杂的地质与地理条件，学习国外先进的完整性管理思想和经验，在现有井控管理体系基础上，提升并扩展溢流控制的理念，建立适合各自油气田特点的油气井完整性管理体系，逐步推行油气井完整性管理是非常必要的。这对有效避免重大溢流事故、特别是灾难性事故的发生，保障"三高"气田的运营安全有十分重大的意义。

　　(2)油气井完整性管理是一种全新的技术和生产管理理念，它既是贯穿于油气井整个寿命周期的全过程管理，又是应用技术、操作和组织措施的全方位综合管理。它把对地层流体的控制由被动控制变为主动控制，把多个环节分散控制变为整体预控，把抵挡溢流风险变为预测、削减溢流风险。建立全新的技术和生产管理理念是推动完整性管理研究和应用的必要条件。

(3)油气井从最初的规划、设计和施工，就应考虑完整性管理的功能要求。油气井的完整性管理始于油气井合理的设计和施工。要建立有效的油气井完整性管理程序，应建立专门的组织机构、配备专业人员、明确职责以保证完整性管理的持续开展。

(4)油气井完整性管理的核心是通过强化井屏障系统对地层流体的有效隔挡，保证井筒在物理上的完整性，有效防止地层流体失控流动。在保证整个井筒（包括环空）系统隔离屏障完整有效的同时，应强化井口装置的关井功能，以保证万无一失。

10.4   井筒完整性屏障部件管理

井下作业者应清楚井下的管串结构、材料、强度等原始数据，评估内外壁腐蚀状况极有可能的缺陷，制订合适的施工压力限制条件。

任何井下作业工具均应考虑避免对套管产生的潜在损伤，如划痕、磨损、撞击。任何下井工具均不应有锐利的外缘，以避免划伤套管。应清楚内径变化处的深度及各附件所处的深度、井下工具经过内径变化处或附件深度处，应缓慢起下，避免快速起下撞击或划伤附件或作业管柱。

井下作业中，如果发现起下管柱有阻卡，应考虑采用较小直径的工具。对含硫套管或井下附件应避免刮、胀、修、磨。应考虑井下作业有可能损伤套管或降低套管在 H_2S 环境中的使用性能。

10.4.1   选取抗腐蚀套管柱

井筒完整性不仅靠技术层面的设计，还需要在管理层面对井筒完整性进行科学有效的设计。在进行酸性环境下的固井套管柱强度设计时，应考虑该酸性环境的酸性强度，为腐蚀破坏留有安全余量。同时，套管柱选材应严格按照抗酸性腐蚀标准，以确保套管柱在酸性环境下的安全使用寿命。

井筒完整性设计贯穿一口井的整个生命周期，因此要不断根据实际情况对设计方案进行审核校准，以确保安全。

10.4.2   井控装置

防喷器是用于钻井、试油、完井、修井等作业过程中关闭和密封井筒，防止井喷事故发生。防喷器的设计依据各油田井控实施细则。高温高压井防喷器基本要求如下：

(1)选择满足井控需要的井控装备，并明确井控装备的配套、安装和试压要求。

(2)各开次井控装备选择应与预计最大关井压力相匹配；预探井目的层安装 70MPa 及以上压力等级的井控装备。

(3)最后一层技术套管固井后至完井应安装剪切闸板防喷器。应配齐环形、全封、剪切、半封闸板防喷器，根据需求可选用旋转控制头，并配齐相应的闸板芯子。

(4)应对防喷器配置进行风险评估。

(5)下套管前，应换装与套管尺寸相同的半封闸板；下尾管作业可不换装套管闸板，但应准备好相应的防喷钻杆。

(6)当起下不可剪切部件时，应配备防喷单根或防喷立柱。

防喷器控制系统现场安装调试完成后应对各液控管路进行 21MPa 压力检验(环形防喷器液控管路试 10.5MPa)，稳压 10min，管路各处不渗不漏，压降≤0.7MPa 为合格。

防喷器试压频率要求：

(1)现场每次安装后；

(2)钻开油气层前，试压间隔已经超过 30 天；

(3)其他时间试压间隔已经超过 100 天，确因特殊情况可延迟 7 天；

(4)凡密封部位拆装后，应对所拆开的部位重新试压检验。

10.4.3　井控管汇

井控管汇包括节流管汇、压井管汇、内控管线和放喷管线，主要用于节流、泄压、实施压井、吊灌钻井液及放喷点火等。井控管汇设计依据主要是各油田井控实施细则，高温高压井基本要求如下：

(1)压井管汇、节流管汇高压区的压力级别应与闸板防喷器一致。

(2)高温高压井节流管汇备用一条节流控制通道，应安装远程操作节流阀。

(3)基于冲蚀和其他考虑，节流口的直径至少为 76.2mm，压井口的直径至少为 50.8mm。

(4)节流管汇仪表法兰上应预留套压传感器接口，安装相应量程的压力表及传感器。

(5)按标准使用放喷管线：①出口应接至距井口 100m 以上的安全地带；②含硫井采用抗硫材质；③严格按照井控规定安装。

10.4.4　螺纹的选用和操作

按照 API/ISO 或 GB/SY 标准设计的油管、套管不能完全保证在服役过程中的完整性，需要参考"井眼完整性设计"的理念和设计方法，保持井筒物理上和功能上的完整性，使井眼始终处于受控状态。

(1)在含 H_2S、CO_2 和地层水含量高的油套管柱中，螺纹连接是首先被腐蚀、泄漏或断裂的部位，优选螺纹和合理使用可显著提高密封完整性。

(2)API 圆螺纹和偏梯形螺纹使用限制。在含 H_2S、CO_2 和地层水含量高的井中，油管、生产套管、尾管不宜选用 API 圆螺纹和偏梯形螺纹连接。当流体通过油管柱接箍中部时，API 圆螺纹和偏梯形螺纹连接处截面变化，即截面的突然放大和突然缩小，流体流速及流场将发生变化。在该区域产生流动诱导冲蚀，应力腐蚀、缝隙腐蚀，电偶腐蚀。API 偏梯形螺纹连接密封压力低于 API 圆螺纹，只可用于内压力不大的表层或技术套管。在硫化氢酸性环境中，API 标准圆螺纹接箍承受较大的周向张应力、或局部应力集中过大，可能导致纵向开裂。API 圆螺纹的外螺纹最末完全扣处存在较大的应力集中，如果油管环空暴露于腐蚀介质中，该点将成为应力腐蚀、缝隙腐蚀，电偶腐蚀敏感点，导致穿孔或断裂。

(3)金属接触气密封螺纹选用。含 H_2S、CO_2 气井中的油管、生产套管、尾管应选用金属接触气密封螺纹。在各型金属接触气密封螺纹中，推荐优先选用满足下述要求的螺纹和密封结构：①接箍和外螺纹应力分布合理，尽可能降低应力水平；②螺纹旋进阶段，扭矩应缓慢上升，且扭矩值不应过大，应能区分正常旋扣扭矩和黏扣扭矩；③密封面接触和扭矩台阶接触后扭矩应有明显直角上升趋势；④外螺纹前端应有合适厚度，紧扣产生的径向应力不应使外螺纹前端缩径；⑤金属接触气密封面接触应力适当，接触面无粘连损伤，接触面黏连损伤可能引起密封失效。

（4）现场使用要求。现场使用需要注意：

第一，操作不当是螺纹失效的主要原因，许多螺纹失效（黏扣、丧失密封、断扣/脱扣）发生在现场上扣端；

第二，上扣扭矩、圈数、转速应符合 ISO 11960/API5CT 标准或厂家推荐值，油管和生产套管均应有上扣扭矩、圈数记录，应采用无咬伤型动力钳上卸扣，避免钳牙咬伤处应力腐蚀和电偶腐蚀；

第三，应采用符合 API 6A3 标准的改性螺纹脂。螺纹脂不应含有二硫化钼润滑剂，并能抵抗硫化氢的腐蚀。

10.4.5　井口系统完整性选取

井口系统的完整性主要是指井口的材料和密封问题。由于较高的轴向张力和防喷器顶部提升负载引起的大力矩可能大幅降低连接器上初始夹持预加载荷，预加载荷的完全释放可导致轴面分离和垫圈压力完整性损坏，而这一情况可发生在压力低于防喷器组额定压力的情况下发生。另外，传统的井口系统和技术在高温高压或极端高温高压下不能完全地管理密封失效的风险。针对这些问题，在轴向承载力、弯曲力矩及承压能力的限制因素下，代替橡胶密封的井口金属对金属密封得以设计以实现完全的压力封隔，从而保持井口完整性，同时也提出了对井口消除水合物的热力学和化学方法。

10.4.6　提高水泥防腐质量

1）使用硅粉水泥

混硅水泥中的含有非晶态 SiO_2，细小的微硅颗粒充填在水泥石的孔隙中，可以使水泥石变得密实，渗透率下降，强度提高，因此能够阻止外部腐蚀介质侵入，达到防腐蚀的目的。此外，微硅还具有防气窜、降低自由水、稳定浆体等优点。

2）添加防腐材料

固井防腐蚀剂是在一定条件下，通过聚合反应生成的分子量在 20000 以下的水溶性高分子乳液（或固体粉末）。防腐蚀剂为线性交联的高分子化合物，与水泥共同固化后具有较高的强度，在酸性物质中溶解度非常小，所以选用该物质的乳液作为油气井抗 CO_2、H_2S 腐蚀的水泥浆外加剂具有良好的效果。一般来说，在酸性环境下，水泥水化过程中，防腐剂在水泥内基本固化并成膜堵塞水泥水化时的孔隙而使水泥更加致密，渗透性大大降低，从而阻止了地层中腐蚀性物质对水泥的侵蚀及在水泥柱内的运移。同时，防腐蚀剂具有较好的黏滞性，过多的加量会使水泥早期稠度过大，会造成水泥泵送压力过大，增加泵的负荷，适量的加量则可以改善水泥的胶结能力以及弹性，同时它的黏滞性可以阻止固相颗粒的沉淀和水泥的回落，可以使水泥浆长时间保持对地层的静液柱压力，使注水泥作业更加顺利。

3)保证全井段封固

常规水泥浆(密度在 $1.90g/cm^3$ 左右)固井受地层承压能力限制，长裸眼段无法实现全井段封固，只能以单级双封的方式实现对裸眼段的封固。为了顺利实现从表层套管、技术套管、生产套管的全井段封固，可以寻求其他体系水泥浆，以满足全井段封固要求。如中国南海西部某 X13-1 高温高压气田，创新使用粉煤灰体系实现了全井筒封固100％。由于其低密度、低摩阻、高强度等特点，克服了常规水泥浆的不足，实现了全井段封固；且粉煤灰体系由于具有火山灰活性，能与水泥中 $Ca(OH)_2$ 反应生成凝胶，降低渗透率，在套管防腐方面有良好的保护效果(图 10-5，图 10-6)。

水泥	G 级水泥
减轻剂	粉煤灰(固)
增强剂	PC-BT3(固)
混浆水	淡水
高效减阻剂	PC-F44L(S)
降失水剂	PC-G80L
调凝剂	PC-H21L、PC-A96L(S)
消泡剂	PC-X60L

图 10-5　粉煤灰水泥体系组成

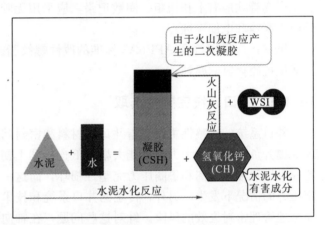

图 10-6　粉煤灰水泥颗粒级配放大图

相比过往的低密度高强度漂珠水泥浆体系，粉煤灰水泥浆体系同样可以满足水泥石强度和降低 ECD 的要求，而成本方面比漂珠体系更具优势。通过该项目 7 口井的固井实践，证明该体系存在较大的优势。

10.4.7　优化固井工艺，保证固井质量

固井施工时，优选水泥浆体系，采用增韧材料改造水泥石，实现高强度低弹性模量的特性，减少交变应力的影响。每一层套管的固井质量，水泥浆返至地面。根据不同井下工况，在套管上安装管外封隔器，确保环空密封效果。定期检车水泥环胶结状态，利用测量得到的声波幅度、时差、声阻抗等参数，确定套管—水泥环—地层的胶结情况。

一是制定相关的固井管理办法、施工细则、管理程序等文件，规范了固井施工程序，将固井施工的各个环节细化分解，使各项准备工作和现场施工有序地运行。

二是规范固井施工设计的编写和审查程序，坚持做到"先设计后施工"的固井管理程序，严格执行固井施工设计的审核程序。

固井技术审核中重点审核的内容是：井下的基本情况、固井难点、固井方案、通井要求、地层动态承压能力的要求、泥浆性能及处理要求、防窜防漏要求、主要施工措施、工具附件检查准备、合理浆柱结构确定、水泥浆性能要求及各种发散试验、现场施工水泥浆取样要求、关井加压候凝操作等，力求做到使设计科学、合理、可行。

三是规范了水泥浆实验监督程序。

组织技术方案研讨，解决现场固井技术难题针对特殊井和复杂井的固井问题，及时

组织专家和相关单位进行单井固井质量的讨论和分析，提出解决问题的方案，确保固井质量。通过分析论证，把准了问题关键，制定了针对性的技术方案，通过多次召开专题会议进行研究，解决了一系列难题。例如，小井眼、小间隙固井、特殊尺寸的套管扶正器及水泥头、套管头芯轴悬挂器、套管悬挂器、分级箍、套管附件及成套的下套管工具等等。这些固井工艺在先期开钻的井进行摸索和试验，为下一批次的开发井的固井施工提供了宝贵的经验和有效的解决方案。

（1）要加强固井生产组织。超前考虑、超前准备，尽可能缩短中完时间：在每口井固井施工设计评审前召开固井方案讨论会，充分协调、各方面分头准备；要求钻井施工队伍重视前期井身质量控制，采用满足大于套管刚性强度的钻具结构通井，缩短通井时间；根据地层承压情况，确定合适的水泥浆密度，减少承压试验时间。目前部分井还存在固井物资供应不及时不到位的情况，下步要充分协调好物资生产厂家和物供部门的沟通和协调工作。

（2）要强化固井全过程的监督。进一步强化现场固井监督作用，加强管理，抓紧固井施工过程的每个环节，每个岗位都要安排有经验、有责任心、懂专业的技术人员盯岗。岗位落实到人，固井中心及现场监督加强监督，强化管理，严格按照施工设计进行施工，同时不断提高自身技术水平和人员配备。

（3）要切实做好水泥浆性能试验。小样实验、水泥浆发散实验、大样复查实验工作，水泥浆性能达不到设计要求，不得进行固井施工作业，特别是要适当控制固井水泥浆尾浆稠化时间，一般要求在保证安全施工的基础上附加一定的安全时间，以确保给后续的套管头坐挂留有充分的时间。

10.4.8　优化管柱设计，改善受力状况

为防止注采气过程中气体泄漏，注采管串应配备安全级别较高的井下安全阀和永久封隔器。井下安全阀的压力级别、材质和性能指标等根据相关标准规范设计，满足储气库使用需求，防止注采管柱内气体泄漏；选择合适的套管管材，增加套管壁厚，提高套管抗破坏能力。同时根据生产套管的情况和坐封范围选择封隔器及其部件，以有效封隔注采管和生产套管环空，避免气体腐蚀套管和阻止气体压力变化对套管产生的交变应力，保护套管，延长注采井寿命。

10.5　作业组织管理

作业组织管理是井筒完整性操作过程的关键环节，也是关系到交付使用时实际的井筒完整性保护效果与设计之间是否存在差别，因此需要制定相应的操作程序和文件，确保井在作业实施过程中按照设计规定的范围内运行，确保井屏障的完整性。

10.5.1　制定规范要求

1）制定目标和岗位职责

应制定井完整性的策略，确定资源分配和预算优先级别，以支持井完整性管理目标的实现。同时应建立井完整性管理的组织机构，明确人员岗位及每个岗位在井完整性管

理中的职责和权限，并保证能够覆盖作业的各阶段。

2）加强操作人员的能力培训

井完整性培训应覆盖井完整性作业的所有相关人员，下列人员必须参加培训：

（1）技术支撑人员（包括钻完井工程师、采油气工程师、HSE人员）。

（2）现场工程师（包括钻井监督、试油监督、地质监督和甲方管理人员）。

（3）现场操作人员（包括设备管理人员、生产监理、中控室操作员、现场技术员）。

（4）钻井承包商（包括平台经理、司钻和服务公司工程师）。

3）建立井筒完整性评价方法

井筒完整性评价是根据维护、测试和监控结果以及日常操作中发现的故障来开展的综合性评价，确定井屏障是否满足要求，或制定相应的井屏障部件维修和失效减缓措施，以确保井作业和生产安全。井完整性评价通常以下内容：

（1）井的保护屏障是否存在退化和失效。

（2）井屏障退化或失效原因的诊断分析。

（3）存在缺陷的井屏障可使用性及实际能力评估。

根据井筒完整性评价结果，需要针对不同的井屏障保护部件的实际能力进行相关的维护和缓解。具体包括以下工作：

（1）编写维修与减缓井筒完整性屏障保护部件的技术方案。

（2）组织专家对所确定的技术方案进行评审。

（3）实施具体维修改造工作。

4）建立完整的数据管理记录

与井完整性相关的数据信息需要文件化并存档，至少需要收集和保存以下记录，见表10-2。

表 10-2　井筒完整性记录

序号	记录内容	保存期限	备注
1	套管和油管的设计载荷工况	直到井的永久弃置	记录设计考虑的载荷工况和使用的安全系数
2	井屏障部件的技术规格和材料证书	该井屏障部件的使用期	如井口、套管、尾管、油管、封隔器等
3	井屏障部件的试压记录	该井屏障部件的使用期	包括工厂试压，现场安装测试，作业和生产过程中的定期压力试验等
4	井完整性测试记录	直到井的永久弃置	如水泥胶结测试、油管和套管磨损检测等
5	环空压力记录	直到井的永久弃置	用于环空压力管理和分析
6	井屏障示意图	直到井的永久弃置	井屏障示意图需要实时更新
7	井控演习记录	1年	用于统计分析
8	检验和维护保养记录	直到井的永久弃置	用于统计分析
9	井的永久弃置方案和文件	无限期	应包含弃井设计、施工记录、测试记录和相关图件

10.5.2 现场组织管理

1)保证入井的工具质量，避免对套管柱造成伤害

在设计阶段充分考虑井筒完整性部件的各个作用，一方面是在钻完井器材采办阶段严把质量关，另一方面需要保证井筒屏蔽保护部件在入井及后续工况条件下均处于良好的状态，不存在打折扣的现象。

在酸性环境下的井下作业应清楚井下的管串结构、材料、强度等原始数据，评估内外壁腐蚀状况极有可能的缺陷，制订合适的施工压力限制条件。任何井下作业工具均应避免对套管产生的潜在损伤，如划痕、磨损、撞击。任何下井工具均不应有锐利的外缘，以避免划伤套管。

2)严格执行井控管理

在井全生命周期的各个阶段均应建立井控程序。提前强化井控防范工作，在作业期间有目的性的展开井控培训(图 10-7)和井控演习(图 10-8)，做到为目的层提前做好人员井控技能和意识的熟练化。

作业前应进行井控技术交底，确保所有相关人员知道并理解井屏障和井控应急程序。井控应急程序包括以下部分：

(1)作业过程中各岗位的井控职责。

(2)井控相关标准化程序操作。

(3)是否需要配备特殊井控设备。

(4)制定相关的井控演习计划。

作为国内首个自营高温高压 X13-1 气田，在现场作业中井控方面执行以下制度：

(1)井控工作例会制度。

(2)目的层钻进座岗制度。

(3)井控安全检查制度。

(4)井控巡视制度。

(5)井口区压力监测巡检制度。

(6)持证上岗制度。

(7)防喷演习制度。

图 10-7　井控演习

图 10-8　开展井控培训，强化岗位技能

3)定期进行防喷演习

在井控管理工作方面，主要强调操作人员的井控意识，只有对井喷失控事故所带来的致命性危害具有清晰的认识，才会在操作中保持100％的关注度。

定期进行防喷演习，通过培训使相关人员具备井屏障失效的检测和预防能力。

建立防喷演习需要达到相应的标准。所有现场相关人员和具有应急职责的人员应参与演习，演习应重复足够的次数，确保响应速度达标。所有的演习，应进行评估并做好记录（表10-3）。

表10-3　钻井作业典型的防喷演习

工况	频率	目的
钻进		演练正常钻进关井程序
起下钻杆	每周每班一次，2个月内4种工况都要演习	演练起下钻杆关井程序
起下钻铤		演练起下钻铤关井程序
空井		演练空井关井程序
防 H_2S	在钻进可能含 H_2S 地层前	演练防 H_2S 应急程序

在井控演练中，认真做好每次演习后的讲评，当场指出在演习过程中存在的问题。不走过场，不敷衍了事。在井控装备方面，严格按照标准做好维护保养和试压工作。

4)制定应急预案

应急预案的主要目的是明确应急状态下汇报和处理程序，保证在各种紧急情况下迅速、高效、有序地开展应急工作，把事故危害减少到最低限度。预案的重点是明确应急指挥组织结构、各种专项应急预案处理程序、应急汇报程序等。

应急预案中应包括钻完井等所有作业的紧急状况。例如，压井预案中应明确采用哪一种压井方法（如司钻法、工程师法、压回法、置换法等），以及压井施工步骤。压井作业前应确保储备有足够的压井液及压井液加重材料。

10.5.3　井筒完整性监控和维护

在井作业和生产过程中，应对井筒完整性的屏障保护部件进行监控。典型的监控方法如下：

(1)钻完井期间泥浆液面或体积监控。

(2)钻井期间各环空压力监控。

(3)试油、完井期间各环空压力监控。

(4)生产期间油套压力和井口温度监控。

(5)生产流体组分检测及腐蚀、冲蚀监控。

没有被连续监控的屏障保护部件（如采油树阀门）都应建立一个维护保养计划。该计划应综合考虑作业风险和厂家提供的屏障保护设备使用和保养要求，制定井屏障部件的检验和维护程序。

10.6　后　期　管　理

10.6.1　气井完整性评价指标

目前关于气井完整性的研究多集中于钻完井阶段，关于在产气井完整性评价指标的研究仍不成熟，尚未有一套完善的评价指标体系，建立在产气井完整性评价指标对气井完整性评价和现场完整性管理具有重要意义。井筒完整性失效是气井完整性失效的主要原因。本书从完整性管理、屏障设备、监测状态 3 个方面建立气井完整性评价指标体系，其中完整性管理指标主要包含在产气井操作人员的管理规范、安全技术培训等；屏障设备指标主要包含气井井筒的安全屏障部件；监测状态指标主要包含生产过程中气井的状态监测参数。具体评价指标如图 10-9 所示。

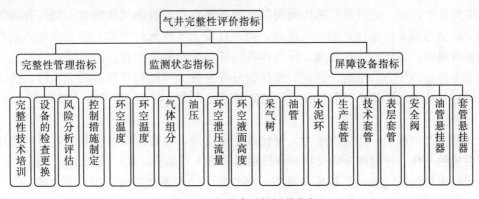

图 10-9　气井完整性评价指标

1. 完整性管理指标

气井完整性管理主要是技术与作业管理，立足于地层流体无控制流动的预防，通过保障气井安全可靠性来保障健康、安全、环境和质量要求。气井完整性管理的内容主要包括：拟定气井完整性管理的工作计划、工作流程及工作程序文件；掌握可能引起气井退化和失效的损伤机理；识别气井运行过程中的风险因素，并制定相应的对策措施，控制气井风险在可接受的范围内；结合先进的检测手段对气井的完整性进行检验与评价，判定气井的服役状况，并做出决策响应，规避气井风险。具体总结分析如下。

1) 完整性技术培训

在技术方面不断提高气井完整性，分析气井失效的原因和形式，采用新方法、新技术保证气井关键设备的可靠性。完整性管理培训内容主要包括：安全设备设施的使用，设备设施的检查维修，材料与备件的质量控制，安全检查及应急响应对策的执行，设备状态仪表、检测设备、检测方法的运用。

2) 设备的检查更换

对于在产气井设备，应定期检查安全屏障元件，井口设备的完整性，定期检查生产气井安全状态，是否发生泄漏，是否存在安全隐患，确保设备在正常工作状态，井完整性良好，对于老化、破损的元件应及时更换。

3）风险分析评估

风险分析评估是完整性管理的重要内容。在分析评估过程中，要对涉及气井设计、施工、操作、维护、测试、检测及其他信息进行整合，识别出对气井完整性影响最大的风险因素，以便制定有效的、分轻重缓急的预防/探查/减缓方案。气井完整性的风险分析评估是一个连续的过程。运营公司应将定期收集的新的相关信息及操作经验，作为修改风险分析评估报告的依据。根据修改后的风险评估报告，对气井采取相应的措施。

4）控制措施制定

控制措施是指气井状态异常时，操作人员做出的决策和响应。例如，采取关井，维修更换设备，进一步监测等技术措施保证气井的完整性，防止事故的扩大，规避气井风险。

2. 监测状态指标

在气井生产中，通过采气树连通阀门监测各环空和油管内气体参数。当气井屏障完整时，环空与油管内是独立的，不连通，而一旦安全屏障元件失效，发生泄漏，则各环空与油管联通，各环空之间联通，环空内各气体参数会发生变化。因此通过监测气井生产状态下环空内压力、温度、流量、气体组分等参数，可以判定气井的完整性，这也是最直接有效的方法。基于目前气井常用的监测手段，建立以下完整性评价指标。

1）环空压力

正常生产过程中，环空内压力无变化或变化缓慢，当井筒发生泄漏时，生产套压会出现明显的变化或经过卸压后又重新恢复到卸压前压力水平，这一现象也称为环空带压。环空带压现象比较普遍，尤其是 A 环空，环空压力过大还会造成套管，油管破裂，甚至井喷，严重威胁着气井的安全。

2）环空温度

正常生产过程中环空温度持续上升或持续下降，当油管柱发生泄漏时，因为油管内温度高于环空内温度，所以环空温度会出现明显上升的现象。同时环空温度可对环空泄压流量，环空压力进行校正。

3）气体组分

正常生产过程中，环空内没有 CH_4 等天然气成分，当环空中出现大量 CH_4 等天然气成分时，则可判定气井完整性破坏。

4）油压

油压反映了井内压力，当井口压力过大时，油套管柱等部件剩余强度降低，当达到剩余强度极限时，油套管柱会发生完整性失效。同时可以通过井口压力预测井底压力，总之井口压力越大，气井危险性越高。

5）环空泄压流量

当对环空进行泄压时，放出流体的量可以推测环空内流体是否有增加或减少，当判断环空内流体明显变化时，则判断环空之间发生串流，井筒发生了泄漏。另外环空泄压时，当环空内压力泄放不到零，始终维持稳定状态，则判断发生泄漏，泄放出气体的流量即为泄漏速率，进而可以分析泄漏程度。

6）环空液面高度

正常生产过程中环空保护液的高度稳定不变，当封隔器密封失效或油管破裂时，则可能造成环空保护液高度发生变化。且环空保护液液面变化的速率也反映了泄漏的程度。速率变化越大，泄漏程度越大。若环空保护液液面位置刚开始一直下降，后来稳定在某个位置，则可以判断液面位置即为泄漏点位置。

3. 屏障设备指标

保证气井完整性的核心在于利用气井的屏障系统实施对地层流体的有效控制。屏障设备指标是气井完整性评价指标的重要组成部分。安全屏障部件有采气树、油管、安全阀、生产套管、技术套管、表层套管、水泥环、油管悬挂器、套管悬挂器。部件的失效是导致气井完整性失效的根本原因。气井完整性失效方式如图 10-10 所示，主要有采气树失效、油管悬挂器密封失效、套管悬挂器密封失效、井下安全阀失效、油管连接处泄漏、油管管体泄漏、生产套管管体泄漏、生产套管连接处泄漏、技术套管管体泄漏、技术套管连接处泄漏、表层套管管体泄漏、表层套管连接处泄漏、封隔器密封失效。

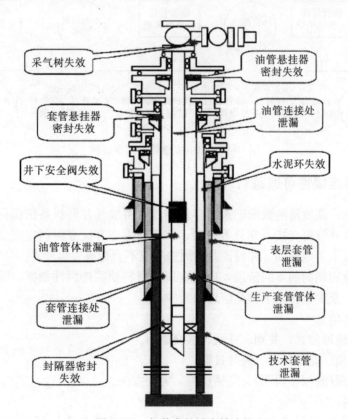

图 10-10　气井完整性失效途径

气井屏障设备的失效会导致油管内的气体发生泄漏，致使气井完整性失效，其中泄漏方式主要有 3 种（图 10-10）。第一种是气体通过井口泄漏至空气：当"采气树失效"和"井下安全阀失效"同时发生时即会发生第一种泄漏；第二种是通过环空泄漏至外部空间：当"油管螺纹连接处渗漏""油管管体破损""封隔器密封失效""油管挂密封失效"
4个事件至少有一个发生，且"环空法兰密封失效"事件发生时，即会发生第二种泄漏；
第三种是通过管体及固封水泥泄漏至海水和地层：当"油管螺纹连接处渗漏""油管管体
破损""封隔器密封失效""油管挂密封失效"4个事件至少有一个发生，"套管管体破
损""套管丝扣渗漏""套管挂密封失效"3个事件至少有一个发生，且"水泥环固封失
效"发生时，即会发生第三种泄漏。气体由内向外泄漏的过程中会越过一系列安全屏障
部件，将这些屏障设备列为评价指标具有重要的实际意义。图10-11为气井完整性失效
事故树，该事故树表明气井完整性与各屏障部件的关系。

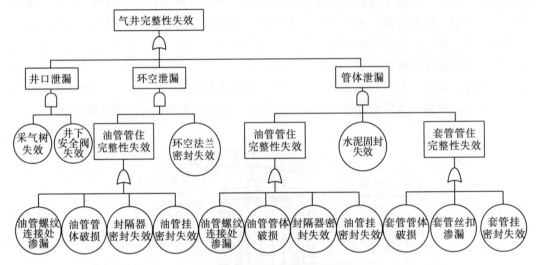

图 10-11　气井完整性失效事故树

10.6.2　资料连续性可追踪管理

采取完善的、高质量的数据记录和存储措施，将油气井资料备份保存，以避免数据
资料丢失、油气井资料交接不充分等问题，从而在生产井废弃时制定安全合理的弃井决
策，将该废弃井永久地封固，并对该井的周边环境不会造成后续危害。

在井全生命周期内的不同阶段，应建立所需资料档案连续性档案，确保资料的可追
踪性和完整性，至少包含以下移交信息和文件：

1)井的基本信息

(1)井号、地理位置、井别、井型、移交原因。

(2)开钻日期、完钻日期、完井日期。

(3)完钻井深(垂深和斜深)、完钻层位、完井方法。

2)钻井资料

(1)井眼质量，包括井眼轨迹、井口地面坐标、最大全角变化率、水平位移、井眼扩
大率、靶心距等。

(2)套管程序(深度、外径、壁厚、尺寸、重量、钢级和螺纹类型)。

(3)固井数据，包括每个套管柱内的水泥类型、水泥返高、泵入/返出量、扶正器数
量和位置等。

(4)0 固井质量检测记录和套管气密封扣检测记录。

(5)环空液的类型、体积、密度和缓蚀剂类型。

(6)各环空压力记录。

(7)井口、套管、地层试压记录。

3)试油完井资料

(1)射孔详细信息。

(2)油气藏信息。

(3)采油树和井口装置图纸，包括关键部件的制造商、阀门尺寸、类型、PSL 等级、温度等级、阀门序列号、手动/液动、开关圈数、阀孔尺寸、压力等级、注脂类型、阀腔容积、试压证书等。

(4)井下安全阀数据，包括类型、材质、尺寸、等级、序列号、液压油类型和容积、信封曲线等。

(5)油管详细信息(尺寸、壁厚、螺纹、钢级、材质)，接头和完井管柱部件(类型、型号、制造商、部件号、压力等级和螺纹类型)。

(6)采油树、完井管柱及部件试压记录，油管气密封扣检测记录。

4)井完整性信息

(1)井屏障保护示意图，包括第一井屏障保护和第二井屏障保护的状态，每个井屏障部件的深度、功能和测试记录。

(2)相关的风险评估报告。

5)操作条件

(1)开关井程序，包括产量、温度、压力等详细信息。

(2)井流体组成和性质。

(3)腐蚀相关的信息，如 H_2S、CO_2 等含量。

(4)流动保障，如出砂、结蜡、结垢、水合物等信息。

(5)油管和环空操作限制，如各个环空的最大许可压力。

(6)所有井屏障保护部件的测试和基本要求。

6)其他

(1)钻井、试油(包括中途测试)、完井的设计、作业日志和井史。

(2)单项作业施工报告、总结。

10.6.3　环空带管理

近年来国内外对高温高压含硫气井的井筒完整性和井口环空带压问题十分关注，高压高含硫气井环空带压是全世界石油工业界面临的共同难题和安全问题。国内外均有大量气井存在环空带压问题，环空带压情况随采气期延长而更加突显，个别环空带压严重的井演变为井喷或地下井喷。鉴于环空带压的普遍性及危险性，本章从环空带压产生机理入手，建立考虑油套管腐蚀时的最大允许环空带压值，并提出环空带压检测与诊断方法，最后基于环空带压情况建立高含硫气井安全评价方法。

1. 环空带压基本概念

油气井在完井之后，如果井筒中油管、套管、封隔器及水泥环等井筒屏障功能都是完整的，那么各层套管环空的压力应该为零。但由于某些屏障系统功能下降或失效导致气体泄漏或窜流至套管环空，造成套压升高。如果该压力经针形阀放空后，关闭针形阀一段时间，套管压力再次上升到一定值，这种情况统称为环空带压或持续套管压力对于一般的油气井，都具有多层套管，包括表层套管、技术套管、生产套管。这些套管之间，以及生产套管与油管之间都存在环形间隙，根据这些环形间隙所在位置，将其分为 A 环空、B 环空、C 环空。A 环空是指油管与生产套管之间的环空；B 环空是指生产套管与其外层套管之间的环空；C 环空及往后的环空同理依次表示每层套管与其上层套管之间的环空，如图 10-12 所示。

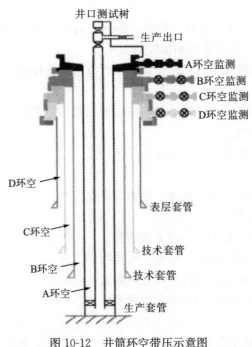

图 10-12　井筒环空带压示意图

2. 环空带压影响分析

根据环空带压产生的原因，可将其分为温度导致环空流体热膨胀诱发的环空带压、井下作业施加的环空带压、环空窜流诱发的环空带压以及密封失效导致的环空带压。

1)温度效应诱发的环空带压

在开采期由于开关井及调整产量都会导致井筒温度变化，当井筒内温度升高时，会导致环空内的流体发生热膨胀，最终造成环空带压。油气生产过程中，产层的高温气体会将地层的热量通过油管传递给各层环空流体，环空流体温度的涨幅与地层温度和产量都有密切的关系。对于产层温度较高的高产气井，井筒温度升高较大，也会导致较高的环空压力。大部分气井在开采初期，都会由于温度升高导致环空带压问题，并且突然关井或大幅调整产量都会导致井筒温度变化，这对环空带压的影响比较明显。

2)井下作业施加的环空带压

对气井进行各种作业施工，可能会对套管环空施加压力。例如，有时为了保护油套管，或者平衡地层压力向油套环空中注入氮气，这会导致环空压力。在压裂作业过程中，需要向地层施加较高的压力，此时油管会受到的较大的内压力，该载荷会使油管发生径向鼓胀，导致油套管环空间隙变小，也会诱发环空带压。

3)环空流体窜流诱发的环空带压

对于热膨胀及井下作业所导致的环空带压，多数情况下不会形成较高的压力，也不会对生产造成不良影响，只需采取一般的放压措施即可恢复正常压力。由于井筒屏障系统功能下降或者失效所导致的环空带压才是对安全生产危害较大的一类问题。井筒屏障系统的失效主要是指：油套管螺纹连接处泄漏，油套管管体部分穿孔漏失，或者由于固井质量差等。这些因素都会导致产层高压气体窜流至井口形成环空带压，如图 10-13 所示。

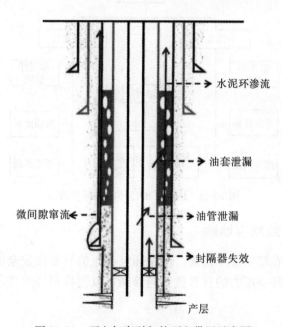

水泥环渗流

油套泄漏

微间隙窜流

油管泄漏

封隔器失效

产层

图 10-13　环空气窜引起的环空带压示意图

高含硫气田开发过程中，环空带压情况较为常见。造成环空带压的主要原因包括(图 10-14)：①腐蚀或开裂等原因造成油管或者生产套管管体及其连接处漏失而造成的环空带压；②封隔器及安全阀等密封组件失效造成的环空带压。

其他环空是指环空以外的环空，如 B 环空、C 环空等。造成这些环空带压的主要原因包括(图 10-15)：①中间套管腐蚀或者连接处漏失造成环空带压；②水泥封固质量不理想存在微间隙或微裂缝，高压气体由产层经水泥环窜流至井口形成环空带压；③表层套管腐蚀泄漏及气井窜流所造成环空带压；④井口装置失效。

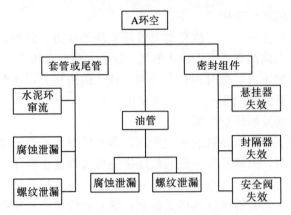

图 10-14　A 环空的环空带压

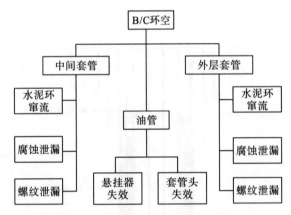

图 10-15　B 环空和 C 环空的环空带压

10.6.4　环空带压监测与诊断

尽管气井普遍存在环空带压现象，但是环空带压值只要在安全值范围内，气井就能正常生产，但需加强环空压力的日常监测与诊断，以便找到环空带压来源并制定相应的解决措施。

1. 卸压压力恢复测试方法

1)卸压测试方法

对于存在环空带压的井，通过针形阀进行卸压直到环空压力为零或者恒定在一个较小值，停止卸压并关闭针形阀。在环空卸压过程中，应记录环空压力与卸压时间之间的变化关系曲线。在卸压过程中，还需要做以下工作：

(1)观察油压及其他环空的压力变化情况。

(2)记录泄漏出来的气体或液体的组分、累计泄漏量，特别注意观察地变化情况，如含量有增加趋势，还需进一步分析环空泄漏的气源来自哪一层。

2)压力恢复测试

卸压结束后关闭环空，观察环空压力变化情况，最少连续监测小时。如果在小时内环空压力保持不变或者变化很小，则可以继续生产，但仍需加强环空压力监测。如果环空压力急剧增加或者超过了业主规定的环空带压值，则需要业主决策是否采取进一步作业或诊断。

3)卸压压力恢复操作步骤

(1)记录各环空压力及油压，开井试生产，待井口温度稳定后开始以下测试。

(2)用节流阀通过管线将环空压力降低至 0。

(3)收集过程中排除液体样品并送实验室分析。

(4)在环空泄压同时，观察油压，以及和环空压力。

(5)如果环空压力未降至地面管汇压力并持续流动，则停止泄压，关紧环空。

(6)测试环空液面，计算环空气柱体积以得出泄漏速度。

(7)关环空，测压力恢复，记录压力随时间变化关系曲线，环空的压力达到稳定为止。

(8)如果环空压力维持在或者一个较低的安全范围内，这表明这由于环空中的完井液及天然气因热膨胀而造成环空压力异常。

(9)恢复正常生产并加强日常压力监测及生产管理。

(10)如果环空压力继续升高，则采油工程师需进行井筒完整性的调查；按后面的方法进一步找出井下漏点，以确定下步修井方案；如果井的完整性可以成功修复，则恢复正常生产，并执行日常压力监测。否则，地面环空压力小组回顾并建议进一步施工。

4)井下漏点查找程序

为了诊断油管是否密封失效，则要关闭井下安全阀，卸掉部分油压，并监测环空压力。如果环空的压力下降，说明漏失发生在井下安全阀之上，否则应判断在井下安全阀之下。如果漏失位置在井下安全阀之下，就需要在油管内下桥塞找漏或压井取油管。

2. 环空带压的监测方案

为了确认环空压力是否稳定，需要定期对各个环空压力进行监测。综合考虑油气井的地质、钻井工程和试采工程设计、环空压力情况等资料，确定合适的监测方案和修井作业方案。

诊断测试是为了研究环空带压的原因、带压的严重程度。一般情况下，通过监测多个环空的环空压力变化情况，判断环空带压是否是由井筒温度升高导致的，以及环空带压的严重性。此时，需要在每个环空安装一定数量的压力计来监测环空带压情况，同时业主必须制定合理的环空带压值监测方案，监测结果要按要求记录在案，每次放压和关井后的压力恢复都必须有记录，如果超过允许范围，应及时上报。环空带压井监测时，要考虑以下因素：

(1)套管的抗挤强度、抗内压强度与实测环空带压值之比。

(2)环空带压值的增长速率。

(3)是否存在多个环空内相互连通情况。

(4)高含硫气井井筒完整性安全评价。

(5)是否存在井下作业、开采诱导井筒温度升高或人为施加一定的压力，导致环空压力增加。

(6)井下组件可能的密封失效途径。

(7)环空腐蚀性或有毒气体扩散对周围环境、人员的影响。

(8)井下作业对油气井安全的影响。

如果环空水泥环没有返到井口，环空带压可能是温度引起的，需要计算井筒温度升高引起的环空带压值。在开始投产时，就必须持续篮测由井筒流体热膨胀引起的环空带压情况。这对于新井、环空带封隔器的井特别重要，并且油气井在投产之前就必须制定合理的环空卸压方案。

井筒温度的变化将引起环空压力的增加或者降低。如果环空充满液体，当环空温度升高时，环空压力将急剧增加。在高温状态下如果保持较低的环空压力，则当关井或井下作业时，井筒温度降低，环空压力将急剧降低。井下作业时，可能人为地施加一定的压力，从而导致环空带压。一些井下作业还可能损伤井下套管、水泥环，使套管、水泥环丧失密封性，也会导致环空带压。井下作业前后都必须监测各个环空的带压情况，一旦出现环空带压，业主必须制定合理的补救措施。即使施工后没有立即监测到环空带压情况，但也必须在一定时间内加强环空带压监测，每个月至少监测一次。

3. 环空带压的诊断

通过对环空带压的诊断可以确定环空带压的来源和泄漏的严重程度。油管泄漏、井口密封失效、封隔器失效、套管泄漏和水泥环中的微间隙都是引起环空带压的潜在原因。可以利用大量不同来源的数据来对环空带压进行工程分析，许多数据都是通过日常的生产监控获得的，这些可以利用的不同来源的数据包括：①流体样本分析；②测井分析；③测环空液面深度；④油管和生产套管压力测试；⑤泄压和压力恢复数据。根据泄压压力恢复情况，可以将环空带压情况分为以下 4 种类型。

(1)卸压后环空压力降为零，关闭环空后压力恢复较为缓慢，且最终维持在较低水平卸压后环空压力降为零，关闭环空 24h 内环空压力恢复较为缓慢，并且处于较低水平。其可能的原因是：①井筒温度升高导致环空流体热膨胀，导致环空带压；②环空发生泄漏，但泄漏速度非常缓慢；③环空上部有大段的气柱；④卸压后环空仍然充满液体，关闭环空后，小的气泡上升至井口导致环空带压。

此现象说明环空带压不严重，对油气井安全影响较小，可以正常开采(图 10-16)。

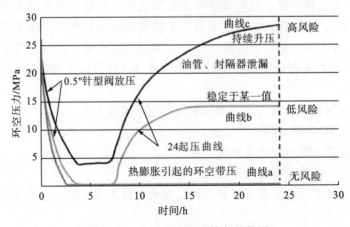

图 10-16　环空卸压压力恢复趋势图

（2）卸压后环空压力降为零，关闭环空后压力缓慢恢复到一个可接受的范围。

采用针形阀以较慢的速度卸压，卸压后压力降为零，关闭环空后在数小时内恢复一个可接受的范围，说明环空存在明显的泄漏源，但这个漏失率是可以被接受的并且井下环空水泥环能够起到保护作用，以后仍需监测环空带压情况。环空压力的增加并不一定表示漏失率在增加。需要定期进行环空带压评估以确定这个环空套管、水泥环的密封完整性是否遭到破坏。

（3）卸压后环空仍然带压，关闭环空后迅速恢复到卸压前的水平。

采用的针形阀卸压，卸压小时后环空仍然带压，说明环空套管、水泥环的密封完整性部分遭到破坏，其泄漏速度较大，超出可接受的范围。如果这种情况发生在环空，就需要进一步评价以确定漏失的途径和漏失源头，并采取一些修井作业。如果这种情况存在于外部环空，则很难实施补救措施，需要评估其严重程度，并判断是否会导致套管、水泥环的密封完整性全部遭到破坏。

（4）相邻环空的干扰。

某一环空实施卸压和压力恢复测试时，如果邻近环空的压力发生明显波动，说明该环空与临近环空间有压力传递，相互连通。如果生产管柱与环空连通，可以采用卸压压力恢复测试来评估泄漏率。如果环空能够通过针形阀完全卸压，则说明生产管柱、套管和水泥环尚具有一定的密封性。

如果环空与环空相互连通，此时生产套管不能完全封隔产层，其危害较大。由于环空井口允许最大带压值较小，通过环空窜流至环空的压力可能超过环空井口允许最大带压值，此时油气井的安全风险较大，必须采取有效的修井作业，并重新评估。

10.6.5　高含硫气井安全评价

安全评价的目的是简洁明快地了解井筒的安全等级，以保证油气井的安全生产。进行安全评价时，可使用的风险评估技术有很多种，可能是定性的，可能是定量的；有的可能属于粗略的，有的则是很详细的。根据井筒屏障的可靠性，将井筒风险等级为四类，以便明确风险等级并采取相应的措施降低风险。这四个类别用通用的颜色信号来加以区分，分别是绿色、黄色、橙色和红色。风险等级划分总则：绿色，井筒屏障完整或只有微小问题黄色，一个井筒屏障退化，另一个完好；橙色，一个井屏障失效，另一个完好，或者一个单一失效可能导致泄漏到地表；红色，一个屏障失效，另一个退化或者不确定，或者已发生泄漏至地表。井筒风险等级详细划分如下：

1）绿色等级

绿色分类的原理：健康井—没有或仅有较小完整性问题。

一口井如果归类为绿色，就认为这口井目前的风险和最初设计时所预知的符合标准风险一致或差不多，也就是不仅仅意味着这口井不存在任何失效或泄漏状况、井屏障分析满足最新版本的标准，同时结构上不存在重大隐患。其中，一口具有环空带压的井可以归入绿色：建设初级和次级井壁时没有泄漏；环空无产层气体；环空压力低于最大允许环空带压值；气体漏失进入环空的速率在可接受范围内。

2）黄色等级

黄色分类原理：一个井壁屏障元素退化，另一个完好。

黄色与绿色分类相比，各项条件都是符合标准的，但是一口归类为黄色的井，存在不可忽略的递增的相关联的风险。但是如果对双井壁有持续不断的威胁和双重失效的风险，那么它就归类为黄色。例如，环空存在非人为施加的环空压力，并且含有腐蚀性气体。

3）橙色等级

橙色分类原理：一个井壁屏障失效另一个完好，或者单一失效可能导致气体泄漏至地表。

与黄色分类相比，橙色分类的井，虽然仍然有一个完整的井屏障，但是它的潜在风险已经高于标准。一般来讲，被归为橙色分类的井在井投入正常操作以前，需要采取措施防止屏障进一步退化。处于生产中时，通常不需要进行紧急操作措施。例如，一口稳定环空带压的井，如果气体泄漏进入环空的速率超出标准范围但没有超出极限，那么这口井被分到橙色分类，如果环空压力高于规定的压力极限，则另当别论。

4）红色分类

红色分类原理：一个井壁屏障失效，另一个出现腐蚀或已泄漏至地表。

如果一口井，井屏障中至少一个屏障失效，且另外一个井屏障中也失效或者发生腐蚀和泄露，那么这口井就应该归到红色类别。一般来讲，被归为红色分类的井，在投入正常作业以前就可能需要进行检修和缓烛操作，通常都是采取紧急操作措施。例如，完井管柱中发生超过允许标准的渗漏，导致油压和套压基本一致。再如，环空压力达到了当前最大允许环空带压值。与橙色分类相比，某井稳定环空带压，但是环空压力高于定义的压力极限、环空中液体的泄漏速度超出标准范围，并且井口装置功能下降或失效导致气体窜流至地面，那么就将它归到红色类。

10.6.6   XX气井应用案例

XX气井为四川某高含硫气井，其井身结构如图 10-17 所示。根据环空流体性质监测显示，该气井 H_2S 和 CO_2 含量分别维持在 11% 和 5.5% 左右，油管使用的是抗腐蚀的 G3 镍基合金，而套管则采用是碳钢。

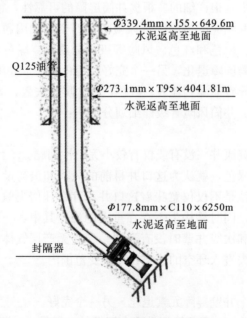

图 10-17   某气井井身结构示意图

　　根据现场监测资料，得到了气井正常生产后，其油压、A 环空和 B 环空的实测压力值，其变化趋势如图 10-18 所示。从图中可以看出，A 环空中的压力与油压变化趋势相同，A 环空、B 环空带压值接近，怀疑第一屏障（油管系统）泄漏渗漏，这表明油管封隔器可能在生产早期就已出现密封失效。A 环空含 H_2S，并且含量较高，在 2011 年初 H_2S 含硫上升，随后其含量随有变化，但基本维持在 11％左右，属于高含硫范围（图 10-19）。由于环空中存在较高含量的 H_2S，该井在 2011 年 3 月进行了 7 次环空保护液加注，以吸收环空中的 H_2S。

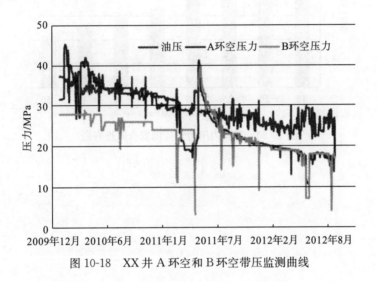

图 10-18　XX 井 A 环空和 B 环空带压监测曲线

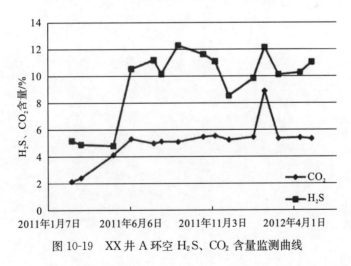

图 10-19　XX 井 A 环空 H_2S、CO_2 含量监测曲线

　　XX 气井的油层套管和技术套管所使用的材质都为碳钢，根据对环空压力监测数据可知，H_2S 和 CO_2 气体都泄漏进行环空，油层套管已经遭到腐蚀。根据实验室测得的腐蚀速率及测试时间对腐蚀速率的影响，得出腐蚀速率达到稳定值时根据该腐蚀速率预测生产套管安全服役寿命。在计算服役寿命时，由于环空压力在不断变化，所以分别计算不同内压力时套管鞋处套管的寿命，其计算结果如图 10-20 所示。从图可以看出，随着环

空压力增加，套管的服役寿命下降明显，当环空压力达到 50MPa 时，其寿命只有 10 年左右。

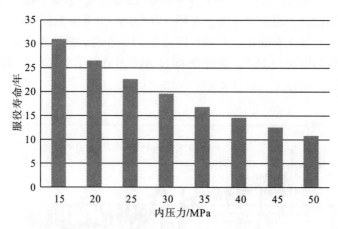

图 10-20　不同内压力对应的安全服役寿命

主要参考文献

白真权，任呈强，刘道新. 2004. N80 钢在 CO_2/H_2S 高温高压环境中的腐蚀行为. 石油机械，32(12)：14-16.

陈长风，路民旭，赵国仙，等. 2002. N80 油套管钢 CO_2 腐蚀产物膜特征. 金属学报，38(4)：411-416.

李桂芝. 2001. N80 钢在模拟流动介质中的腐蚀行为研究. 石油与天然气化工，30(3)：141-142.

李萍. 2006. 90℃时油管钢 P110 的 CO_2/H_2S 腐蚀行为. 全面腐蚀控制，20(2)：18-19.

张学元，杜元龙. 1997. Fe 的硫化物膜对 UNSG11180 钢在含 H_2S 的 NaCl 溶液中的腐蚀行为影响. 腐蚀科学与防护技术，9(1)：21-25.

Archard J F. 1953. Contact and rubbing of flat surfaces. Journal of Applied Physics，24(8)：981-988.

Bernardus F. 2005. Prediction of Corrosion Rates of the Main Corrosion Mechanisms in Upstream Applications. Corrosion，24(7)：3-7.

Best B. 1986. Casing wear caused by tooljoint hardfacing. Spe Drilling Engineering，1(1)：62-70.

Ikeda A，Mukai S，Ueda M. 1985a. CO_2 corrosion behavior of carbon and Cr steels. Sumitomo Search，(31)：91-102.

Ikeda A，Mukai S，Ueda M. 1985b. Corrosion behavior of 9 to 25% Cr steels in wet CO_2 environments. Corrosion，41(4)：185-192.

Iofa Z A，Batrakov V V，Ba C N. 1964. Influence of anion adsorption on the action of inhibitors on the acid corrosion of iron and cobalt. Electrochimica Acta，9(12)：1645-1653.

Kvarekval J，Seiersten M，Nyborg R. 2002. Corrosion product films on carbon steel in semi-sour CO_2/H_2S environments. Corrosion.

Li M，Li S L，Sun L T. 2002. New view on continuous-removal liquids from gas wells. Spe Production & Facilities，17(1)：42-46.

Miyachi T，Ohkawa S，Matsuzawa H，et al. 1996. Corrosion resistance of weldable super 13Cr stainless steel in H_2S containing CO_2 environments. Japanese Journal of Applied Physics，35(5A)：2814-2815.

Nose K，Asahi H，Nice P I，et al. 2001. Corrosion properties of 3% Cr Steels in oil and gas environments. NACE International.

Shoesmith D W，Leneveu D M，Ikeda B M. 1997. Modeling the failure of nuclear waste containers. Corrosion，53(10)：820-829.

Song J S，Bowen J，Klementich F. 1992. The internal pressure capacity of crescent-shaped wear casing. SPE23902

Srinivasan S，Lagad V. 2006. ICDA：A quantitative framework to prevent corrosion failures and protect pipelines.

Sun Y，Tian Y T，Company T B，et al. 2013. Corrosion and protection of the naphtha tanks. Total Corrosion Control，(11).

Turner R G，Hubbard M G，Dukler A E. 1969. Analysis and prediction of minimum flow rate for the continuous removal of liquid from gas wells. Journal of Petroleum Technology，21(11)：1475-1482.

Videm K，Kvarekval J，Fitzsimons G，et al. 1996. Surface effects on the electrochemistry of iron and carbon steel electrodes in aqueous CO_2 solutions. Corrosion，96：24-29.

White J P，Dawson R. 1987. Casing wear：Laboratory measurements and field predictions. Spe Drilling Engineering，2(1)：56-62.

Wu J，Zhang M. 2005. Casing Burst Strength After Casing Wear.